21世纪高等教育计算机规划教材

计算机应用基础

孙玉珍 / 主编

王松河　陈红英 / 副主编

人 民 邮 电 出 版 社

北　京

图书在版编目（CIP）数据

计算机应用基础 / 孙玉珍主编. -- 北京 : 人民邮电出版社, 2020.9
21世纪高等教育计算机规划教材
ISBN 978-7-115-53455-2

Ⅰ. ①计… Ⅱ. ①孙… Ⅲ. ①电子计算机－高等学校－教材 Ⅳ. ①TP3

中国版本图书馆CIP数据核字(2020)第031041号

内 容 提 要

本书系统地讲解了计算机基础的相关知识，内容丰富，结构清晰，具有很强的实用性。全书共有6章，分别介绍了计算机基础知识、Windows 7 操作系统、文字处理软件 Word 2010 的应用、电子表格处理软件 Excel 2010 的应用、演示文稿制作软件 PowerPoint 2010 的应用、计算机网络基础等内容。

本书可作为高等职业院校“计算机应用基础”课程的教材，也可作为全国计算机等级考试一级 MS Office 的辅导材料。

◆ 主　　编　孙玉珍
　副 主 编　王松河　陈红英
　责任编辑　王亚娜
　责任印制　王　郁　焦志炜

◆ 人民邮电出版社出版发行　　北京市丰台区成寿寺路 11 号
　邮编　100164　　电子邮件　315@ptpress.com.cn
　网址　https://www.ptpress.com.cn
　三河市中晟雅豪印务有限公司印刷

◆ 开本：787×1092　1/16
　印张：17.5　　　　2020 年 9 月第 1 版
　字数：447 千字　　2020 年 9 月河北第 1 次印刷

定价：48.00 元

读者服务热线：(010)81055256　印装质量热线：(010)81055316
反盗版热线：(010)81055315
广告经营许可证：京东市监广登字 20170147 号

前言

PREFACE

随着计算机应用的普及和发展，计算机在社会和经济建设的各个领域发挥着越来越重要的作用。大学生应该熟练掌握计算机的基础知识并具备一定的计算机应用能力。

编者结合目前计算机及信息技术发展的现状，以提高大学生的信息素养和培养应用型人才为切入点，精心设置本书内容。本书具有案例丰富、任务驱动等特点，并参考了全国计算机等级考试一级 MS Office 考试大纲的要求。书中的案例与大学生的学习、生活、就业密切相关。

本书凝聚了编者多年从事计算机基础教学的实际经验，旨在服务高等职业院校的计算机基础教育。本书由孙玉珍策划并任主编，王松河、陈红英任副主编。具体编写分工如下：第 1 章由孙玉珍编写，第 2 章由邱松彬编写，第 3 章由王松河编写，第 4 章由简惠冰编写，第 5 章由陈红英编写，第 6 章由冯巧玲编写。在本书的编写过程中，许多老师给予了关心和支持，并提出了宝贵的意见和建议，在此一并表示感谢。

由于编者水平有限，书中难免存在不足之处，敬请广大读者批评指正，以便再版时修正。

编者

2020 年 1 月

目录 CONTENTS

第1章 计算机基础知识

计算机是20世纪伟大的发明之一。随着微型计算机的出现及计算机网络的发展，计算机的应用已渗透到社会的各个领域，它不仅改变了人类社会的面貌，而且正改变着人们的生活方式。掌握计算机的使用方法逐渐成为人们必不可少的技能。

计算机是一门科学，也是一种能够按照程序运行，自动、高速、精确处理海量数据的现代化智能电子设备。

本章主要介绍计算机的基础知识，包括以下内容。

- 计算机发展简介。
- 计算机的科学研究与发展趋势。
- 计算机中信息的表示。
- 计算机系统。
- 多媒体计算机。
- 计算机病毒及防治。
- 微机系统配置与选购。

1.1 计算机发展简介

1.1.1 第一台电子计算机

20 世纪初，电子技术迅猛发展。1904 年，英国电气工程师弗莱明研制出真空二极管；1906 年，美国发明家、科学家福雷斯特发明真空三极管。这些都为电子计算机的出现奠定了基础。

1946 年，美国宾夕法尼亚大学研制出世界上第一台电子计算机——电子数字积分计算机（Electronic Numerical Integrator And Computer，ENIAC），如图 1-1 所示。

ENIAC 耗资 48 万美元，重 30 吨，占地 170 平方米，用了 18 000 多个电子管、1 500 多个继电器、70 000 多个电阻和 10 000 多个电容，功率为 150 千瓦。ENIAC 每秒可完成 5 000 次加减法运算，500 多次乘法运算。

用 ENIAC 计算时，要根据题目的计算步骤预先编写一条条指令，再按照指令连接外部线路，启动后它就自动运行并输出结果。若要计算另外一个题目，就要重复进行上述动作，所以只有少数专家才能使用。过去借助机械用 7～20 小时才能完成一条弹道的计算工作，ENIAC 将其缩短到 30 秒。ENIAC 虽然远不及现在的计算机，但它的诞生宣布了电子计算机时代的到来。

图 1-1　ENIAC

ENIAC 存在两个缺点：一是没有存储器；二是用布线接板进行控制，电路连线烦琐耗时，会限制 ENIAC 的计算速度。

美籍匈牙利数学家冯・诺依曼是存储程序式计算机的创造者。他于 1944 年参加 ENIAC 计算机的研究工作，1945 年发表了题为《关于离散变量自动电子计算机的草案》的文章，文中提出了存储程序的概念。他于 1946 年提出了更完善的计算机设计报告《电子计算机逻辑设计初探》，并与莫尔小组合作开始研制存储程序式计算机，即离散变量自动电子计算机（Electronic Discrete Variable Automatic Computer，EDVAC），该计算机在宾夕法尼亚大学的莫尔学院研制成功。EDVAC 的优点如下。

① 计算机的程序和程序运行所需要的数据以二进制形式存放在计算机的存储器中，即采用程序存储方式。

② 计算机能自动、连续地执行程序。

EDVAC 成功解决了程序的内部存储和自动执行问题，极大地提高了计算机的运行速度（是 ENIAC 的 240 倍）。这是第一台可使用二进制数并能存储程序的计算机。

冯・诺依曼提出并实现了的计算机工作模式可以归结为存储程序和顺序控制。冯・诺依曼的原理和思想，决定了计算机有输入、存储、运算、控制、输出 5 个组成部分。冯・诺依曼被誉为“现代电子计算机之父”。

1.1.2　电子计算机的发展

自 ENIAC 被发明以来，由于人们不断将新的科学技术成果应用在计算机上，同时科学技术的发展也对计算机提出了更高的要求，再加上各计算机制造公司之间的激烈竞争，所以在短短的几十年中，计算机得到了突飞猛进的发展。其体积越来越小、功能越来越强、价格越来越低、应用越来越广。通常人们按电子计算机所采用的器件将其划分为 4 代，如表 1-1 所示。

表 1-1 计算机发展的 4 个阶段

	主机电子器件	内 存	外存储器	处理速度
第一代计算机（1946—1958 年）	电子管	汞延迟线	穿孔卡片或纸带	每秒几千次至几万次
第二代计算机（1959—1963 年）	晶体管	磁芯存储器	磁带	每秒几万次至几十万次
第三代计算机（1964—1971 年）	中小规模集成电路	半导体存储器	磁带、磁盘	每秒几十万次至几百万次
第四代计算机（1972 年至今）	大规模、超大规模集成电路	半导体存储器	磁带、磁盘、光碟等大容量存储器	每秒上千万次至万亿次

1. 第一代计算机

第一代计算机的主要元件是电子管，因此第一代计算机被称为电子管计算机。这时的计算机软件还处于初始发展阶段，人们使用机器语言与符号语言编制程序，应用领域主要是军事和科学研究。第一代计算机体积庞大、运算速度低（一般每秒几千次至几万次）、造价高、可靠性较差、内存容量小。通用自动计算机（Universal Automatic Computer，UNIVAC）是第一代计算机的代表，它标志着计算机从实验室进入市场，从军事应用领域扩大到数据处理领域。

2. 第二代计算机

第二代计算机的主要元件是晶体管，因此第二代计算机被称为晶体管计算机。与第一代计算机相比，第二代计算机具有体积小、成本低、功能强、可靠性高等优点，其软件开始使用计算机高级语言，出现了监控程序并发展成后来的操作系统。高级语言 Basic、Fortran 和 COBOL 使程序的编写更方便并实现了程序兼容，计算机的工作效率大大提高，计算机在数据处理和事务处理等领域得到更广泛的应用。IBM-7000 是第二代计算机的代表。

3. 第三代计算机

第三代计算机的主要元件是小规模集成电路和中规模集成电路。与晶体管计算机相比，第三代计算机的体积和功率都得到进一步减小，运算速度、逻辑运算能力、存储容量和可靠性都得到了进一步优化。软件方面，操作系统进一步完善，高级语言种类有所增加，结构化、模块化的程序设计思想也被提了出来。出现了结构化程序设计语言 Pascal，出现了并行处理、多处理机、虚拟存储系统以及面向用户的应用软件。计算机被广泛应用到科学计算、数据处理、事务管理、工业控制等领域。这一时期的计算机同时向标准化、多样化、通用化、机种系列化方向发展。IBM-360 型计算机是最早采用集成电路的通用计算机，也是影响最大的第三代计算机。

4. 第四代计算机

第四代计算机的主要元件是大规模集成电路和超大规模集成电路，计算机的体积和功率进一步减小，计算速度基本上以每 18 个月就翻一番的速度上升，符合摩尔定律。计算机操作系统向虚拟操作系统方向发展，人们开发了丰富的应用软件产品，扩展了计算机的应用领域。IBM 4300 系列、3080 系列、3090 系列和 9000 系列都是第 4 代计算机的代表。

1.1.3　计算机的特点

1．高速、精确的运算能力

当今计算机的运算速度已经超过每秒亿亿次，我国“天河二号”计算机运算速度甚至可以达到 3.386 亿亿次/秒。

2．准确的逻辑判断能力

除了数据运算能力，逻辑判断能力是计算机的另一个基本能力。如在信息查询等方面，计算机能够根据要求进行匹配检索。

3．强大的存储能力

计算机的存储容量的大小是记忆能力强弱的标志。计算机的存储容量是靠存储器提供的，存储器能够长期存储大量的数字、文字、图像、视频、声音等各种信息。计算机的“记忆力”很强，就如同现代计算机能轻易“记忆”一个藏书百万册的大型图书馆的全部资料。无论是文字还是图像，都可以在计算机中长期保存。

4．自动工作能力

计算机可以将人们事先编好的指令（称“程序”）“记”下来，然后自动地逐条取出这些指令并执行。工作过程由程序自动控制进行，不需要人工干预，并且可以反复进行。人们事先设定好程序，计算机存储程序并按顺序执行程序就保证了其工作的自动化进行。

5．网络与通信能力

互联网时代，无论是城市还是国家之间的计算机都可以连接在一个计算机网络上。目前应用广泛的网络是“国际互联网（Internet）”，全世界有 200 多个国家和地区的数亿台计算机连入该网络。连入的计算机用户可以共享网上资料、交流信息、互相学习，将世界变成“地球村”。

1.1.4　计算机的应用

计算机问世之初，主要用于数值计算。现今计算机的应用非常广泛，无论是工作、生活或学习，小到简单的数值计算，大到计算卫星的运行轨道，都离不开计算机。总的来说，其应用可以分为以下 8 类。

1．科学计算

科学计算（数值计算）是指使用计算机对数学方法进行实现和应用。随着运算性能的不断提高，计算机推进了科学研究的进展，如人类基因序列分析计划、人造卫星的轨道测算等。通过计算机，国家气象中心能够及时快速处理气象卫星云图数据，并根据大量气象数据的计算结果进行天气预测。随着“互联网+”时代的到来，计算机“云计算”也将发挥它的作用。

2．信息管理

信息管理（数据处理）也称非数值计算，是目前计算机应用最广泛的一个领域。办公自动化（Office Automation，OA）是计算机的一项应用，按计算机应用的分类，它属于信息管理。

随着信息技术的发展，数据包括了数字、文字、图像、视频、声音等。计算机数据可以被存储、打印、编辑、复制等。

当今社会已经从工业社会进入信息社会，信息、物质和能量构成现实世界的 3 大要素，成为赢得竞争的重要资源。利用计算机来操作、加工、管理任何形式的数据资料，如信息情报检索、报表统计、账目计算、物资管理、企业管理等，可以满足大数据信息利用与分析的高频性、及时性、复杂性的要求，这样人们就可以通过已经获取的信息去生成更多、更有价值的信息。

3．计算机辅助

计算机辅助应用广泛，计算机辅助（或称为计算机辅助工程）可以分为以下 5 种。

① 计算机辅助设计（Computer Aided Design，CAD）：指利用计算机来帮助设计人员进行工程设计，以提高设计工作的自动化程度，节省人力和物力。目前，此技术已经在电路、机械、土木建筑、服装等设计中得到了广泛应用。

② 计算机辅助制造（Computer Aided Manufacturing，CAM）：指利用计算机进行生产设备的管理、控制与操作，从而提高产品质量、降低生产成本、缩短生产周期，并且改善制造人员的工作条件。

③ 计算机辅助测试（Computer Aided Testing，CAT）：指利用计算机进行复杂而大量的测试工作。过程检测与控制利用计算机对工业生产过程中的某些信号自动进行检测，并把检测到的数据存入计算机，再根据需要对这些数据进行处理，相应的系统称为计算机检测系统。仪器仪表引进计算机技术后所构成的智能化仪器仪表，将工业自动化推向了一个更高的水平。

④ 计算机辅助教学（Computer Aided Instruction，CAI）：指利用计算机帮助教学的自动化系统，使学生能够轻松自如地学到所需要的知识。

⑤ 计算机仿真模拟（Computer Simulation）：通过计算机仿真模拟真实环境，研究人员能够进一步认识被模拟对象的本质和特性，如核爆炸和地震灾害的模拟。

将 CAD、CAM 和数据库技术集成在一起，形成计算机集成制造系统（Computer Integrated Manufacturing System，CINS）技术，可实现设计、制造和管理的自动化。

4．过程控制

过程控制（实时控制）就是利用计算机对生产过程、制造过程或运行过程进行检测与控制。这种控制可以通过计算机实时监控目标对象的状态，及时调整被控制对象使其处于正常工作状态，保证被控制对象能够正常生产、制造或运行。

5．人工智能

人工智能（Artificial Intelligence，AI）是指用计算机模拟人类的某些智力活动，如识别图形与声音，模拟人类的学习过程、探索过程和推理过程以及对环境的适应过程等。人工智能研究期望赋予计算机更多人的智能活动的能力，如机器翻译、智能机器人等。人工智能研究内容包括自然语言理解、专家系统、机器人以及定理自动证明等，已应用于机器人、医疗诊断、故障诊断、计算机辅助教育、案件侦破、经营管理等方面。

6．网络通信

计算机技术和数字通信技术的发展与融合产生了计算机网络。计算机网络把多个独立的计算机系统联系在一起，把不同区域、不同国家、不同行业、不同组织的人联系起来，实现资源共享和信息交流。通过网络，我们可以在家里预订火车票、机票，可以购物，可以与远在异国他乡的亲人、朋友实时传递信息。

7．多媒体技术

多媒体是文本（Text）、图形（Graphics）、图像（Image）、音频（Audio）、视频（Video）、动画（Animation）等多种信息的综合表现形式。多媒体技术可以实现人与计算机交互，进行多种媒介信息的捕捉、传输、转换、编辑、存储、管理。多媒体技术拓宽了计算机应用领域，使计算机广泛应用于商业、服务业、教育、广告宣传、文化娱乐、家庭生活等领域。同时，多媒体技术与人工智能技术的结合促进了虚拟现实（Virtual Reality）、虚拟制造（Virtual Manufacturing）技术的发展，使人们在计算机虚拟环境中感受真实的场景，测试计算机仿真制造的零件和产品的功能与性能。

8．嵌入式系统

一些电子产品和工业制造系统，需要把计算机处理器芯片嵌入其中，以完成特定的处理任务，如数码相机、数码摄像机及高档电动玩具等都使用了不同的处理器芯片系统。这些系统被称为嵌入式系统。

1.1.5 计算机分类

随着计算机应用领域的不断扩大，人们研制出了各种不同种类的计算机，可以按照不同的方法对计算机进行分类。

按照处理数据的类型，计算机可以分为模拟计算机、数字计算机等。模拟计算机的主要特点是运算的数值是不间断的连续量，运算过程连续。受元器件的影响，模拟计算机的计算精度低、应用范围窄，目前已经很少生产。数字计算机的主要特点是运算的数值是离散的数字，运算过程按数字位进行计算。数字计算机具有逻辑判断功能，能以类似人类大脑的“思维”方式工作，所以此类计算机也称“电脑”。

按照用途的不同，计算机可以分为通用计算机和专用计算机。通用计算机通用性强，能解决多种类型的问题，如个人计算机（Personal Computer，PC）；专用计算机配备有解决特定问题的软件和硬件，能够高速、可靠地解决特定问题，如导弹和火箭上使用的计算机大部分却是专用计算机。

按照计算机的性能、规模和处理能力，如体积、字长、运算速度、存储容量、外部设备和软件配置等，计算机可以分为巨型机、大型通用机、微型机、服务器、工作站等。

1．巨型机

巨型机指运算速度快、存储量大、处理能力强、可靠性高的计算机，也称高性能计算机。巨型机主要用于一些重要和特殊领域。目前，巨型机多用于战略防御系统、核武器设计系统、大型预警系统、航天测控系统等。在民用方面，巨型机可用于大区域中长期天气预报、大面积物探信息处理系统、大型科学计算和模拟系统等。巨型机已成为反映一个国家经济实力和科技水平的重要标志。

2．大型通用机

大型通用机通用性好，但是价格比较贵。大型通用机具有较快的运算速度、极强的综合处理能力和极大的性能覆盖范围，运算速度每秒 100 万次至几千万次，主要用于科研、银行、商业和管理部门等。大型通用机通常被人们称为“企业级”计算机。

大型通用机系统可以是单处理机、多处理机或多个子系统的复合体。

在信息化社会里，剧增的信息资源，需要大型通用机进行信息通信、控制和管理等工作。未来大型通用机将覆盖企业的所有应用领域，包括大型事务处理、企业内部信息管理与安全防护、大型科学与工程计算等。

3．微型机

微型机（简称“微机”）是微电子技术飞速发展的产物。IBM 公司于 1981 年采用 Intel 微处理器并推出第一台 IBM PC。由于小、巧、轻、便、廉等优点，30 多年来，微型机得到迅猛发展，成为计算机的主流。近 10 年，平均每 2 年芯片的集成度可以提高一倍，性能提高一倍，价格降低一半。微型机的应用领域包括工厂生产控制、政府办公自动化、商店数据处理、家庭信息管理等，遍及社会各个领域。

笔记本型计算机作为可随身携带的“便携机”，成为信息化社会移动办公的重要工具。

根据最终是否为用户所用，微型机又可分为独立式微机和嵌入式微机（也称嵌入式系统）两种。

嵌入式微机一般是单片机或单板机，单片机是采用超大规模集成电路技术把中央处理器、存储器和输入/输出接口集成到一块硅芯片上的微机，它的集成度很高，所以只读存储器（Read Only Memory，ROM）、随机存取存储器（Random Access Memory，RAM）容量有限，接口电路也不多，适用于小系统。单板机是把中央处理器（Central Processing Unit，CPU）、ROM、RAM 和输入/输出接口电路等大规模集成电路芯片组装在一块电路板上的微机，配有键盘、显示器等简单外设，电路板上通常有固化的 ROM 或可擦除可编程只读存储器（Erasable Programmable Read Only Memory，EPROM）和小规模监控程序。

个人计算机（PC）的出现使计算机真正面向个人，成为大众化的信息处理工具，人们通过网络随时随地都可以与世界上任何地方实现信息交流，人们可以把大量的信息存入随身携带的计算机中。以 PC（尤其是便携机）为核心的可随身携带的移动信息系统，使人类信息化得到进一步发展。

嵌入式微机作为信息处理芯片被嵌入应用设备里，用户不直接使用计算机，使用的是嵌入芯片的应用设备，如包含有微机的医疗设备、电冰箱、洗衣机、微波炉等。

4．服务器

服务器是网络的灵魂，作为网络的节点存储和处理网络上 80%的数据、信息。随着“互联网+”概念的普及，计算机在网络中发挥越来越重要的作用，服务器也在网络中承担越来越重要的角色。服务器可以是大型机、小型机、工作站或高档微机，支撑信息浏览、电子邮件、文件传送、数据库、大数据、云平台等多种业务服务。

服务器的主要特点如下。

① 只有在用户的请求下才提供相应的服务。

② 服务器对客户透明，客户与服务器通信面对的是具体的服务，不用知道服务器用的机型和采用的操作系统。

③ 服务器是软件概念，一台服务器可以安装不同的服务器软件，以扮演不同的服务器角色。

5．工作站

工作站是规模介于微型机和 PC 之间的高档微型计算机，配有高分辨率的大屏幕显示器及容量很大的内部存储器和外部存储器，有很强的信息处理能力、高性能的图形图像处理能力和网络通信能力。与微机相比，工作站存储容量大且运行速度更快，可以用于处理某类特殊事务，如用于图像处理和计算机辅助设计等。因此，工作站被称为专为工程师设计的计算机。工作站一般采用把计算机软硬件接口公开的开放式系统结构，遵守国际工业界的流行标准，鼓励围绕工作站开发软件、硬件产品。目前，工作站的应用已经扩展到商业、金融、办公领域，也承担着扮演服务器的角色。

1.2 计算机的科学研究与发展趋势

1.2.1 计算机科学研究

最初的计算机应用，主要是数据计算，如今的计算机在人工智能、网格计算、中间件技术和云计算等方面的应用已经远远超越了“计算机器”的概念。

1. 人工智能

人工智能是指利用计算机模拟人类的某些智能行为，使计算机具有“学习”“联想”和“推理”等功能，核心目标就是赋予计算机人脑一样的智能。

人工智能主要应用于机器人、专家系统、模式识别、自然语言理解、机器翻译、定理证明等方面。人工智能中的指纹识别技术已经得到广泛应用；计算机辅助翻译提高了翻译速度；手机上实现了手写输入，语音输入也在不断完善。人工智能就其本质而言，是对人的思维过程的模拟，以实现人机交互，让计算机能够听懂人们说话、看懂人们的表情，能够拥有“人脑思维”。

2. 网格计算

随着个人计算机的普及，越来越多的计算机处于闲置状态，互联网的出现和网络带宽速度的提高，使人们可以通过互联网连接和调用拥有闲置计算资源的计算机系统，开始进入“网格计算时代”。“网格计算”比“数学计算”有更广泛的内涵。

复杂的大型计算需要大量计算机或巨型计算机来完成，网格计算研究的是如何把需要极强计算能力才可解决的问题分成许多小的任务，然后分配给许多计算机进行处理，最后把这些计算结果综合起来得到最终结果，以完成大型计算任务。用户只需要得到任务完成的结果，而不需要知道任务是如何被切分的以及哪台计算机执行了哪个小任务。从形式上看，用户就像拥有一台功能强大的虚拟计算机，这就是网格计算的思想。

网格计算是针对复杂科学计算的新型计算模式，它利用物联网连接分散在不同地理位置的计算机并将其组织成“虚拟的超级计算机”，参与计算的每一台计算机就是一个“节点”，整个计算由成千上万个“节点”组成“网格”，所以这种计算方式称为网格计算。网格计算的“虚拟的超级计算机”有超强数据处理能力和充分利用网上闲置资源的能力两个优势。

网格计算的3要素是任务管理、任务调度和资源管理。用户可以通过任务管理向网格提交任务，为任务指定所需的资源，同时可以删除任务，检测任务的运行；任务调度是根据任务的类型、所需的资源、可用资源等情况对用户提交的任务进行运行日程和策略的安排；资源管理负责检测网络资源的状况。

网格计算的特点如下。

① 资源共享，实现应用程序的互联互通。网格与计算机网络不同，计算机网络的目标是资源共享和信息传输，实现的是一种硬件的联通，网格可以实现应用层面的联通。

② 多个网格节点可以协同工作，共同处理一个项目。

③ 基于国际的开放技术标准。

④ 网格能够适应变化，提供动态的服务。

网格计算技术将所有计算机联合起来协同工作，被视为21世纪新型的网络基础架构。

3. 中间件技术

中间件（Middleware）处于操作系统软件与用户的应用软件的中间，以便于软件各部件之间的沟通。在中间件之前，企业多采用传统客户机/服务器（Client/Server）的模式。通常一台计算机作为客户机，运行应用程序；另一台计算机作为服务器，运行服务器软件以提供各种不同的服务。这种模式的缺点是系统拓展性差。中间件技术这种新思想是20世纪90年代出现的，在客户机和服务器之间增加一组服务（应用服务器），这组服务就是中间件，如图1-2所示。这些通用的组件基于某一标准可以被重用，其他应用程序可以使用它们提供的应用程序接口调用组件完成所需操作。如连接数据库所使用的开放数据库互连（Open Database Connectivity，ODBC）就是一种标准的数据库中间件，是Windows操作系统自带的服务，用户可以通过ODBC连接各种类型的数据库。

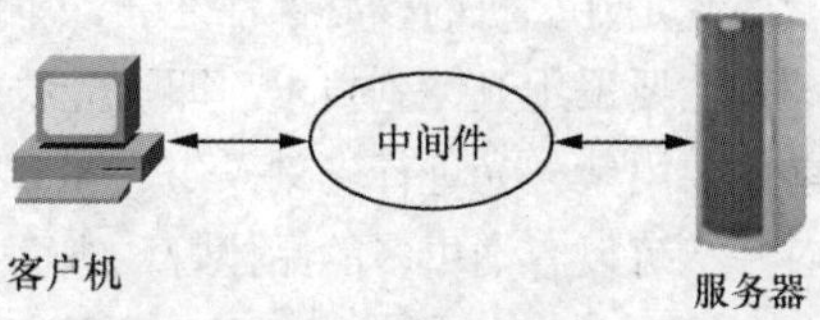

图1-2 中间件技术

随着互联网技术的发展，基于Web数据库的中间件技术应用广泛，如图1-3所示。在这种模式下，客户机的IE浏览器如果要访问数据库，要将请求发给Web服务器，通过Web服务器转移给中间件，最后送到数据库系统，数据库系统得到结果后再通过中间件和Web服务器返回给客户机。这里的中间件是通用网关接口（Common Gateway Interface，CGI）、动态服务器页面（Active Server Pages，ASP）或Java服务器页面（Java Server Pages，JSP）等。

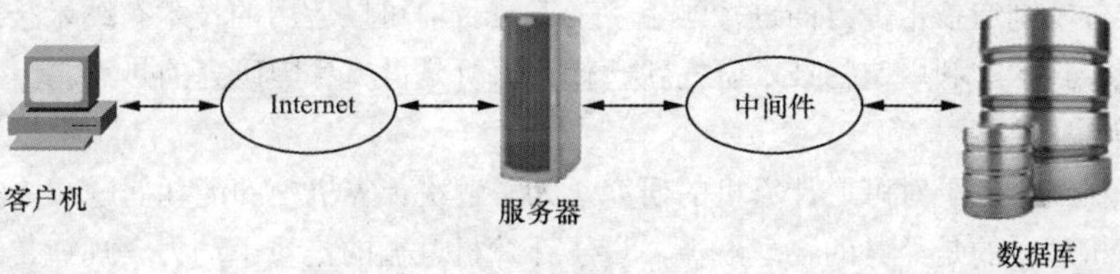

图1-3 基于Web数据库的中间件技术

中间件技术已经成为企业应用的主流技术，是企业应用现代化的敲门砖。中间件种类有交易中间件、消息中间件、专有系统中间件、面向对象中间件、数据存储中间件、远程调用中间件等。

4. 云计算

云计算（Cloud Computing）是分布式计算、并行计算、网格计算、网络存储、虚拟化等传统计算机和网络技术发展融合的产物，或者说云计算是“信息时代商业模式上的创新”。美国国家标准与技术研究院（National Institute of Standards and Technology，NIST）定义：云计算是对基于网络的、可配置的计算资源（资源包括网络、服务器、存储、应用软件、服务等）共享池能够便捷、按需访问的一种模式，这些资源能以最小化的管理和交互方式被快速提供和得到释放。

云计算由硬件、软件和服务构成，用户不需要购买复杂的硬件和软件，只需支付相应费用给“云计算”服务商，就可以通过网络方便地获取所需要的计算、存储等资源。“云”是网络、互联网的一种比喻说法。“云”就是计算机群，每一群包括了几十万台甚至上百万台计算机。云计算的核心思想是对大量以网络相连接的计算资源进行统一管理和调度，形成一个计算资源池并向用户提供按需服务，提供资源的网络称为“云”。云计算将传统的以桌面为核心的任务处理转换为以网络为核心的任务处理，利用互联网完成所有处理任务，使网络成为服务、计算和信息传递的综合媒介，实现真正的按需计算、网络协作。

云计算化繁为简，节约资源，是一种基于互联网的计算方式。当你要进行一个大型计算时，可以通过互联网把世界各地的计算机联合起来快速地处理并解决问题。这就像当你想吃夜宵时，只叫外卖，而不需要买炊具。

云计算具有超大规模、虚拟化、高可靠性、通用性、高扩展性、按需服务和价廉等特点。利用云计算时，数据在云端，不怕丢失，不用备份，可以进行任意点的恢复；软件在云端，不必下载就可以自动升级，随时随地都可以通过设备登录进行计算，具有无限空间和无限速度的特点。

1.2.2 未来的计算机

芯片是计算机的核心部件之一，不断进步的芯片制造技术推动了计算机技术的发展。目前制造芯片主要采用光蚀刻技术，即让光线透过刻有线路图的掩膜照射在硅片表面以进行线路蚀刻。当前主要用紫外光进行光刻操作，随着紫外光波长的缩短，芯片上的线宽大幅度缩小，同样大小的芯片上可以容纳更多的晶体管，进而推动了半导体工业的发展。但是当紫外光波长缩短到小于193 nm 时（蚀刻线宽 0.18 nm），传统石英透镜组会吸收光线而不会将其折射或弯曲。目前，研究人员正在研究下一代光刻技术，包括极紫外光刻技术、离子束投影光刻技术、角度限制投影电子束光刻技术以及 X 射线光刻技术。

但是，以硅为基础的芯片制造技术的发展不是无限的，随着晶体管尺寸接近纳米级，芯片发热等副作用会逐渐明显，电子运行也难以控制，晶体管将不再可靠。下一代计算机将从体系结构、工作原理、器件及制造技术等方面进行颠覆性变革。目前可以运用的技术有纳米技术、光技术、生物技术和量子技术。利用这些技术研究新一代计算机是世界各国研究的热点。

1．量子计算机

量子计算机概念源于对可逆计算机的研究，为了解决计算机中的能耗问题。

传统计算机遵循的是经典的物理规律，量子计算机遵循的是量子动力学规律，这是一种信息处理新模式。在量子计算机中，用“量子位”代替传统电子计算机的二进制位。二进制位只能用“0”和“1”两个状态表示信息，而量子位则用粒子的量子力学状态来表示信息，两个状态可以在一个“量子位”中并存。量子位可以用于表示二进制“0”和“1”，也可以用这两个状态的组合来表示信息。量子计算机可以进行传统计算机无法完成的复杂计算，其运行速度也是传统计算机无法比拟的。

2．模糊计算机

1956 年，英国人查德创立了模糊理论。依照模糊理论，判断问题并非以是、非两种绝对的值或 0 与 1 两种数码来表示，而是取许多值，如接近、几乎、差不多及差得远等模糊值来表示。用这种模糊的、不确切的判断进行工程处理的计算机就是模糊计算机。模糊计算机是建立在模糊数学基础上的计算机。模糊计算机除具有一般计算机的功能外，还具有学习、思考、判断和对话的能力，可以立即辨识外界物体的形状和特征，甚至可帮助人从事复杂的脑力劳动。

1985 年，第一个模糊逻辑片设计制造成功，它 1 秒内能进行 8 万次模糊逻辑推理。现在，人们正在制造 1 秒内能进行 645 000 万次模糊推理的逻辑片。把模糊逻辑片和电路组合在一起，就能制成模糊计算机。

日本科学家把模糊计算机应用在地铁管理上。日本东京以北 320km 的仙台市的地铁列车，在模糊计算机控制下，自 1986 年以来，一直安全、平稳地行驶着。车上的乘客可以不必攀扶拉手吊带，因为在列车行进中，模糊逻辑“司机”判断行车情况出现错误的概率，几乎比人类司机要少 70%。1990 年，日本松下公司把模糊逻辑片装在洗衣机里，该洗衣机能根据衣服的肮脏程度、衣服的质料调节洗衣程序。我国有些品牌的洗衣机也装上了模糊逻辑片。人们又把模糊逻辑片装在吸尘器里，这种吸尘器可以根据灰尘量以及地毯的厚实程度调整吸尘器功率。模糊计算机还能用于地震灾情判断、疾病医疗诊断、发酵工程控制、海空导航巡视等方面。

3．生物计算机

生物计算机也称仿生计算机，微电子技术和生物工程这两项高科技的相互渗透，为生物计算机的研制提供了可能。20 世纪 70 年代以来，人们发现脱氧核糖核酸（DNA）在不同的状态下，可产生有信息和无信息的变化。科学家们发现生物元件可以实现逻辑电路中的 0 或 1、晶体管的通导或截止、电压的高或低、脉冲信号的有或无等。1995 年，来自世界各国的 200 多位专家共同探讨了生物计算机的可行性，认为生物计算机是以生物电子元件构建的计算机，不是模仿生物大脑和神经系统中的信息传递、处理等相关原理设计形成的计算机。其生物电子元件是利用蛋白质具有的开关特性，用蛋白质分子制成集成电路，形成蛋白质芯片、红血素芯片等。利用 DNA 化学反应，一种基因代码可以在酶的作用下通过生物化学反应转变为另一种基因代码，转变前的基因代码可以作为输入数据，反应后的基因代码可以作为运算结果，利用这一过程可以制成新型的生物计算机。如今科学家已研制出了许多生物计算机的主要部件——生物芯片。

4．光子计算机

光子计算机是一种由光信号进行数字运算、逻辑操作以及信息存储和处理的新型计算机。运用集成光路技术，把光开关、光存储器等集成在一块芯片上，再用光导纤维连接成计算机。1990 年年初，美国贝尔实验室制成世界上第一台光子计算机，尽管它的装置很简单，由激光器、透镜和棱镜等组成，只能用于计算，但它是光子计算机领域的一大突破。

电子计算机的发展依赖于电子器件，尤其是集成电路。同样，光子计算机的发展也取决于光逻辑元件和光存储元件，即集成光路的突破。近 20 年，只读光碟（Compact Disc Read-Only Memory，CD-ROM）、小型影碟（Video Compact Disc，VCD）和数字通用光碟（Digital Versatile Disc，DVD）等的接连出现，是光存储研究的巨大进展。光子计算机的许多关键技术，如光存储技术、光互连技术、光电子集成电路等都已经取得突破，为光子计算机的研制、开发和应用奠定了基础。现在，除了美国贝尔实验室，日本和德国也投入巨资研制光子计算机，预计将来会出现更先进的光子计算机。

5．超导计算机

1911 年，荷兰物理学家海克・卡末林昂内斯（Heike Kamerlingh Onnes）发现纯汞在−268.95℃的低温下电阻变为零的现象，超导线圈中的电流可以无损耗地流动。随着计算机的诞生和超导技术的发展，科学家们想到用超导材料来替代半导体制造计算机。早期工作主要是延续传统的半导体计算机的设计思路，将半导体材料制作的逻辑门电路改为用超导材料制作的逻辑门电路，本质上没有突破传统计算机的设计框架。况且，在 20 世纪 80 年代中期以前，超导体材料的超导临界温度仅在液氦温区，实现超导计算机的计划费用昂贵。然而在 1986 年左右，情况发生了逆转，高温超导体的发现使人们在液氦温区外也能找到新型的超导材料，超导计算机的研究又重新获得各方重视。超导计算机具有超导逻辑电路和超导存储器，其能耗小、运算速度快的特点是传统计算机无法比拟的。世界各国都有科学家在研究超导计算机，但是还存在许多难以突破的技术问题。

1.2.3 信息技术

科学技术的发展及社会的进步促进了计算机和通信工具的创新。21 世纪，人类进入信息时代，信息技术（Information Technology，IT）作为信息社会最关键的技术，已渗透到人类社会生活和工作的方方面面。计算机技术是信息技术的基础，是人类文明史上伟大的发明之一，掌握计算机的基本应用方法，已经成为人们必需的生活技能。

1．信息技术的定义

信息技术的内涵随着信息技术的发展而不断变化，目前仍没有统一的定义。就一般意义而言，在信息的采集、加工、存储、传输和利用等过程中的每一种技术都是信息技术，这是狭义的信息技术定义。在信息时代，技术发展能够导致虚拟现实的产生，信息本质也被改写，一切可以用二进制进行编码的东西都被称为信息。联合国教科文组织对信息技术的定义是：应用在信息加工和处理中的科学、技术与工程的训练方法与管理技巧，上述方法和技巧的应用，计算机及其人、机的相互作用，与之相应的社会、经济和文化等诸种事物。从这个信息技术的定义出发，信息技术一般是指一系列与计算机相关的技术。该定义侧重于信息技术的应用，对信息技术可能对社会、科技、人们的日常生活产生的影响以及相互作用进行了解释。

信息技术包括现代信息技术以及现代文明之前的原始社会时期和古代社会中各时代相对应的信息技术。不能把信息技术等同于现代信息技术。

2．现代信息技术的内容

现代信息技术包含信息基础技术、信息系统技术和信息应用技术 3 个层次的内容。

（1）信息基础技术

信息基础技术是现代信息技术的基础，包括新材料、新能源、新器件的开发和制造技术。近几十年来，发展最快、应用最广、对信息技术及整个高科技领域的发展影响最大的是微电子技术和光电子技术。

微电子技术是随着集成电路，尤其是超大规模集成电路的发展而发展起来的一门新技术，是现代信息技术的基础和支柱。微电子技术包括系统电路设计、器件物理、工艺技术、材料自备、自动测试以及封装、组装等一系列专门的技术。微电子技术是微电子学中各项工艺技术的总和。

光电子技术是由光子技术和电子技术结合而成的新技术，涉及光显示、光存储、激光灯等领域，是未来信息产业的核心技术。

（2）信息系统技术

信息系统技术是指有关信息的获取、传输、处理、控制的设备和系统的技术。感测技术、通信技术、计算机智能技术和控制技术是它的核心和支撑技术。

感测技术是获取信息的技术，主要是对信息进行提取、识别或检测，通过一定计算方式显示计算结果。

通信技术一般指电信技术，国际上称其为远程通信技术。

计算机智能技术以人工智能理论和方法为核心，研究如何用计算机去模拟、延伸和扩展人的智能，如何设计和构建具有高智能水平的计算机应用系统，如何设计和制造更聪明的计算机。一个完整的智能行为周期为：从机器感知到知识表达；从机器学习到知识发展；从搜索推理到规划决策；从智能交互到机器行为，到人工生命等。这构成了智能科学与技术学科特有的认识对象。

控制技术是指对组织行为进行控制的技术。控制技术是多种多样的，常用的控制技术有信息控制技术和网络控制技术两种。

（3）信息应用技术

信息应用技术是针对各种实用目的，如信息管理、信息控制、信息决策等，而发展起来的具体技术群类，如企业生产自动化、办公自动化、家庭自动化、人工智能和互联网技术等。它们是信息技术开发的根本目的。

信息技术广泛应用于社会的各个领域，显示出强大的生命力。纵观人类科技发展历程，还没有一项技术像信息技术一样对人类社会产生如此巨大的影响。

3．现代信息技术发展趋势

未来，在社会生产力发展、人类认识和实践活动的推动下，信息技术将得到更深、更广、更快的发展，发展趋势可以概括为数字化、多媒体化、高速度、网络化、宽频带和智能化等。

（1）数字化

信息化时代，信息被数字化和压缩后，以光速在网络中传输。数字传输的质量高于模拟传输的质量。许多种信息形态能够被结合、被创造，如多媒体文件。小巧到可以放入口袋的数字新产品将被制造出来，数字化将对商业和个人生活的各个层面产生重大影响。

（2）多媒体化

多媒体技术将文字、声音、图形、图像、视频等信息媒体与计算机集成在一起，使计算机的应用由单纯的文字处理变为文、声、图、影集成处理。随着多媒体技术的发展和成熟，每一种媒体都将被数字化并容纳进多媒体的集合里，系统将信息整合在人们的日常生活中，以接近人类的工作方式和思考方式。

（3）高速度、网络化、宽频带

当今互联网（Internet）已经能够传输多媒体信息，但仍然是一条被形象地称为花园小径的频带带宽低的网络路径。实现宽频的多媒体网络是未来信息技术发展趋势。当前，几乎所有的国家都在进行新一代信息基础设施建设，即建设宽频信息高速公路。新一代Internet技术（Internet 2）的传输速率将达到2.4Gbit/s。

（4）智能化

随着信息技术向智能化方向发展，在超媒体世界里，“软件代理”可以替人们在网络上漫游。作为信息的寻找器，“软件代理”不需要浏览器就可以收集在网络上获取的信息。

1.3 计算机中信息的表示

计算机科学主要研究信息的采集、存储、处理和传输，而这些研究内容都和信息的量化与表示密切相关。计算机通过电子器件来表示和存储信息，这些信息都采用二进制进行编码。二进制信息有其独特的信息单位和数量关系。字符和汉字是计算机中常用的信息，它们都有各自的编码标准。

1.3.1 数据与信息

数据是对客观事物的符号表示。数值、文字、语音、图形、图像等都是不同形式的数据。

信息是对各种事物变化和特征的反映，是事物之间相互作用和相互联系的表现，人们通过接收信息来认识事物，信息是接收者原来不了解的知识。

计算机科学中的信息是指能够用计算机处理的有意义的内容或消息，这些内容或消息以数据形式出现，如数值、文字、语音、图形、图像等。数据是信息的载体。

数据与信息是两个完全不同的概念，数据与信息的区别是：信息是数据处理之后产生的结果，信息具有针对性和实效性；信息有意义，数据没有。数据与信息这两个词在许多场合可以互换使用。例如，温度 38℃是数据，没有意义，但是如果说某个病人体温 38℃，那这就是信息，这就有意义了，表示这个病人处于低烧状态。也就是说，当数据以某种形式经过处理、描述或与其他数据进行比较时，便被赋予了意义。

信息资源、物质资源和能源资源，是人类生存和社会发展的 3 大基本资源，维系着社会的生存和发展，是现代社会经济发展的 3 大支柱。

1.3.2 常用数制及其转换

ENIAC 是十进制计算机，采用 10 个真空管表示一位十进制数。存储程序式计算机之父冯 •诺依曼在研究计算机时，感觉十进制的表示和实现方式麻烦，为了表示数据方便以及实现运算的电路简单可靠，就提出了二进制的表示方式，从而改变了整个计算机的发展历史。

二进制只有“0”和“1”两个数码。与十进制相比，二进制表示运算简单、易于物理实现、通用性强，以二进制数表示的信息占用的空间小，采用二进制的计算机耗能低、可靠性高。

计算机内部各种信息都用二进制编码表示，计算机与外部交互仍然采用人们熟悉和便于阅读的形式，如十进制数据、文字以及图形等。由计算机系统的硬件和软件来实现进制的转换，转换过程如图 1-4 所示。如声音经话筒生成时间和幅值都连续变化的模拟信号，要通过模/数转换器（Analog-to-Digital Converter）将其转换为数字信号，再送入计算机中进行处理和存储；处理结果通过数/模转换器（Digital-to-Analog Converter）将数字信号转换为模拟信号，人们才能从扬声器听到连续、正常的声音。

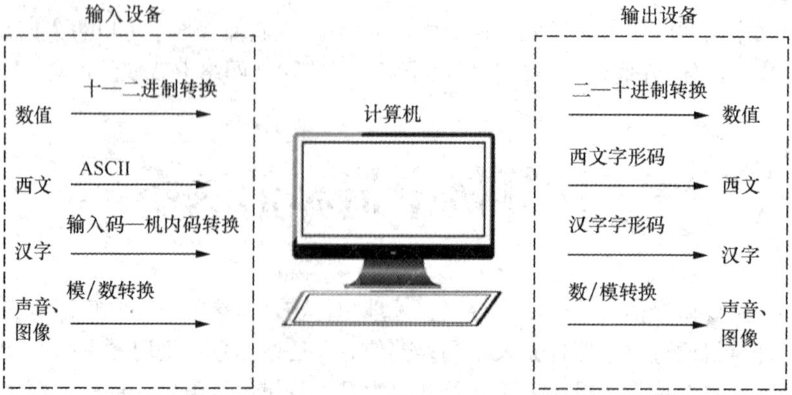

图 1-4 计算机中的数据转换

1. 常用数制

（1）十进制

十进制是人们最常用的数制，十进制数有以下特点：每一位上出现的数字有 10 个（0～9），从右往左每位上的权分别是 10^0，10^1，10^2，…，10^n，运算时“逢十进一”“借一当十”。例如，123 按权展开为

$$123 = 1\times10^2 + 2\times10^1 + 3\times10^0$$

（2）二进制

计算机以电子器件为基本部件，信息在计算机中是以电子器件的物理状态来表示的。如果计算机内部采用十进制数，不仅电子器件很难表示 0～9 这 10 个数字，而且实现运算的电路相当复杂。由于电子器件很容易确定两种不同的稳定状态，可直接表示二进制数的“0”和“1”，并且实现运算的电路相当简单，所以计算机中的信息都是用二进制数表示的。

二进制数的特点：每一位上出现的数字有两个（0 和 1）；从右往左每位上的权分别是 2^0，2^1，2^2，…，2^n；运算时“逢二进一”“借一当二”。在表示非十进制数时，通常用小括号将其括起来，数制以下标形式注在括号外。例如，$(10101101)_2$表示为

$$(10101101)_2 = 1\times2^7 + 0\times2^6 + 1\times2^5 + 0\times2^4 + 1\times2^3 + 1\times2^2 + 0\times2^1 + 1\times2^0 = 173$$

（3）八进制和十六进制

不难看出，用二进制数表示十进制数时需要很多位，这在书写和记忆时都很不方便。因此，为了方便，人们还采用八进制数和十六进制数。

八进制数的特点：每一位上出现的数字有 8 个（0～7）；从右往左每位上的权分别是 8^0，8^1，8^2，…，8^n；运算时“逢八进一”“借一当八”。例如，$(135)_8$表示为

$$(135)_8 = 1\times8^2 + 3\times8^1 + 5\times8^0 = 93$$

十六进制数的特点：每一位上出现的数字有 16 个，它们是 0～9 及 A、B、C、D、E、F（分别等于 10、11、12、13、14、15）；从右往左每位上的权分别是 16^0，16^1，16^2，…，16^n；运算时“逢十六进一”“借一当十六”。例如，$(2C7)_{16}$表示为

$$(2C7)_{16} = 2\times16^2 + 12\times16^1 + 7\times16^0 = 711$$

2. 数制的转换

（1）二进制数、八进制数、十六进制数转换为十进制数

转换方法：把要转换的数按位权展开，然后进行相加计算。

【例 1-1】 把 $(10101.101)_2$、$(2345.6)_8$和 $(2EF.8)_{16}$转换成十进制数。

解：

$$\begin{aligned}(10101.101)_2 &= 1\times2^4+0\times2^3+1\times2^2+0\times2^1+1\times2^0+1\times2^{-1}+0\times2^{-2}+1\times2^{-3}\\ &= 21.625\\ (2345.6)_8 &= 2\times8^3 + 3\times8^2 + 4\times8^1 + 5\times8^0 + 6\times8^{-1}\\ &= 1\,253.75\\ (2EF.8)_{16} &= 2\times16^2 + 14\times16^1 + 15\times16^0 + 8\times16^{-1}\\ &= 751.5\end{aligned}$$

（2）十进制数转换为二进制数、八进制数、十六进制数

转换分两步：整数部分用 2（或 8、16）一次次地去除，直到商为 0 为止，将得到的余数按出现的逆顺序写出；小数部分用 2（或 8、16）一次次地去乘，直到小数部分为 0 或达到有效的位数为止，将得到的整数按出现的顺序写出。

【例 1-2】 把 13.687 5 转换为二进制数。

解：整数部分（13）

$13 \div 2 = 6 \quad \cdots\cdots 1$

$6 \div 2 = 3 \quad \cdots\cdots 0$

$3 \div 2 = 1 \quad \cdots\cdots 1$

$1 \div 2 = 0 \quad \cdots\cdots 1$

$13 = (1101)_2$

小数部分（0.687 5）

$0.687\,5 \times 2 = \underline{1}.375$

$0.375 \times 2 = \underline{0}.75$

$0.75 \times 2 = \underline{1}.5$

$0.5 \times 2 = \underline{1}.0$

$0.687\,5 = (0.1011)_2$

$13.687\,5 = (1101.1011)_2$

【例 1-3】 把 654.3 转换为八进制数，小数部分精确到小数点后 4 位。

解：整数部分（654）

$654 \div 8 = 81 \quad \cdots\cdots 6$

$81 \div 8 = 10 \quad \cdots\cdots 1$

$10 \div 8 = 1 \quad \cdots\cdots 2$

$1 \div 8 = 0 \quad \cdots\cdots 1$

$654 = (1216)_8$

小数部分（0.3）

$0.3 \times 8 = \underline{2}.4$

$0.4 \times 8 = \underline{3}.2$

$0.2 \times 8 = \underline{1}.6$

$0.6 \times 8 = \underline{4}.8$

$0.3 \approx (0.2314)_8$

$654.3 \approx (1216.2314)_8$

【例 1-4】 把 6 699.7 转换为十六进制数，小数部分精确到小数点后 4 位。

解：整数部分（6 699）

$6\,699 \div 16 = 418 \quad \cdots\cdots 11$（B）

$418 \div 16 = 26 \quad \cdots\cdots 2$

$26 \div 16 = 1 \quad \cdots\cdots 10$（A）

$1 \div 16 = 0 \quad \cdots\cdots 1$

$6\,699 = (1A2B)_{16}$

小数部分（0.7）

$0.7 \times 16 = \underline{11}.2$（B）

$0.2 \times 16 = \underline{3}.2$

$0.2 \times 16 = \underline{3}.2$

$0.2 \times 16 = \underline{3}.2$

$0.7 \approx (0.B333)_{16}$

$6\,699.7 \approx (1A2B.B333)_{16}$

（3）二进制数转换为八进制数、十六进制数

因为 $2^3=8$，$2^4=16$，所以 3 位二进制数相当于 1 位八进制数，4 位二进制数相当于 1 位十六进制数。二进制数转换为八、十六进制数时，以小数点为中心分别向两边按 3 位或 4 位分组，最后一组不足 3 位或 4 位时，用“0”补足，然后把每 3 位或 4 位二进制数转换为八进制数或十六进制数。

【例 1-5】 把 $(1010101010.1010101)_2$ 转换为八进制数和十六进制数。

解：

$\underline{001}\ \underline{010}\ \underline{101}\ \underline{010}\ .\ \underline{101}\ \underline{010}\ \underline{100}$

$1\quad 2\quad 5\quad 2\ .\ 5\quad 2\quad 4$

即 $(1010101010.1010101)_2 = (1252.524)_8$

$\underline{0010}\ \underline{1010}\ \underline{1010}\ .\ \underline{1010}\ \underline{1010}$

$2\quad A\quad A\ .\ A\quad A$

即 $(1010101010.1010101)_2 = (2AA.AA)_{16}$

（4）八进制数、十六进制数转换为二进制数

这个过程是上述（3）的逆过程，1 位八进制数相当于 3 位二进制数，1 位十六进制数相当于

4 位二进制数。

【例 1-6】 把（1357.246）$_8$ 和（147.9BD）$_{16}$ 转换为二进制数。

解： 1 3 5 7 . 2 4 6

001 011 101 111 . 010 100 110

即（1357.246）$_8$=（1011101111.01010011）$_2$

1 4 7 . 9 B D

0001 0100 0111 . 1001 1011 1101

即（147.9BD）$_{16}$=（101000111.100110111101）$_2$

3．十进制、二进制、八进制和十六进制数值对照关系

表 1-2 所示为各数制的数值对照表。

表 1-2 十进制、二进制、八进制和十六进制数值对照表

十 进 制	二 进 制	八 进 制	十 六 进 制
0	0	0	0
1	1	1	1
2	10	2	2
3	11	3	3
4	100	4	4
5	101	5	5
6	110	6	6
7	111	7	7
8	1000	10	8
9	1001	11	9
10	1010	12	A
11	1011	13	B
12	1100	14	C
13	1101	15	D
14	1110	16	E
15	1111	17	F

1.3.3 计算机中的数据单位

计算机中的所有信息都是以二进制编码表示的，计算机中数据的最小单位是位，存储容量的基本单位是字节。

1．位

位，也称比特，记为 bit 或 b，是最小的数据度量单位，表示 1 个二进制数位。例如，（10101101）$_2$ 占有 8 位。

2．字节

字节，记为 Byte 或 B，一个字节表示 8 个二进制数位（1 Byte=8 bit）。字节是计算机中信息组织和存储的基本单位，也是计算机体系结构的基本单位。例如，$(10101101)_2$ 占有 1 个字节。

早期计算机没有字节概念，随着计算机逐渐从单纯用于科学计算扩展到数据处理领域，为了在体系结构上兼顾表示“数”和“字符”，20 世纪 50 年代中期，出现了“字节”。IBM 公司设计的第一台 Stretch 超级计算机，机器字长 64 位。对于字符而言，Stretch 打印机只有 120 个字符，每个字符用 7 位二进制数表示，因为 2^7=128，最多可以表示 128 个字符，可以满足要求。但是考虑到字符集可能需要扩充，就用 8 位字长表示一个字符，即 64 位可以容纳 8“字节”，这就是字节的来历。

为了便于衡量存储器的大小，统一用字节（Byte，B）为单位。为了便于二进制数的表示和处理，还有 4 个与物理学稍有不同的量：千字节（Kilobyte，kB）、兆字节（Mebibyte，MB）、十亿字节（Gigabyte，GB）、太字节（Terabyte，TB）。

- 1 kB = 1 024 B = 2^{10} B。
- 1 MB = 1 024 kB = 2^{20} B。
- 1 GB = 1 024 MB = 2^{30} B。
- 1 TB = 1 024 GB = 2^{40} B。

3．字长

字长，计算机一次能够同时（并行）处理的二进制位称为该机器的字长。字长是计算机的重要指标，反映计算机的计算能力和计算精度。字长越大，计算机处理数据越快。

1.3.4 计算机中字符的编码

计算机不仅能进行数值型数据的处理，而且能进行非数值型数据的处理。最常见的非数值型数据是字符数据。

字符数据包括西文字符（字母、数字、各种符号等）和汉字，即所有不可做算术运算的数据。这些数据在计算机中也是用二进制数表示的，每个字符对应一个二进制数，称为二进制编码。

1．ASCII

计算机中的数据都是用二进制编码表示的，表示字符的二进制编码称为字符编码。字符的编码在不同的计算机上应是一致的，这样便于交换与交流。目前计算机中普遍采用的是美国信息交换标准码（American Standard Code for Information Interchange，ASCII）。ASCII 由美国国家标准局制定，后被国际标准化组织（International Organization for Standardization，ISO）采纳，作为一种国际通用信息交换的标准代码。

ASCII 有 7 位码和 8 位码两种版本，国际通用的 ASCII 由 7 位二进制数组成，共能表示 128（2^7）个字符数据，包括计算机处理信息常用的英文字母、数字符号、算术运算符号、标点符号等。7 位 ASCII 如表 1-3 所示。

表 1-3 7 位 ASCII

ASCII 编码	编码的值	控制符号	ASCII 编码	编码的值	控制符号	ASCII 编码	编码的值	控制符号	ASCII 编码	编码的值	控制符号
0000000	0	NUL	0100000	32	SP	1000000	64	@	1100000	96	`
0000001	1	SOH	0100001	33	!	1000001	65	A	1100001	97	a
0000010	2	STX	0100010	34	"	1000010	66	B	1100010	98	b
0000011	3	ETX	0100011	35	#	1000011	67	C	1100011	99	c
0000100	4	EOT	0100100	36	$	1000100	68	D	1100100	100	d
0000101	5	ENQ	0100101	37	%	1000101	69	E	1100101	101	e
0000110	6	ACK	0100110	38	&	1000110	70	F	1100110	102	f
0000111	7	BEL	0100111	39	'	1000111	71	G	1100111	103	g
0001000	8	BS	0101000	40	(	1001000	72	H	1101000	104	h
0001001	9	HT	0101001	41	)	1001001	73	I	1101001	105	i
0001010	10	LF	0101010	42	*	1001010	74	J	1101010	106	j
0001011	11	VT	0101011	43	+	1001011	75	K	1101011	107	k
0001100	12	FF	0101100	44	,	1001100	76	L	1101100	108	l
0001101	13	CR	0101101	45	-	1001101	77	M	1101101	109	m
0001110	14	SO	0101110	46	.	1001110	78	N	1101110	110	n
0001111	15	SI	0101111	47	/	1001111	79	O	1101111	111	o
0010000	16	DLE	0110000	48	0	1010000	80	P	1110000	112	p
0010001	17	DC1	0110001	49	1	1010001	81	Q	1110001	113	q
0010010	18	DC2	0110010	50	2	1010010	82	R	1110010	114	r
0010011	19	DC3	0110011	51	3	1010011	83	S	1110011	115	s
0010100	20	DC4	0110100	52	4	1010100	84	T	1110100	116	t
0010101	21	NAK	0110101	53	5	1010101	85	U	1110101	117	u
0010110	22	SYN	0110110	54	6	1010110	86	V	1110110	118	v
0010111	23	ETB	0110111	55	7	1010111	87	W	1110111	119	w
0011000	24	CAN	0111000	56	8	1011000	88	X	1111000	120	x
0011001	25	EM	0111001	57	9	1011001	89	Y	1111001	121	y
0011010	26	SUB	0111010	58	:	1011010	90	Z	1111010	122	z
0011011	27	ESC	0111011	59	;	1011011	91	[	1111011	123	{
0011100	28	FS	0111100	60	<	1011100	92	\	1111100	124	|
0011101	29	GS	0111101	61	=	1011101	93	]	1111101	125	}
0011110	30	RS	0111110	62	>	1011110	94	^	1111110	126	~
0011111	31	US	0111111	63	?	1011111	95	_	1111111	127	DEL

ASCII 只对英文字母、数字和标点符号进行编码，有 34 个非图形字符（也称控制字符）。其余 94 个可打印字符，也称图形字符，从小到大排列有 0～9、A～Z、a～z，小写字母比大写字母的

码值大 32，即第六位为“1”或“0”，这有利于大小写字母间的编码转换。有些特殊编码容易记忆，例如：

“a”字符的编码为 1100001，对应的十进制数是 97，则“b”字符的编码为 98；

“A”字符的编码为 1000001，对应的十进制数是 65，则“B”字符的编码为 66；

“0”字符的编码为 0110000，对应的十进制数是 48，则“1”字符的编码为 49。

ASCII 是 7 位编码，但计算机大都以字节为单位进行信息处理。为了方便，人们一般将 ASCII 的最高位前增加一位“0”，凑成一个字节，便于存储和处理。即一个字符的标准 ASCII 占一个字节的存储容量，其最高位二进制数总为“0”。

2．汉字编码

汉字也是一种字符数据，在计算机中同样也用二进制数表示，称为汉字的机内码。用二进制数对汉字进行编码时应按标准进行编制。常用汉字编码标准有 GB/T 2312—1980、Big5、GBK 等。汉字机内码通常占两个字节，第一个字节的最高位是“1”，这样不会与存储 ASCII 码的字节混淆。

GB/T 2312—1980（GB 是“国标”二字的汉语拼音缩写，T 是“推荐”的意思）是在 1980 年由国家标准总局发布的汉字编码标准，全称为“信息交换用汉字编码字符集 基本集”。GB/T 2312—1980 习惯上称国标码或 GB 码，是一个简化汉字的编码，通行于我国大陆地区。

GB/T 2312—1980 包括了图形符号（序号、汉字制表符、日文和俄文字母等 682 个）和常用汉字（6 763 个，分两级，其中一级字库有 3 755 个汉字，按汉语拼音字母的次序排列；二级字库有 3 008 个汉字，按偏旁部首排列）。由于一个字节只能表示 256 种编码，不足以表示 6 763 个汉字，所以一个国标码用两个字节表示一个汉字，每个字节最高位为 0。

为避开 ASCII 中的控制码，GB/T 2312—1980 中的 6 763 个汉字被分成 94 行、94 列，代码表分 94 个区（行）和 94 个位（列）。由区号（行号）和位号（列号）构成区位码，区位码由 4 位十进制数字组成，前两位为区号，后两位为位号，区位码最多可以表示 8 836（94×94）个汉字。其中 01～09 区是特殊字符，10～55 区是一级汉字（按拼音顺序排列），56～87 区是二级汉字（按部首顺序排列），88～94 区没有使用，可以自定义汉字。

根据国标码，每个汉字与一个区号和位号对应，反过来，给定一个区号和位号，就可确定一个汉字或汉字符号。例如，“中”的区位码为“54 48”，位于第 54 行（区）、48 列（位）。“青”的区位码为“39 64”，在 39 行（区）、64 列（位）。

区位码是一个 4 位十进制数，国标码是一个 4 位十六进制数，为了与 ASCII 兼容，汉字输入区位码与国标码有一个换算关系：将汉字的十进制区号和十进制位号分别转换为十六进制，然后分别加上 20_H（十进制的 32），就成为汉字的国标码。例如，汉字“中”的区位码与国标码的转换。

区位码　5448_D　$(3630)_H$

国标码　8680_D　$(3630_H+20\,20_H)=5650_H$

1992 年通过的国际标准 ISO 10646，定义了一个用于世界范围各种文字及各种语言的书画形式的图形字符集，基本收全了全世界范围内使用的汉字。

有许多汉字没有包括在 GB/T 2312—1980 内，1995 年 12 月 15 日我国发布和实施了 GBK 编码，即《汉字内码扩展规范》，共收录 21 003 个汉字，支持国际标准 ISO 10646 中的所有汉字，也包含 Big5 编码中的所有汉字。只要计算机拥有了多语言支持功能，用户只需要简单地操作就可以在不同的汉字系统间转换。“微软拼音”“全拼”“紫光”等几种输入法都支持 GBK 字符集。2001 年我国发布了 GB 18030 编码标准，是 GBK 编码的升级，GB18030 编码编码空间约 160 万码位，目前已经纳入编码的汉字约 2.6 万个。

3．汉字的处理过程

计算机内部只能识别二进制编码，字符、汉字、声音、图像等各种信息都以二进制编码的形式存放在计算机中。从汉字编码的角度看，计算机对汉字信息的处理过程实际上是各种汉字编码间的转换过程。这些编码包括汉字输入码、汉字机内码、汉字地址码、汉字字形码等。汉字信息处理中的各编码及流程如图 1-5 所示。

图 1-5 汉字信息处理系统模型

从图 1-5 可以看出，通过键盘对每个汉字输入规定的代码（如拼音输入码），不论使用哪种汉字输入法，计算机都可以将每个汉字的输入码转换为相应的国标码，然后再转换为机内码，就可以在计算机内存储和处理。输出汉字时，汉字的机内码先通过简单的对应关系转换为相应的汉字地址码，然后通过汉字地址码对汉字库进行访问，从字库中提取汉字的字形码，最后根据字形数据显示和打印出汉字。

（1）汉字输入码

汉字输入码也称外码，是为将汉字输入到计算机而设计的代码。利用计算机标准键盘上按键的不同排列组合对汉字的输入进行编码，这种编码就是汉字输入码。汉字输入编码的开发研究种类已达数百种，但是目前还没有比较好的输入编码。好的输入编码应是编码短，可以减少击键次数；重码少，可以实现盲打；易学易记，便于学习和掌握。目前常用输入法类别有音码、形码、语音输入、手写输入或扫描输入等。区位码也是一种输入码，其优点是一字一码的无重码输入，缺点是代码难记。

同一汉字，不同的输入法下有不同的输入码，如“中”的全拼输入码是“zhong”，双拼输入码是“vs”，五笔字型的输入码是“kh”，不同的输入码通过输入字典统一转换为国标码。

（2）汉字机内码

汉字机内码即汉字内码，是计算机内部存储、处理和传输汉字而使用的汉字编码。汉字内码的形式也多种多样。目前，对应于国标码，一个汉字也用 2 个字节存储，并把每个字节的最高二进制位置“1”作为汉字内码的标识，以免与单字节的 ASCII 产生歧义。如果用十六进制数表示汉字编码，就是把汉字国标码的每个字节上加一个 $(80)_H$，即二进制的 10000000。所以汉字国标码与汉字内码关系为

汉字的内码=汉字国标码+ $(8080)_H$

例如“中”的国标码为 $(5650)_H$，“中”的内码 =“中”的国标码 $(5650)_H$+ $(8080)_H$= $(D6D0)_H$，二进制表示为 $(01010110\ 01010000)_B$ + $(10000000\ 10000000)_B$ = $(11010110\ 11010000)_B$。

可以看出，西文字符的内码是 7 位 ASCII，一个字节的最高位为“0”，每个西文字符的 ASCII 值都小于 128。为了与 ASCII 兼容，汉字用两个字节存储，区位码再分别加上 20H，就成为汉字的国标码。在计算机内部为了能够区分汉字内码和 ASCII，将国标码每个字节的最高位由“0”变为“1”（也就是说汉字内码的每一个字节都大于 128），变换后的国标码称为汉字内码。

（3）汉字地址码

汉字地址码指汉字字模库（这里主要指整字形的点阵字模库）中存储各汉字字形信息的逻辑地址码。需要向输出设备输出汉字时，必须通过地址码对汉字库进行访问。汉字库中，字形信息都是按一定顺序（大多数按标准汉字交换码中汉字的排列顺序）连续存放在存储介质中，所以汉字地址码也大多是连续、有序的，而且与汉字内码间有简单的对应关系，以简化汉字内码到汉字地址码的转换。

（4）汉字字形码

经过计算机处理的汉字信息，必须将汉字内码转换成人们可读的方块汉字，才能显示或打印出来供阅读。汉字字形码又称汉字字模，用于将汉字在显示屏显示或打印机输出。汉字字形码通常有两种表示方式是点阵和矢量。

用点阵表示字形时，汉字字形码指的是这个汉字字型点阵的代码。根据输出汉字要求的不同，点阵的多少也不同。简易型汉字为 16×16 点阵，普通型汉字为 24×24 点阵，提高型汉字为 32×32 点阵、48×48 点阵，等等。图 1-6 所示为“次”的 16×16 字形点阵和代码。

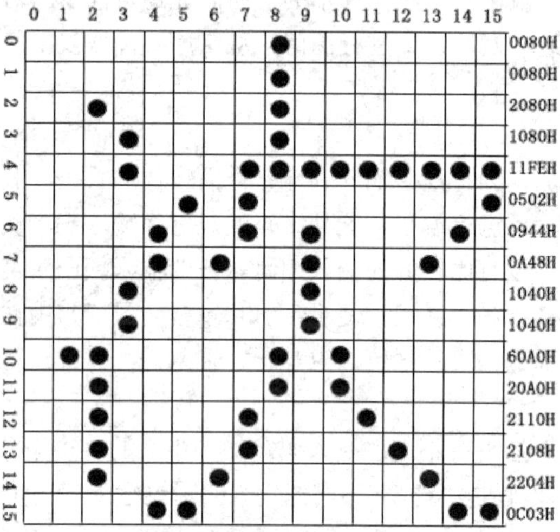

图 1-6　汉字字形点阵机器编码

在 16×16 网格中用点描出一个汉字，如“次”，网格分 16 行、16 列，每个小格用 1 位二进制编码表示，有点的用“1”表示，没有点的用“0”表示。从上到下，每一行需要 16 个二进制位，占 2 个字节，如第三行的点阵编码是 $(2080)_H$，描述整个汉字的字形需要 32 个字节的存储空间。汉字的点阵字形编码仅用于构造汉字的字库，不同的字体一般有不同的字库，字库中存储了每个汉字的点阵代码。字模点阵只能用于构成“字库”，不能用于机内存储。输出汉字时，先根据汉字的内码从字库中提取汉字的字形数据，再根据字形数据显示和打印输出汉字。

点阵规模越大，字形越清晰、美观，所占存储空间也越大。两级汉字大约占用 256 kB。字形放大后产生的效果差是点阵表示方式的缺点。

矢量表示方式存储的是描述汉字字形的轮廓特征，当要输出汉字时，通过计算机的计算，由汉字字形描述生成所需大小和形状的汉字点阵。矢量化字形描述最终文字显示的大小，与分辨率无关，因此可以实现高质量的汉字输出。Windows 系列计算机系统中使用的 TrueType 技术就是汉字的矢量表示方式，这种方式解决了汉字点阵字形放大后出现锯齿现象的问题。

4．其他汉字内码

GB/T 2312—1980 国标码只能表示和处理 6 763 个汉字，为了便于全球信息交流，统一表示世界各地的文字，各级组织公布了各种汉字内码。

① GBK 码（汉字内码扩展规范）是我国制定的，是 GB/T 2312—1980 码的扩充，对 20 000 多个繁简体汉字进行了编码。这种内码以 2 字节表示一个汉字，第一个字节为（81）$_H$～（FE）$_H$，第二个字节为（40）$_H$～（FE）$_H$。虽然第二个字节最左边不一定是 1，但因为汉字内码总是 2 字节连续出现，所以即使 GBK 码与 ASCII 混在一起，计算机也能正确识别。

② UCS 码（通用多 8 位编码字符集）是国际标准化组织为各种语言字符制定的编码标准。ISO/IEC 10646 字符集中的每个字符用 4 个字节（组号、平面号、行号和字位号）唯一地表示，第一个平面（00 组中的 00 平面）称为基本多文种平面（Basic Multilingual Plane，BMP），包含字母文字、音节文字以及中、日、韩（CJK）的表意文字等。

③ Unicode 编码是另一个国际编码标准，是通用的多文种字符集，最初由苹果公司发起制定，后得到计算机界的支持，被多家计算机厂商组成 Unicode 协会进行开发，成为能够用双字节编码统一表示几乎全世界所有书写语法的字符编码标准。

Unicode 编码可容纳 65 536 个字符编码，可以解决多语言的计算问题，如不同国家的字符标准，允许交换、处理和显示多语言文本以及公用的专业符号和数学符号。Unicode 编码适用于目前所有已知的编码。随着人们数据交换的需求的增长，Unicode 编码成为当今重要的交换和显示的通用字符编码标准。目前，Unicode 编码在网络、Windows 系统和很多大型软件中都得到了应用。

④ Big5 码是一个繁体汉字编码标准。

1.4 计算机系统

计算机系统由硬件系统和软件系统两部分组成。

硬件系统和软件系统是相互补充、相互促进的。例如，早期计算机软件的种类很少，随着其硬件的发展，多种多样的软件被开发出来了。再如许多新推出的操作系统（如 Windows Vista）非常庞大，在配置较低的硬件系统上无法发挥其优势，这又迫使计算机硬件不断发展。

1.4.1 计算机硬件系统

计算机硬件是指组成一台计算机的各种物理装置，它是计算机工作的物质基础。没有硬件就不能称其为计算机。不同计算机在性能、用途和规模上有所不同，但基本结构都遵循冯·诺依曼型体系结构，符合这种设计的计算机也称冯·诺依曼计算机。冯·诺依曼计算机由运算、控制、存储、输入和输出 5 部分组成。

1．运算器

运算器（Arithmetic Unit，AU）是计算机处理数据、形成信息的加工厂，它的主要功能是对二进制编码进行各种算术运算和逻辑运算，也称算术逻辑部件（Arithmetic and Logic Unit，ALU）。

算术运算就是数的加、减、乘、除、乘方、开方等数学运算，逻辑运算是指逻辑变量间的运算，即通过与、或、非、异或等基本操作对二进制数进行逻辑判断。运算器的运行使计算机完成各种复杂操作，参与运算的数是在控制器统一指挥下从内存储器取出到运算器，由运算器完成运算任务。

运算器的核心是加法器（Adder），计算机运行时，各种运算均可归结为相加和移位这两个基本操作。为了将操作数暂时存放、将每次运算的中间结果暂时保留，运算器还需要若干个寄存数据的寄存器（Register）。若一个寄存器既保存本次运算结果又参与下次运算，它的内容就是多次累加的和，这样的寄存器又叫累加器（Accumulator，ACC）。

运算器处理的对象是数据，处理的数据来自存储器，处理后的结果通常送回存储器或暂存在运算器中，数据的长度和表示方法对运算器的性能影响很大。计算机的运算精度取决于字长长度，字长越长，处理的数的范围越大，运算精度越高，处理速度越快。

以“2+3=？”的计算机工作过程为例，在控制器作用下，计算机分别从内存中读取操作数 $(10)_2$ 和 $(11)_2$，将其暂存在寄存器 A 和寄存器 B 中。运算时，两个操作数同时传送至 ALU，并完成加法操作。根据需要，执行后的结果可传送至存储器的指定单元或运算器的某个寄存器中，如图 1-7 所示。

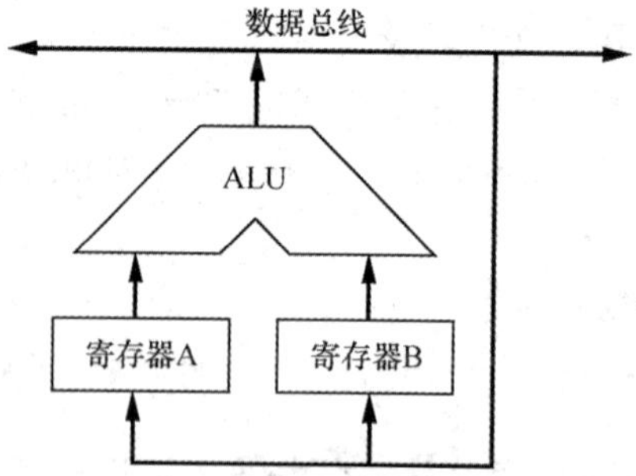

图 1-7　运算器结构示意

与运算器相关的性能指标包括计算机的字长和运算速度，运算器的性能指标是衡量计算机性能的重要因素之一。

Intel 和 AMD 微处理器大多支持 32 位或 64 位字长，对应的机器可以并行处理 32 位或 64 位的二进制算术运算和逻辑运算。

运算速度通常是指计算机每秒能够执行加法指令的数目，常用的有百万次/秒（Million Instructions Per Second，MIPS），能够直观表示机器的速度。

2．控制器

控制器（Controller Unit，CU）是计算机的“心脏”和控制指挥中心。控制器的功能是指挥、协调计算机各相关硬件工作。

控制器根据指令计数器中指定的地址从内存取出一条指令，对指令进行译码，再由操作控制部件有序地控制各部件完成操作码规定的功能。控制器还记录操作中各部件的状态，使计算机能有条不紊地自动完成程序规定的任务。

控制器由指令寄存器（Instruction Register，IR）、指令译码器（Instruction Decoder，ID）、操作控制器（Operation Controller，OC）和程序计数器（Program Counter，PC）4 个部件组成，如

图 1-8 所示。IR 用于保存当前执行或即将执行的指令代码；ID 用于解析和识别 IR 中所存放指令的性质和操作方法，是控制器中的主要部件之一；OC 根据 ID 的译码结果，产生该指令执行过程中所需的控制信号和时序信号；PC 保存下一条要执行的指令地址，使程序可以自动持续地运行。

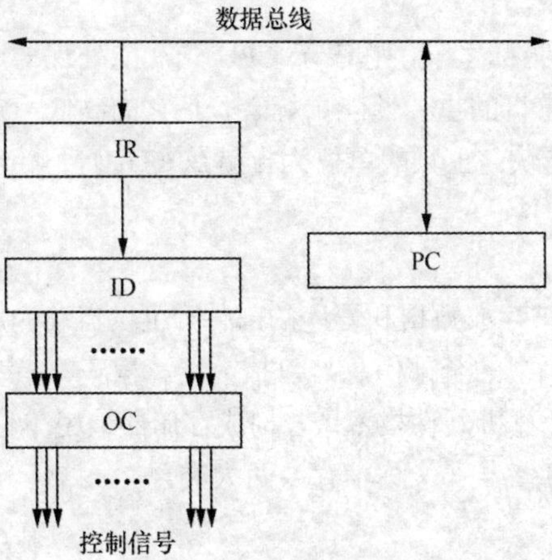

图 1-8 控制器结构示意

（1）机器指令

机器指令（简称指令）是计算机能够识别和执行的语言，使计算机按照人的意识和思维正确运行。机器指令是一个有固定格式的二进制代码串，用来描述计算机可以理解并执行的基本操作。计算机只能执行指令，并被指令控制。机器指令的基本格式如图 1-9 所示。

操作码	源操作数（或地址）	目的操作数（或地址）

图 1-9 机器指令的基本格式

机器指令通常由操作码和操作数组成。操作码指出该指令所要完成的操作的性质和功能，操作数指出操作码执行时的操作对象。操作数的形式可以是数据本身，也可以是存放数据的内存单元地址或寄存器名称，操作数分为源操作数（指明参与运算的操作数来源）和目的操作数（指明保存运算结果的存储单元地址或寄存器名称）。

（2）指令的执行过程

计算机的工作过程就是按照控制器的控制信号自动有序地执行指令的过程，指令是计算机正常工作的前提。所有程序都是由一条条指令序列组成的，每执行一条机器指令需要取指令、分析指令、生成控制信号、执行指令，执行过程如下。

① 取指令：根据程序计数器中的值，在对应地址的存储单元中取当前要执行的指令，送到指令寄存器中。

② 分析指令：指令译码器分析该指令（即译码）。

③ 生成控制信号：操作控制器根据指令译码器的输出（译码结果），按照一定顺序产生执行该指令所需的控制信号。

④ 执行指令：在控制信号的作用下，计算机各部分完成相应操作，实现数据的处理和结果的保存。

⑤ 重复执行：根据程序计数器中的新指令地址，计算机重复执行上述 4 个过程直至执行到指令结束。

运算器和控制器又统称为中央处理器（Central Processing Unit，CPU），CPU 是计算机系统的核心硬件。在微型计算机中，CPU 通常也叫微处理器（Micro Processor Unit，MPU），微处理器与微型计算机的发展是同步的。

字长是 CPU 的主要性能指标之一，它表示 CPU 一次能处理二进制数据的位数，时钟主频指 CPU 的时钟频率，是微型计算机的重要性能指标之一，它的高低一定程度上决定了计算机速度的快慢，一般主频越高，速度越快。主频的单位为吉赫兹（GHz）。随着微处理器的发展，微型计算机的主频也在不断增高。

3．存储器

存储器（Memory）是用来存放数据和程序的部件，可以自动完成程序或数据的存取，是计算机系统中的记忆设备。计算机中的全部信息，包括数据、程序、指令以及运算的中间数据和最后结果都存放在存储器中。在计算机硬件技术中，构成存储器最小单位是二进制位 bit。存储器分为内存储器（又称主存）和外存储器（又称辅存）两大类。

（1）内存储器

内存储器（内存）是主板上的存储部件，存储当前正在执行的数据、程序和结果。内存储器容量小，能直接与 CPU 交换信息，存取速度快。内存储器按功能又可分为 RAM 和 ROM。

通常所说的计算机内存容量均指 RAM 的存储容量，即计算机主存。RAM 有两个特点，第一个特点是可读/写性，RAM 既可以进行读操作，又可以进行写操作，读出时并不损坏原来存储的内容，只有写入时才修改原来所存储的内容；第二个特点是易失性，断电后，存储内容立即消失，因此微型计算机每次启动都要对 RAM 重新配置。

① 随机存储器。

RAM 可分为动态随机存储器（Dynamic Random Access Memory，DRAM）和静态随机存储器（Static Random Access Memory，SRAM）。计算机内存条采用的是 DRAM，如图 1-10 所示，DRAM 中“动态”指的是每隔一定时间对存储信息刷新一次。DRAM 采用电容存储信息，电容存在漏电现象，存储的信息会变，需要设计额外电路对内存不断刷新。DRAM 集成度高、功率低、成本低。SRAM 是用触发器存储信息，只要电源供电正常，触发器就能稳定地存储信息，无须刷新，所以 SRAM 的存取速度比 DRAM 的存取速度快，但是 SRAM 的缺点是集成度低、功率大、价格高。

图 1-10　内存条

常见的 RAM 如下。

- 同步动态随机存储器（Synchronous Dynamic Random Access Memory，SDRAM）是目前奔

腾计算机系统普遍使用的内存，它的刷新周期和系统时钟同步，使 CPU 与 RAM 以相同的速度同步工作，减少数据存取时间。

- 双倍速度同步动态随机存储器（Double Data Rate Synchronous Dynamic Random Access Memory，DDR SDRAM）使用更多更先进的同步电路，它的速度是标准 SDRAM 的两倍。
- 存储器总线式动态随机存储器（Rambus Dynamic Random Access Memory，RDRAM）广泛应用于多媒体领域。

② ROM 存放的信息一般由计算机生产厂家写入并经固化处理，用户无法修改，CPU 对 ROM 只读不取，即使断电，这些数据也不会丢失。ROM 一般存放计算机系统管理程序，如监控程序、基本输入/输出系统模块（Basic Input/Output System，BIOS）等。ROM 的读取速度比 RAM 的读取速度慢很多。

常见的 ROM 如下。

- 可编程只读存储器（Programmable Read-Only Memory，PROM），可对 ROM 实现写操作，其内部有行列式的镕丝，视需要利用电流将其烧断，写入所需信息，但只能写入一次，所以也被称为“一次可编程只读存储器”。
- 可擦可编程只读存储器（Erasable Programmable Read-Only Memory，EPROM），可以反复擦写数据，利用高电压将信息编程写入，擦除时将线路曝光于紫外线下，可清空信息。EPROM 在封装外壳上通常会预留一个石英透明视窗以方便曝光。编程后的 EPROM 芯片的“石英玻璃窗”一般使用黑色不干胶纸盖住，以防止遭到阳光直射。
- 电可擦可编程只读存储器（Electrically-Erasable Programmable Read-Only Memory，EEPROM）可实现数据的反复擦写，其使用原理与 EPROM 类似，擦除时使用高电场，不需要透明视窗曝光。

③ 高速缓冲存储器（简称缓存）是为了解决 CPU 与内存速度不匹配的问题，为提高存储器速度而设计的。因为 SRAM 比 DRAM 的存储速度快，所以 Cache 一般采用 SRAM 存储芯片。

- 局部性原理是 Cache 产生的理论依据。局部性原理指计算机程序在时间和空间都表现出“局部性”。
- 时间局部性（Temporal Locality）：最近被访问的内存内容（指令或数据）很快还会被访问，程序循环、堆栈等是产生时间局部性的原因。
- 空间局部性（Spatial Locality）：靠近当前正在被访问内存的内存内容很快也会被访问。

内存读写速度制约了 CPU 执行指令的效率，而 Cache 缓解了 CPU 和内存速度间的矛盾。Cache 是小型存储器，存取速度接近 CPU，它的容量比内存小。Cache 中存放 CPU 最常访问的指令和数据。根据局部性原理，当 CPU 存取某一内存单元时，计算机硬件自动将包括该单元在内的临近单元内容都调入 Cache，CPU 存取信息可先从 Cache 中查找；若有信息，则将信息直接传送给 CPU；若无信息，则继续从内存中查找，同时将含有该信息的整个数据块从内存复制到 Cache。Cache 中内容命中率越高，CPU 执行效率越高。可以采用各种 Cache 替换算法（Cache 内容和内存内容的替换算法）提高 Cache 命中率。

Cache 按功能通常分为两类：CPU 内部的 Cache 和 CPU 外部的 Cache。CPU 内部的 Cache 称为一级 Cache，负责 CPU 内部的寄存器与外部的 Cache 之间的缓冲，是 CPU 内核的一部分；CPU 外部的 Cache 称为二级 Cache，用于弥补 CPU 内部 Cache 容量过小的不足，负责整个 CPU 与内存之间的缓冲，相对 CPU 它是独立的部件。少数高端处理器还集成了三级 Cache，三级 Cache 是为了读取二级 Cache 中的数据而设计的一种缓存。在具有三级 Cache 的 CPU 中，从内存调用的数据很少，CPU 效率高。

④ 内存储器的性能指标如下。

- 存储容量：指一个存储器包含的存储单元总数，存储容量反映了内存存储空间的大小。
- 存取速度：一般用存储周期（也称读写周期）表示，存储周期是指 CPU 从内存储器中存（或取）一次数据所用的时间，以纳秒（ns）为单位。存储周期的数值越小，存取速度越快。

（2）外存储器

随着信息技术的发展，信息处理的数据量越来越大，但内存容量有限，需要配置外存储器（简称外存）。外存可存放大量程序和数据，断电后数据不会丢失。常见的外部存储器有硬盘、闪速存储器（U 盘）、光碟等。

① 硬盘（Hard Disk）是非常重要的计算机外部存储设备，它由磁盘片、读写控制电路和驱动机构组成。硬盘的精密度高，存储容量大，存取速度快。操作系统、可运行的程序文件和用户数据文件通常保存在硬盘上。

硬盘内部包含多个安装在一个同心轴上的盘片，每个盘片有上下两个盘面，每个盘面被划分为磁道和扇区，磁面上的磁道是一组同心圆。磁盘的读写物理单位是扇区。硬盘的每个盘面有一个读写磁头，任何时刻所有磁头保持在不同盘面的同一磁道，即同步工作状态。硬盘读写数据时，磁头与磁盘表面始终保持一个很小的间隙以实现非接触式读写，微小的间隙是靠硬盘高速旋转时带动的气流来维持的，不是靠驱动器的控制电路。由于磁头很轻，硬盘旋转时，气流使磁头漂浮在磁盘表面。磁盘内部结构如图 1-11 所示，将盘片、磁头、电机驱动部件、读/写电路等做成一个不可随意拆卸的整体并密封起来组成硬盘。磁盘的防尘性能好、可靠性高，对环境要求不高。

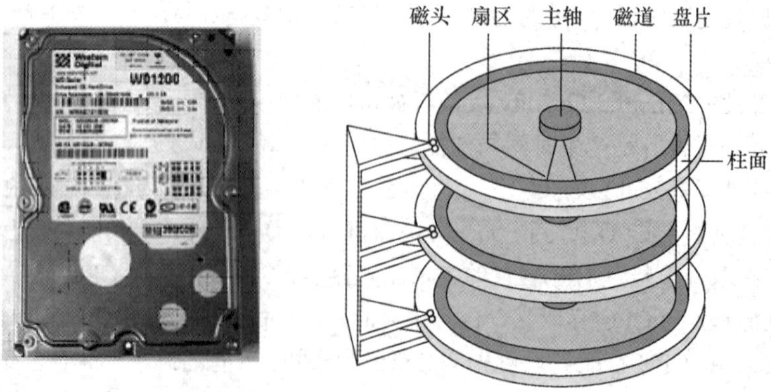

图 1-11 硬盘与其内部结构示意

硬盘容量由磁头数 H（Heads）、柱面数 C（Cylinders）、每个磁道的扇区数 S（Sectors）和每个扇区的字节数 B（Bytes）这些参数决定。

硬盘总容量 = 磁头数 × 柱面数 × 每个磁道的扇区数 × 每个扇区的字节数

硬盘接口指硬盘与主板的连接部分。常见的硬盘接口有高级技术附件（Advanced Technology Attachment，ATA）接口[见图 1-12（a）]、串行高级技术附件（Serial Advanced Technology Attachment，SATA）接口和小型计算机系统接口（Small Computer System Interface，SCSI）[见图 1-12（b）]。ATA 接口和 SATA 接口主要用在个人计算机中，SCSI 主要用于中、高端服务器和高档工作站中。硬盘接口的性能指标是数据传输速率，即硬盘支持的外部数据传输速率。ATA 并口线抗干扰能力差，且排线占空间，不利于计算机散热，所以它逐渐被 SATA 接口取代。SATA 也称串口硬盘，采用串行连接方式，数据传输速率为 150 Mbit/s。SATA 总线使用嵌入式时钟信号，有更强的纠错功能，具有结构简单和支持热插拔等优点。SCSI 具有应用范围广、带宽大、CPU 占有率低以及支持热插拔等优点。

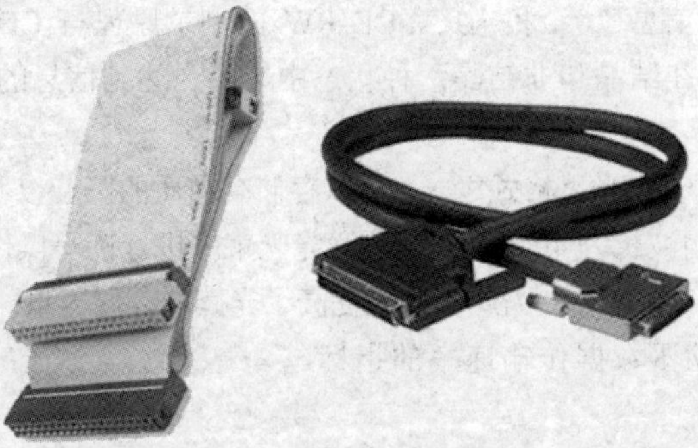

（a）ATA接口　　（b）SCSI

图 1-12　ATA 接口与 SCSI

硬盘转速指硬盘内电机主轴的转动速度，即硬盘盘片一分钟内旋转的最大转速。转速快慢是标志硬盘档次的重要参数之一，是决定硬盘内部数据传输速率的关键因素之一，很大程度上直接影响硬盘的数据传输速率。转速越快，硬盘与内存之间的数据传输速率越大。硬盘转速单位是转/分（Revolutions Per Minute，r/min）。

硬盘驱动器和盘片是密封在一起的，不能随意更换盘片。硬盘可以是多张盘片组成的盘片组。硬盘的技术指标除了容量外，另一个是转速。

② 闪速存储器（Flash Memory）是一种新型非易失性半导体存储器（即 U 盘，也简称“闪存”），是 EEPROM 的变种。与 EEPROM 不同的是，闪速存储器能以固定区块为单位进行删除和重写，而不是整个芯片擦写。它具备 RAM 存储器速度快的优点，又具备 ROM 的非易失性，即在无电源状态仍保持片内信息，不需要特殊的高电压就可以实现片内信息的擦除和重写。

当前计算机都配有 USB 接口，支持即插即用。在 Windows 7 操作系统下，闪存通过 USB 接口即插即用，无须驱动程序，使用方便。近几年的闪速存储产品具有小巧、轻便、价格低廉、存储量大的优势。

③ 光碟（Optical Disc）是以光信息作为存储的载体并用来存储数据的一种物品。光碟通常分只读光碟和可记录型光碟。只读光碟包括 CD-ROM、DVD-ROM 等；可记录型光碟包括 CD-R、CD-RW、DVD-R、DVD+R、DVD+RW、蓝光光碟（Blu-ray Dise，BD）等类型。

只读光碟是用一张母盘压制而成的，上面的数据只能读取，不能写入或修改。母盘上记录的数据呈螺旋状，由中心向外散开，信息存储在盘中螺旋形光道中，光道内排列着一个个蚀刻的“凹坑”，这些“凹坑”和“平地”用来记录二进制的“0”和“1”。利用激光束扫描光碟，根据激光在小坑上的反射变化得到数字信息，读取 CD-ROM 上的数据。

CD-ROM 的特点是只能写一次，写完后的数据不能被改写，但可以被多次读取，可用于重要数据的长期保存。刻录时，使用大功率激光照射 CD-ROM 碟片的染料层，通过染料层发生的化学变化产生“凹坑”和“平地”两种状态，用来记录二进制的“0”和“1”。这种变化是一次性的，不能恢复，所以 CD-ROM 的特点是只能写入一次。

CD-RW 的碟片记录层由镀有银、铟、硒或碲的材质形成，这种材质能够呈现结晶和非结晶两种状态，用来表示数字信息“0”和“1”。CD-RW 的刻录原理与 CD-ROM 的大致相同，通过激光束的照射，材质可以在结晶和非结晶两种状态中转换，达到信息的写入和擦除并可重复擦除的目的。

BD 是 DVD 之后的下一代光碟格式之一，用以存储高品质的影音以及高容量的数据。蓝光光碟（BD）的命名是由于其采用波长为 405nm 的蓝色激光光束来进行读写操作。通常波长越短的激光在单位面积上记录或读取的信息越多，因此，蓝光提高了光碟的存储容量。

倍速是衡量光碟驱动器数据传输速率的指标。

（3）层次结构

单独使用一种或孤立使用若干种存储器不能同时满足存取速度快、存储容量大和存储位价（存储每一位的价格）低的要求，在计算机系统中通常将速度、容量和价格各不相同的多种存储器按照一定体系结构连接起来，形成多级存储器结构，构成存储器系统。如图 1-13 所示，存储器层次结构由上而下，速度变慢，容量增大，价格下降。

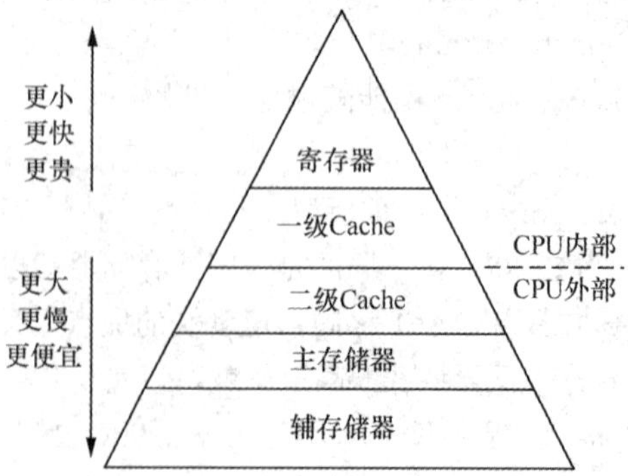

图 1-13　存储器层次结构

现代计算机基本都采用“Cache—主存”层次和“主存—辅存”层次的存储系统。“Cache—主存”层次解决 CPU 和主存速度不匹配问题。“主存—辅存”层次解决存储器系统容量问题。在存储系统中，CPU 可直接访问 Cache 和主存，辅存通过主存与 CPU 交换信息。

4．输入设备

输入设备（Input Devices）的任务是接受操作者提供给计算机的原始信息和数据，如文字、图形、图像、声音等，并将其转变为计算机能够识别的二进制代码供 CPU 处理，是操作者与计算机系统内部之间进行信息交换的主要装置之一。如用键盘输入信息，敲击键盘上的每一个键都能产生相应的电信号，再由电路板转换成相应的二进制代码送入计算机。常用输入设备有键盘、鼠标、摄像头、扫描仪、光笔、手写输入板、游戏杆、语音输入装置、脚踏鼠标、手触输入、传感等，输入设备的使用越来越方便。下面介绍其中主要的输入设备。

（1）键盘

键盘（Key Board）是最常用也是最主要的输入设备，是操作者与计算机间联系对话的工具，主要用于输入字符信息。常见键盘有 101 键、102 键、104 键、多媒体键盘、手写键盘、人体工程学键盘、红外线遥感键盘、光标跟踪球的多功能键盘和无线键盘等。键盘的形状符合两手的摆放姿势，操作起来特别轻松。键盘接口规格有 PS/2 和 USB 两种。

传统键盘是机械式的，通过导线连接到计算机。每个键为独立的微动开关，每个微动开关产生的信号由键盘电路编码输入计算机进行处理。

键盘上的字符分布根据字符使用频率确定，灵活的手指分管使用频率较高的键位，左右手分管键盘的两边，并分别放在基本键上，如图 1-14 所示。

图 1-14 键盘手指分工

（2）鼠标

鼠标（Mouse）通常有两个按键和一个滚轮，当它在平板上滑动时，显示屏上的指针（光标）也跟着移动，“鼠标”由此得名。鼠标可以用于对当前屏幕上的光标进行定位，也可用来选择菜单、命令和文件，是多窗口环境下必不可少的输入设备。

（3）其他输入设备

除了键盘、鼠标外，输入设备还包括扫描仪、条形码阅读器、触摸屏、光笔、语音输入设备（话筒）和图像输入设备（数码相机、数码摄像机）等，如图 1-15 所示。

扫描仪　　数码相机　　数码摄像机

图 1-15　输入设备

扫描仪是一种图形图像输入设备，可以直接将图形、图像、照片或文本输入计算机。文本文件经过扫描后运用文字识别软件进行识别，就可保存文字文件。利用扫描仪输入图形图像广泛应用于多媒体计算机中。扫描仪通常采用支持热插拔的 USB 接口，使用方便。

条形码阅读器是一种连接在计算机上使用并能够识别条形码的扫描装置。当条形码阅读器从左往右扫描条形码时，可以把不同宽窄的黑白条纹翻译成相应的编码供计算机使用。超市用条形码阅读器来管理商品，图书馆用条形码阅读器来管理图书。

触摸屏由安装在显示器屏幕前面的检测部件和触摸屏控制器组成，触摸屏控制器检测手或身体触摸的位置，通过接口（RS-232 串行口或 USB 接口）送到主机。触摸屏将输入和输出集中到一个设备上，简化了交互过程。与传统的键盘和鼠标输入方式比，触摸屏输入更直观。配合识别软件，触摸屏可以实现手写输入。它在公共场所或展示、查询等场合应用广泛。触摸屏有 3 个缺点：一是价格贵，性能好的触摸屏比一台主机价格贵；二是抗干扰能力有限；三是由于用户使用手指点击，以致显示的分辨率不高。触摸屏种类很多，按安装方式可分为外挂式、内置式、整体式和投影仪式等，按结构技术可分为红外线技术触摸屏、电容技术触摸屏、电阻技术触摸屏、压力传感技术触摸屏、表面声波技术触摸屏和电磁感应触摸屏等。

光笔是在相应的软件和硬件的配合下，实现在显示屏上作图、改图和放大图像等功能的输入设备。

将数字处理和摄影技术结合的数码相机和数码摄像机，能够将所拍摄的影像资料以数字文件的形式传送给计算机，通过处理软件对影像进行编辑、保存、浏览和输出。

5．输出设备

输出设备（Output Devices）的主要功能是把计算机处理后的各种数据或信息转换为人们能够接受的形式（如文字、图形、图像和声音等）表达出来。如在纸上打印出印刷符号或在屏幕上显示字符、图形等。输出设备是人与计算机交互的部件，常用的有显示器、打印机、绘图仪、影像输出设备、语音输出设备、磁记录设备等。下面介绍几种常见的输出设备。

（1）显示器

显示器也称监视器，是微机中的重要输出设备之一，是人机交互必不可少的设备。显示器可以显示文本、数字、图形、图像和视频等多种不同类型的信息。

① 常用的显示器有阴极射线管显示器（Cathode Ray Tube，CRT）和液晶显示器（Liquid Crystal Display，LCD）。CRT 包括球面显示器和纯平显示器，纯平显示器视觉效果好，已经取代球面显示器。液晶显示器为平板式，有体积小、重量轻、功率低、辐射小的优点，现成为主

流显示器。

② 显示器的主要性能如下。

- 像素（Pixel）与点距（Dot Pitch）：屏幕上独立显示的点称像素，屏幕上两个相邻像素间的距离叫点距，显示效果受点距直接影响，点距越小，分辨率越高，显示器的清晰度就越高。像素越小，相同字符面积下像素点就越多，显示的字符就越清晰。
- 分辨率：每帧的线数和每线的点数的乘积，即整个屏幕上像素的数目（列×行），就是显示器的分辨率。乘积数越大，分辨率越高，分辨率是衡量显示器的常用指标。常见的分辨率有 640 像素×480 像素（256 种颜色）、1 024 像素×768 像素、1 280 像素×1 024 像素等。如分辨率 1 024 像素×768 像素表示水平方向上有 1 024 个像素，垂直方向上有 768 个像素。
- 显示存储器（简称显存）：与系统内存一样，显存大，可存储的图像数据就多，支持的分辨率与颜色数高。显存容量与分辨率关系的计算公式：所需显存=图形分辨率 × 色彩精度/8。

每个像素需要 8 位（1 个字节），显示真彩色时，每个像素需要 3 个字节，分辨率较高的显示器性能较好，显示的图像质量较好。

显示器的尺寸以显示屏的对角线长度衡量，目前主流产品以 17 英寸（1 英寸为 2.54cm）和 19 英寸屏幕尺寸为主。

液晶显示器的主要技术指标有分辨率、显示速度、亮度和对比度等。

③ 显示卡又称显卡或显示适配器（Display Adapter）。计算机的显示系统由显示器和显示卡组成，图 1-16 所示为显示器通过显示器接口（即显示卡）与主机连接，所以显示器必须与显示卡匹配。显示卡主要由显示控制器、显示存储器和接口电路组成。显示卡的作用是在显示驱动程序的控制下，接收 CPU 输出的显示数据，按照显示的格式变换数据并将其存储在显存中，再把显存中的数据按照显示器要求的方式输出到显示器。

图 1-16 CRT、LCD 显示器和显示卡

根据所采用的总线标准，显示卡有 ISA、VESA、PCI、VGA 兼容卡（SVGA 和 TVGA 是两种较流行的 VGA 兼容卡）、加速图形接口卡（Accelerated Graphic Ports，AGP）和 PCI-Express 等，它们插在扩展槽上。早期的 ISA、VESA 除了在原机器上使用，市场上已经少见。AGP 在保持 SVGA 的显示特性的基础上，采用 AGP 高速显示接口，显示性能更优良。按照传输能力，AGP 包括

AGP 2X、AGP 4X 等，目前 PCI-Express 接口的显卡替代 AGP 成为主流。

（2）打印机

打印机是将文字或图形信息输出到打印纸上以供阅读和保存的计算机外部设备，是计算机常用的输出设备之一，也是品种、型号较多的输出设备之一。打印机主要有针式打印机（也称点阵打印机）、喷墨打印机和激光打印机 3 类，如图 1-17 所示。

图 1-17　针式、喷墨、激光打印机

① 针式打印机。针式打印机主要由打印头、小车机构（运载打印头）、色带机构、输纸机构和控制电路等组成。打印头是针式打印机的核心部分。针式打印机常见的有 9 针打印机和 24 针打印机，24 针打印机打印汉字质量好，是普遍使用的针式打印机。针式打印机在脉冲电流信号控制下，由打印针击打的针点形成字符或汉字点阵。针式打印机的优点是耗材（包括色带和打印纸）便宜；缺点是依靠机械动作实现印字导致打印速度慢、噪声大，打印的字符轮廓不光滑、有锯齿，打印质量差。

② 喷墨打印机。喷墨打印机在工作时，打印机的喷头朝打印纸不断喷出极细小的带电的墨汁，带电的墨汁穿过两个带电的偏转板时受到控制，将落在打印纸的指定位置上形成文字。由于喷墨打印机是非击打式的，所以工作时噪声较小。喷墨打印机的优点是设备价格便宜，打印质量高于针式打印机，能够彩色打印，无噪声；缺点是打印速度慢，耗材（墨盒）贵。

③ 激光打印机。激光打印机是非击打式的，其工作原理类似复印机的工作原理，涉及光学、电磁、化学等。它将来自计算机的数据转换成光，射向充有正电的旋转鼓上，使鼓上被照射的部分带上负电，并吸引带色粉末，鼓与纸接触，再把粉末印在纸上，粉末在一定压力和温度作用下熔结在纸的表面。激光打印机的优点是打印噪声小、效果好、速度快等，常用于打印正式公文及图表；缺点是设备价格高、耗材贵，打印成本是 3 种打印机中最高的。

（3）其他输出设备

计算机上使用的其他输出设备有绘图仪、视频投影仪等。

绘图仪包括平板绘图仪和滚动绘图仪，它通常采用“增量法”在 x 方向和 y 方向产生位移来绘制图形。视频投影仪是计算机视频输出的主要设备，包括 CRT 投影仪和 LCD 投影仪。LCD 投影仪体积小、重量轻、价格低、色彩丰富。

1.4.2　计算机的结构

计算机发展至今，工作原理仍然采用冯•诺依曼提出的“存储程序”原理。计算机硬件系统的控制器、运算器、存储器、输入设备和输出设备 5 个部分在信息处理过程中需要相互连接和传输。

1．直接连接

最早的计算机采用的是直接连接方式，控制器、运算器、存储器、外部设备等相互之间都有单独的连接线路，有较高的连接速度，但是不易扩展。世界上第一台采用二进制存储程序的计算机就采用了直接连接结构。其结构如图 1-18 所示。

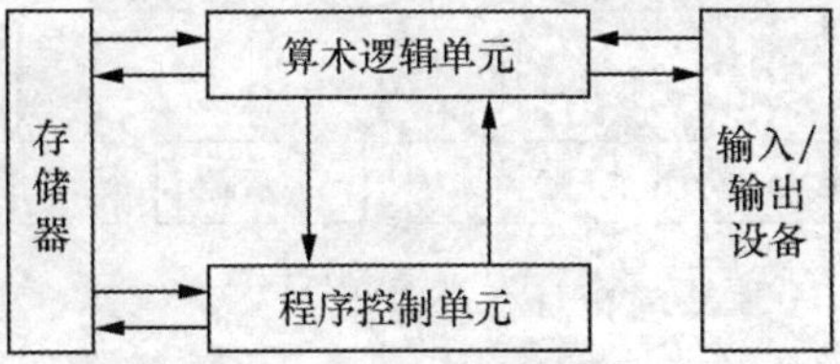

图 1-18 直接连接结构

2．总线连接

总线（Bus）是计算机系统部件之间传送信息的公共通道，各部件由总线连接并通过它传递数据和控制信号。总线被比喻为“高速公路”，包含了运算器、控制器、存储器和输入/输出（I/O）设备间进行信息交换和控制传递所需要的全部信号。现代计算机普遍采用总线结构。按照计算机所传输的信号种类，计算机的总线可以划分为数据总线、地址总线和控制总线。

① 数据总线是在存储器、运算器、控制器和 I/O 设备间传输数据信号的公共通路。数据总线一方面用于 CPU 向主存储器和 I/O 接口传送数据，另一方面用于主存储器和 I/O 接口向 CPU 传送数据。它是双向总线。数据总线的位数是计算机重要指标之一，体现了计算机传输数据的能力，通常与 CPU 的位数相对应。

② 地址总线是 CPU 向主存储器和 I/O 接口传送地址信息的公共通路。地址是识别信息存放位置的编号，地址信息可能是存储器的地址，也可能是 I/O 接口的地址。地址总线是 CPU 向外传输的单向总线。

③ 控制总线是在运算器、控制器、存储器和 I/O 设备间传输控制信号的公共通路。控制总线是 CPU 向主存储器和 I/O 接口发出命令信号的通道，也是外界向 CPU 传送状态信息的通道。

常见的总线标准如下。

① 工业标准体系结构（Industry Standard Architecture，ISA），它是为 PC/AT 计算机而制定的总线标准，总线采用 16 位的总线结构，适用范围广，有一些接口卡就是根据 ISA 标准生产的。

② 扩展工业标准结构（Extended Industry Standard Architecture，EISA）总线，它是 EISA 集团为配合 32 位 CPU 而设计的总线扩展标准，兼容 ISA 总线，现今已被淘汰。

③ 外设部件互连标准（Peripheral Component Interconnect，PCI）总线，它采用 32 位高性能总线结构，可扩展到 64 位，与 ISA 兼容。PCI 总线性能先进、成本低、可扩充性好，是现代计算机普遍采用的外设接插总线。

④ 加速图像接口（Accelerated Graphics Port，AGP）总线，它是英特尔公司推出的一种 3D 标准图像接口，能够提供 4 倍于 PCI 的效率。随着三维图形的应用而发展，AGP 总线在图形显示卡和内存之间提供了一条直角访问的途径。

总线结构的特点是结构简单清晰和易于扩展，尤其在 I/O 接口的扩展能力方面，由于采用总线结构和 I/O 接口标准，用户可以很方便地在计算机中加入新的 I/O 接口卡，总线结构是现代计算机普遍采用的结构。图 1-19 所示为总线结构示意。

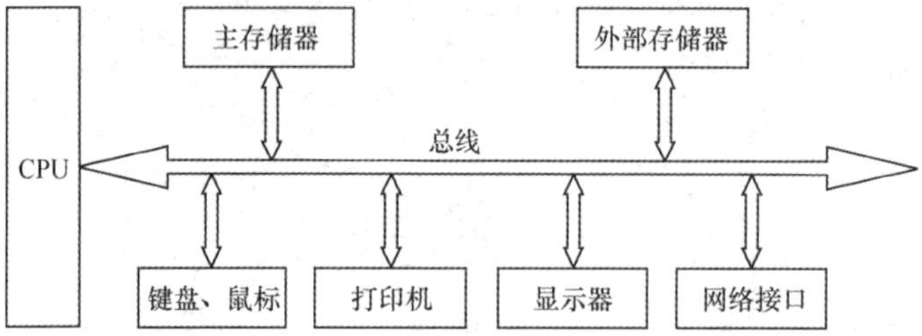

图 1-19 总线结构示意

总线体现在硬件上就是计算机主板（Main Board），是配置计算机的主要硬件之一，主板上有各类扩展槽或接口用于插 CPU、内存条、显示卡、声卡、网卡、鼠标和键盘等，光碟驱动器与硬盘驱动器是通过扁缆与主板相连的。主板的主要性能指标是所用芯片组工作的稳定性和速度、提供插槽的种类与数量等。

CPU、主板、内存、显卡、电源组成了最小化系统，计算机性能的好坏由最小化系统和硬盘决定。

外部设备（外设）不像内存那样直接挂在总线上，每个外设一定要通过设备接口与 CPU 相连。有以下 3 个原因。

① CPU 只能处理数字信号，而外设输入/输出信号有数字的，也有模拟的，需要接口设备进行转换。

② CPU 只能接收/发送并行数据，而外设数据有并行和串行的，需要接口实现串/并行的转换。

③ 外设工作速度大都是机械级的不是电子级的，工作速度远低于 CPU，CPU 和外设之间需要接口缓冲和联络。

接口技术是研究 CPU 与外部设备之间的数据传递方式的技术。

1.4.3 计算机软件系统

软件系统是为运行、管理和维护计算机而编写的各种程序、数据和文档的总称。软件是用户与硬件之间的接口界面。

计算机系统由硬件（Hardware）系统和软件（Software）系统组成。硬件系统也称为“裸机”，“裸机”只能识别由“0”和“1”组成的机器代码。软件是计算机的灵魂，没有软件系统的计算机无法工作，计算机的每一步操作都是在软件的控制下执行的。计算机硬件、软件与用户之间的关系是一种层次结构，硬件处于内层，用户在最外层，软件在硬件与用户之间，用户通过软件使用计算机的硬件。

1. 程序与程序设计语言

程序是按照一定顺序执行的，能够完成某一任务的指令集合。进程是一段程序的执行过程。计算机有序运行需要通过程序控制，从而实现一定的逻辑功能，完成指定的任务。

计算机软件由程序和有关的文档组成。程序是指令序列的符号表示，文档是软件开发过程中建立的技术资料。程序是主体，一般保存在存储介质（如移动硬盘、U 碟等）中，以便在计算机上使用。文档对于使用和维护软件尤为重要，随软件产品发行的文档主要是使用手册，其中包含了该软件产品的功能介绍、运行环境要求、安装方法、操作说明和错误信息说明等。某个软件要求的运行环境是指运行它至少应有的硬件和其他软件的配置，即在计算机系统层次结构图中，它是该软件的下层（内层）应有的配置，这些配置包括对硬件的设备和指标的要求、软件的版本要求等。

让计算机完成指定任务需要的语言就是计算机语言，也称程序设计语言，程序设计语言是软件的基础和组成部分，由单词、语句、函数和程序文件等组成。

计算机的编程语言是人与计算机之间交换的工具，主要可以分为机器语言、汇编语言和高级程序设计语言（简称高级语言）3 种。

（1）机器语言

指挥计算机完成某个基本操作的命令称为指令，所有指令的集合称指令系统，直接用二进制代码表示指令系统的语言称为机器语言（Machine Language）。一句机器语言实际上就是一条机器指令，计算机指令由操作码和地址码组成。机器指令的形式是用“0”“1”组成的二进制代码串。

机器语言是直接面向机器的语言，是唯一可以被计算机硬件系统直接识别和执行的语言。它的处理效率高，执行速度快，无须翻译。但是机器语言的编写、测试、修改、移植和维护等工作相当烦琐，这限制了计算机软件的发展。

（2）汇编语言

汇编语言（Assembly Language）相当于是机器语言的一个变种，与机器语言实质相同，都直接对硬件操作。因为它是采用助记符号来代替二进制形成的机器指令，从而使机器语言变得“符号化”，所以汇编语言也称符号语言。每条汇编语言的指令就对应了一条机器语言的代码，不同型号的计算机系统一般有不同的汇编语言。

汇编语言比机器语言容易掌握，但是计算机无法自动识别和执行汇编语言，需要通过语言处理软件将汇编语言编译成机器语言（目标程序），再链接成可执行的程序在计算机中执行。

（3）高级语言

总的来说，机器语言与汇编语言都受到机器的限制，缺乏通用性，而且在编写时非常困难。因此，一种独立于计算机之外的语言被创造出来，这种语言的数据用十进制来表示，语句用较为接近自然语言的英文字母来表示，被称为高级语言（High-level Programming Language）。高级语言具有较高的通用性，尤其是有些标准版本的高级算法语言，在国际上都是通用的。高级语言编写的程序可移植性好，能使用在不同的计算机系统上，但是不能直接被计算机识别和执行，执行效率最低。因此就需要通过“编译”或“解释”的方式，将高级语言编写的程序翻译成计算机能识别和执行的二进制机器指令，然后供计算机执行。

编译是指把源程序翻译成等价的目标程序，然后再执行此目标程序的过程。解释是指把源程序逐句翻译，翻译一句执行一句，边翻译边执行的过程。解释程序不产生被执行的目标程序，而是借助于解释程序直接执行源程序本身。

一般将高级语言翻译成汇编语言或机器语言的程序称为编译程序。一般将用高级语言编写的程序称为“源程序”，而把由“源程序”翻译成的机器语言程序或汇编语言程序称为“目标程序”。把用来编写源程序的高级语言或汇编语言称为“源语言”，而把和目标程序相对应的语言（汇编语言或机器语言）称为“目标语言”。高级语言程序的编译过程如图 1-20 所示。

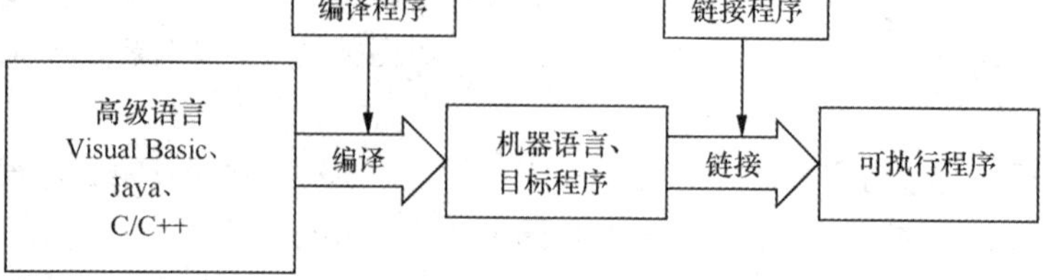

图 1-20 高级语言程序的编译过程

常用的高级语言有 Visual Basic、Java、C/C++ 等。

2. 计算机软件的分类

（1）系统软件

系统软件（System Software）指用于控制与协调计算机本身及其外部设备的一类软件，它相当于是构建了一个平台。在这个平台上，用户可以通过调动硬件资源，满足平台本身及其他应用软件的工作需求，使整个计算机系统协调而有效地运行。系统软件的作用主要有启动计算机，存储、加载和执行应用程序，对文件进行排序和检索，将程序语言翻译成机器语言等。

系统软件为各类用户提供一个方便、灵活、安全的使用环境和人机界面；为系统维护人员提供便捷而有效的工具，如设定系统配置、硬件故障诊断排除等工具软件；为软件开发提供方便的工具，如语言编译和解释程序、文本编辑程序、程序测试工具等；模拟或扩展某些硬件功能，如浮点仿真、虚拟存储等。

系统软件包括操作系统、语言处理软件、数据库管理系统和系统辅助软件等。

① 操作系统（Operating System）是软件系统的核心。计算机启动后，首先把操作系统调入内存，由它控制和支持在同一计算机上运行的其他程序，并管理计算机的所有资源。操作系统是最基本且最重要的系统软件，负责管理计算机系统中的各种软硬件资源、控制程序和各种操作命令的执行。常见的操作系统有 Windows、Linux、UNIX 等，其中 UNIX 操作系统是分时操作系统。操作系统是最靠近硬件的，其他软件均位于操作系统的外层。Android 是一种基于 Linux 的开放源代码的操作系统，主要使用于移动设备，如智能手机和平板电脑。

计算机操作系统通常具有处理机管理、存储管理、文件管理、设备管理和作业管理 5 大功能。

② 语言处理软件是一种把用各种语言编写的源程序翻译成二进制代码程序的软件，如汇编程序、各种编译程序及解释程序等。

③ 数据库管理系统（Database Management System，DBMS）是一种操纵和管理数据库的大型软件，用于建立、使用和维护数据库。它对数据库进行统一的管理和控制，以保证数据库的安全性和完整性。用户通过 DBMS 访问数据库中的数据，数据库管理员也通过 DBMS 进行数据库的维护工作。它可使多个应用程序和用户用不同的方法同时或在不同时刻去建立、修改和询问数据库。DBMS 提供数据定义语言（Data Definition Language，DDL）与数据操作语言（Data Manipulation Language，DML），供用户定义数据库的模式结构与权限约束，实现对数据的追加、删除等操作。

数据库技术是计算机技术发展快、应用广的一个分支，了解数据库技术尤其是微机环境下的数据库应用是非常必要的。常见的数据库管理系统软件有 SQL Server、Oracle、Visual FoxPro 等。此类软件可以对大量的数据进行具有动态性和组织性的管理，从而为用户提供高效的管理手段，为信息管理应用系统的开发提供了有力的支持。

④ 系统辅助软件是为了方便软件开发、系统维护而提供的。它能够提供一些常用的服务性功能，为用户开发程序和使用计算机提供方便，如微机上经常使用的机器调试程序、故障检测和诊断程序、编辑程序等。完善的计算机系统都配置了一定的服务性程序，称为实用程序，它们或者被包含在操作系统中，或者可被操作系统调用。实用程序种类很多，包括界面工具程序、编辑程序、装配调试程序、诊断排错程序等。

（2）应用软件

应用软件（Application Software）是为满足用户不同领域、不同问题的应用需求而提供的软件。系统软件是为管理、监控和维护计算机资源所设计的软件，应用软件是为解决各种实际问题而专门研制的软件，如办公软件、多媒体软件、网络软件等。

① 办公软件通常是解决日常办公需要的软件。常用的办公软件有微软公司的 Microsoft Office 和金山公司的 WPS 等。

② 多媒体处理软件有图形图像处理软件，如 Photoshop、Illustrator、CorelDRAW 等；用于三维及效果图处理的软件，如 3DS MAX、AutoCAD 等；用于网页和动画处理的软件，如 Flash、Dreamweaver 等。

③ 网络软件。随着网络技术的发展和 Internet 的普及，基于 Internet 环境的应用软件不断涌现，如 Web 服务器软件、Web 浏览器等。

3. 嵌入式系统与嵌入式操作系统

（1）嵌入式系统

嵌入式系统一般指非 PC 系统，有计算机功能但又不称之为计算机的设备或器材。它是以应用为中心，软硬件可裁减，适用于对功能、可靠性、成本、体积、功率等综合性有严格要求的专用计算机系统。简单地说，嵌入式系统集系统的应用软件与硬件于一体，类似于个人计算机中基本输入输出系统（Basic Input Output System，BIOS）的工作方式，具有软件代码小、高度自动化、响应速度快等特点，特别适合要求实时和多任务的体系。

嵌入式系统主要由嵌入式处理器、相关支撑硬件、嵌入式操作系统及应用软件系统等组成，它是可独立工作的“器件”。嵌入式系统几乎应用于生活中的所有电器设备，如手机、数字电视、自动售货机、工业自动化仪表与医疗仪器等。

嵌入式系统的硬件部分，包括处理器/微处理器、存储器、外设器件、I/O 接口、图形控制器等。嵌入式系统有别于一般的计算机处理系统，它不具备像硬盘那样大容量的存储介质，而大多使用 EPROM、EEPROM 或闪存作为存储介质。软件部分包括操作系统（要求实时操作和多任务操作）和应用软件。应用软件控制着系统的运作和行为，而操作系统控制着应用软件编程与硬件的交互作用。

嵌入式系统的核心是嵌入式微处理器。嵌入式微处理器一般具备 4 个特点：一是对实时操作和多任务操作有很强的支持能力，能完成多任务并且中断响应时间较短，从而使内部的代码数量和实时操作系统的执行时间减少到最低限度；二是具有功能很强的存储区保护功能，这是由于嵌入式系统的软件结构已模块化，而为了避免在软件模块之间出现错误的交叉作用，需要设计强大的存储区保护功能，同时也有利于软件诊断；三是具有可扩展的处理器结构，能迅速地扩展出满足应用的高性能的嵌入式微处理器；四是嵌入式微处理器的功耗必须很低，尤其是用于便携式的无线及移动的计算和通信设备中靠电池供电的嵌入式系统更是如此。

（2）嵌入式操作系统

嵌入式操作系统（Embedded Operating System，EOS）是一种支持嵌入式系统应用的操作系统软件，它是嵌入式系统（包括硬、软件系统）极为重要的组成部分，通常包括与硬件相关的底层驱动软件、系统内核、设备驱动接口、通信协议、图形界面、标准化浏览器等。嵌入式操作系统具有通用操作系统的基本特点：能够有效管理越来越复杂的系统资源；能够把硬件虚拟化，使开发人员从繁忙的驱动程序移植和维护中解脱出来；能够提供库函数、驱动程序、工具集以及应用程序等。与通用操作系统相比较，嵌入式操作系统在系统实时高效性、硬件的相关依赖性、软件固态化以及应用的专用性等方面具有较为突出的优点。

一般情况下，嵌入式操作系统可以分为两类：一类是面向控制、通信等领域的实时操作系统，另一类是面向消费电子产品的非实时操作系统。

目前在嵌入式领域广泛使用的嵌入式操作系统有 Linux，还包括应用于智能手机和平板电脑的 Android、iOS 等。

嵌入式操作系统是一种用途广泛的系统软件，过去它主要应用于工业控制和国防系统等领域。EOS 负责嵌入系统的全部软硬件资源的分配、任务调度、控制、协调并发等活动。它必须体现其所在系统的特征，能够通过装卸某些模块来达到系统所要求的功能。现在已推出一些应用比较成功的 EOS 产品系列。随着 Internet 技术的发展、信息家电的普及应用及 EOS 的微型化和专业化，EOS 开始从单一的弱功能向高专业化的强功能方向发展。EOS 是相对于一般操作系统而言的，它除了具有一般操作系统最基本的功能，还有以下功能：任务调度、同步机制、中断处理、文件处理等。

1.5 多媒体计算机

多媒体技术是一门新兴的信息处理技术，是信息处理技术一次新的飞跃。随着多媒体技术的发展，多媒体计算机不再是供少数人使用的专门设备，现已被广泛普及和使用。

1.5.1 多媒体的基本概念

媒体指承载信息的载体，早期的计算机主要用来进行数值运算，运算结果用文本方式显示和打印，文本和数值是早期计算机所处理的信息的载体。随着信息处理技术的发展，计算机能够处理图形、图像、音频、视频等，它们成为计算机所处理信息的新载体。所谓多媒体就是这些媒体的综合。多媒体计算机就是具有多媒体功能的计算机。

多媒体技术具有 3 大特性：载体的多样性、使用的交互性、系统的集成性。

① 载体的多样性。载体的多样性指计算机不仅能处理文本和数值信息，而且能处理图形、图像、音频、视频等信息。

② 使用的交互性。使用的交互性指用户不再是被动地接收信息，而是能够更有效地控制和使用各种信息。

③ 系统的集成性。系统的集成性指将多种媒体信息以及处理这些媒体的设备有机地结合在一起，成为一个完整的系统。

1.5.2 多媒体计算机的基本组成

20 世纪 80 年代中后期，多媒体技术成为人们关注的热点之一。多媒体技术的出现从根本上改变了昔日基于字符的各种计算机处理方式。首先，多媒体技术实现了语音和图像的实时获取、传输及存储等，使人们获取和交互信息的渠道更加丰富，既能听其声，又能见其人，这改变了人们的交互方式、生活方式和工作方式。其次，多媒体技术促进了各个学科的发展和融合，使计算机广泛应用在国民经济各个领域中，从而对整个社会结构产生重大影响。多媒体计算机加速了计算机进入家庭和社会各个方面的进程，给人类的工作和生活带来一场革命。

1. 多媒体的特征

（1）信息载体的多样性

计算机处理的信息已经由数值、字符以及文本发展到音频信号、静态或动态的图形和图像信号，这就使计算机具备了处理多媒体信息的能力，计算机也从传统的以处理文本信号为主的计算机发展成为多媒体计算机。计算机不仅能够获取（输入）多媒体信息，而且能处理并表现（输出）多媒体信息，这大大促进了用户与计算机的界面交流，使计算机变得越来越符合人的自然能力。尽管如此，计算机的智力仍然处于低级水平。

（2）人机交互性

多媒体技术不仅可以显示多媒体信息，而且可以向用户提供交互式使用、加工和控制信息的手段，从而提高人对信息表现形式的选择和控制能力，充分发挥人对信息表现形式的综合创造能力。

多媒体技术引入交互性后，人在系统中就不只是被动地接受信息，而是参与了数据转变为信息、信息转变为知识的过程。通过交互，人们可以获得所关心的内容，从而获取更多的信息；通过交互，人们可以对某些事物的运动过程进行控制，可以获得奇特的效果，如快放、慢放、变形等；对一些娱乐性的应用，人们甚至可以介入剧本的修改、编辑之中，更增强了用户的参与性。

在多媒体数据库中进行文字、声音、图片的检索，这是多媒体技术的初级应用；通过交互，使用户介入信息的加工处理过程之中，这是多媒体技术应用的中级水平；多媒体技术进入虚拟现实（Virtual Reality），并融入人类的智能活动，才是多媒体技术最终的发展方向，这也是无止境的技术进步。

（3）多媒体系统的集成性

运用多媒体技术可以把多种媒体信息和多种媒体设备集成到一个系统中。各种单一的信息技术，如图像处理技术、音频处理技术、电视技术、通信技术等，只有通过多媒体技术集成为一个综合、交互的系统，才能实现更高的应用境界，如电视会议系统、视频点播系统、虚拟现实系统等。

从单一的技术到多媒体集成系统是技术上的飞跃。因为多媒体系统建立在一个大的信息环境中，信息的多种媒体表现形式与系统设备的复杂性和统一性，被融合为一个整体。从硬件来说，多媒体系统应该具有能够处理各种媒体信息的高速并行处理系统、多媒体中央处理器、大容量存储系统、高速多通道输入/输出系统以及高速远程多媒体通信网络；从软件来说，多媒体系统应该具备集成的、一体化的、具有多媒体功能的操作系统，多媒体数据库管理系统，多媒体创作工具和开发软件以及各种应用软件。

（4）信息处理的实时性

许多应用场合对多媒体系统提出了实时性要求。所谓实时性，是指在人的感觉系统允许的情况下进行多媒体处理和交互。图像和声音既是同步的也是连续的。实时多媒体系统把计算机的交互性、通信的分布性和电视、音频的真实性有机地结合在一起，达到人和环境的和谐统一。

多媒体技术是综合的高新技术，它是微电子、计算机、通信等多个相关学科综合发展的产物。从应用角度来看，人们对多媒体系统的认识一是来自电视，二是来自计算机。使电视用户有一定的控制权限和使计算机画面更加赏心悦目成了改进的目标，这正是电视和计算机结合的原因。多媒体技术将计算机软硬件技术、数字化声像技术和高速通信网技术等集成为一个整体，把多种媒体信息的获取、加工、处理、传输、存储等整体表现出来。

2．媒体的数字化

（1）音频数字化

音频（Audio）也称“音频信号”或“声音”，其频率范围在 20 Hz～20 kHz。声音主要包括波形声音、语音和音乐 3 种类型。声音是一种振动波，波形声音是声音的一般形态，它包含了所有的声音形式；语音是一种包含丰富的语言内涵的波形声音，人们对于语音，可以经过抽象，提取其特定的成分，从而达到对其意义的理解，它是声音中的一种特殊媒体；音乐就是“符号化”的声音，和语音相比，它的形式更为规范，如音乐中的乐曲，乐谱就是乐曲的规范表达形式。

数字音频是用一系列数字表示的音频信号，是对声音波形的表示。在计算机内的音频必须是数字形式的，因此必须把模拟音频信号转换成由有限个数字表示的离散序列，实现音频的数字化。波形描述了声音在空气中的振动特点，波形最高点（或最低点）与基线间的距离为振幅，波形中两个连续的波峰间的距离称为周期，每秒钟内出现的周期数称为波形的频率。在捕捉声音时，以一定的时间间隔对波形进行采样，产生一系列的振幅值，将这一系列的振幅值用数字来表示，就生成波形文件。对声音波形采样时，采样频率越高，声音文件的数据量越小。以 wav 为扩展名的文件通常是音频信号文件。

乐器数字接口（Musical Instrument Digital Interface，MIDI）是一种技术规范，是数字音乐的国际标准。MIDI 信息是描述一段音乐的指令，它是音乐行为的记录，它包括音长、音量、音高等音乐的主要信号。当 MIDI 信息通过一个音乐合成器进行播放时，该合成器对一系列的信息进行解释，然后产生一段相应的音乐。由于 MIDI 文件是一系列指令，所以占用的磁盘空间小，一般用于处理较长的音乐。

实现音频信号数字化最核心的硬件电路是模/数转换器，声卡是一块对音频信号进行数/模和模/数转换的电路板，插在计算机主板的插槽中。平常人们所听到的声音是模拟信号，计算机不能对模拟信号进行直接处理，声卡的一个功能就是采集音频的模拟信号，并将其转换为数字信号，以便计算机存储和处理。计算机内部的音频数字信号不能直接在音箱等设备上播放，声卡的另一个功能就是把这些音频数字信号转换为音频模拟信号，以便在音箱等设备上播放。声卡有多个输入/输出接口，可以接音箱、话筒等设备。

（2）图像数字化

图像（Image）是多媒体中的重要数据之一，图像可以分为静态图像和动态图像，点位图和矢量图。在多媒体系统和虚拟现实系统中，多利用图形、图像这两种技术进行立体成像。

（3）数字视频

我们的眼睛具备一种“视觉停留”生物现象，如果以足够快的速度不断播放每次略微改变物体的位置和形状的一幅幅图像，眼睛将感觉到物体在连续运动。数字视频简称视频（Video），它就是应用这一原理产生的动态图像。这一幅幅图像被称为帧（Frame），它是构成视频信息的基本单元。数字化视频系统是以数字化方式记录连续变化的图像信息的信息系统。视频可在应用程序的控制下进行回放，我们还可以通过编辑操作在视频中加入特殊效果。

（4）计算机动画

动画（Animation）和视频类似，都是由一帧帧静止的画面按照一定的顺序排列而成的，每一帧与相邻帧略有不同，当帧以一定的速度连续播放时，“视觉暂留”特性造成了连续的动态效果。计算机动画和视频的主要差别类似图形与图像的区别。计算机动画用计算机表现真实对象和模拟对象随时间变化的行为和动作，是计算机图形技术绘制出的连续画面，是计算机图形学的一个重要分支；数字视频主要指模拟信号源经过数字化后的图像和同步声音的混合体。

3．多媒体数据压缩

多媒体技术几乎涉及信息技术的各个领域。对多媒体的研究包括对多媒体技术的研究和对多媒体系统的研究。对于多媒体的研究主要是多媒体技术的基础，如多媒体信息的获取、存储、处理、信息的传输和表现以及数据压缩/解压技术等。对于多媒体系统的研究主要是多媒体系统的构成与实现以及系统的综合与集成等。当然，多媒体技术与多媒体系统是相互联系、相辅相成的。另外，对多媒体制作与表现的专门研究，则更多的属于艺术的范畴，而不是技术问题，这是与艺术创作和艺术鉴赏紧密联系在一起的。本节主要讨论多媒体技术的原理和应用。

为了使现有计算机（尤其是微机）的性能指标能够达到处理音频和视频图像信息的要求，一方面要扩大计算机的存储容量和提高数据传输速率，另一方面要对音频信息和视频信息进行数据压缩和解压。处理人的听觉和视觉输入信号时，可以对数据中的冗余部分进行压缩，再经过逆变换恢复为原来的数据。这种压缩和解压，对信息系统可以是无损的，也可以是有损的，但总要以不影响人的感觉为原则。数据压缩技术（或数据编码技术），不仅可以有效地减小数据占用的存储空间，还可以减少传输占用的时间，减轻信道的压力，这一点对多媒体信息网络具有特别重要的意义。

数据压缩可以分为无损压缩和有损压缩。无损压缩是利用数据统计的冗余进行压缩，又称可逆编码，解压缩后数据不失真，特点是压缩的程度比较低，通常用于文本数据、程序以及重要的图形和图像的压缩。压缩软件 WinZip 和 WinRAR 就是基于无损压缩原理设计的，常用的无损压缩算法包括行程编码、霍夫曼编码、算术编码等。有损压缩又称不可逆编码，压缩后的数据不能够完全还原成压缩前的数据，也称破坏性压缩。无损压缩损失的是对视觉和听觉不重要的信息，但压缩的程度比较高，常用于音频、图像和视频的压缩，常用有损压缩编码包括预测编码、变换编码、基于模型编码、分形编码和矢量量化编码等。

1.5.3 多媒体系统的软件

随着多媒体技术的发展，多媒体系统的软件也不断得到更新和完善。Windows 系统本身带有多媒体软件，如录音机、CD 播放器、媒体播放器等程序。此外，Windows 系统的应用软件也附加了多媒体功能，如 Word、Excel、PowerPoint 中都能插入图片、音频、视频等对象。

1.6 计算机病毒及其防治

《中华人民共和国计算机信息系统安全保护条例》2011 年修订版中明确指出计算机病毒（Computer Virus）的定义："计算机病毒，是指编制或者在计算机程序中插入的破坏计算机功能或者毁坏数据，影响计算机使用，并能自我复制的一组计算机指令或者程序代码。"

计算机病毒是人为制造的，企图破坏计算机功能或计算机数据的一段小程序，计算机病毒具有传染性，反病毒软件必须随着新病毒的出现而升级，提高查、杀病毒的能力。

1.6.1 计算机病毒的特征、分类和防范

根据病毒存在的媒体可以将其分为网络病毒、文件病毒和引导型病毒。网络病毒通过计算机网络传播感染网络中的计算机；文件病毒指寄生在文件中的计算机病毒，主要感染计算机中的数据文件，如.com、.exe、.doc 等类型的文件；引导型病毒指寄生在磁盘引导区或主引导区中的计算机病毒，感染磁盘启动扇区和系统引导扇区。此外，还有包含以上 3 种情况的混合型病毒，如多型病毒，它同时感染文件和引导扇区。

根据病毒特有的算法又可以将其分为伴随型病毒、蠕虫型病毒和寄生型病毒 3 种。伴随型病毒不改变文件本身，它根据自身算法产生.exe 文件的伴随体，具有相同的名字和不同的扩展名；病毒把自身写入.com 文件并不改变.exe 文件，当 DOS 加载文件时该伴随体优先被执行，再由伴随体加载执行原来的.exe 文件。蠕虫型病毒通过计算机网络传播，不改变文件和资料信息，利用网络从一台计算机的内存传播到其他计算机的内存，并通过计算机网络地址将自身的病毒通过网络进一步传播出去。寄生型病毒是除了伴随型病毒和蠕虫型病毒之外的其他病毒，它们依附在系统的引导扇区或文件中，通过系统的运行进行传播。

1．计算机病毒的主要特征

① 寄生性：计算机病毒是一种特殊的寄生程序，与通常意义下的完整计算机程序不同，它寄生在其他可执行的程序中。

② 感染性：计算机病毒具有再生机制，可以将自身的复制品及其变种感染到其他程序体上。这是计算机病毒最根本的属性，也是判断、检测病毒的重要依据。

③ 潜伏性：计算机病毒具有依附其他媒体的能力，入侵系统后一般不立即发作而是潜伏下来，经过一段时间或满足一定条件后才发作，复制病毒副本进行破坏。

④ 可激发性：计算机病毒在一定条件下接受外界刺激，变得活跃起来并实施感染和破坏。

⑤ 危害性：计算机病毒不仅占用系统资源，甚至使受感染的计算机网络瘫痪，删除文件或数据，格式化磁盘，降低运行效率或中断系统运行，等等，造成灾难性后果。

⑥ 隐蔽性：计算机病毒在感染宿主程序后自动寻找“空洞”并将病毒拷贝其中，保持宿主程序长度不变使人难以发现，从而争取较长存活时间造成大面积感染。

⑦ 欺骗性：计算机病毒常采用一些欺骗技术（如脱皮技术、改头换面、自杀技术、密码技术等）逃脱检测，达到较长时间传染和破坏的目的。

计算机病毒主要通过文件复制和文件传送等方式来传播，其主要传播介质有U盘、光碟和网络等。早期的病毒主要靠软盘传播，通过软盘间的相互复制和安装程序传播文件型病毒；另外，引导区病毒也会在软盘与硬盘引导区内相互感染，使用带病毒的硬盘到其他计算机安装使用或维修也会使病毒传染扩散到这台计算机上。光碟的大容量使大量病毒有了藏身之地，只读式光碟不能进行写操作，所以无法清除其中病毒，盗版光碟的泛滥给病毒传播带来许多便利，甚至有些杀毒软件本身就带有病毒。网上“高速公路”也为病毒传播提供了传播途径，数据、文件、电子邮件等在网上高速传播的同时，病毒也在被高速传播，事实上网络已成为病毒传播的第一途径。

2．计算机病毒的分类

按病毒的破坏性分类，可将计算机病毒分为干扰型病毒和破坏型病毒两类；按病毒的传染途径分类，可将计算机病毒分为引导区型病毒、文件型病毒、混合型病毒、宏病毒和网络型病毒等；按病毒本身代码是否变化，可将计算机病毒分为简单型病毒、变形型病毒和病毒生成工具。下面对第2种分类下的计算机病毒进行介绍。

（1）引导区型病毒

引导区型病毒通过U盘、光碟及各种移动存储介质感染引导区，感染硬盘的主引导记录。病毒企图进一步感染每个插入计算机进行读写的移动盘的引导区。该类病毒常常将其病毒程序替代主引导区的系统程序，引导区型病毒总是先于系统文件装入内存储器，获得控制权并进行传染和破坏。

（2）文件型病毒

文件型病毒主要感染计算机中扩展名为exe、com、drv、bin、ovl、sys的文件。文件型病毒是对计算机的源文件进行修改，使其成为新的带毒文件。一旦计算机运行该文件就会被感染，从而达到传播的目的。

（3）混合型病毒

混合型病毒是既能感染引导区，又能感染文件的病毒。只要计算机中毒，混合型病毒就会经开机或执行程序感染其他的磁盘或文件。混合型病毒很难被清除。

（4）宏病毒

宏病毒是一种寄存在文档文件或模板文件的宏中的计算机病毒。一旦打开这样的文档，其中的宏就会被执行，于是宏病毒就会被激活，转移到计算机上，并驻留在 Normal 模板上。从此以后，所有自动保存的文档都会“感染”上这种宏病毒，而且如果其他用户打开了感染病毒的文档，宏病毒又会转移到他的计算机上。宏病毒是针对 Word 编写的一种病毒。Word 宏病毒通过.doc 文件及.dot 文件进行自我复制及传播。

（5）网络型病毒

传播计算机病毒的一大可能途径是网络。网络型病毒大多通过 E-mail 传播，黑客利用通信软件，通过网络非法进入他人计算机系统，截取或篡改数据。

如果网络用户收到来路不明的 E-mail，不小心执行了附带的“黑客程序”，该用户的系统的注册表信息会被修改，“黑客程序”会隐藏在系统中。当用户运行 Windows 系统时，“黑客程序”会驻留在内存中，一旦计算机连入网络，“黑客”可以监控该计算机系统，从而“为所欲为”。

3．计算机病毒的防范

防范计算机病毒的主要管理措施有以下 8 点。

① 增强计算机工作人员预防计算机病毒的意识；健全机房管理制度，如登记上机制度等，以便对病毒能及时追查、清除，避免扩散。

② 若需使用外来磁盘或程序时先查杀病毒，不要轻易使用不知来源的软件，谨慎使用公共软件和共享软件，防止病毒扩散和传播。

③ 对系统文件和重要数据文件进行写保护和加密，口令尽可能选用随机字符，以增大入侵者的破译难度。

④ 做好磁盘文件备份工作，尤其是重要数据的及时备份工作，防止计算机病毒破坏或机器软、硬件故障使用户数据受损或丢失。

⑤ 应禁止工作人员将各种游戏软件装入计算机系统，以防将病毒带入系统。

⑥ 一般病毒主要破坏系统盘的启动区和系统文件分配表内容，因此要将系统文件和用户文件分开存放，要定期备份系统中的重要数据。

⑦ 选用一两种功能强的杀毒软件建立计算机的病毒防火墙，使用杀毒软件在线查杀病毒或定期检测计算机系统，并定期升级杀毒软件。

⑧ 网络系统管理员在发现病毒传染迹象时，应立即隔离被感染的系统和网络，并进行处理，必要时寻求有关专家帮助。

计算机病毒防范的主要技术措施有软件预防、硬件预防和网络防范。软件预防主要通过安装病毒预防软件，使预防软件常驻内存，当病毒入侵时及时报警并进行终止处理，达到不让病毒感染的目的。软件预防具有一定的局限性，只能预防已知病毒，所以要注意升级软件以达到增强防御能力的目的。硬件预防的方法有两种，一是设计计算机病毒过滤器，使该硬件在系统运行过程中能防止病毒的入侵；二是改变现有计算机的系统结构，从根本上弥补病毒入侵的漏洞、杜绝计算机病毒的产生和蔓延。网络防范应当注意在安装网络服务器时，保证安装环境和网络操作系统没有病毒，将文件系统划分成多个文件卷系统并为各个卷分配不同的用户权限，安装有效的查杀病毒软件，必要时在网关、路由器上安装病毒防火墙产品。

1.6.2 信息安全教育

1. 信息道德教育与网络隐私

信息资源是当今世界的一种战略性资源，每一个国家都在保护自己的信息资源，并加强信息安全道德教育，制定相关的行为规范和准则。

网络隐私权被界定为3个基本层面：首先，当我传送信息给你时，你希望知道信息的确是我传给你的；其次，当信息在我们之间往返时，你不希望被任何人窃听；再次，一旦信息已经在你的桌面上了，你不希望有人擅自闯进来阅读信息。对网络隐私的侵犯，原因主要来自想要控制网络的政客和利用网络进行违法犯罪活动的"黑客"。

网络隐私的保护除了强化网络安全技术之外，还需要在全社会进行信息道德教育。信息道德是指整个信息活动中的道德，是调节信息开发者、服务者、使用者之间相互关系的规范的总和。信息社会的公民应自觉遵守一定的信息道德准则，以此规范自己的行为和活动。信息道德的主要内容包括信息交流与社会整体目标协调一致；遵守信息法律法规，抵制违法信息行为；尊重他人知识产权；正确处理信息开发、传播、使用三者之间的关系。比如，在信息技术工作中遇到的信息引用、复制、咨询等知识产权问题，出版发行出版物应承担的责任与义务问题，网络信息规范化管理与应用问题等，这些问题都需要专业技术人员和普通公民具有规范化管理的信息道德意识。

2. 知识产权保护

近些年，知识产权保护成为国际政治、经济、科技、文化交往中一个受到关注的普遍性问题。知识产权是指人类智力活动的一切成果依法享有的专有权利。这些成果包括文学、艺术和科学作品，表演艺术家的表演及唱片和广播节目，人类一切活动领域的发明、科学发现，工业品外观设计，商标、服务标记以及商业名称和标志，以及在工业、科学、文学或艺术领域内由于智力活动而产生的其他一切权利。知识产权是一种无形资产，它与有形资产一样可作为资本投资、入股、抵押、转让、赠送等，也是开展国际间科学技术、经济、文化交流与合作的基本条件之一。

知识产权一般分为著作权和工业产权两大类。著作权的客体包括文学和艺术作品。文学作品包括小说、诗歌、戏剧、电影、音乐作品等，艺术作品包括绘图、绘画、摄影、雕塑、建筑设计等。与版权相关的知识产权还有艺术家的表演权、作品的录音制作权、广播电视节目的播放权等。工业产权的客体包括发明（专利）、商标、工业品外观设计、原产地地理标志等。专利是对发明授予的一种专有权利，这里的发明是指提供新的做事方式或对某一问题提出新的技术解决方案的产品或方法。

知识产权有3大特性：一是专有性（又称作独占性、垄断性或排他性），同一内容的发明创造只能给予一个专利，由专利人所垄断；二是地域性，一个国家赋予的专利只在本国有效，如要获得其他国家的保护必须得到该国家的授权；三是时间性，知识产权都有一定保护期限，过期即进入公有领域，这里所说的保护是指未经专利权人同意，不得对发明进行商业性制造、使用、经销或销售等。

1.6.3 信息安全政策与法规

随着计算机信息网络的广泛应用，计算机犯罪将成为信息社会的主要犯罪形式之一。计算机犯罪的主要表现是侵犯计算机信息网络中的各种资源，包括硬件、软件以及网络中存储和传输的数据，从而达到窃取钱财、信息、情报以及破坏或恶作剧的目的。目前计算机犯罪主要有以下 8 种形式。

① 通过网络非法转移资金，盗窃他人的银行存款。主要是行业内部的工作人员利用自己的专业知识和银行计算机系统的漏洞进行违法犯罪活动。

② 随着计算机和互联网的发展，许多国家的政府和军队的核心机密、企业的商业秘密都存储在计算机里。一些不法分子千方百计入侵这些网络，窃取政治、军事、商业秘密，或将秘密公布于众，或将秘密出卖，或利用秘密进行敲诈勒索等。

③ 一些“黑客”通过互联网络未经许可进入他人的计算机设备，破解他人的密码，使用他人的计算机资源，造成了巨大的危害。

④ 故意向他人的计算机系统传播计算机病毒。

⑤ 散布虚假广告诈骗钱财。诈骗分子利用网络发布虚假产品广告、征婚广告、出国广告等，或以转让财产、科技成果、计算机软件等名义进行诈骗，一旦钱财到手就溜之大吉。

⑥ 著作权的侵权。一些计算机用户将购买的商业软件随意复制给他人使用，严重侵害开发商权益；一些作者剽窃网上的新闻作品和文学作品向全国各地报刊供稿；还有人将他人作品下载并复制光碟出售，非法解密他人的软件并出售等。

⑦ 传播淫秽、暴力、恐怖、迷信作品等，毒害青少年。在互联网上不仅有一些网站传播黄色软件、小说、音像制品等，以牟取不正当利益；而且在电子邮件和联机聊天中也会出现色情方面的内容。

⑧ 其他违法犯罪活动。例如利用互联网对他人进行诽谤、谩骂、恐吓、制造谣言等，传播假新闻，扰乱社会秩序，亵渎宗教，破坏民族团结等。

计算机犯罪是一种高科技犯罪，其特点是作案时间短、可异地远距离作案、可不留痕迹、隐蔽性强、危害性大等，有些犯罪行为按传统刑法难以定罪量刑。因此，许多国家已修改刑法或制定计算机犯罪单行法规，以便有力地打击计算机犯罪。我国也在刑法修正案中增加了制裁计算机犯罪的法律法规。

所有的社会行为都需要在法律法规规范和约束范围之内，网络行为也不例外。随着网络技术的发展，各项涉及网络信息安全的法律法规也会相继出台，若需要时可查阅相关的法律书籍。

1.7 微机系统配置与选购

用户要根据追求的系统性能指标来配置硬件，根据要求的任务配置软件系统，根据性价比以及适用性购置计算机。

1．性能指标

计算机系统的性能不是由单一指标来决定的，而是由许多指标综合决定的。主要技术指标通常是指字长、运算速度、内存容量、主频、存取周期等。

（1）字长

计算机每次作为一个整体处理的固定长度的二进制数称为计算机的字（word），字的位数称为计算机的字长，字长以位（bit）为单位。通常人们称一台计算机是32位还是64位，指的就是其字长。计算机的字长越长，它所表示数的范围越大，精度越高，处理能力越强。

（2）运算速度

微型计算机的运算速度通常用平均每秒执行指令的条数来衡量，单位是MIPS，1 MIPS表示平均每秒执行 1 000 000 条指令。大型计算机的运算速度通常用每秒完成浮点数运算的次数来衡量，单位是FLOPS，1 FLOPS表示每秒执行1次浮点运算。巨型计算机的运算速度通常用每秒完成向量运算的次数来衡量。向量运算是指两组数参加运算，每一组称为一个向量。

（3）内存容量

计算机的内存被分成若干个存储单元，每个存储单元通常存放一个字节。内存的容量就是内存所能存放的字节数。字节（B）是存储容量的基本单位。

（4）主频

主频是微机CPU内核工作的时钟频率（CPU Clock Speed），单位是MHz。

（5）存取周期

存储器进行一次"读"或"写"操作所需的时间称为存储器的访问时间（或读写时间），存储器进行一次完整的存取（"读"和"写"）操作所需的时间，称为存取周期（或存储周期）。存取周期越短，则存取速度越快。

2．组装

微机的各个部件采用标准化的设计和接口，任何人只要了解微机的组成并确定好一台微机的配置，在购买了所需的配件后，就可以组装自己的微机。下面对组装的步骤及注意事项简要说明。

(1) 安装前的注意事项

① 防止人体所带静电对电子器件造成损伤。在安装前，先消除身上的静电，一般可用手触摸自来水管等接地设备，如果有条件，可以佩戴防静电环。

② 断电操作，注意安全。

③ 对各个部件要轻拿轻放，不要碰撞，尤其是硬盘；安装主板一定要稳固，同时要防止主板变形，不然会对主板的电子线路造成损伤。

（2）安装步骤

① 更改主板上的跳线以设置CPU的类型及频率。

② 安装CPU及CPU风扇：用大拇指和食指按住零插拔力杆，如图1-21所示。稍往下用力压后往外抬起杆，把CPU按照缺针角的方向对准插座方向轻轻放入，然后再把零插拔力杆往下压。主板上一般有好几个风扇供电插座，CPU风扇最好插在第一个电源接口上。

③ 安装内存（条）：按照内存条上的缺口跟内存条插槽缺口一致的方向插上内存条，确保方向没有错的情况下，均匀用力压下（见图1-22），此时应该听到"啪，啪"的两声，表示固定内存条的扣正常扣紧了。

图 1-21 安装 CPU

图 1-22 安装内存

④ 机箱的准备，包括拆包装、固定挡片等。

⑤ 安装电源。

⑥ 安装主板。

⑦ 安装驱动器，包括软盘驱动器、光碟驱动器（见图 1-23）、硬盘（见图 1-24）等。

图 1-23 安装光碟驱动器

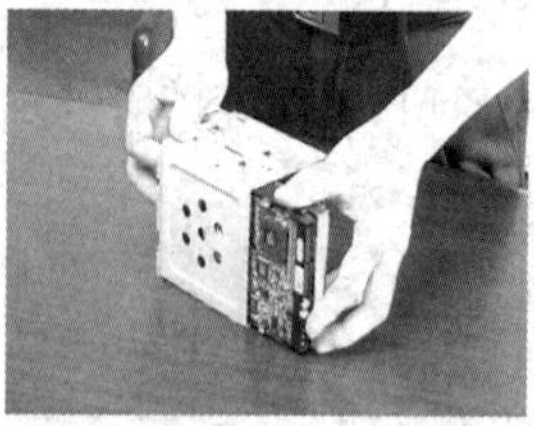

图 1-24 安装硬盘

⑧ 接插电源线，包括主板与电源、各种外存的电源、CPU 风扇等。

⑨ 插接 IDE 数据线，包括光碟驱动器（见图 1-25）和硬盘（见图 1-26）的数据线。

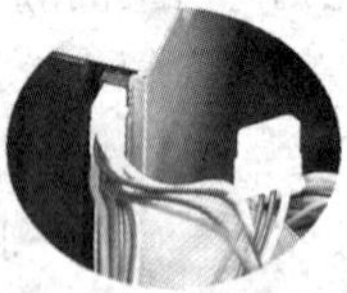

图 1-25 连接光碟驱动器的数据线和电源线

图 1-26 连接硬盘的数据线和电源线

⑩ 插接软盘驱动器数据线。

⑪ 安装板卡，包括显示卡、声卡、网关等。

⑫ 收尾工作，包括连接开关、指示灯、喇叭线等，最后盖上机箱盖。

⑬ 外部连接，包括连接键盘、鼠标、显示器、调制解调器等。

⑭ CMOS 设置，包括日期、时间、软盘驱动器的个数及类型、硬盘的个数及其参数、系统的启动顺序、开机或 CMOS 设置密码等。

⑮ 安装操作系统及各种驱动程序。

⑯ 测试各种设备的工作是否正常。

⑰ 安装其他系统软件和应用软件。

思考题

一、判断题

1. 第一台电子计算机是为商业应用而研制的。（ ）
2. 第一代电子计算机的主要元器件是晶体管。（ ）
3. 微机是第四代计算机的产物。（ ）
4. 正数的原码、补码和反码是相同的。（ ）
5. 信息单位“位”指的是一个十进制位。（ ）
6. ASCII 是 8 位编码，因而一个 ASCII 可用一个字节表示。（ ）
7. 运算器不仅能进行算术运算，而且能进行逻辑运算。（ ）
8. 计算机不能直接运行用高级语言编写的程序。（ ）
9. 最重要的系统软件是操作系统。（ ）
10. “存储程序”原理是由数学家冯·诺依曼提出的。（ ）

二、选择题

1. 第一台电子计算机每秒可完成大约（ ）次加法运算。

A．50　　B．500

C．5 000　　D．50 000

2. 第二代电子计算机的主要元器件是（ ）。

A．电子管　　B．晶体管

C．小规模集成电路　　D．大规模集成电路

3. 微型计算机的分代是根据（ ）划分的。

A．体积　　B．速度

C．微处理器　　D．内存

4. 用计算机管理图书馆的借书和还书，这种计算机应用属于（ ）。

A．科学计算　　B．信息管理

C．实时控制　　D．人工智能

5. 以下十进制数（ ）能用二进制数精确表示。

A．1.15　　B．1.25

C．1.35　　D．1.45

6. 在计算机中，1 kB 等于（ ）。

A．1 024 B　　B．1 204 B

C．1 402 B　　D．1 240 B

7．11111101 是−12 的 8 位（　　）。

A．原码　　B．反码

C．补码　　D．ASCII 码

8．CPU 对 ROM（　　）。

A．可读可写　　B．只可读

C．只可写　　D．不可读不可写

9．以下不属于计算机输入设备的是（　　）。

A．鼠标　　B．键盘

C．扫描仪　　D．光碟

10．以下不属于计算机输出设备的是（　　）。

A．显示器　　B．打印机

C．扫描仪　　D．绘图仪

11．造成计算机存储数据丢失的原因主要有（　　）。

A．病毒侵蚀　　B．人为盗取

C．计算机存储器硬件损坏　　D．以上全部

12．下列不属于“计算机安全设置”的是（　　）。

A．计算机电磁辐射定期备份重要数据

B．不下载来路不明的软件及程序

C．停掉 GUEST 账号

D．安装杀（防）毒软件

三、填空题

1．第一台电子计算机的名字是________，诞生于________年。

2．微型计算机是由________、________和________接口部件构成的。

3．将十进制数 12.625 转化成二进制数是________，转化成八进制数是________，转化成十六进制数是________。

4．将八进制数 1234.567 转化成十进制数是________，转化成二进制数是________，转化成十六进制数是________。

5．数字“0”的 ASCII 是________，把该二进制数转化成十进制数等于________；字母 a 的 ASCII 是________，把该二进制数转化成十进制数等于________；字母 A 的 ASCII 是________，把该二进制数转化成十进制数等于________。

6．计算机系统由________和________组成。

7．计算机语言有________语言、________语言和________语言 3 类。

8．中央处理器的英文缩写是________，它由________和________组成。

9．鼠标按工作原理可分为________鼠标、________鼠标和________鼠标 3 类。

10．常见的打印机有________打印机、________打印机和________打印机 3 类。

四、简答题

1．计算机的发展经历了哪几代？各代计算机采用的主要元器件是什么？

2．IEEE 把计算机分为哪几类？

3．计算机有哪些特点？

4．计算机有哪些应用领域？

5．计算机系统有哪些性能指标？

6．汉字编码标准有哪些？各有什么特点？

7．计算机硬件系统包括哪几部分？计算机系统软件包括哪些软件？

8．CPU、内存、硬盘、显示器、显示卡有哪些重要指标？

9．什么是多媒体技术？多媒体技术有哪些特性？

第2章 Windows 7 操作系统

计算机系统是由硬件系统和软件系统两部分组成的。计算机系统的所有软、硬件资源之所以能相互配合、协调一致地工作，是借助于操作系统的控制、管理。操作系统（Operating System，OS）是最重要的系统软件，是系统软件的核心，它直接运行在裸机（不配有任何软件的计算机系统硬件层）之上。

2.1 操作系统基础知识

操作系统是计算机所有软、硬件资源的组织者和管理者，是沟通软、硬件之间的桥梁。任何用户都是通过操作系统使用计算机的，操作系统是用户和计算机的接口，它让用户使用计算机变成了一件很容易的事情。

2.1.1 操作系统的功能

计算机系统中各种资源都有自己固有的特征，因此管理它们的手段也有所不同。从资源管理角度分析，操作系统具有处理机管理、存储管理、设备管理、文件管理和作业管理等功能。

1. 处理机管理

处理机管理指对CPU资源的管理。处理机管理的任务就是把CPU合理、动态地分配给多道程序系统，从而使多个处理任务同时运行而互不干扰，极大地发挥处理器的工作效率。

2. 存储管理

存储管理指对主存储器资源的管理，就是要根据用户程序的要求为用户分配主存区域。当多个用户程序同时被装入主存储器后，要保证各用户的程序和数据互不干扰；当某个用户程序结束时，要及时收回它所占的主存区域，以便再装入其他程序，从而提高内存空间的利用率。

3. 设备管理

设备管理指对所有外部设备的管理。它是操作系统中用户和外部设备之间的接口，主要负责分配、回收外部设备及控制外部设备的运行，采用通道技术、缓冲技术、中断技术和假脱机技术等充分而有效地提高外部设备的利用率。

4. 文件管理

文件管理指对数据信息资源的管理。文件管理的主要任务是负责文件的存储、检索、共享、保护等，为用户提供简便使用文件的方法。

5. 作业管理

完成一个独立任务的程序及其所需的数据组成一个作业。作业管理是对用户提交的诸多作业进行管理，包括作业的组织、控制和调度等，尽可能高效地利用整个系统的资源。

2.1.2 操作系统的分类

经过几十年的迅速发展和市场的激烈竞争，操作系统呈现出多样性，且其功能差异很大，它们已经能够适应各种不同的应用和各种不同的硬件配置。操作系统有各种不同的分类标准，常用的分类标准：按与用户对话的界面分类、按能够支持的用户数分类、按是否能够运行多个任务分类、按操作系统的功能分类等。

1．按与用户对话的界面分类

（1）字符界面操作系统

在字符界面操作系统中，用户只能在命令提示符（如 C:\>）后输入命令才能操作计算机。例如要运行一个程序，则应在命令提示符下输入程序名并按“Enter”键才能运行。常见的字符界面操作系统有 UNIX 等。

（2）图形界面操作系统

在图形界面操作系统中，每一个文件、文件夹和应用程序都可以用图标来表示，所有的命令都以菜单或按钮的形式给出。因此，要运行一个命令或程序，无须知道命令的具体格式和语法，只需使用鼠标对菜单或图标进行单击或双击即可。常见的图形界面操作系统如 Windows 7/8/10 等。

2．按能够支持的用户数分类

（1）单用户操作系统

在单用户操作系统中，系统所有的软、硬件资源只能为一个用户提供服务。也就是说，单用户操作系统一次只能支持运行一个用户程序，如 Windows 7/8/10 等。

（2）多用户操作系统

多用户操作系统能够管理和控制由多台计算机通过通信口连接起来组成的一个工作环境，可以为多个用户服务，如 UNIX 等。

3．按是否能够运行多个任务分类

（1）单任务操作系统

在单任务操作系统中，用户一次只能提交一个任务，待该任务处理完毕后才能再提交下一个任务，如 MS-DOS。

（2）多任务操作系统

在多任务操作系统中，系统可以同时接受并处理用户一次提交的多个任务，如 Windows 7/8/10 等。

4．按操作系统的功能分类

（1）批处理操作系统

在批处理操作系统中，用户可以把作业一批批地输入系统。批处理操作系统侧重于资源的利用率、作业的吞吐量以及操作的自动化。它主要运行在大中型机上。

（2）分时操作系统

分时操作系统的主要特点是将 CPU 的时间划分成时间片，轮流接收和处理各个用户从终端输入的命令。如果用户的某个处理要求时间较长，分配的一个时间片不够用，它只能暂停下来，等待下一次轮到时再继续运行。由于计算机运算的高速性能和并行工作的特点，所以，只要同时上机的用户不超过一定的数量，每个用户就会觉得自己好像独占了这台计算机。常见的分时系统有 UNIX、Linux 等。

（3）实时操作系统

实时操作系统可以使计算机系统及时响应外部事件的请求，并在严格的时间范围内完成对事件的处理，给出应答。超出时间范围就失去了控制的时机，控制也就失去了意义，甚至造成事故。根据具体应用领域的不同，又可以将实时操作系统分成两类：实时控制系统（如导弹发射系统）和实时数据处理系统（如火车票订购系统、银行ATM机）。常用的实时操作系统有实时磁盘操作系统（Real-Time Disk Operating System，RDOS）等。

（4）网络操作系统

网络操作系统是在单机操作系统的基础上发展起来的，能够管理网络通信和提供网络资源共享，协调各个主机上任务的运行，并向用户提供统一、高效、方便易用的网络接口的一种操作系统。

（5）分布式操作系统

分布式计算机系统是由多台计算机连接起来组成的计算机网络系统，系统中的若干台计算机可以互相协作来完成一个共同任务。这种用于管理分布式计算机系统中资源的操作系被统称为分布式操作系统。

以上分类并不是绝对的，许多操作系统同时兼有多种类型系统的特点，因此不能简单地用一个标准划分。例如MS-DOS是单用户、单任务操作系统，Windows 7/8/10是单用户、多任务操作系统。

2.1.3 一些常用的操作系统简介

1．Windows操作系统

Windows操作系统（或称视窗操作系统）是基于图形界面的操作系统，它是微软（Microsoft）公司的产品。其因生动、形象和直观的用户界面和十分简便的操作方法，吸引着成千上万的用户，成为目前装机普及率最高的一种操作系统。

2．UNIX操作系统

UNIX 操作系统是一种多用户、多任务的分时操作系统。其优点是具有较好的可移植性，可运行于许多不同类型的计算机上，且有较好的可靠性和安全性，支持多任务、多处理、多用户、网络管理和网络应用。缺点是缺乏统一的标准，应用程序不够丰富，并且初学者不易学习，因此这限制了UNIX操作系统的普及应用。

3．Linux操作系统

Linux操作系统是一套免费使用和自由传播的类UNIX操作系统，是一个基于POSIX和UNIX的多用户、多任务、支持多线程和多CPU的操作系统。

4．OS/2操作系统

OS/2（Operating System）意为第二代的操作系统。OS/2是微软公司和IBM公司合作于1987年开发的，配置在PS/2微机上的图形化用户界面的操作系统。

5．macOS操作系统

macOS操作系统是在苹果公司的Power Macintosh机及Macintosh系列计算机上使用的操作系统。它是最早成功的基于图形用户界面的操作系统，具有较强的图形处理能力，广泛用于桌面排版和多媒体应用等领域。macOS操作系统的缺点是与Windows操作系统缺乏较好的兼容性，这影响了它的普及。

6．NetWare 操作系统

NetWare 操作系统是诺威尔有限公司（NOVELL）推出的网络操作系统。NetWare 操作系统最重要的特征是基于基本模块设计思想的开放式系统结构。NetWare 是一个开放的网络服务器平台，可以方便进行扩充，主要用于局域网的构建与管理。

7．Android 操作系统

安卓（Android）操作系统是一种基于 Linux 的自由及开放源代码的操作系统，主要用于移动设备，如智能手机和平板电脑。

2.2 Windows 7 概述

2.2.1 Windows 的发展简史

Windows 来源于 Window 这个英文单词，微软公司将自己的操作系统命名为 Windows，既代表该操作系统是由多个窗口形式而组成的，又表示与 DOS 操作系统呆板而单一的旧时代的告别，意义深远。

微软公司于 1983 年春季宣布开发 Windows，希望由它来取代 MS-DOS 操作系统，并于 1985 年 5 月推出 Windows 1.0，这个 Windows 版本的功能还很弱。由于受到当时硬件条件的限制，因此 Windows 1.0 的图形用户界面（Graphical User Interface，GUI）基于字符，而不是现在的基于图形，只能说是 DOS 系统的一个外壳程序，启动界面也相当简陋，因此基本上没有引起业界太多的注意。

Windows 划时代的发展是 1990 年 5 月发行的 Windows 3.0 版本。它提供了全新的用户界面和方便的操作手段，突破了 640 kB 常规内存的限制，可以在任何方式下使用扩展内存，具有运行多道程序、处理多任务的能力。速度快、内存容量大的个人计算机成了 Windows 3.0 最有效的平台，同时市场上出现大量基于 Windows 的应用软件。

1993 年，微软公司推出 Windows 系列新产品。微软公司首先推出了具有网络支持功能的 Windows for Workgroups，接着又推出了全新的 32 位操作系统 Microsoft Windows NT 3.1。这款产品将操作系统和网络软件结合在一起，使用户不需要运行另外一个网络操作系统就可以与网络上在运行 Windows NT 的计算机相连，其界面与 Windows 3.1 完全相同。随着硬件性能的提高、价格的大幅度下降，以及 Windows NT 4.0 的推出，Windows NT 逐渐成为当时与 UNIX、OS/2 平分“客户机/服务器”市场的操作系统。

1995 年，微软公司推出了 Windows 95。它可以独立运行而不需要 MS-DOS 的支持。但为了保持对 DOS 程序的兼容，Windows 95 仍然只是一个仿真的 32 位操作系统（即 16 位和 32 位共存）。Windows 95 在用户界面上有了较大的改进，每个文件、文件夹和应用程序都可以用图标来表示。1998 年，微软公司推出 Windows 98，它是第一个专为个人消费者设计的 Windows 操作系统。

2000 年，微软公司推出 Windows 2000。它集 Windows NT 的先进技术和 Windows 95/98 的优点于一身，具有低成本、高可靠性、全面支持 Internet、支持众多硬件设备等特点，成为当时从笔记本电脑到高端服务器等各种类型的个人计算机上常用的操作系统。

2001 年，Windows XP 发布。Windows XP 共有两个版本：一是 Windows XP Professional，面向企业和高级家庭；二是 Windows XP Home Edition，面向普通家庭。Windows XP 是微软公司想要把所有用户要求合成一个操作系统而进行的尝试。和以前的 Windows 桌面系统相比，Windows XP 的稳定性有所提高，而为此付出的代价则是丧失了对 DOS 程序的支持。

2003 年 3 月，Windows Server 2003 发布。Windows Server 2003 对活动目录、组策略操作和管理、磁盘管理等面向服务器的功能做了较大改进，对 NET 技术的完善支持使服务器的应用范围得到了进一步扩展。

2006 年，Windows Vista 发布。该系统带有许多新的特性和技术。

2009 年 10 月，Windows 7 正式版发布，分为 32 位系统和 64 位系统，有以下几种不同的版本：Windows 7 Starter（简易版），Windows 7 Home Basic（家庭普通版），Windows 7 Home Premium（家庭高级版），Windows 7 Professional（专业版），Windows 7 Enterprise（企业版），Windows 7 Ultimate（旗舰版）。Windows 7 的设计主要围绕 5 个重点：针对笔记本电脑的特有设计、基于应用服务的设计、用户功能的个性化、视听娱乐功能的优化、用户易用性的新引擎。

2.2.2 Windows 7 的特点

Windows 7 是微软公司于 2009 年发布的、第二代具备完善的 64 位系统支持的并开始支持触控技术的 Windows 桌面操作系统，其内核版本号为 NT 6.1。Windows 7 集成了 DirectX 11 和 Internet Explorer 8。DirectX 11 作为 3D 图形的接口，不仅支持后来的 DirectX11 硬件，还兼容当前的 DirectX 10 和 Direct 10.1 硬件。DirectX 11 增加了新的计算着色器（Shader）频率的技术，可以允许图形处理单元（Graphics Processing Uint，GPU）从事更多的通用计算工作，而不仅仅是 3D 运算，开发人员可以更好地将 GPU 作为并行处理器使用。Windows 7 还具有超级任务栏，提升了界面的美观性并改善了多任务切换的使用体验。通过缩短开机时间，硬盘传输速率等一系列性能得到改进。

Windows 7 操作系统具有以下特点。

1．更加安全

Windows 7 的安全和功能的合法性得到了改善，并把数据保护和管理扩展到外围设备。Windows 7 改进了基于角色的计算方案和用户账户管理，并在稳定协作和数据保护的固有冲突之间搭建沟通桥梁，同时开启对企业级数据保护和权限的许可。

2．更加简单

Windows 7 让搜索（包括本地、网络和互联网搜索功能）和使用信息变得更加简单，进一步提升用户体验，整合自动化应用程序提交和交叉程序数据透明性。

3．更好的连接

Windows 7 进一步增强了移动工作能力。无论在何时、何地，在何种设备上，人们都能访问数据和应用程序，开启稳定的特别协作体验。无线连接、管理和安全功能将得到拓展，性能、当前功能以及新兴移动硬件将得到优化，多设备同步、管理和数据保护功能将被拓展。

4．更低的成本

Windows 7 可以帮助企业优化桌面基础设施，还可简化个人计算机升级的操作，同时，Windows 7 还进一步完善了应用程序的更新等功能，并改进了硬件和软件虚拟化体验，扩展了 Windows 帮助和 IT 专业问题解决方案诊断等功能。

2.3 Windows 7 的基本操作

2.3.1 Windows 7 的启动与退出

1．启动

启动 Windows 7 时，首先出现用户登录界面，界面要求用户选择用户账户名，并且输入口令。操作正确后则进入 Windows 7 桌面。

为安全起见，Windows 7 建议每一个使用计算机的用户都有一个专用的账户。用户账户的创建和更改可以通过控制面板中的“用户账户”完成。对安全性要求不高的用户也可以不设置口令，启动计算机后直接进入 Windows 7 桌面。

2．退出

用户不能以直接关掉计算机电源的方式退出 Windows 操作系统。Windows 7 是一个多任务多线程的操作系统，有时在前台运行某一程序的同时，后台也在运行另几个程序。如果前台程序运行结束后就关掉电源，后台程序的数据和运行结果就会丢失。同时，由于 Windows 7 的多任务特性，在运行时可能要用大量硬盘空间来保存临时信息，这些处在预设指定子目录下的临时性文件在 Windows 7 正常退出时将予以删除，以免浪费空间。非正常退出将使 Windows 7 来不及做这些工作，导致硬盘空间的浪费，更为严重的会造成致命的错误甚至导致系统无法再次启动。

因此，退出 Windows 7 之前，用户应关闭所有正在运行的程序和文档窗口，否则系统会自动询问是否结束有关程序的运行。Windows 7 为用户提供两种退出方法。

① 选择“开始”→“关机”命令（见图 2-1）或按“Alt+F4”组合键，打开图 2-2 所示的“关闭 Windows”对话框，选择“关机”。系统会先把本次开机的有关 Windows 修改的设置保存到硬盘中，然后显示“正在关机”，并自动关闭计算机电源。

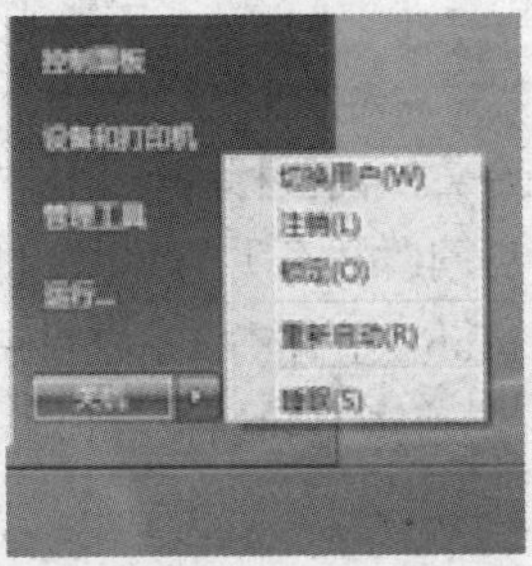

图 2-1 “关机”对话框

图 2-2 “关闭 Windows”对话框

② 选择“开始”→“注销”命令，当前用户退出、其他用户登录。

- 选择“切换用户”：当前用户不退出，允许其他用户登录。
- 选择“重新启动”：系统将当前所有 Windows 7 的设置保存到硬盘上，并自动重新启动计算机。
- 选择“睡眠”：系统会进入休眠状态。

- 选择“锁定”：当前用户被锁定。

2.3.2 鼠标和键盘的使用

鼠标和键盘是 Windows 环境下常用的输入设备，用户利用鼠标和键盘可以很方便地进行各种操作。

1．常见的鼠标指针及其含义

鼠标指针在窗口的不同位置或不同状态下会有不同的形状，其中常用的鼠标指针有以下 6 种。

① 正常选择指针（或称指向指针）：移动鼠标可以将指针指向任意一个操作对象。

② 文字选择指针（或称光标I）：出现该指针形状时才能选择、输入文字。

③ 精确选择指针（或称“十”字指针十）：出现该指针形状时才能绘制各种图形。

④ 忙或后台忙指针（或称等待指针、O）：出现该指针形状说明系统正在运行程序，此时不要操作鼠标与键盘。

⑤ 链接指针（或称手形指针）：出现该指针形状时，可链接到相关的对象。

⑥ 移动指针（）：出现该指针形状时，表示可拖曳鼠标选中对象到某个位置。

2．鼠标的基本操作

① 移动：握住鼠标并移动，显示器上的鼠标指针也随之移动。

② 指向：移动鼠标，使指针指向某一对象。

③ 单击：快击一下鼠标左键后马上释放。

④ 右击：快击一下鼠标右键后马上释放。

⑤ 双击：快击两下鼠标左键后马上释放。

⑥ 拖曳：按住鼠标左键不放，将选中的对象拖到目的地后释放。

⑦ 滚动：滑动鼠标键中间的滚轮。

注意：如无特殊说明，“单击”“双击”“拖曳”都是使用鼠标左键；当要使用鼠标右键时，会用“右击”来明确表示。

3．键盘的操作

键盘不仅可以用来输入文字或字符，还可以通过使用组合键来替代鼠标操作。例如，使用“Alt+Tab”组合键（先按住“Alt”键不放，再按“Tab”键，然后同时放开）可以完成任务之间的切换，相当于用鼠标单击任务按钮，如图 2-3 所示。使用“Win+Tab”组合键，系统将使用“Flip 3D”技术通过三维方式排列所有已在桌面上打开的窗口，用户可快速浏览和切换窗口，如图 2-4 所示。

图 2-3　使用“Alt+Tab”组合键

图 2-4 使用“Win+Tab”组合键

2.3.3 Windows 7 的桌面

Windows 7 启动后的桌面如图 2-5 所示。桌面是指 Windows 7 所占据的屏幕空间，即屏幕的整个背景区域。桌面上通常有“Administrator”“计算机”“网络”“Internet Explorer”“回收站”等图标和若干个由用户自己创建的快捷方式图标。桌面的底部是任务栏，任务栏最左端是“开始”按钮，靠近右端是任务栏通知区域，最右端是“显示桌面”按钮。

1．“开始”菜单

单击“开始”按钮会弹出“开始”菜单，菜单集中了 Windows 7 的所有应用程序。若要运行程序、打开文档、改变系统设置、查找信息等，都可以单击该按钮，然后选择相应的命令，如图 2-6 所示。

图 2-5 Windows 7 的桌面

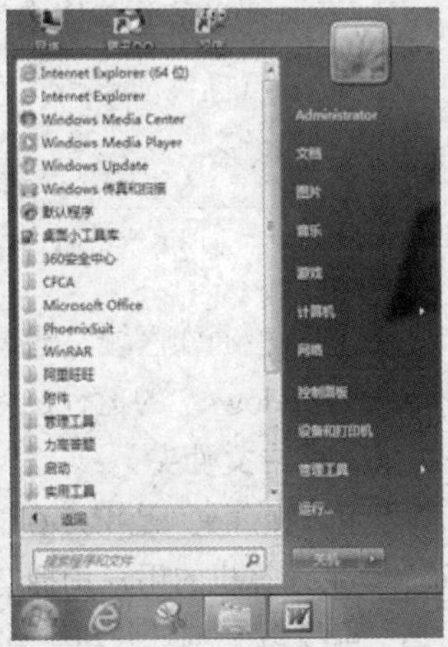

图 2-6 “开始”菜单

2．全新的“任务栏”

用户打开程序、文档或窗口后，“任务栏”上就会出现一个相应的应用程序图标。关闭一个窗口后，与之对应的应用程序图标也将从“任务栏”上消失。

Windows 7 的任务栏融合了快速启动栏的特点，每个窗口的对应应用程序图标都能根据用户的需要随意排列。鼠标指针停留在任务栏中的应用程序图标上时即可预览各个窗口内容，用户可轻松找到需要的窗口并进行窗口切换，如图 2-7 所示。

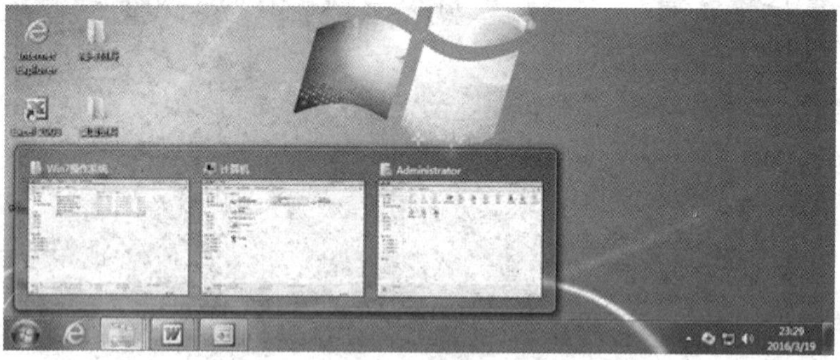

图 2-7　窗口动态缩略图

当鼠标指针停留在任务栏最右端“显示桌面”按钮上时，所有打开的窗口都会透明化，用户可以快速浏览桌面，单击该按钮则会切换到桌面。

在“任务栏”右端的“日期和时间”区域单击，打开图 2-8 所示的对话框，用户可以在该对话框中设置日期、时间、时区和 Internet 时间等。

单击“任务栏”上的输入法按钮，打开图 2-9 所示的输入法菜单，用户可以从中选择一种输入法，这是切换输入法最简便的方法。也可以用键盘操作中英文切换（“Ctrl+空格”组合键）、中文输入法切换（“Ctrl+Shift”组合键）。

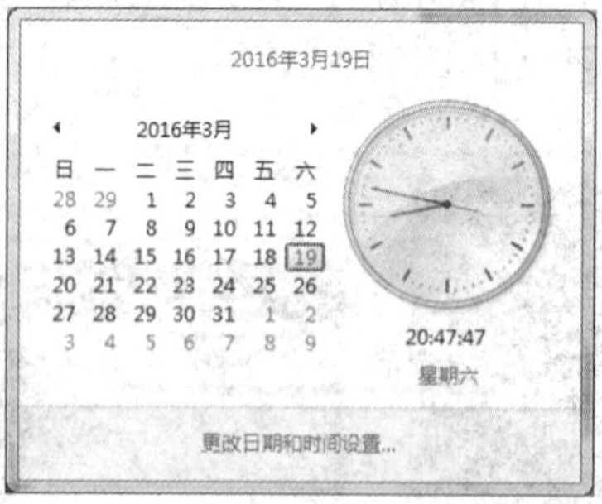

图 2-8　设置日期和时间等

图 2-9　输入法菜单

在任务栏通知区域，通过拖曳图标即可对图标进行排序。

在 Windows 7 的运行过程中，“任务栏”内还会显示一些小图标，用来表示任务的不同状态。

3．用户文件夹

“用户文件夹”是用户存储文档、图片等文件，下载网络文件和保存其他文件的默认存储位置，每个登录计算机的用户均拥有唯一的“用户文件夹”。用户可以轻松访问自己“用户文件夹”中的文件，但无法访问计算机上其他用户的“用户文件夹”中的文件。图 2-10 所示是 Administrator 用户文件夹。

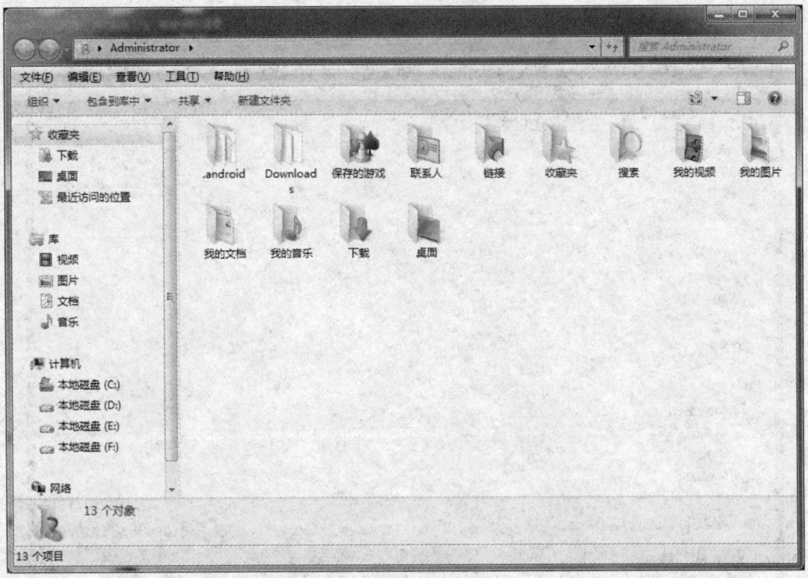

图 2-10 Administrator 用户文件夹

4．计算机

“计算机”是一个文件夹。在该文件夹中，用户可以查看和使用计算机上所有的软、硬件资源。图 2-11 所示是“计算机”窗口。

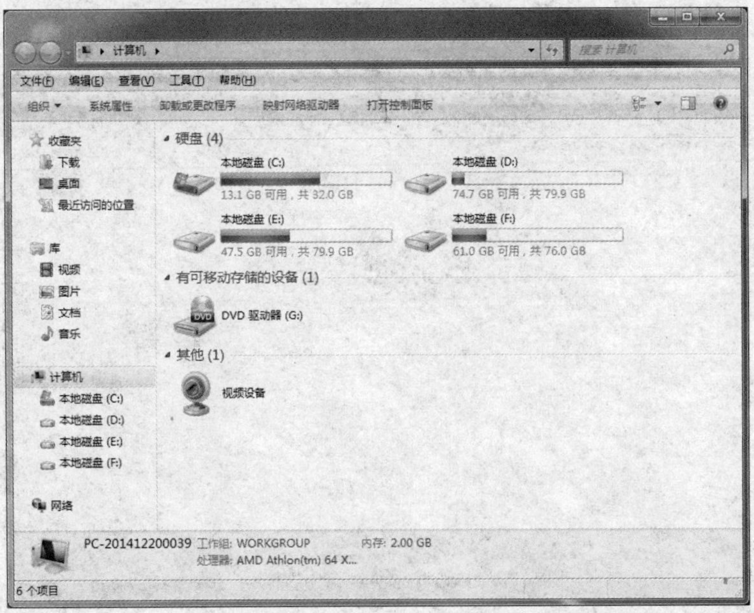

图 2-11 “计算机”窗口

5．网络

“网络”是一个文件夹，用来浏览网络上的共享计算机、打印机和其他共享资源。其中“网络和共享中心”面板中包含了几乎所有与网络相关的操作程序和控制程序，通过可视化视图和单站式命令，用户可以轻松连接网络。图 2-12 所示是“网络”窗口。

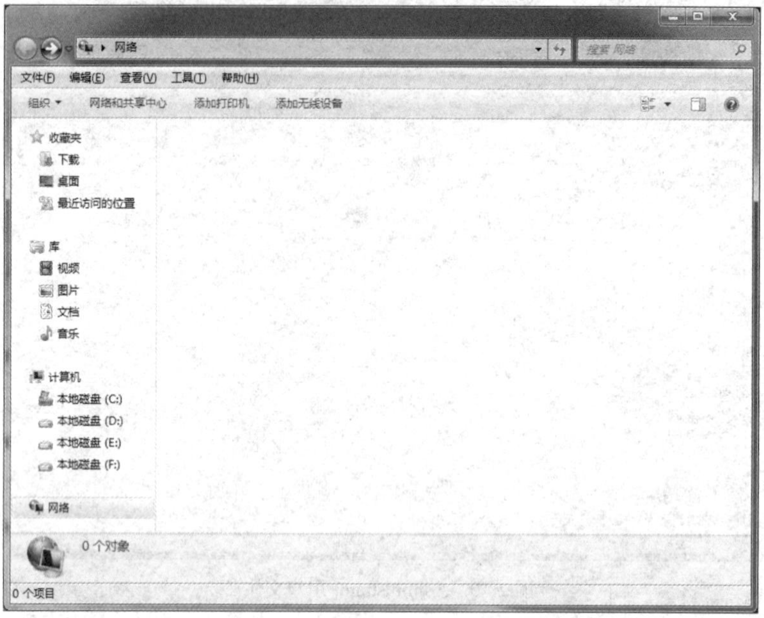

图 2-12　“网络”窗口

6. Internet Explorer

Internet Explorer（IE）是常用的浏览器，用于访问 Internet 上的 Web、FTP 等服务器或本地的 Internet。图 2-13 所示是 IE 浏览器窗口。

图 2-13　IE 浏览器窗口

7. 回收站

“回收站”是一个文件夹，用来临时存储被删除的文件、文件夹或 Web 网页等内容。“回收站”被清空之前，用户可以把“回收站”中的文件或文件夹恢复到它们原来在系统中的位置。图 2-14 所示是“回收站”窗口。

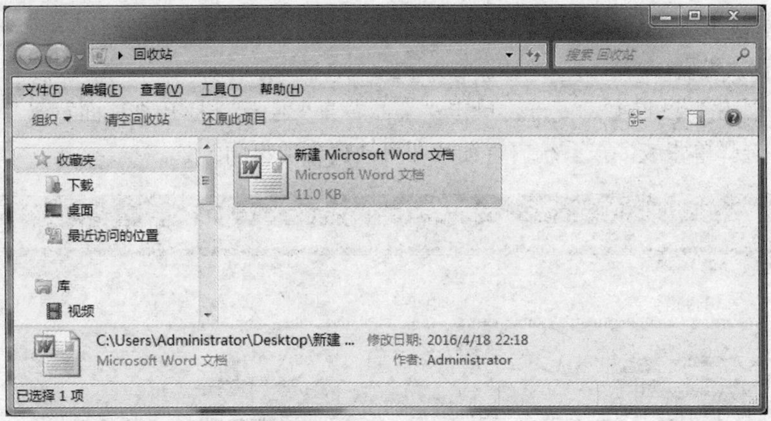

图 2-14 “回收站”窗口

2.3.4 Windows 7 的个性化设置

Windows 7 是一个崇尚个性的操作系统，不仅为用户提供各种精美的桌面壁纸，还提供多种外观选择、不同的背景主题和灵活的声音方案等，让用户可以随心所欲地“绘制”属于自己的个性化桌面。Windows 7 通过应用 Windows Aero 和 DWM 等技术，使桌面呈现出一种半透明的 3D 效果。

1．桌面设计

（1）桌面外观设置

右击桌面空白位置，在弹出的快捷菜单中选择“个性化”命令，打开“个性化”设置窗口，如图 2-15 所示。

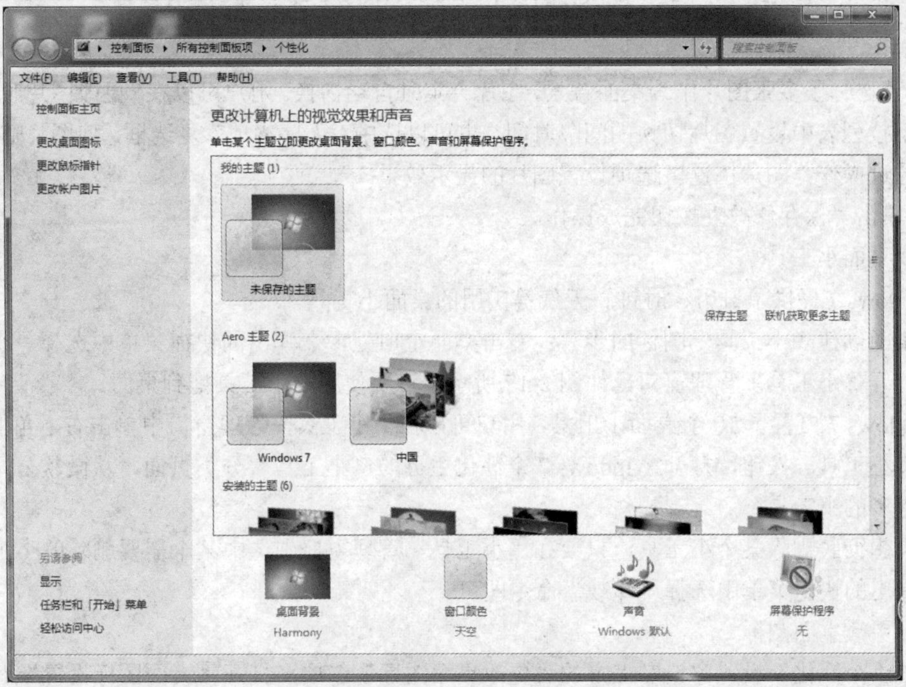

图 2-15 “个性化”设置窗口

Windows 7 系统在“Aero 主题”下预置了多个主题，选择所需主题即可改变当前桌面外观。

（2）桌面背景设置

① 在“个性化”设置窗口下方，单击“桌面背景”图标，打开“桌面背景”设置窗口，如图 2-16 所示，选择单张或多张系统内置图片即可改变当前桌面背景。

图 2-16　“桌面背景”设置窗口

② 若选择了多张图片作为桌面背景，图片会定时自动切换。用户可以在“更改图片时间间隔”按钮的下拉列表中设置图片切换的间隔时间，也可以选中“无序播放”复选框，使图片随机播放，还可以通过操作“图片位置”选项设置图片的显示效果。

③ 单击“保存修改”按钮完成操作。

（3）桌面小工具

Windows 7 提供了日历、时钟、天气等实用的桌面小工具。

在桌面创建“小工具”图标的步骤：右击桌面空白处，在弹出的快捷菜单中选择“小工具”命令，打开“小工具”管理窗口，如图 2-17 所示，将要使用的小工具拖到桌面。

Windows 7 内置了 10 个桌面小工具，用户可以在“小工具”管理窗口中单击右下角的“联机获取更多小工具”按钮，打开 Windows 7 个性化主页的“小工具”分类页面，从微软公司官方网站获取更多的小工具。

如果想彻底删除某个小工具，只要在“小工具”管理窗口中选中某个需要删除的小工具，右击，在弹出的快捷菜单中选择“卸载”命令即可。

（4）更改桌面图标

单击“个性化”设置窗口左上方的“更改桌面图标”选项，打开“桌面图标设置”对话框，如图 2-18 所示。在“桌面图标”选项卡中，通过选中或取消选中“计算机”“用户的文件”“网络”

"回收站""控制面板"等复选框，来设置是否需要在桌面上显示相应图标；也可以通过"更改图标"按钮设置用户自己喜欢的图标。

图 2-17 "小工具"管理窗口

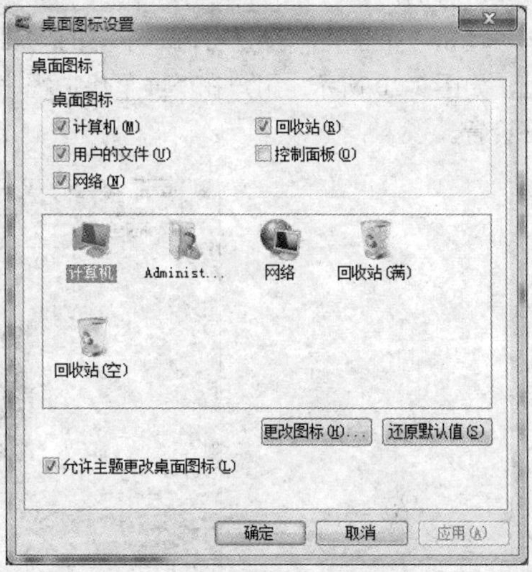

图 2-18 "桌面图标设置"对话框

2. 窗口颜色和外观

单击"个性化"设置窗口下方的"窗口颜色"图标，打开"窗口颜色和外观"设置窗口，如图 2-19 所示。用户可以在此窗口中更改窗口边框、"开始"菜单和任务栏的颜色。通过启用透明效果、利用"高级外观设置"，用户可以进行更详细的设置。

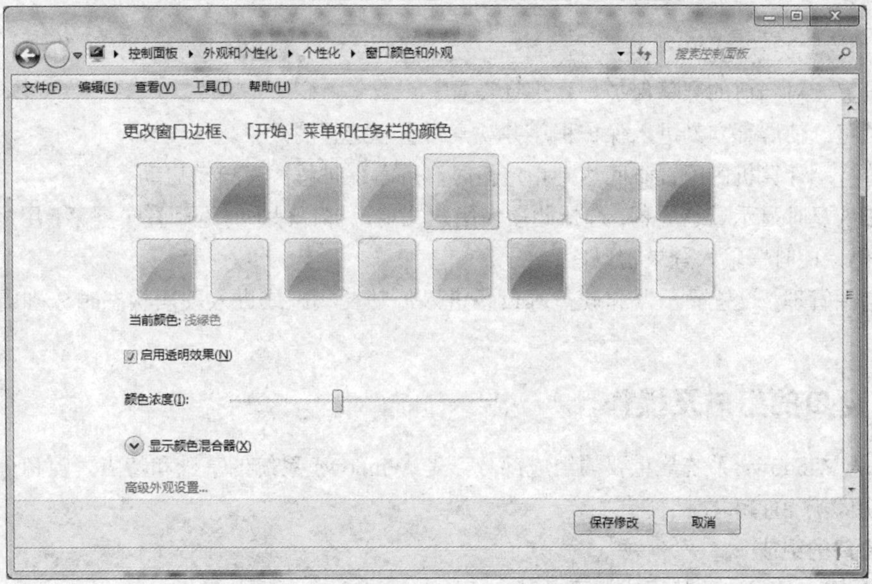

图 2-19 "窗口颜色和外观"设置窗口

3. 屏幕保护程序

屏幕保护程序指在一段指定时间内用户没有使用计算机，屏幕上就会出现移动的位图或图片的程序。使用屏幕保护程序可以减少屏幕的损耗并保障系统安全。例如，可以在用户离开计算机时，防止无关人员窥探屏幕内容。另外，屏幕保护程序还可以设置密码保护，只有用户本人才能恢复屏幕的内容。

单击“个性化”设置窗口右下方的“屏幕保护程序”图标，打开“屏幕保护程序设置”对话框，如图 2-20 所示。用户在“屏幕保护程序设置”对话框中可选择所需的屏幕保护程序并进行以下设置。

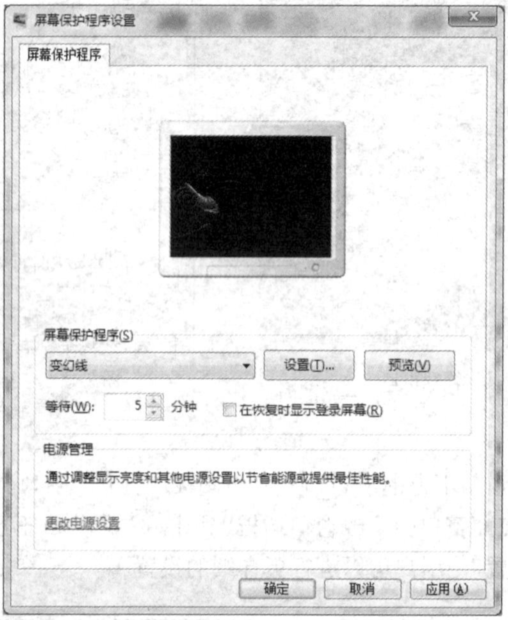

图 2-20　“屏幕保护程序设置”对话框

① 设置：对当前的屏幕保护程序进行设置。

② 预览：使屏幕立刻进入保护程序并观察设置和选择的效果。

③ 等待：计算机的闲置时间达到指定值时，屏幕保护程序将自动启动。

④ 在恢复时显示登录屏幕：选择此项使用户在退出屏幕保护时返回登录屏幕，用户如果有设置登录密码，此时需输入登录密码。

⑤ 电源管理：设置显示器和硬盘等设备进入低功耗状态或进入关闭状态时分别需要等待的时间。

2.3.5 窗口的组成及操作

窗口是 Windows 系统最重要的组成部分，是 Windows 系统的基础和特点。窗口分为文件夹窗口、应用程序窗口和文档窗口 3 类。

1. 窗口的组成

无论是哪一类窗口，其组成元素都基本相同，如图 2-21 所示。

2. 窗口的操作

窗口的主要操作有打开窗口、使用滚动条、窗口的最大化/还原和最小化、改变窗口大小、移动窗口、关闭窗口、窗口之间的切换和排列窗口等。

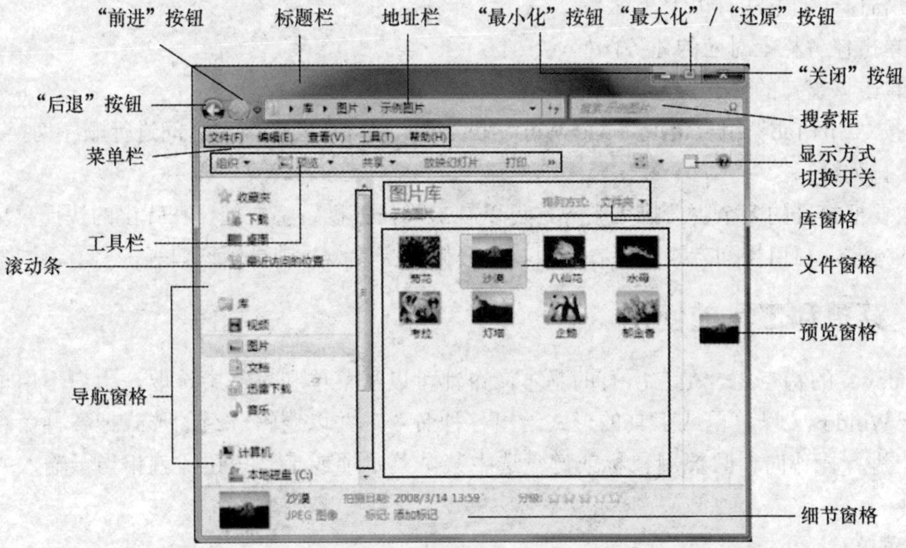

图 2-21 Windows 7 的窗口

（1）打开窗口

“打开窗口”是指运行某个应用程序或打开某个文件夹的操作。打开窗口的方法有多种，如从一个图标打开一个窗口，即双击该图标；或右击该图标，在弹出的快捷菜单中选择“打开”命令。

（2）使用滚动条

① 单击垂直滚动条，滚动鼠标滚轮，窗口的内容向上或向下滚动。

② 单击水平滚动条，滚动鼠标滚轮，窗口的内容向左或向右移动。

③ 单击滚动块与滚动箭头之间的滚动条，窗口会一次翻动一屏的内容。

④ 拖曳滚动块到指定位置，松开鼠标左键，窗口可以快速滚动到指定的行。

（3）窗口的最大化/还原和最小化

① 单击“最大化”按钮，将窗口扩大到整个屏幕，此时“最大化”按钮变成“还原”按钮；单击“还原”按钮，使窗口还原到该窗口被最大化之前的尺寸，此时“还原”按钮变成“最大化”按钮。

② 单击“最小化”按钮，将该窗口缩小到任务栏。

（4）改变窗口大小

将鼠标指针放到要改变其大小的窗口的边框线位置（垂直边框线、水平边框线或角），当鼠标指针出现双头箭头时，拖曳边框到一定位置，松开鼠标左键，即可改变窗口的大小。

（5）移动窗口

将鼠标指针放到该窗口的标题栏上，将窗口拖到适当位置，松开鼠标左键即可。

（6）关闭窗口

关闭窗口的方法有很多种，最简单的方法是单击窗口右上角的“关闭”按钮。

窗口操作完成后，应及时关闭以节省内存，加快 Windows 7 的运行速度，并保持桌面整洁。

（7）窗口之间的切换

Windows 7 允许同时打开多个应用程序，最后打开的窗口会覆盖在其他窗口之上。位于桌面最上层的窗口被称为“活动窗口”，Windows 7 只允许对“活动窗口”进行操作。要将其他窗口变为“活动窗口”的方法有以下 3 种。

① 单击任务栏上对应的任务图标。

② 单击该窗口的任一位置。

③ 按“Alt+Tab”组合键或“Alt+Win”组合键，可以在各个窗口之间进行顺序切换。

（8）排列窗口

如果要把打开的多个窗口排列整齐，可以右击“任务栏”空白处，在弹出的快捷菜单中选择要排列的方式。窗口排列方式有层叠窗口、堆叠显示窗口、并排显示窗口等。

2.3.6 菜单和工具的使用

Windows 的特点之一是它所有的基本命令都可以从菜单和工具中选取，用户不用记住大量的命令。Windows 以菜单或工具的形式给出各种命令，并以逻辑分组的形式把各种命令组织起来。用户进行操作时，只要用鼠标或键盘选中某个菜单项或工具按钮，就相当于输入并执行了该项命令。

1．菜单

Windows 7 有“开始”菜单、控制菜单、菜单栏上的下拉菜单和快捷菜单 4 种典型菜单。图 2-22 所示是菜单栏上的下拉菜单。

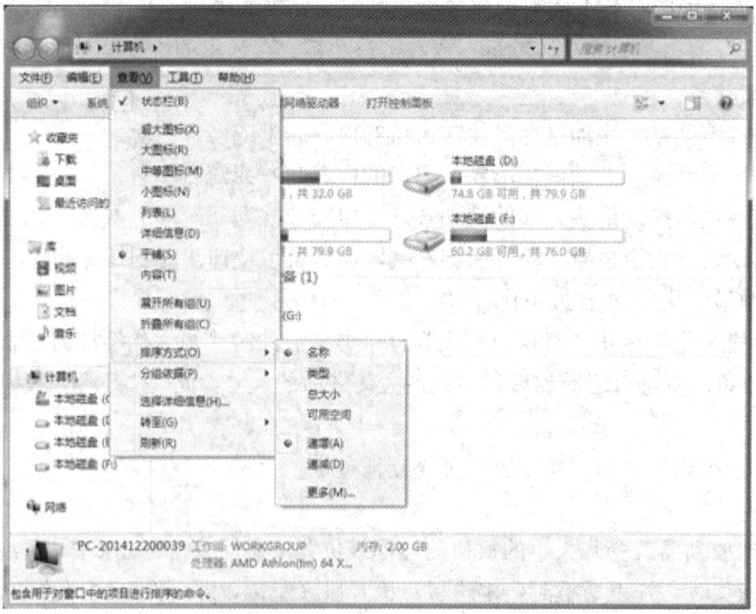

图 2-22 Windows 7 的下拉菜单

（1）菜单的约定

Windows 所有的菜单都有统一的符号约定。

① 黑色字符显示的菜单项：表示当前状态下该菜单项可以使用。

② 灰色字符显示的菜单项：表示当前状态下该菜单项不可以使用。

③ 菜单项后带省略号“…”：表示选择这种菜单项，会打开相应对话框，要求用户输入信息或改变设置。

④ 菜单项后带黑三角形“▶”：表示这种菜单项还有下一级菜单，当鼠标指针指向该菜单项时，就会自动弹出下一级菜单。

⑤ 菜单项后带组合键：表示按下该组合键与选择该菜单项的效果一样。

⑥ 菜单的分组线：在菜单项间用一条线把它们分成若干个功能相近的菜单选项组的分隔线。

⑦ 菜单项前带“√”符号：被选中的选项前面带有“√”，表示可在该分组菜单中选中多个选项。如果再一次选择该选项，则该标记被删除，命令无效。

⑧ 菜单项前带“●”符号：被选中的选项前面带有“●”，表示在该分组菜单中能且只能选中一项菜单项。

（2）菜单的操作

要从菜单上选择一个命令，只要单击该命令即可。如果不选择命令且又想关闭菜单，可以在该菜单以外的空白处单击或按“Esc”键。

2．工具

工具是 Windows 提供的一种更简便、更快捷的操作方式，用户只要单击工具栏中相应的命令按钮即可完成操作。

2.3.7 对话框的使用

在 Windows 系统中执行某些操作时（如选择带省略号的菜单项），系统会出现一个临时界面以便进行一些选项的设置，这类临时界面被称为对话框。对话框主要用于用户与系统之间的交互对话，用户可以根据需要对系统进行设置或选择。图 2-23 所示是一个比较典型的对话框。

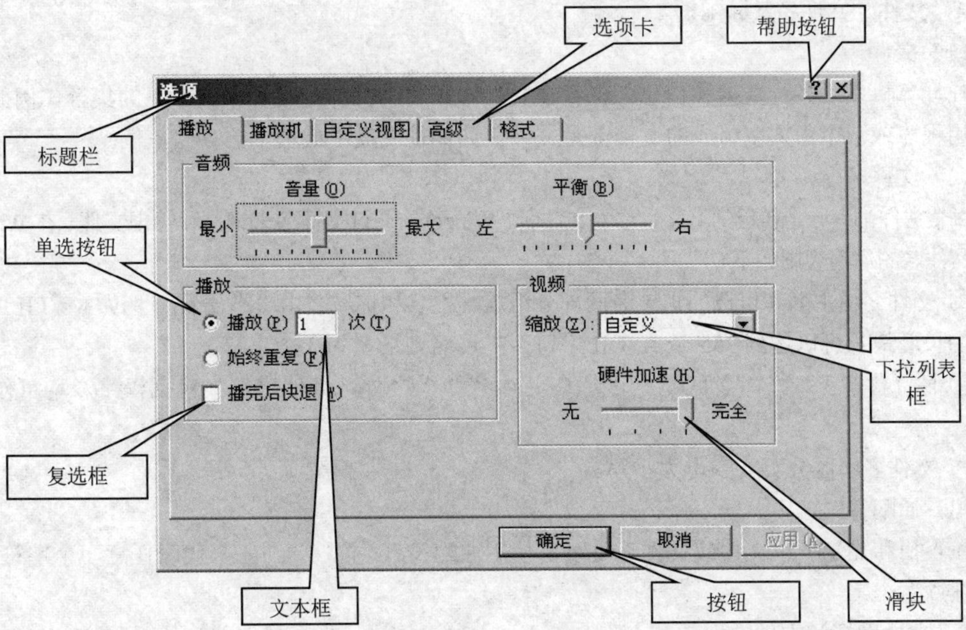

图 2-23 Windows 的对话框

对话框一般由以下元素组成。

① 标题栏：在对话框的顶部，左端为对话框的名称，右端为帮助按钮?和关闭按钮×。

② 选项卡（或称标签）：提供该对话框的各种详细分类，有的对话框没有选项卡。

③ 文本框（或称输入框）：单击该框，会出现光标，可以在其中输入文字。

④ 列表框：列表框显示多个选项，由用户选择其中一项。

⑤ 下拉列表框：右边有下拉按钮▼的长条框 |▼，单击下拉按钮▼，会出现多项选项，用户可以从中选择。

⑥ 复选框（☑、☐）：表示可以根据需要选择一个或多个选项，☑表示选中，☐表示未选中。单击☐变为☑，单击☑变为☐。

⑦ 单选按钮（○、⊙）：表示多个选项中只能选中其中一项，⊙表示选中，○表示未选中，单击○就变成⊙。

⑧ 数值框：单击数值框右边的增减按钮可以改变数值大小。

⑨ 滑块：滑块用来设置数值，拖曳滑块可改变数值大小。

⑩ 按钮：单击这些按钮可对相应的操作进行确认。

2.4 Windows 7 的文件操作

2.4.1 文件和文件夹的基本知识

1. 文件、文件名及通配符

（1）文件

在计算机中，各种数据和信息都保存在文件中，一个文件是某种相关信息的集合。例如，一个应用程序或一个由文字组成的文档都是文件。文件是硬盘中最基本的存储单位。

（2）文件名

每个文件都有一个自己的名字，称为文件名。Windows 通过文件名来识别和管理文件，在 Windows 中，文件名的命名规则如下。

① 文件名由主名和可选的扩展名两部分组成。主名和扩展名由“.”分隔（例如 MYFILE.txt），主名的长度最长可以达到 255 个 ASCII 字符，扩展名则最多为 3 个字符。

② 除了“？”“*”“/”“\”“:”“"”“<”“>”“|”之外，其他字符（包括汉字）均可作为文件名。

③ 文件名不区分英文字母大小写。

（3）通配符

在查找和显示一组文件或文件夹时可以使用通配符“？”“*”，“？”代表任意一个字符，“*”代表任意多个字符。

2. 文件图标和文件类型

文件都包含一定的信息，不同的数据格式和意义使每个文件都具有某种特定的类型。Windows 利用文件的扩展名来区别每个文件的类型。

在 Windows 中，每个文件在打开前都以图标的形式显示。每个文件的图标都会因为文件类型的不同而不同，系统正是以图标的不同来向用户提示文件类型的不同。在 Windows 中常见的文件类型有应用程序文件（.exe）、帮助文件（.hlp）、文本文件（.txt）、Word 文档文件（.doc）、Excel 工作簿文件（.xls）、位图文件（.bmp）、声音文件（.wav）、视频文件（.avi）、活动图像文件（.mpg）等。

3．文件夹

文件存放在硬盘、U 盘、光碟等存储器中，一个存储器上通常存有大量的文件，为了方便管理这些文件，Windows 把存储器分成一级级文件夹，用于存放一些性质相类似的文件，即 Windows 采用树形结构、以文件夹的形式来组织和管理文件。

文件夹指的是一组文件的集合。一般情况下，可以把 DOS 的目录同文件夹概念等同，但是文件夹并不仅仅代表目录，它也可以代表驱动器、设备，甚至是通过网络连接的其他计算机。文件夹名的规定与文件名的规定相同，不过一般情况下文件夹名不使用扩展名。

文件夹的内容可以是存储在该文件夹下的文件和其他文件夹，系统通过文件夹名来进行文件夹的操作。有了文件夹，就可以将文件按不同文件夹分门别类地存放。这样在查找一个文件时，就不必在整个磁盘上查找，只要在对应的文件夹中查找就行了，大大提高查找的效率。

4．快捷方式

“快捷方式”是 Windows 中一个重要的概念。它通常是指 Windows 桌面上或窗口中显示的一个图标，双击这个图标可以迅速地运行一个应用程序、打开某个文档或文件夹。使用快捷方式的最大好处是用户可以快速而方便地进行某个操作。

实际上，快捷方式并不是它所代表的应用程序、文档或文件夹真正的图标，快捷方式只是一种特殊 Windows 文件，它们具有文件扩展名 lnk，每个快捷方式都与一个具体的应用程序、文档或文件夹相联系，用户双击快捷方式的效果与双击快捷方式所对应的应用程序、文档或文件夹是相同的。对快捷方式进行改名、删除、移动或复制的操作只影响快捷方式本身而不影响其所对应的应用程序、文档或文件夹。一个应用程序可有多个快捷方式，而一个快捷方式只能对应一个应用程序。

2.4.2 文件和文件夹的浏览

计算机系统中的大部分数据都是以文件的形式存储在磁盘上的，用户在使用计算机的时候经常需要查看计算机中有些什么文件，以及文件是如何进行组织的，以便更好地使用文件和利用文件资源。因此，用户有必要知道文件系统是如何管理的。

1．资源管理器

Windows 7 是采用“计算机”和“资源管理器”来管理系统资源的，“计算机”和“资源管理器”的功能相同，显示的方式也一样。用户可以通过使用它们查看计算机中所有软硬件资源，它们提供的树形文件系统结构能够让用户更清楚、更直观地认识计算机中的文件和文件夹的组织关系。Windows 7 的“资源管理器”以新界面、新功能带给用户新体验。下面以“资源管理器”的使用为例进行介绍。

（1）启动与关闭资源管理器

① 启动资源管理器：右击“开始”按钮，在弹出的快捷菜单中选择“打开 Windows 资源管理器”命令，就会出现图 2-24 所示的 Windows 7“资源管理器”窗口。

② 关闭资源管理器：与关闭其他应用程序一样，单击“关闭”按钮或按“Alt + F4”组合键即可。

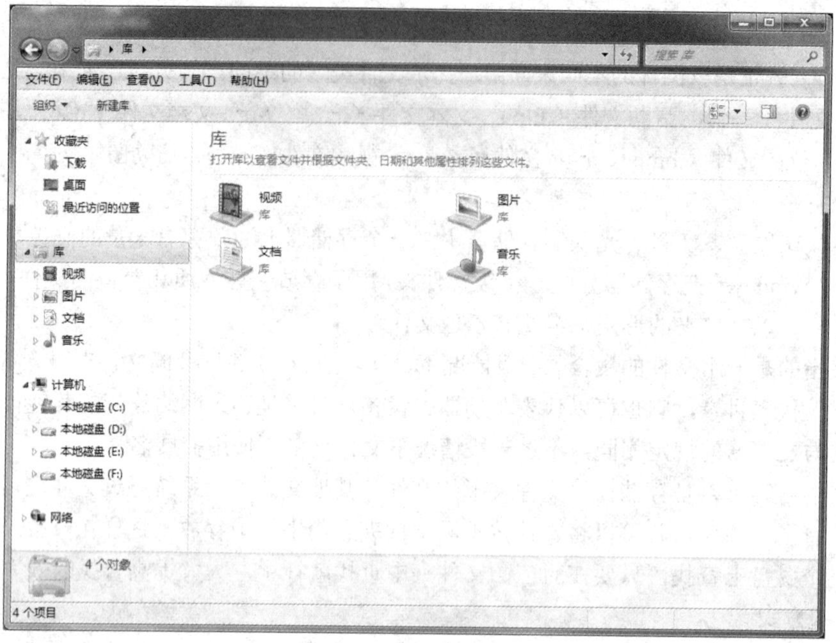

图 2-24 Windows 7 的“资源管理器”窗口

（2）“资源管理器”窗口设置

在 Windows 7 资源管理器窗口的左上方单击“组织▼”，然后选择“布局”，如图 2-25 所示，用户可以选择是否在资源管理器窗口中显示“菜单栏”“细节窗格”“预览窗格”“导航窗格”等。

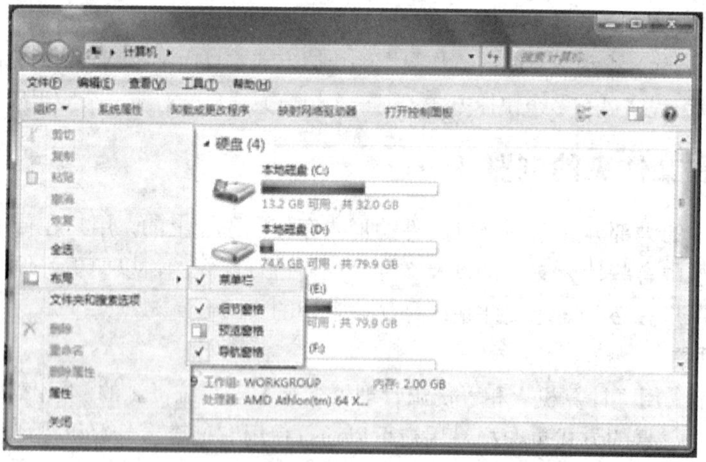

图 2-25 选择“布局”

在菜单栏的“查看”菜单中可以选择在资源管理器窗口下方是否显示状态栏。

① 地址栏：Windows 7 资源管理器的地址栏使用级联按钮取代传统的纯文本方式，它将不同层级路径由不同按钮分割，用户通过单击按钮即可实现目录跳转。

② 搜索栏：Windows 7 资源管理器将搜索功能移到顶部，方便用户使用。

③ 导航窗格：Windows 7 资源管理器内提供了“收藏夹”“库”“计算机”“网络”等按钮，用户可以利用这些按钮快速跳转到目的节点。

④ 细节窗格：Windows 7 资源管理器提供更加详细的对象信息，用户可以直接在细节窗格中修改对象属性并添加标记。

⑤ 收藏夹：收藏夹中预置了几个常用的目录链接，如“下载”“桌面”“最近访问的位置”“用户文件夹”。添加自定义文件夹，只需将文件夹拖到“收藏夹”的图标上方或下方的空白处即可。

（3）查看文件夹及文件

在资源管理器窗口中，左边“导航窗格”显示所有的文件夹（它们以树形结构显示），包括“收藏夹”“库”“计算机”和“网络”等。中间“文件窗格”显示的是在左边“导航窗格”中选中的文件夹的内容（包括文件与子文件夹）。

在 Windows 7 资源管理器窗口左边的“导航窗格”中，有的文件夹前面带有“◢”或“▷”符号。“▷”符号表示该文件夹中还包含有子文件夹，单击“▷”后，它就变成“◢”，同时展开它下一级子文件夹，并以树形结构显示。单击文件夹前面的“◢”，可折叠该文件夹，文件夹前面变成“▷”符号。

（4）改变文件和文件夹的显示方式

利用菜单栏中的“查看”菜单或工具栏中的“显示方式切换开关”选项卡，可以改变窗口中文件和文件夹的显示方式。

单击菜单栏中的“查看”菜单，弹出图 2-26 所示的“查看”菜单，通过选择“查看”菜单下的命令，可以看到不同的显示外观。

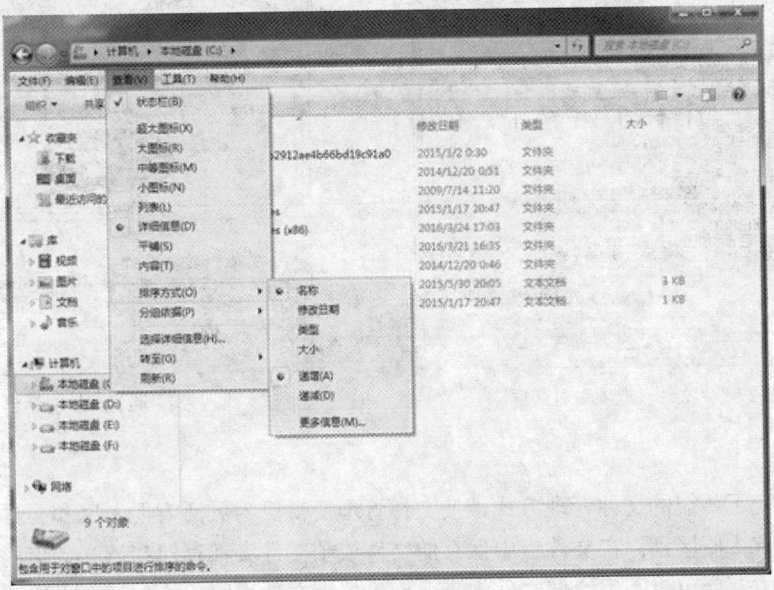

图 2-26 “查看”菜单

①“状态栏”命令：该命令用于控制是否在窗口底部显示状态栏提示。

②“超大图标”“大图标”“中等图标”“小图标”“列表”“详细信息”“平铺”“内容”等命令：用于控制文件和文件夹图标的大小及不同的信息内容。

③“排序方式”“分组依据”命令：用于控制文件和文件夹图标在窗口中的排列位置。

④“刷新”命令：用于更新窗口以显示新添加的文件和文件夹。

（5）“文件夹选项”设置

选择“工具”菜单中的“文件夹选项”或“组织”选项卡中的“文件夹和搜索选项”，打开图 2-27 的“文件夹选项”对话框。

①“常规”选项卡：对是在同一个窗口中打开每个文件夹还是在不同窗口中打开不同的文件夹进行设置，设置是通过单击打开项目还是通过双击打开项目，设置导航窗格的显示方式等。

②“查看”选项卡：设置是否显示隐藏的文件、文件夹和驱动器，是否隐藏已知文件类型的扩展名等。

③“搜索”选项卡：设置搜索内容和搜索方式等。

（6）查看磁盘信息

在 Windows 7 资源管理器窗口左边“导航窗格”中右击要查看的磁盘驱动器图标，在弹出的快捷菜单中选择“属性”命令，打开图 2-28 所示的磁盘属性对话框。在对话框的“常规”选项卡中可看到该磁盘的相关信息，可在对话框的“工具”选项卡中对该磁盘进行查错、碎片整理、文件备份等操作。

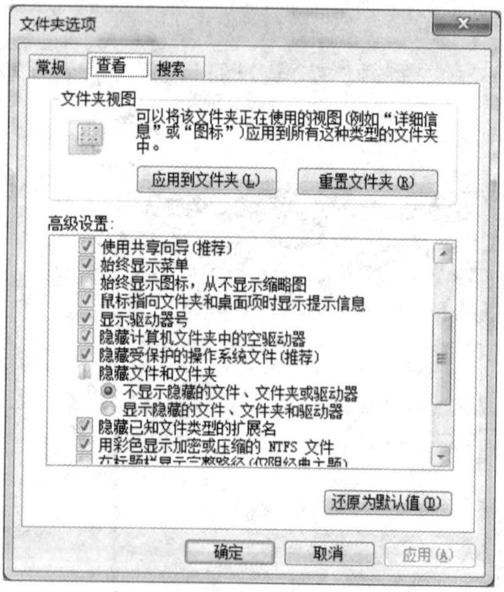

图 2-27 “文件夹选项”对话框

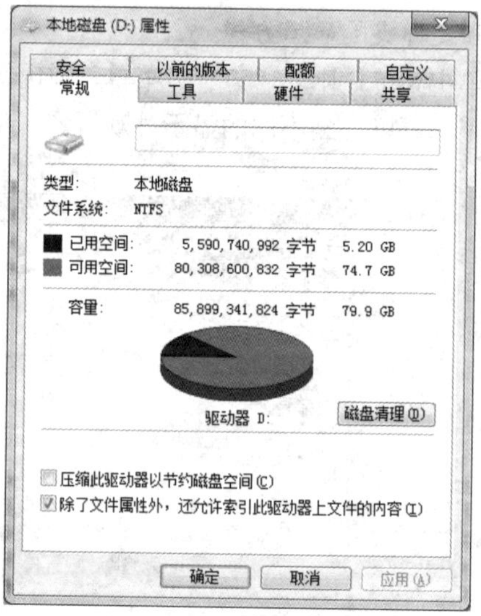

图 2-28 磁盘属性对话框

2．库

库彻底改变了传统的文件管理方式，使文件管理变得更为灵活方便。库和文件夹表面上看非常相似，其实有本质区别。在文件夹中保存的文件或子文件夹都存储在该文件夹内，而库中存储的文件来自各方，库可以不用存储文件本身，而仅保存文件快照。换句话说，库可以收集不同位置的文件，并将其显示为一个集合，而无须从其原存储位置复制或移动这些文件。

（1）添加文件到库

右击需要添加的目标文件，在弹出的快捷菜单中选择“包含到库中”命令，并在其子菜单中选择一项类型相同的“库”即可，如图 2-29 所示。

（2）增加库中文件类型

如果 Windows 7 库中默认提供的视频、图片、文档、音乐 4 种文件类型无法满足用户需求，用户可以通过新建库的方式增加库中文件类型。在“库”根目录下右击窗口空白区域，在弹出的快捷菜单中选择“新建”→“库”命令，输入库名即可。

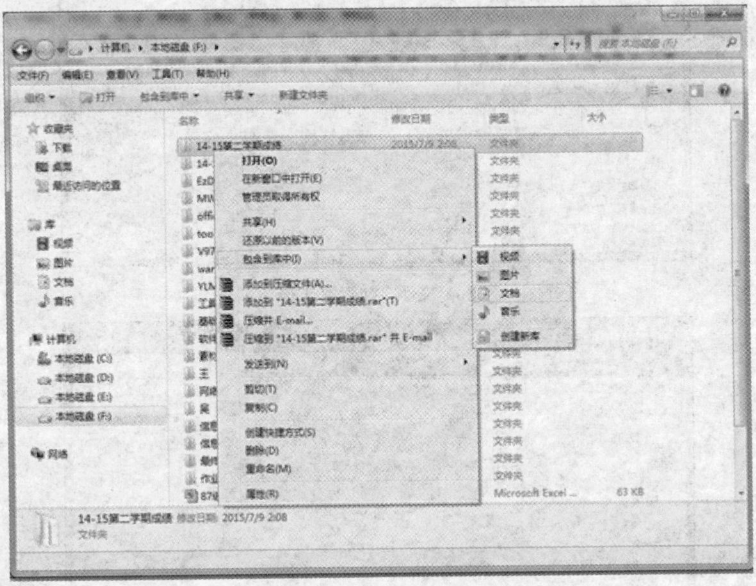

图 2-29 添加文件到库

2.4.3 文件和文件夹的搜索

用户有时需要知道某个文件或文件夹的位置，如果直接在“计算机”或“资源管理器”中对文件或文件夹进行查找，可能是“大海捞针”，此时可以利用“搜索”功能来查找。

Windows 7 将“搜索栏”移到资源管理器的各种视图（窗口右上角）中，可以方便用户随时使用。

1. 搜索文件和文件夹

首先，用户定位要搜索的范围，然后在搜索栏中直接输入搜索关键字即可。搜索完成后，系统会以不同颜色的形式显示与搜索关键词相匹配的文件或文件夹，让用户更容易锁定所需结果。用户在对库中资源进行搜索时，系统是对数据库进行查询，而非直接搜索硬盘上的文件位置，因此大大提高了搜索速度。

2. 搜索条件设置

在 Windows 7 中利用搜索筛选器可以轻松设置搜索条件，缩小搜索范围。使用时，在搜索栏中直接单击搜索筛选器，选择需要设置参数的选项，直接输入恰当条件即可，如图 2-30 所示。普通文件夹的搜索筛选器只有“修改日期”和“大小”两个选项，而库的搜索筛选器有“种类”“修改日期”“类型”“名称”等多个选项，库中不同类型文件的搜索筛选器也不尽相同。

3. 组合搜索

除了利用搜索筛选器，用户还可以通过运算符（包括空格、AND、OR、NOT、>或<等）组合出任意的搜索条件，使检索过程更加灵活、高效。运算符在使用时必须大写。

4. 模糊搜索

模糊搜索是指使用通配符“？”或“*”代替一个或多个位置字符来完成搜索操作的方法。其中“？”仅代表某一位置上的一个字母（或数字），“*”代表任意数量的任意字符。

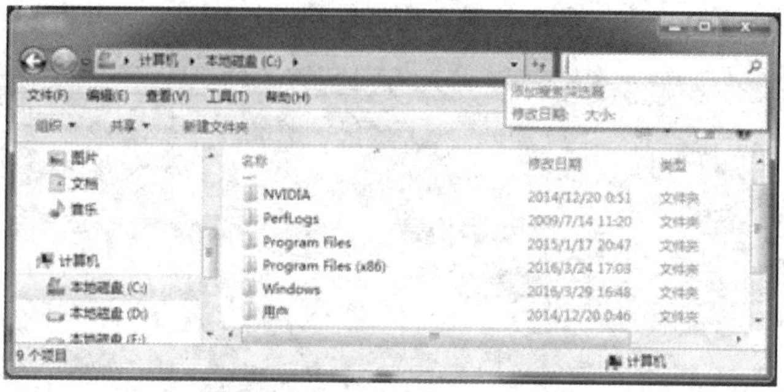

(a) 文件夹搜索筛选器

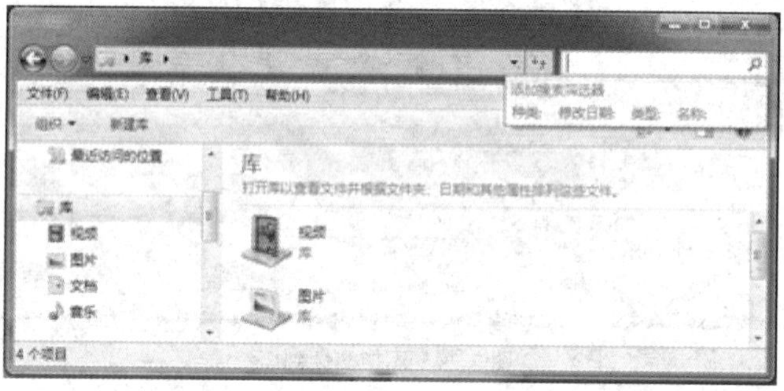

(b) 库搜索筛选器

图 2-30　设置搜索条件

5. 查找程序

Windows 7 中的“开始”菜单中提供有“搜索程序和文件”功能，使查找程序一键完成。“开始”菜单中的搜索功能主要用于对程序、控制面板和 Windows 7 小工具的查找，使用“查找程序”功能前必须知道程序全称或者关键字。

2.4.4　文件夹、文件和快捷方式图标的创建

1. 文件夹的创建

(1) 在桌面上创建一个新的文件夹

例如：在桌面上创建一个名为“MUSIC”的新文件夹，操作步骤如下。

① 将鼠标指针移到桌面上的空白处，右击，弹出图 2-31 所示的快捷菜单。

② 先将鼠标指针移到“新建”处，再移到“文件夹”处并单击，随后在桌面上会出现一个新的文件夹。

③ 在“新建文件夹”框中输入“MUSIC”后按“Enter”键即可。

(2) 在“资源管理器”“计算机”或其他文件夹中创建一个新的文件夹

操作方法有多种，方法一同上。方法二：选择并

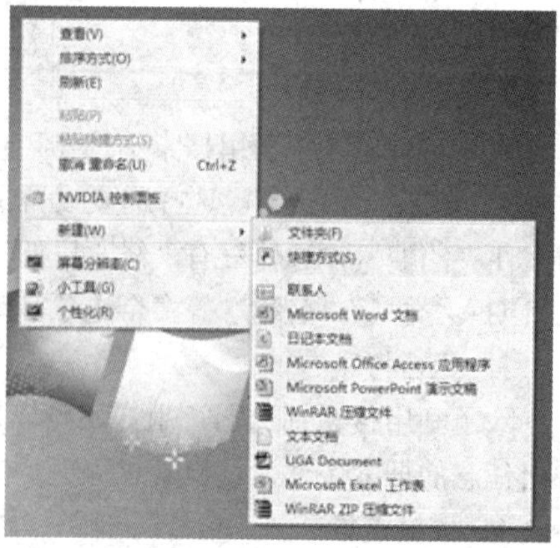

图 2-31　快捷菜单

打开要建立新文件夹的硬盘或文件夹，选择“文件”→“新建”→“文件夹”命令；或单击工具栏中的“新建文件夹”按钮，在出现的“新建文件夹”框中输入文件夹名后按“Enter”键即可。

2．文件的创建

创建文件的方法很多，可利用“写字板”“记事本”“Word”和“画图”等应用程序创建相关的文件；也可以在某个文件夹中的空白处右击，在弹出的快捷菜单中把鼠标指针移到“新建”处，接着在列出的子菜单中选择所要创建的文件类型，在该文件夹中将出现一个空的新文件。

3．快捷方式图标的创建

Windows 桌面上有很多快捷方式图标，双击这些图标可以快速启动与之关联的应用程序。创建桌面上的快捷方式图标主要方法如下。

（1）为“开始”菜单中的应用程序创建桌面上的快捷方式图标

例如，在桌面上创建“中文 Word 2010”快捷方式图标的操作步骤如下。

① 单击“开始”按钮。

② 将鼠标指针移到“所有程序”→“Microsoft Word 2010”命令上。

③ 按住“Ctrl”键，拖曳图标到桌面空白处再松开鼠标左键和“Ctrl”键。

（2）为“资源管理器”（或“计算机”、其他文件夹）中的应用程序创建桌面上的快捷方式图标

具体操作步骤如下。

① 打开该应用程序所在的文件夹。

② 右击该应用程序，弹出图 2-32 所示的快捷菜单。

③ 选择“发送到”子菜单中的“桌面快捷方式”命令。

随后在桌面上就可看到该程序或文档的快捷方式图标。

如果要在当前文件夹下创建快捷方式，只要在第③步的快捷菜单中直接选择“创建快捷方式”命令即可。

注意：文件夹、文件和快捷方式图标的创建方法有多种，以上介绍的只是较常用的方法。

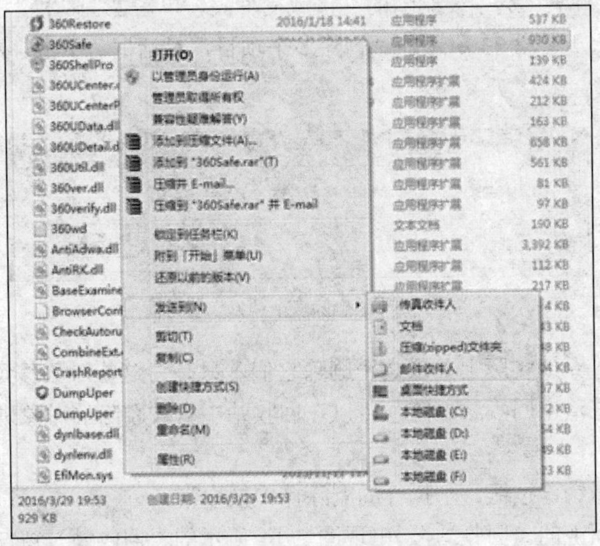

图 2-32 创建桌面快捷方式

2.4.5 文件和文件夹的操作

1．选中要操作的文件、文件夹

如果要对某些文件、文件夹进行复制、移动、删除、改名、设置属性等操作，必须先选中它们（被选中的图标的背景颜色为浅蓝色）。在“桌面”“资源管理器”“计算机”“回收站”及任一文件夹中选中要操作的文件、文件夹的方法基本相同。

选中的方法主要有以下 5 种。

① 选择单个的文件或文件夹：单击要选中的对象即可。

② 选择多个不连续的文件或文件夹：按住“Ctrl”键的同时，逐个单击要选中的对象（如果单击已选中的对象将取消选中）。

③ 选择多个连续的文件和文件夹：先选中连续区的第一个对象，接着按住“Shift”键，再单击连续区的最后一个对象。

④ 使用“编辑”菜单下的“全选”命令选中对象：选中当前文件夹中所有对象。

⑤ 使用“编辑”菜单下“反向选择”命令选中对象：先选中几个不需要选取的对象，然后单击“编辑”菜单下“反向选择”，这样原来没有选中的对象被选中，原来选中的对象被取消选中。

如果要对选中的对象全部取消选中，只需将鼠标指针移到任一空白处，然后单击即可。

2．对选中的文件或文件夹进行操作

（1）对文件或文件夹重新命名

在操作过程中，想改变某个文件或文件夹的名称时，可以按下述方法重新命名文件或文件夹。

方法一：右击要重新命名的文件或文件夹，在弹出的快捷菜单中选择“重命名”命令，在该文件或文件夹名的四周出现一个框，在框内输入文件或文件夹的新名后按“Enter”键或单击空白处即可。

方法二：先选中要重新命名的文件或文件夹，再选择“文件”菜单中的“重命名”命令或“组织”选项卡中的“重命名”选项，对文件或文件夹重新命名。

（2）删除/恢复文件或文件夹

① 删除文件或文件夹。选中要删除的文件或文件夹，单击“工具栏”上的“删除”按钮（或者按“Delete”键），打开图 2-33 所示的“删除多个项目”对话框，单击“是”按钮即可把选中的对象删除。

图 2-33 “删除多个项目”对话框

执行上述操作后，系统实际上并未真正删除它们，只是将这些对象移到硬盘上一个名叫“回收站”的文件夹中。在清空回收站之前，可以在回收站中对被删除的对象进行恢复。

② 恢复文件或文件夹。

方法一：单击“撤销”按钮，刚执行的删除操作被取消。

方法二：双击桌面上的“回收站”，出现图 2-14 所示的“回收站”窗口。在窗口中选中要恢复的对象，然后在窗口中单击“还原此项目”按钮，选中的对象就可以恢复到原来的位置。

如果用户想在硬盘上永久删除这些文件或文件夹，单击“清空回收站”按钮即可。

从网络驱动器、软盘驱动器、U 盘上删除的文件或文件夹不会被移到回收站，因此无法恢复。

（3）复制/移动文件或文件夹

① 复制文件或文件夹。选择要复制的文件或文件夹，按住“Ctrl”键，并将文件或文件夹拖到目的驱动器或文件夹，松开鼠标左键和“Ctrl”键即完成文件或文件夹的复制操作。如果要复制多个文件或文件夹，需要在选中要复制的文件或文件夹后，选择“组织”选项卡中的“复制”选项或快捷菜单中的“复制”命令，然后再选择目的驱动器或文件夹，再选择“组织”选项卡中的“粘贴”选项或快捷菜单中的“粘贴”命令，完成多个文件或文件夹的复制操作。

② 移动文件或文件夹。选择要移动的文件或文件夹，将文件或文件夹拖到目的驱动器或文件夹，松开鼠标左键即完成该文件或文件夹的移动操作。如果要移动多个文件或文件夹，在选中要移动的文件或文件夹后，选择“组织”选项卡中的“剪切”选项或快捷菜单中的“剪切”命令，然后选择目的驱动器或文件夹，再选择“组织”选项卡中的“粘贴”选项或快捷菜单中的“粘贴”命令，多个文件或文件夹的移动工作完成。

（4）撤销操作

如果对文件或文件夹执行了错误的删除、改名、移动、复制等操作，可以选择“编辑”菜单中的“撤销”命令来取消操作，或选择“组织”选项卡中的“撤销”选项。

（5）改变文件和文件夹的属性

在 Windows 7 环境下的文件有只读、存档、隐藏等属性。其中，只读指文件只允许读，不允许改变；存档指普通的可读写文件；隐藏指将文件隐藏起来，在一般的文件操作中不显示这些文件。

改变一个文件或文件夹属性的步骤如下。

① 右击要改变属性的文件或文件夹。

② 在弹出的快捷菜单中选择“属性”命令，打开图 2-34 所示的“文件属性 属性”对话框。

③ 选择要设定的属性，如要设置加密和压缩属性，可单击“高级”按钮打开“高级”属性对话框再进行设置。

④ 单击“确定”按钮。

如果要显示隐藏的文件或文件夹，可选择“工具”菜单中的“文件夹选项”命令，单击“查看”标签，再单击“显示隐藏的文件文件夹和驱动器”按钮。

注意：关于文件和文件夹的操作有多种方法，用户可以利用工具栏中的工具按钮、菜单栏中的菜单项、快捷菜单及快捷键等方法进行操作。这里只介绍较常用的一两种方法，同学们可以在以后的学习中掌握其他的操作方法。

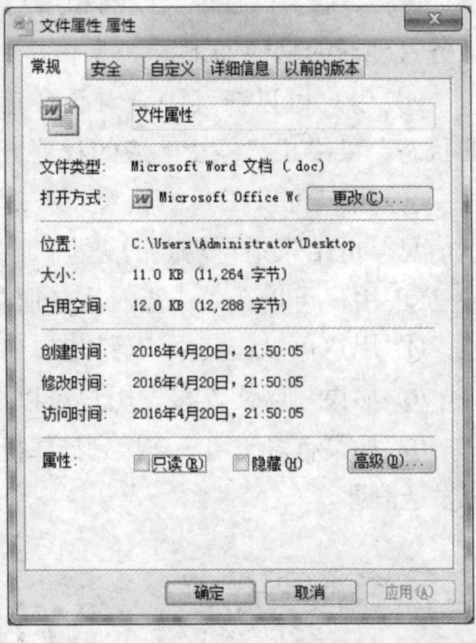

图 2-34 “文件属性 属性”对话框

2.4.6 剪贴板和任务管理器

1．剪贴板

剪贴板是 Windows 系统用来临时存放交换信息的内存区域，该区域不但可以储存文本，还可以存储图像、声音等其他信息。它是信息的中转站，可在不同的硬盘或文件夹之间进行文件（或文件夹）的移动或复制，也可在不同的 Windows 程序之间交换数据。剪贴板中每次只能存放一种信息，新的信息会覆盖旧的信息。

（1）将信息复制或移动到剪贴板

进入剪贴板的信息主要有以下 4 种。

① 对选中的文件或文件夹，执行“复制”或“剪切”命令，把它们复制或移动到剪贴板中。实际上这项操作只是把选中的文件或文件夹的路径保存在剪贴板中，并未保存文件的实际内容。

② 在编辑文档时，对选中的文本、表格、图形，执行“复制”或“剪切”命令，把它们复制或移动到剪贴板中。

③ 按“Print Screen”组合键可把整屏画面复制到剪贴板中。

④ 按“Alt + Print Screen”组合键可把活动窗口画面复制到剪贴板中。

（2）将剪贴板中的信息粘贴到文档或文件夹中

① 当剪贴板中的信息为文本、图表、屏幕窗口画面等内容时，在当前打开的文档中执行“粘贴”命令可把这些内容直接复制到当前位置。

② 当剪贴板中的信息为文件或文件夹的路径时，执行“粘贴”命令，系统会按照这些路径找到相应的文件或文件夹，把它们“复制”或“移动”到当前文件夹中。

2．Windows 7 任务管理器

按“Ctrl+Alt+Delete”组合键，或右击任务栏空白处，并在弹出的快捷菜单中选择“启动任务管理器”命令，会出现图 2-35 所示的“Windows 任务管理器”窗口。

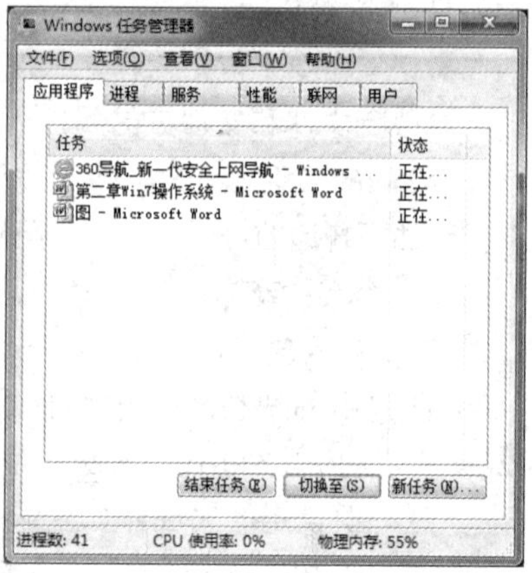

图 2-35 “Windows 任务管理器”窗口

在该窗口中，用户可以了解正在运行的所有应用程序、进程、服务、性能、联网和用户的相关信息等内容。任务管理器的功能如下。

① 用户可以在其中查看正在运行的所有应用程序的状态，可终止已停止响应的程序。

② 用户可以在其中查看正在运行的所有用户的进程信息，可结束不再需要的进程。

③ 用户可以在其中查看系统服务的运行状态。

④ 用户可以在其中查看 CPU 和内存等资源的使用情况。

⑤ 如果与网络连接，用户可以在其中查看网络状态，了解网络运行情况。

⑥ 如果有多个用户连接到计算机，用户可以在其中查看连接的用户以及用户的活动情况，还可以发送消息。

2.5 Windows 7 系统设置

2.5.1 任务栏和“开始”菜单的设置

1．任务栏的设置

任务栏上显示了所有已打开的程序、文档或最小化的窗口。右击任务栏空白处，在弹出的快捷菜单中选择“属性”命令，打开“任务栏和「开始」菜单属性”对话框，在其中的“任务栏”

选项卡（见图 2-36）中可以设置是否锁定任务栏、是否自动隐藏任务栏、是否使用小图标、任务栏在窗口的位置等，可以自定义“通知区域”（见图 2-37）及是否使用 Aero Peek 预览桌面等。

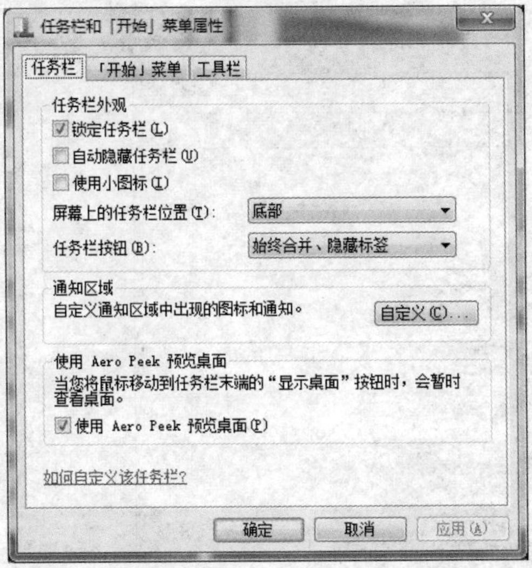

图 2-36 “任务栏”选项卡

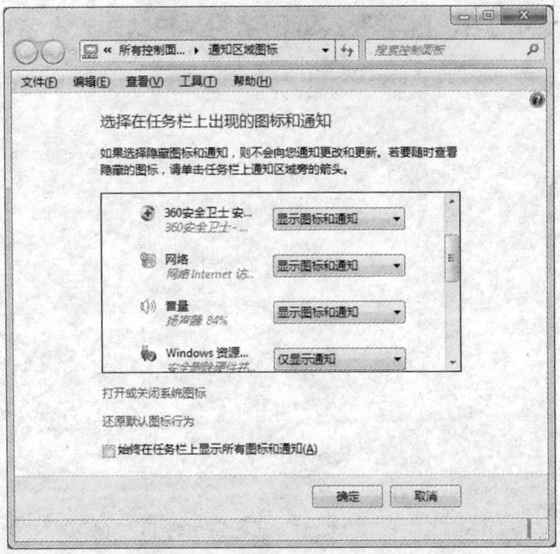

图 2-37 自定义“通知区域”

2. “开始”菜单的设置

在“任务栏和「开始」菜单属性”对话框中的“「开始」菜单”选项卡（见图 2-38）中可以设置“自定义「开始」菜单”（见图 2-39）、电源按钮操作、隐私等。

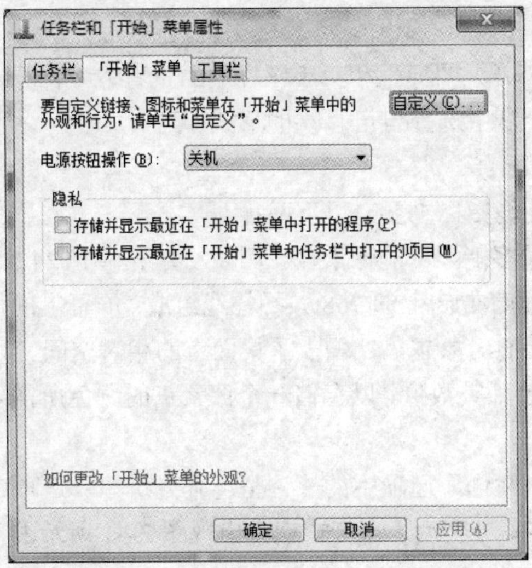

图 2-38 “「开始」菜单”选项卡

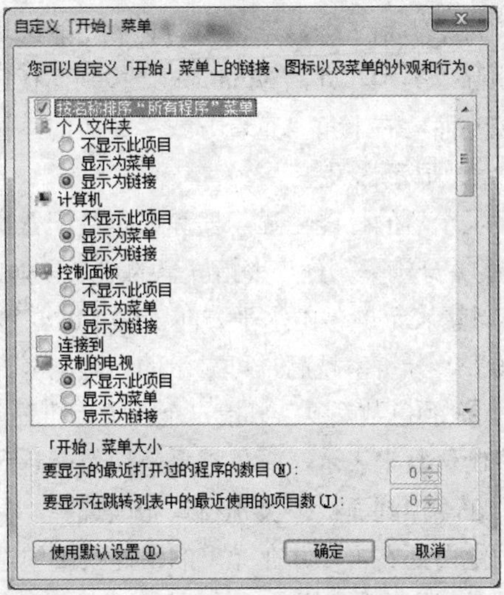

图 2-39 自定义“开始”菜单

2.5.2 控制面板的使用

控制面板是 Windows 系统中非常重要的一个工具集，可以方便用户对系统的各种属性进行查看和设置。如用户可以根据自己的爱好设置显示、鼠标指针样式、声音、用户账户等对象，还可以添加或删除程序、添加硬件，以便更有效地使用计算机。

启动控制面板的方法有很多种，最简单的方法是选择“开始”→“控制面板”命令。控制面板启动后，出现图 2-40 所示的“控制面板”窗口。

图 2-40 “控制面板”窗口

Windows 7 的控制面板以“类别”的形式来显示功能菜单，分为系统和安全，用户账户和家庭安全，网络和 Internet，外观和个性化，硬件和声音，时钟、语言和区域，程序，轻松访问等类别，每个类别下会显示该类的具体功能选项。

除“类别”外，Windows 7 控制面板还提供了“大图标”和“小图标”的查看方式，只需单击控制面板右上角“查看方式”旁边的下拉按钮，从中选择自己喜欢的形式即可。

1. 显示器设置

显示器的性能由显示器和显示适配器决定，性能指标主要有以下两种。

① 分辨率。分辨率指屏幕的水平和垂直方向最多能显示的像素点。例如，分辨率 1 024 像素×768 像素表示屏幕由水平方向上的 1 024 个像素、垂直方向上的 768 条扫描线组成；屏幕上的像素点越多，分辨率越高，可显示的内容越多，所显示的对象越小，增大了桌面上的相对空间。

② 颜色数。颜色数指一个像素点可显示的颜色种类数量，以存储一个像素点的颜色所需要的二进制位数来表示，颜色越多，图像就越逼真。

在“控制面板”类别窗口中，选择“外观和个性化”选项中的“调整屏幕分辨率”选项或在桌面空白处右击，并在弹出的快捷菜单中选择“屏幕分辨率”命令，就会出现图 2-41 所示的“屏幕分辨率”设置窗口。

在此窗口中，用户可以选择显示器的类型并设置分辨率，在“高级设置”选项中还可以设置屏幕的刷新频率和颜色数。颜色质量和屏幕分辨率依据显示适配器和显示器类型的不同而有所不同。

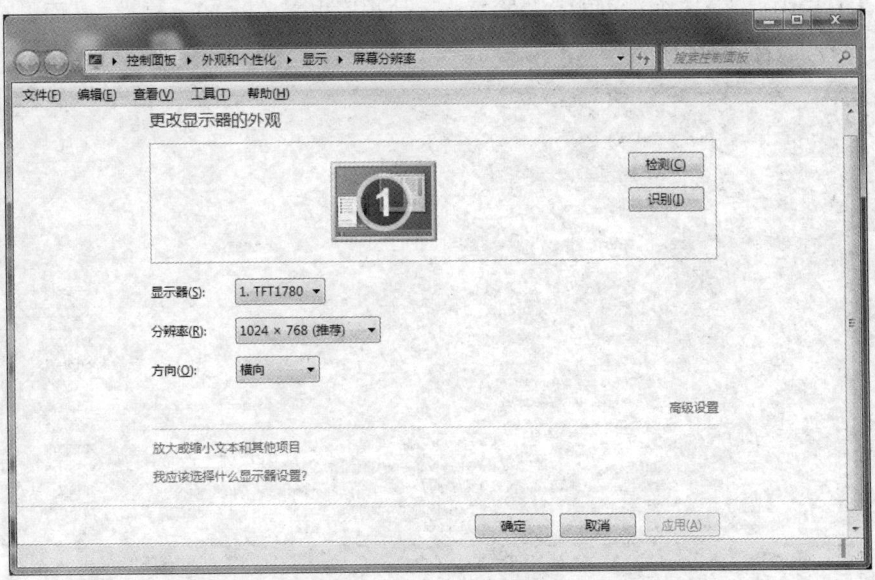

图 2-41 “屏幕分辨率”设置窗口

2. 鼠标的设置

鼠标工作方式设置的操作如下。

① 在“控制面板”类别窗口中，选择“硬件和声音”→“设备和打印机”→“鼠标”命令，打开图 2-42 所示的“鼠标 属性”对话框。

② 在“鼠标键”选项卡中，用户可设置鼠标左右键的功能、调整双击的速度和选择是否启用单击锁定功能。

③ 在“指针”选项卡中，用户可对鼠标指针的形状进行设置。

④ 在“指针选项”选项卡中，用户可改变鼠标指针的移动速度、选择鼠标是否带有轨迹及设置轨迹的长短等。

⑤ 在“滑轮”选项卡中，用户可设置鼠标滚轮滚动一个齿时屏幕滚动的幅度。

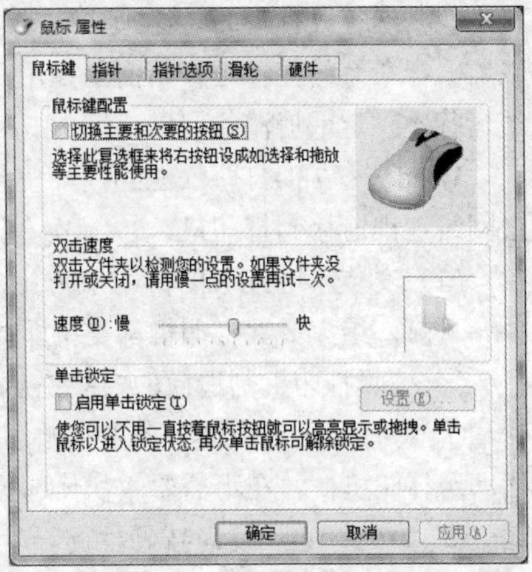

图 2-42 “鼠标 属性”对话框

3. 卸载或更改程序

在使用计算机的过程中，常常需要安装、更新或删除已有应用程序。在“控制面板”类别窗口中，选择“程序”→“卸载程序”命令，出现图 2-43 所示的“卸载或更改程序”窗口。

如果“卸载或更改程序”窗口中已列出要卸载或更改程序的应用程序，只要选中该程序，然后选择“工具”选项卡中的“卸载”“更改”“修复”即可；或者右击该程序，在弹出的快捷菜单中选择“卸载”“更改”“修复”命令。

如果窗口中没有显示出待卸载或更改的程序，则应检查该程序所在的文件夹，查看文件夹中是否有名称为 Remove.exe 或 Uninstall.exe 的卸载程序，然后再运行。

删除应用程序最好不要直接从文件夹中删除。一方面不可能删除干净，有些 DLL 文件安装在

Windows 主目录中；另一方面很可能会删除某些其他程序也需要的 DLL 文件，从而影响其他依赖这些 DLL 文件的程序的运行。

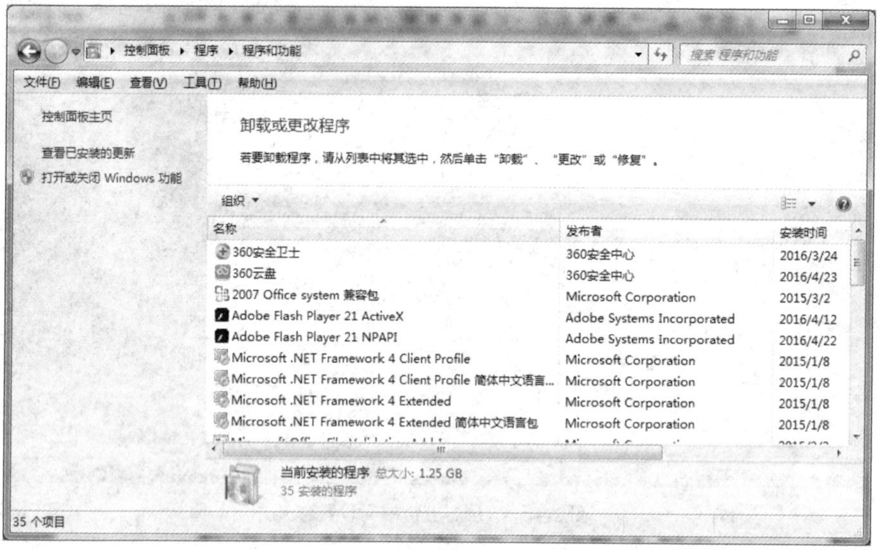

图 2-43 “卸载或更改程序”窗口

4. 打印机管理

Windows 7 通过“设备和打印机”界面管理所有和计算机连接的硬件设备，用户要想在计算机上正常运行硬件设备，必须正确安装该设备的驱动程序。Windows 7 系统中，驱动程序不再和以前一样在系统内核运行，而是在用户模式下加载，这样可以解决由于驱动程序错误而导致的系统运行不稳定或崩溃的问题。

Windows 7 的打印性能的提升使打印文档更加容易。计算机既可以直接连接打印机，可以通过网络远程连接到打印机。

（1）安装本地打印机

目前，绝大多数打印机都支持即插即用，其安装步骤如下。

① 按照打印机制造商的安装说明书，将打印机接到计算机相应的接口上。

② 将打印机电缆插头插入电源插座，并打开打印机。大多数情况下，Windows 7 会检测到即插即用打印机，并在不需要做任何选择的情况下安装它。

③ 如果打开“发现新硬件向导”对话框，则选中“自动安装软件（建议）”，然后按指示操作即可。

（2）安装网络打印机

如果要在一个局域网中共享一台打印机以供多个用户联网使用，可以添加网络打印机。

选择“开始”→“设备和打印机”→“添加打印机”命令，或者在“控制面板”类别窗口中选择“硬件和声音”→“设备和打印机”→“添加打印机”命令，打开“添加打印机”对话框，如图 2-44 所示。选择“添加网络、无线或 Bluetooth 打印机”，系统会自动搜索与本机联网的所有打印机设备，并以列表形式显示。选择所需打印机的型号，系统会自动安装该打印机的驱动程序。系统成功安装打印机驱动程序后，会自动连接并添加网络打印机。

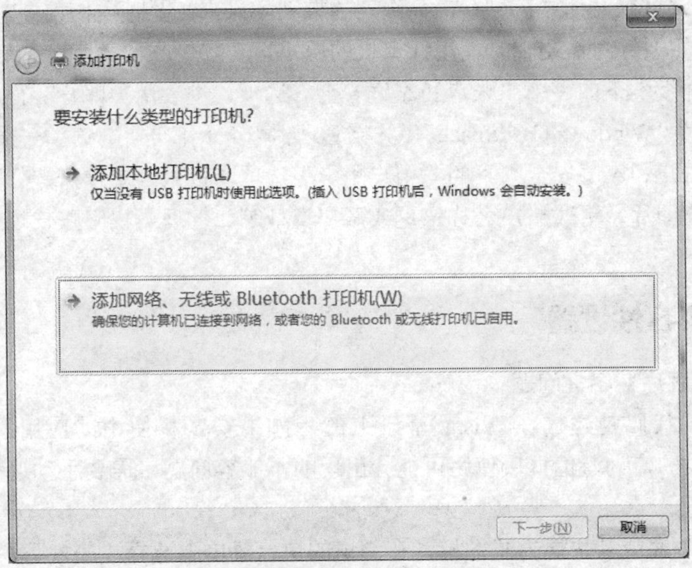

图 2-44 “添加打印机”对话框

（3）打印文档

打印机安装完后，用户就可以随时使用打印机打印文档了。在打开的文档中选择“文件”→“打印”命令，或右击未打开的文档，在弹出的快捷菜单中选择“打印”命令就可以打印文档。

在打印文档时，任务栏上将出现一个打印机图标，位于时钟旁边。该图标消失，则表示文档已打印完毕。

（4）查看打印机状态

在文档的打印过程中，可以右击任务栏上紧挨着时钟的打印机图标，查看打印机状态。如果双击该图标，则出现打印队列窗口，其中包含该打印机的所有打印作业。在打印队列窗口中可以查看打印作业状态和文档所有者等信息，还可以取消或暂停文档的打印。文档打印完后，该图标自动消失。

（5）更改打印机设置

更改打印机设置的步骤：首先在“打印机”窗口中右击要更改设置的打印机，然后选择快捷菜单中的“属性”命令，在打开的“打印机属性”对话框中选择相关的选项卡进行设置。

使用上述方法更改打印机属性会影响所有打印的文档。如果只想为单个文档更改这些设置，应使用文档窗口“文件”菜单中的“页面设置”或“打印机设置”命令。

5．网络设置

在 Windows 7 中，所有与网络相关的操作和控制程序都可以在“网络和共享中心”窗口中找到，用户可以通过可视化的视图和单站式命令，轻松进行网络设置并连接到网络。

6．用户账户管理

通过用户账户管理，用户可以在拥有自己的文件和设置的情况下与多个人共享计算机，每个用户都可以设置自己的用户名和密码。

Windows 7 有 3 种类型的账户，每种类型为用户提供不同的计算机控制级别。

① 标准账户适用于日常工作。

② 管理员账户可以对计算机进行最高级别的控制，只在必要时才使用。

③ 来宾账户主要针对需要临时使用计算机的用户。

选择“控制面板”下的“用户账户和家庭安全”选项，进入用户账户界面。该界面有“用户账户”“家长控制”“Windows CardSpace”“凭据管理器”4 个部分。

选择“用户账户和家庭安全”下的“用户账户”选项，进入“用户账户”界面，可以设置账户密码、更改账户图片、更改账户名称、更改账户类型等。管理员权限账户还可以对其他账户进行管理操作。

2.5.3 程序兼容性设置

1. 手动解决程序兼容性问题

Windows 7 的代码是建立在 Vista 基础上的，如果安装和使用的应用程序是针对旧版本 Windows 系统开发的，为避免直接使用可能会出现的不兼容问题，需要手动选择兼容模式运行，具体操作步骤如下。

① 右击应用程序或其快捷方式图标，在弹出的快捷菜单中选择“属性”命令，打开“属性”对话框，切换到“兼容性”选项卡。

② 选中“以兼容模式运行这个程序”复选框，在下拉列表框中选择一种与该应用程序兼容的操作系统版本，如图 2-45 所示。例如，基于 Windows XP 开发的应用程序选择“Windows XP（Service Pack 2）”选项即可正常运行。

③ 如果要使此设置对所有用户账户均有效，则单击“更改所有用户的设置”按钮，弹出“WINWORD 属性”对话框，进行兼容模式设置，如图 2-45 所示。

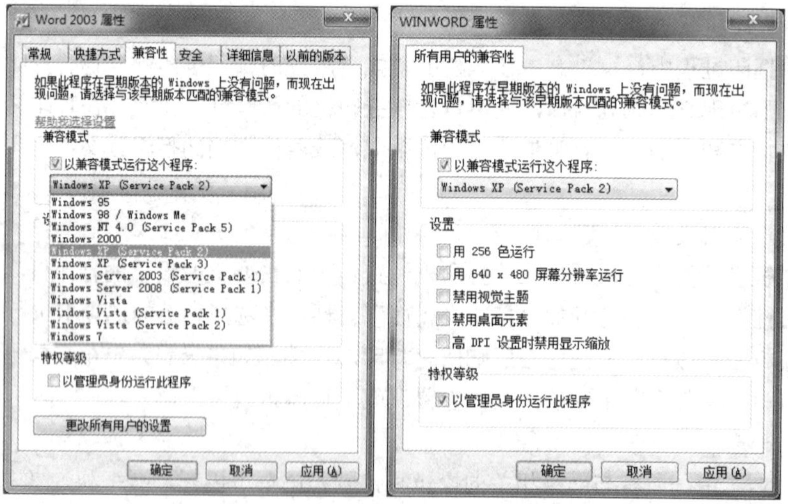

图 2-45 程序“兼容性”手动设置选项卡

④ 如果当前 Windows 7 默认的账户权限（User Account Control，UAC）无法执行上述操作，则在对话框中的“特权等级”栏中选中“以管理员身份运行此程序”复选框，单击“确定”按钮即可。

2. 自动解决程序兼容性问题

① 右击应用程序或其快捷方式图标，在弹出的快捷菜单中选择“兼容性疑难解答”命令，打开“程序兼容性”向导对话框，如图 2-46 所示。

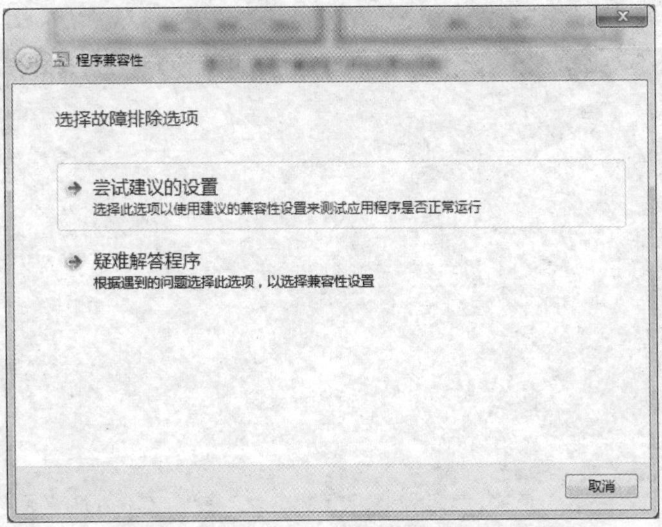

图 2-46 “程序兼容性”向导对话框

② 在“程序兼容性”向导对话框中，选择“尝试建议的设置”。系统会为程序自动提供一种兼容性模式让用户尝试运行。单击“启动程序”按钮可以测试目标程序是否能正常运行。

③ 完成测试后，单击“下一步”按钮。在“程序兼容性”向导对话框中，如果程序已经正常运行，则单击“是，为此程序保存这些设置”按钮；否则单击“否，使用其他设置再试一次”按钮。

④ 如果系统自动选择的兼容性设置能保证目标程序正常运行，则在“测试程序的兼容性设置”对话框中单击“启动程序”按钮，检查程序是否正常运行。

2.6 Windows 7 附件程序

1. 媒体播放器（Windows Media Player）

Windows Media Player 为用户提供了直观、易用的界面，可以播放数字媒体文件、整理数字媒体收藏集、将音乐刻录成 CD、从 CD 翻录音乐、将数字媒体文件同步到便携设备，还可从在线商店购买数字媒体内容等。

选择“开始”→“所有程序”→“Windows Media Player”命令，打开图 2-47 所示的“Windows Media Player”窗口。

Windows Media Player 是 Windows 7 自带的媒体播放器，可以播放许多流行的音频和视频，新增了对 3GP、AAC、AVCHD、DivX、MOV 和 XviD 等文件的支持。

媒体播放器有以下两种模式可供切换：“媒体库”模式（通过此模式可以控制播放器的大多数功能）、“正在播放”模式（提供最适合播放的简化媒体视图）。若要从“媒体库”模式转至“正在播放”模式，只需单击播放器右下角的“切换到正在播放”按钮；若要再返回“媒体库”模式，只需单击播放器右上角的“切换到媒体库”按钮。

利用 Windows Media Player 可以查找计算机上特定的 Windows 媒体库中的文件，并将其添加到播放器的媒体库中，如音乐、视频、图片和录制的电视节目等。

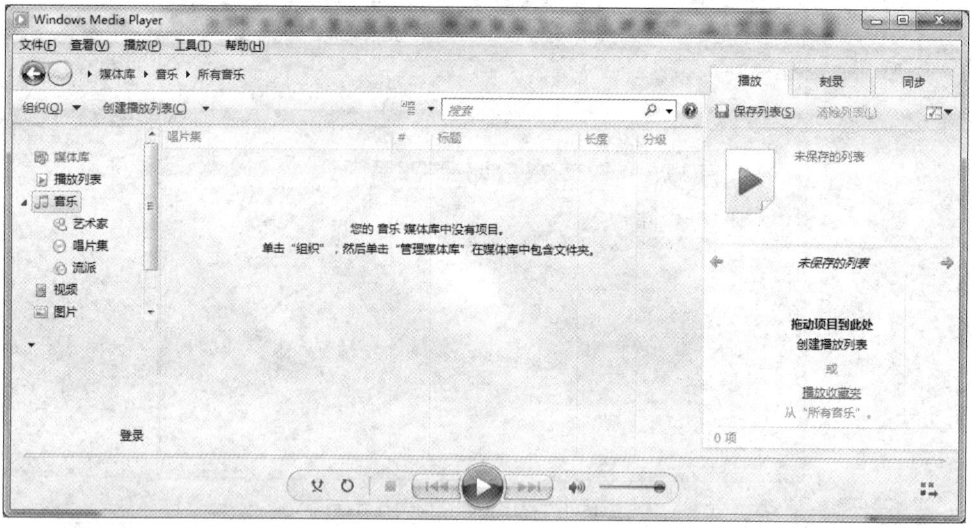

图 2-47 “Windows Media Player”窗口

2. 录音机

“录音机”是一个用于数字录音的数字媒体程序。在录制声音时，需要一个话筒，用户将话筒插入声卡上的话筒插孔就可以使用录音机了。

选择“开始”→“所有程序”→“附件”→“录音机”命令，打开图 2-48 所示的“录音机”窗口。

打开录音机后，单击“开始录制”按钮，就可以进行录音了。

当录音结束时，单击“停止录制”按钮，这时会打开选择是否保存录音文件的对话框，设置要保存的位置以及录音文件的名称，单击“保存”按钮即可。

3. 计算器的使用

“计算器”是 Windows 附件中的一个计算用的小程序，用户在使用其他应用程序的过程中，如果需要进行有关的计算，可以随时调用 Windows 的“计算器”程序。

选择“开始”→“所有程序”→“附件”→“计算器”命令，打开图 2-49 所示的标准型“计算器”窗口，在此窗口中可进行简单的算术运算。

图 2-48 “录音机”窗口

图 2-49 标准型“计算器”窗口

Windows 7 中的“计算器”程序除了实现简单的计算功能，还有一些其他功能。单击“查看”选项卡，可看到此“计算器”提供了以下 3 种模式。

①“科学型”模式：各种数学计算符号一应俱全。

②“程序员”模式：进制换算十分简单，一键完成。

③“统计信息”模式：可以进行计数、平均数、求和、方差、平方和等一些基本的统计学计算。

“计算器”程序提供的主要功能如下。

①“单位换算”功能：功率、角度、面积、能量、时间、速率、体积、温度、压力、长度、重量/质量换算等功能一应俱全。

②“日期计算”功能：可以计算两个日期之差，即当前日期与指定日期的天数差。

③“工作表”功能：抵押、汽车租赁、油耗等。

用户如果要把计算的结果直接输入有关的应用程序中，可先选择“编辑”菜单中的“复制”命令，然后切换到有关的应用程序窗口，把插入点移到要输入计算结果的位置，再选择“粘贴”命令即可。

4. 截图工具

Windows 7 自带的“截图工具”（Snipping Tool）程序使用便捷、简单、截图清晰，既可全屏也能局部截图，还可以进行多种形状的截图。

选择“开始”→“所有程序”→“附件”→“截图工具”命令，即可启动“截图工具”程序，“截图工具”窗口如图 2-50 所示。

图 2-50 “截图工具”窗口

启动“截图工具”程序后，就会自动进入截图的状态，这时就可以进行截图。根据形状的不同，截图的步骤是：单击“新建”旁边的下拉按钮，从下拉列表中选择“任意格式截图”“矩形截图”“窗口截图”或“全屏幕截图”选项，然后选择要截取的屏幕区域即可。

截图成功后，系统会自动打开“截图工具”，用户可以在图片上添加注释，使用各种颜色的笔，选取后直接在图片上书写即可，还可以使用橡皮进行涂改。完成后可以将截图另存为 HTML、PNG、GIF 或 JPEG 等文件，也可以将截图复制并粘贴到其他应用程序中。

5. 画图

Windows 7 自带的“画图”程序提供了许多实用的功能，能解决常见的图片处理问题，使用简便。

用户通过“画图”程序可以快速地绘出颜色、粗细不同的线条和几何图形，还可以在图中加入文字等，并根据需要设置各种特殊效果。利用“画图”程序可以打开绝大多数常见的不同格式的图片，还可以对图片进行编辑处理。

图片处理完成后，可以将其另存为其他不同格式的图片。

选择“开始”→“所有程序”→“附件”→“画图”命令，即可启动“画图”程序，“画图”窗口如图 2-51 所示。

6. 记事本

“记事本”程序是一个非常便捷的文本编辑工具，占用内存少，能够快速启动。利用“记事本”程序只能打开和保存纯文本文件。“记事本”程序常用于编辑一些程序文件的内容。

选择“开始”→“所有程序”→“附件”→“记事本”命令，打开图 2-52 所示的“记事本”窗口。用户也可以通过双击文本文件（扩展名为“.txt”）启动“记事本”程序，自动打开该文件。

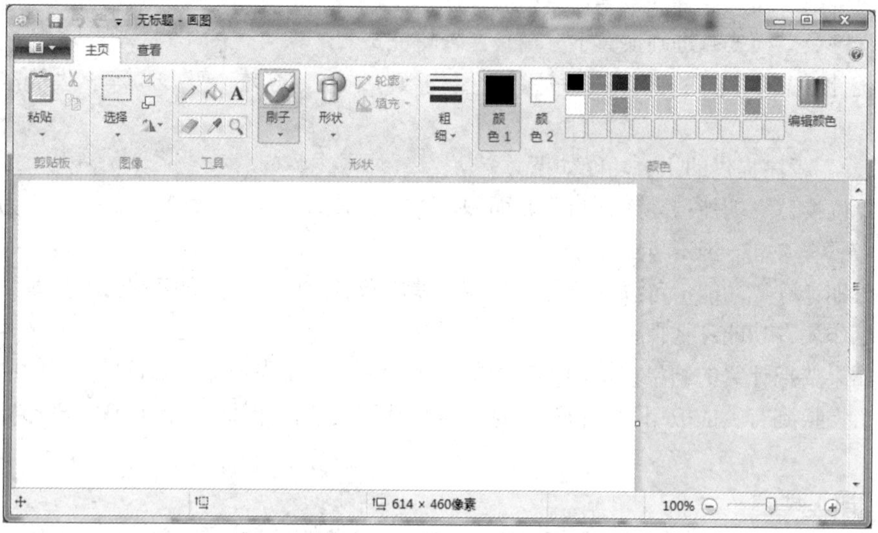

图 2-51　“画图”窗口

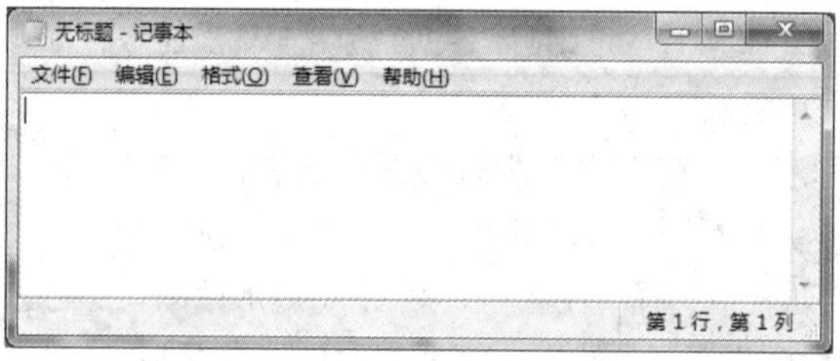

图 2-52　“记事本”窗口

7．写字板

“写字板”是一个简捷而有效的“字处理”程序，用户通过它可以编辑、打印文档文件，能使用与 Word 完全相同的格式的文件，同时支持 RTF 文档和文本文档等格式文件的读写，是一个简单易用的“字处理”应用程序。

选择“开始”→“所有程序”→“附件”→“写字板”命令，打开图 2-53 所示的“写字板”窗口。

“写字板”窗口分成几个区域：“标题栏”“菜单栏”“工具栏”“格式栏”“标尺行”“编辑区”和“状态栏”等。

8．压缩工具 WinRAR

WinRAR 是一种文件压缩工具软件。文件压缩就是对文件进行处理，减小文件占用的存储空间，便于在盘中保存和在网络中发送与下载文件，在解压缩后又能恢复文件的原样。WinRAR 具有压缩/解压缩速度快、功能强、操作简单等特点。

（1）压缩文件或文件夹

右击要压缩的文件或文件夹，在弹出的快捷菜单中选择“添加到压缩文件”命令，打开图 2-54 所示的“压缩文件名和参数”对话框。

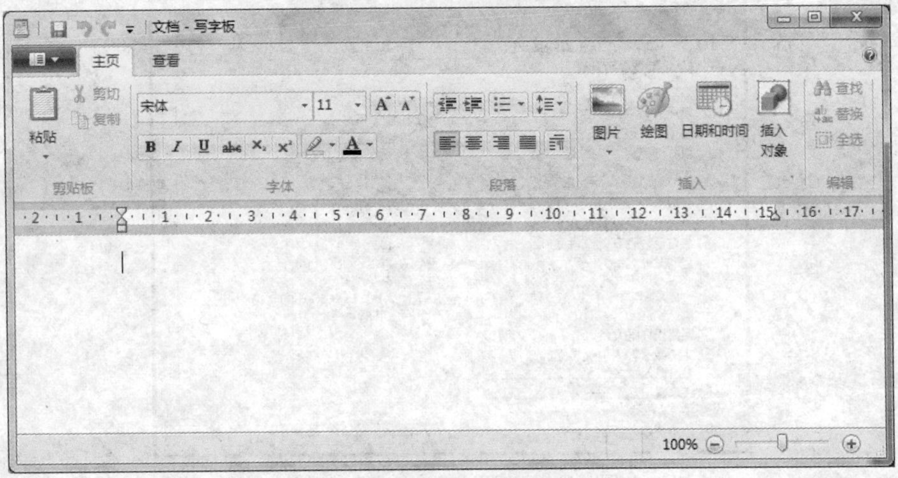

图 2-53 “写字板”窗口

在“常规”选项卡中可对压缩文件名、压缩文件的格式（.rar 或.zip）等进行设置。

如果要创建自解压文件（.exe），可在“常规”选项卡中选中“创建自解压格式压缩文件”复选框。这样以后可以随时进行解压缩，不需要压缩软件的支撑。

如果在压缩的同时需要加密，可单击图 2-55 所示的“高级”选项卡中的“设置密码”按钮来完成。

如果要再向压缩文件夹中添加文件，直接将文件拖至压缩文件夹上，松开鼠标左键即可。

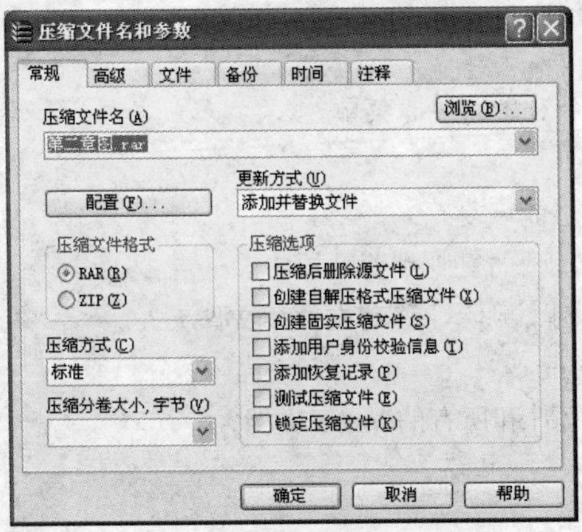

图 2-54 “压缩文件名和参数”对话框

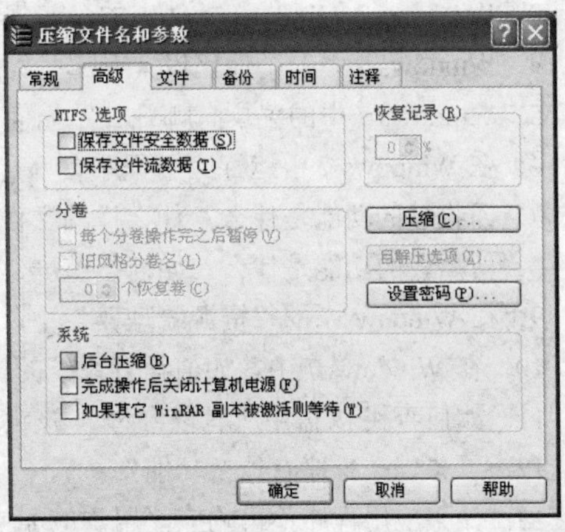

图 2-55 “压缩文件名和参数”的“高级”选项卡

（2）解压缩文件

右击需要解压缩的文件（.rar 或.zip），在弹出的快捷菜单中选择“解压文件”命令，打开图 2-56 所示的“解压路径和选项”对话框。在“目标路径”文本框中输入解压缩后的文件所存放的驱动器及文件夹，或在右边的窗格中选择解压缩后所要存放的文件夹，然后单击“确定”按钮即可。

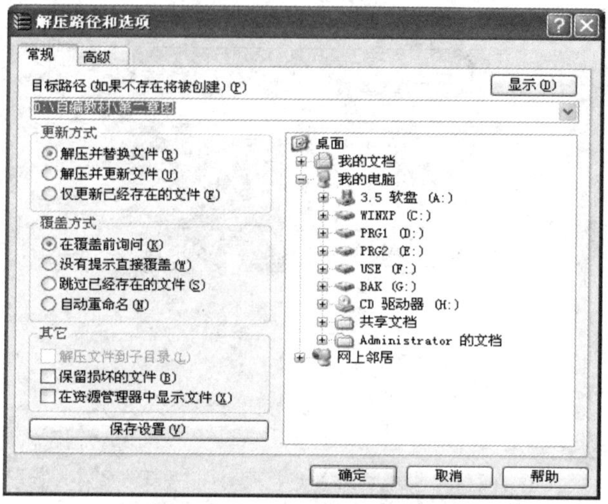

图 2-56 “解压路径和选项”对话框

思考题

1. 操作系统的主要功能是什么？目前个人计算机上常用的操作系统有哪几种？
2. Windows 7 的“资源管理器”窗口由哪几部分组成？
3. Windows 7 的文件和文件夹的命名规则是怎样的？
4. Windows 7 中的个性化设置有哪些？
5. Windows 7 中的菜单有哪几种？如何打开一个对象的快捷菜单？
6. 在 Windows 7 中运行应用程序有哪几种方法？
7. 回收站的功能是什么？什么样的文件删除后不能恢复？
8. 剪贴板的功能是什么？如何把整屏、当前窗口画面复制到剪贴板中？
9. 在 Windows 7 的“资源管理器”中，如何复制、删除、移动文件和文件夹？
10. 在 Windows 7 中，如何设置系统的日期和时间？
11. 如何查找 D 盘中所有以字母 A 开头的文本文件和所有的 Word 文档？
12. 屏幕保护程序有什么功能？
13. 如果应用程序不再响应，用户应如何处理？
14. 使用“控制面板”中的“卸载程序”删除 Windows 应用程序有什么好处？
15. Windows 7 中的数字媒体应用程序有哪些？
16. 如何打开媒体播放器并播放声音或视频文件？
17. 如何利用“画图”程序打开一个位图文件，并把它保存为另一种类型的位图文件？
18. 如何利用 WinRAR 对文件或文件夹进行压缩和解压缩？

第3章 文字处理软件 Word 2010 的应用

Microsoft Word 2010（以下简称 Word 2010）是办公自动化软件 Office 2010 套装软件中的一个文字处理软件，它具有强大的文字处理、图片处理及表格处理功能，既支持普通的办公商务和个人文档，又可供专业印刷、排版人员制作具有复杂版式的各种文档。本章主要介绍 Word 2010 的基本概念、文字输入、编辑、格式设置、排版、页面设置、表格处理、图文混排等常用的功能和应用。

3.1 Word 2010 的启动、窗口基本组成与退出

3.1.1 Word 2010 的启动

Word 2010 常用的启动方法有下列 3 种。

1．通过“开始”菜单启动

选择“开始”→“程序”→“Microsoft Office”→“Microsoft Word 2010”命令，即可启动 Word 2010，其默认文件名为“文档 1”。

2．通过打开 Word 文档启动

在“资源管理器”中找到任意一个 Word 文档并双击，即可启动 Word 2010。

3．通过桌面快捷方式图标启动

在桌面上选中 Word 2010 的快捷方式图标，双击此快捷方式图标即可启动 Word 2010。

3.1.2 Word 2010 工作窗口简介

Word 2010 启动后，屏幕上就会出现 Word 2010 的工作窗口，如图 3-1 所示。窗口的主要元素包括快速访问工具栏、标题栏、控制按钮、选项卡、标尺、编辑区、状态栏、文档视图工具栏、显示比例控制栏、滚动条等。

1．快速访问工具栏

快速访问工具栏位于窗口顶端的左侧，用于放置一些常用工具，在默认情况下快速访问工具栏包括“保存”“撤销”“重复”“自定义快速访问工具栏”等按钮。单击“自定义快速访问工具栏”按钮，可以从下拉列表中选择要添加的工具。

2．标题栏

标题栏位于窗口的最上端，在标题栏中显示的是当前文档名和应用程序名。标题栏由 3 部分组成，分别为位于最左端的控制按钮、位于中间部分的高亮度条和位于最右端的 3 个控制按钮。

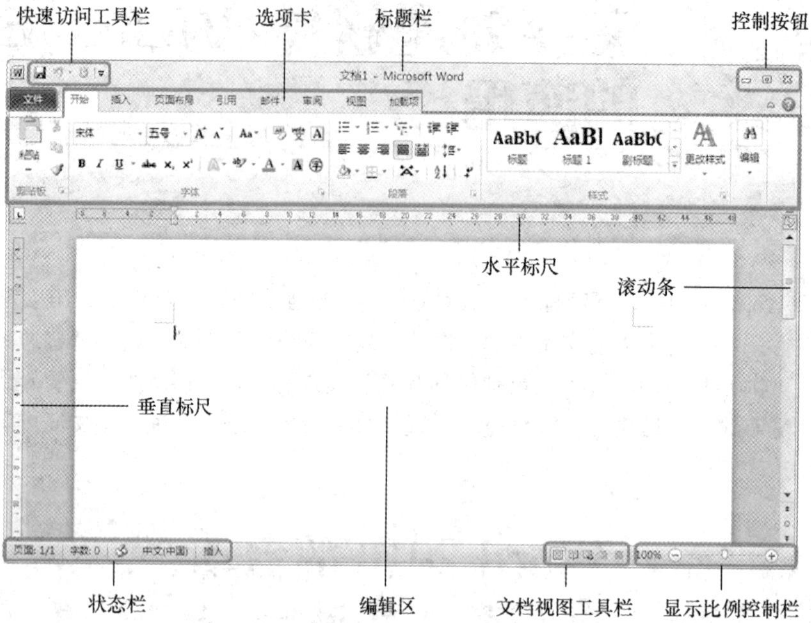

图 3-1 Word 2010 工作窗口

3. 控制按钮

控制按钮位于标题栏最右侧，用于对 Word 2010 窗口进行最小化、最大化及关闭等操作。

4. 选项卡

Word 2010 取消了 Word 2003 传统的菜单操作方式，取而代之的是各种选项卡。在 Word 2010 窗口上方看起来像菜单的名称其实是选项卡的名称，当单击这些名称时并不会打开菜单，而是切换到与之相对应的选项卡。每个选项卡根据功能的不同又分为若干个组，每个选项卡所拥有的功能如下。

（1）“文件”选项卡

“文件”选项卡中提供了一组操作命令，可以进行文件的“新建”“打开”“关闭”“另存为”“打印”等操作；提供了关于当前文档、最近使用过的文档等的相关信息，还提供了 Word 帮助。

（2）“开始”选项卡

“开始”选项卡中包括剪贴板、字体、段落、样式和编辑等几个组，主要用于帮助用户对文档进行文字编辑和格式设置，是用户常用的选项卡。

（3）“插入”选项卡

“插入”选项卡包括页、表格、插图、链接、页眉和页脚、文本和符号等几个组，主要用于在文档中插入各种元素。

（4）“页面布局”选项卡

“页面布局”选项卡包括主题、页面设置、页面背景、段落和排列等几个组，主要用于帮助用户设置文档页面样式。

（5）“引用”选项卡

“引用”选项卡包括目录、脚注、引文与书目、题注、索引和引文目录等几个组，主要用于实现在文档中插入目录等比较高级的功能。

（6）“邮件”选项卡

“邮件”选项卡包括创建、开始邮件合并、编写和插入域、预览结果和完成等几个组，该选项卡的作用比较专一，专门用于在文档中进行邮件合并方面的操作。

（7）“审阅”选项卡

“审阅”选项卡包括校对、语言、中文简繁转换、批注、修订、更改、比较和保护等几个组，主要用于对文档进行校对和修订等操作，适用于多人协作处理长文档。

（8）“视图”选项卡

“视图”选项卡包括文档视图、显示、显示比例、窗口和宏等几个组，主要用于帮助用户设置操作窗口的视图类型，以方便操作。

5．标尺

“标尺”包括水平标尺和垂直标尺，用于显示 Word 2010 文档的页边距、段落缩进、制表符等。选中或取消选中“标尺”复选框可以显示或隐藏标尺。

6．编辑区

编辑区是用于文档录入和排版的区域，在该区域中可以进行文档的输入、编辑、修改和排版等操作。

7．状态栏

状态栏位于 Word 窗口底端左侧，其中显示页面数、字数、用来发现校对错误的图标及对应校对的语言图标，还有用于将键入的文字插入到插入点处的插入图标等信息。

8．文档视图工具栏

文档视图工具栏用于选择文档的视图方式，用户可以根据需要，利用文档视图工具栏为文档选择不同的视图。

9．显示比例控制栏

显示比例控制栏位于 Word 窗口底端右侧，由“缩放级别”按钮和缩放滑块组成，用于调整正在编辑的文档的显示比例。

10．滚动条

滚动条分为垂直滚动条和水平滚动条两种。使用垂直滚动条可以将文档上下滚动，以便查看文档的上下内容；使用水平滚动条可以查看文档的左右内容。

3.1.3 关闭文档和退出 Word 2010

1．关闭文档

关闭文档有以下两种方法。

① 在标题栏的任意位置单击鼠标右键，在弹出的快捷菜单中选择“关闭”命令。

② 单击“文件”选项卡，在打开的菜单中选择“关闭”命令。

如果在关闭之前没有保存当前文档，将会打开图 3-2 所示的对话框，询问是否保存当前文档。单击“是”按钮，保存文档；单击“否”按钮，不保存文档；单击“取消”按钮，表示取消此次关闭窗口操作。

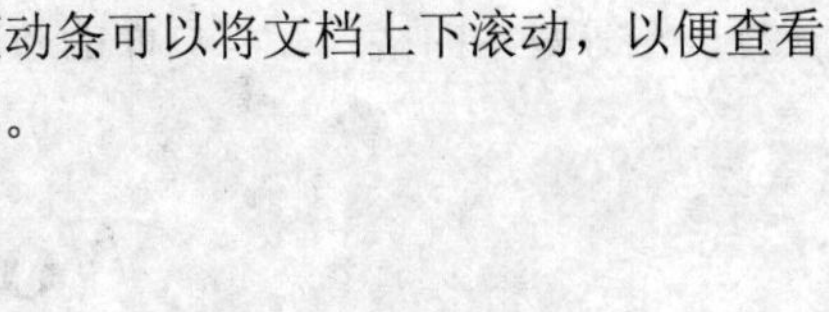

图 3-2 是否保存文档对话框

2．退出 Word 2010

退出 Word 2010 的常用方法如下。

① 单击控制按钮中的“关闭”按钮 ☒。

② 单击“文件”选项卡，在打开的菜单中选择“退出”命令。

3.1.4 Word 2010 中的视图方式

视图方式就是在屏幕上显示文档的方式。Word 2010 为用户提供了 5 种视图方式，分别是页面视图、阅读版式视图、Web 版式视图、大纲视图和草稿视图。用户可以在“视图”选项卡中选择需要的文档视图方式，也可以在 Word 2010 文档窗口的右下方单击视图切换按钮选择视图，视图切换按钮如图 3-3 所示。

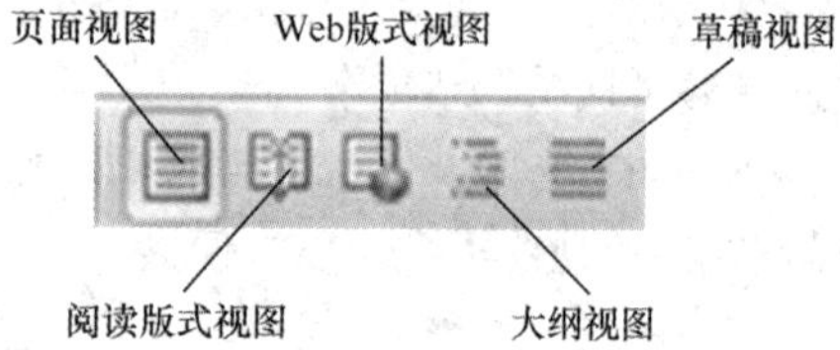

图 3-3 视图切换按钮

1. 页面视图

页面视图主要用于版面设计，按照文档的打印效果显示文档，具有“所见即所得”的效果。在页面视图中，可以直接看到文档的外观、图形、文字、页眉、页脚等在页面的位置。这样，用户在屏幕上就可以看到文档打印在纸上的样子。页面视图常用于对文本、段落、版面或者文档的外观进行修改。

2. 阅读版式视图

阅读版式视图适合用户查阅文档，用模拟书本阅读的方式让人感觉在翻阅书籍。阅读版式视图以图书的分栏样式显示 Word 文档，选项卡等窗口元素被隐藏起来。在阅读版式视图中，用户还可以单击“工具”按钮选择各种阅读工具。

3. Web 版式视图

Web 版式视图以网页的形式显示 Word 文档，适用于发送电子邮件和创建网页。

4. 大纲视图

大纲视图用于显示、修改或创建文档的大纲，它将所有的标题分级显示出来，层次分明，特别适合查看多层次文档的结构。大纲视图被广泛用于 Word 长文档的快速浏览和设置。

5. 草稿视图

草稿视图取消了页面边距、分栏、页眉页脚和图片等元素，只显示字体、字号、字形、段落及行间距等基本的格式，将页面的布局简化，适合于快速键入或编辑文字并编排文字的格式。

3.2 Word 2010 的基本操作

Word 2010 的基本操作包括文档的创建、打开、保存和编辑等。

3.2.1 创建、打开和保存文档

1. 创建新文档

Word 2010 提供了多种创建新文档的方法。当启动 Word 2010 时，系统会自动创建一个文件名为“文档 1”的空白文档。如果在编辑文档的过程中还想创建新文档，可按以下的方法进行操作。

① 创建空白文档。单击“文件”选项卡，在打开的菜单中选择“新建”命令，在右侧界面中选择“空白文档”选项，如图 3-4 所示，在界面右下角单击“创建”按钮。

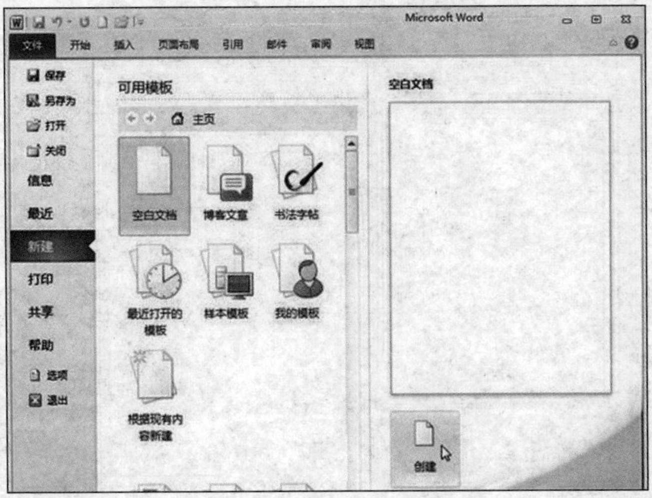

图 3-4　利用“文件”选项卡创建空白文档

② 创建模板文档。在已经打开的文档中单击“文件”选项卡，在打开的菜单中选择“新建”命令，在打开的界面右侧选择“样本模板”选项，此时界面会显示出模板样式，然后选择所要创建的模板样式选项，最后单击“创建”按钮，就可以创建一个模板文档。

2．打开已存在的文档

Word 2010 提供了以下两种打开文档的方法。

① 在“资源管理器”中，找到所需打开的 Word 文件，双击该文件名即可打开该文档。

② 启动 Word 2010，在打开的 Word 2010 工作窗口中，单击“文件”选项卡，在打开的菜单中选择“打开”命令，在打开的“打开”对话框中选择需要打开的文件的所在位置，再选中需要打开的文件，然后单击“打开”按钮即可（或直接双击需要打开的文件）。

3．文档的保存

在编辑文档过程中，为了防止用户编辑时因为操作失误、计算机死机和意外断电等情况导致文档丢失，用户应先保存文档，Word 2010 提供了以下 3 种保存文档的方法。

① 单击“文件”选项卡，在打开的菜单中选择“保存”命令。如果该文档先前已保存过，则当前编辑的内容将按用户原来保存的路径、文件名及格式进行保存；否则，执行该命令后会打开“另存为”对话框，如图 3-5 所示，输入文件名、选择保存类型和文件保存的路径，然后单击“保存”按钮即可。

② 按“Ctrl+S”组合键，该操作等同于选择“文件”→“保存”命令。

③ 另存文档。选择“文件”→“另存为”命令，打开“另存为”对话框（见图 3-5），输入文件名、选择保存类型和文件保存的路径，然后单击“保存”按钮即可。

4．自动保存文档

为了防止意外造成的文档丢失，Word 2010 提供了让用户选择每隔一定的时间自动保存文档的功能。单击“文件”选项卡，在打开的菜单中选择“选项”命令，如图 3-6 所示，打开“Word 选项”对话框，单击“保存”标签，如图 3-7 所示，选中“保存自动恢复信息时间间隔”复选框，并在数值框中输入或选择时间（默认为 10 分钟），最后单击“确定”按钮。

图 3-5 “另存为”对话框

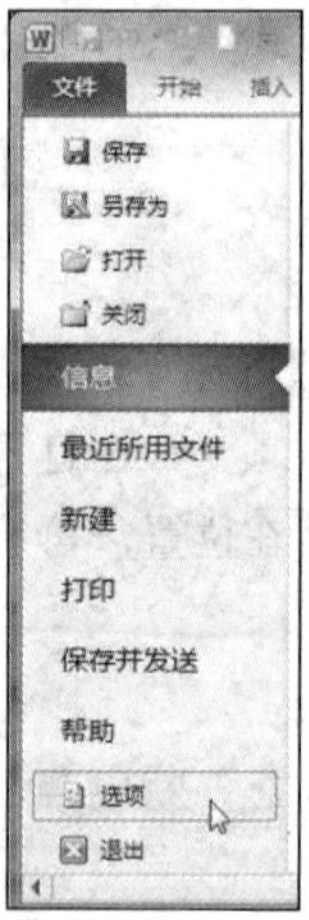

图 3-6 “选项”命令

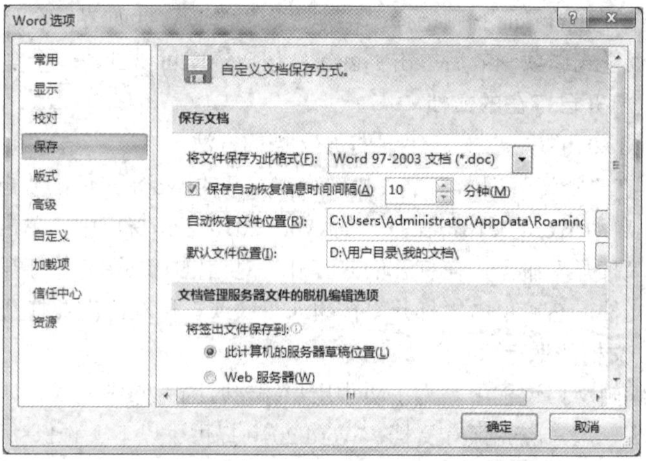

图 3-7 “Word 选项”对话框中的“保存”选项卡

3.2.2 编辑文档

1. 输入文本

创建新文档或打开已经建立的文档，此时在文档中会出现一个闪烁的光标，即“插入点”，用户只要把插入点定位到要输入文本的位置，就可以开始输入文本。

（1）输入一般文本

确定光标位置以后，选择好中文或英文输入法，就可以通过键盘输入文本了。当发现文本中有输入错误时，只要将光标插入错误处的后边，然后按“Backspace”键即可删除光标前面错误的文本。若将光标插入错误处的前面，按“Delete”键也可删除光标后面错误的文本。输入汉字时，中文输入法的选择有以下两种方法。

① 使用键盘命令。按“Ctrl+Shift”组合键，可实现各种输入法之间的切换。当选择了一种

中文输入法时，按“Ctrl+空格”组合键可实现该中文输入法与英文输入法切换；当按“Shift+空格”组合键时，可实现全角与半角字符的切换。

② 使用鼠标操作。单击任务栏的输入法图标，在弹出的输入法选择菜单中，选择要使用的输入法。

（2）输入符号

单击“插入”选项卡“符号”组的“符号”按钮，在打开的下拉列表中选择“其他符号”，打开图 3-8 所示的“符号”对话框。在“符号”对话框中，选择需要输入的符号，单击“插入”按钮即可。

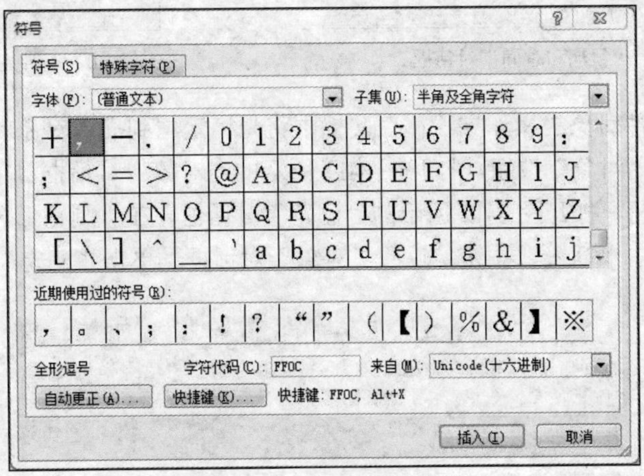

图 3-8 “符号”对话框

（3）插入日期和时间

在编辑文档时，有时需要插入日期和时间，可以按以下方法进行插入。在 Word 文档中，单击“插入”选项卡“文本”组的“日期和时间”按钮，打开图 3-9 所示的“日期和时间”对话框，在“日期和时间”对话框中，选择需要插入的日期格式，然后再单击“确定”按钮即可。如果选中“自动更新”复选框，则所插入的日期和时间会自动更新，否则保持插入时的日期和时间不变。

（4）插入脚注和尾注

在编辑文档时，有时需要对一些从别人的文章中引用的内容加以注释，这时就需要用脚注和尾注来进行注释。插入脚注和尾注的方法如下。

将光标移到需要插入脚注或尾注的文字后面，单击“引用”“脚注”组的“脚注和尾注”按钮，打开图 3-10 所示的“脚注和尾注”对话框，在对话框中选中“脚注”或“尾注”单选按钮，设定注释的编号格式、自定义标记、起始编号和编号方式等。

删除脚注或尾注的方法：如果想删除脚注或尾注，可以选中脚注或尾注，然后按“Delete”键即可删除该脚注或尾注。

（5）在文档中插入文件对象

用户有时需要将整个文件作为对象插入当前文档中。嵌入 Word 文档中的文件对象可以使用原始程序进行编辑。

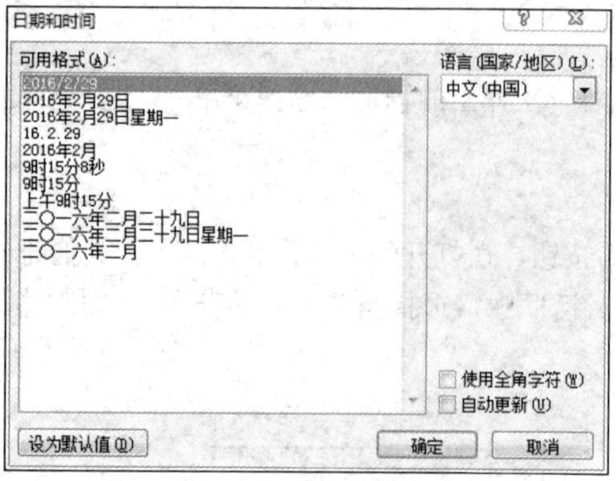

图 3-9　“日期和时间”对话框

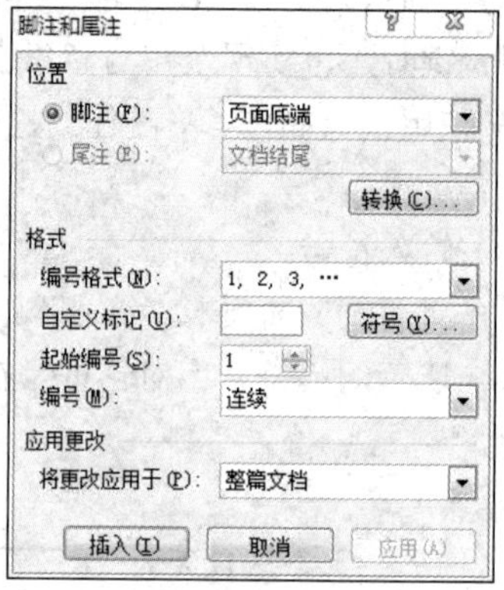

图 3-10　“脚注和尾注”对话框

在文档中插入文件对象的操作方法：在文档中将光标定位到插入对象的位置，单击“插入”选项卡“文本”组的“对象”按钮，打开图 3-11 所示的“对象”对话框，单击“由文件创建”标签，单击“浏览”按钮，打开图 3-12 所示的“浏览”对话框，在“浏览”对话框中查找并选中需要插入的文件，并单击“插入”按钮，返回“对象”对话框，单击“确定”按钮。

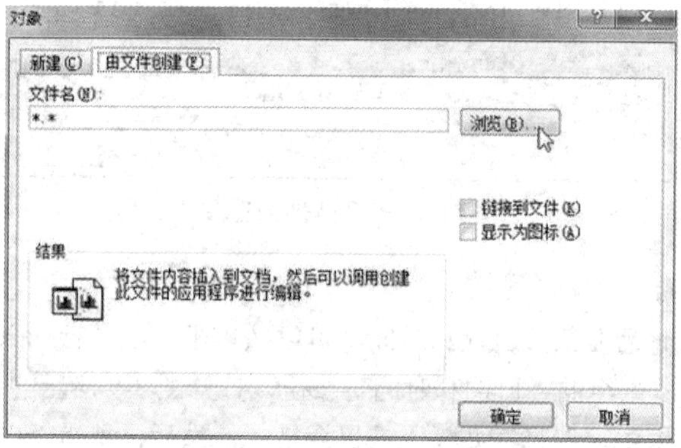

图 3-11　“对象”对话框

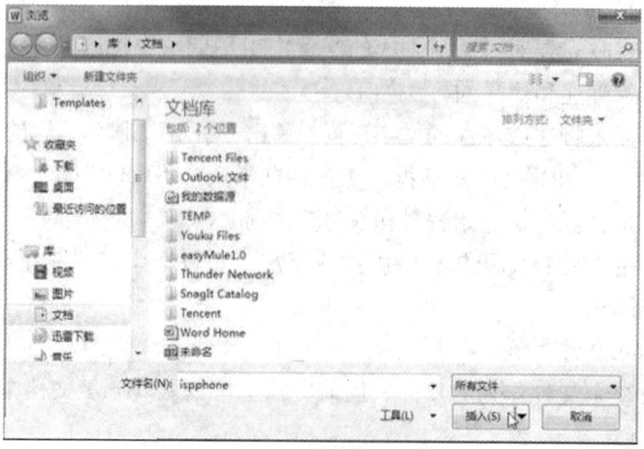

图 3-12　“浏览”对话框

（6）切换"插入"与"改写"状态

打开 Word 2010 文档后，默认的文本输入状态为"插入"状态，即在原有文本的左边输入文本时原有文本将右移。另外还有一种文本输入状态为"改写"状态，即在原有文本的左边输入文本时，原有文本将被替换。用户可以根据需要在工作窗口中切换"插入"和"改写"两种状态，切换"插入"与"改写"状态的方法有以下 3 种。

① 按"Insert"键在"插入"与"改写"两种编辑模式中切换。

② 在工作窗口状态栏右击，在弹出的快捷菜单中选择"改写"命令，即以选中与取消选中"改写"前面的复选框的方式，来切换"插入"与"改写"两种编辑模式。

③ 单击"文件"选项卡，在打开的菜单中选择"选项"命令，如图 3-6 所示，打开"Word 选项"对话框，单击"高级"标签，在"编辑选项"列表下，选中或取消选中"使用改写模式"复选框，即可切换"插入"与"改写"两种编辑模式，如图 3-13 所示。

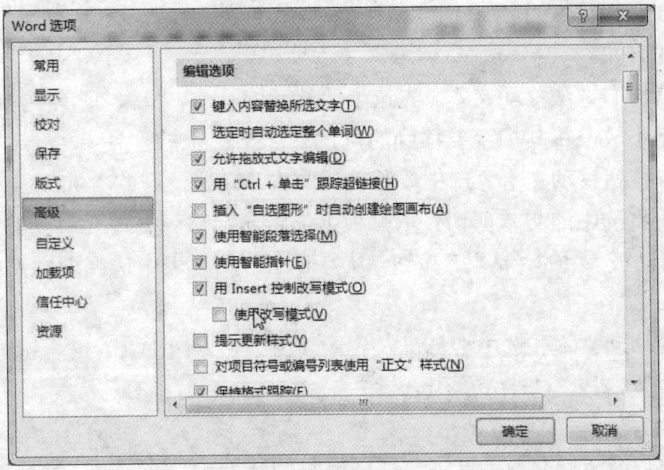

图 3-13 选中或取消选中"使用改写模式"复选框

（7）段落的拆分与合并

① 段落的拆分。在文本输入过程中，如果按"Enter"键，将结束本段落并在插入点的下一行重新创建一个新的段落。如果要把一段分成两段，把插入点移到拆分处按"Enter"键即可。

② 段落的合并。如果要把两段合并成一段，把插入点移到第一段的段末按"Delete"键或把插入点移到第二段的段首按"Backspace"键即可。

2．编辑文本

编辑文本主要包括选择文本、移动和复制文本、插入和删除文本以及在文档中进行撤销与恢复、查找与替换等操作。

（1）选择文本

在编辑文本时，要移动、复制或修改某一节文字的格式，首先要选择需要编辑的文本，然后再执行相应的操作。文本的选择通常通过鼠标来实现。

① 在文本区使用鼠标选择文本

- 拖曳鼠标。将光标移动到要选择的文本前，单击，按住鼠标左键不放并拖曳鼠标，直至光标移到要编辑的文本末尾处，松开鼠标左键，即可看到选择的文本块与正常文字的显示颜色不同。若要选择一个词组，可将光标放在词组的任意处，双击即可选择一个词组。

- 按住“Shift”键并单击。将光标移动到要选择的文本前，单击，然后按住“Shift”键不放，最后在要选择的文本的末尾处单击。

② 在选择栏中使用鼠标选择文本。Word 文档工作区最左侧的一个狭长区域为选择栏，在这里面光标变为一个右上角箭头。

- 选择一整行。将光标移到选择栏，当光标变为时，单击。
- 选择一个段落。将光标移到本段落任何一行的选择栏，当光标变为时，双击。
- 选择整篇文档。将光标移到文档任何一行的选择栏，当光标变为时，连击 3 次鼠标左键。

③ 选择矩形文本区域。将光标置于预选矩形文本的一角，然后按住“Alt”键不放，同时按住鼠标左键不放，将光标拖到文本块的对角，即可选择该块文本。

④ 选择不连续的文本。先选择一个文本区域，按住“Ctrl”键不放，然后拖曳鼠标选择其他所需的区域，即可选择多个不连续的文本区域。

（2）移动和复制文本

① 移动文本的方法。

- 使用拖曳鼠标的方法移动文本。先选中要移动的文本，将鼠标指针指向所选中的文本，按住鼠标左键不放，将其拖至要移到的位置，松开鼠标左键。
- 使用选项卡按钮移动文本。选中要移动的文本，单击“开始”选项卡“剪贴板”组的“剪切”按钮，将选中的文本剪切到剪贴板上；将光标移到文本要移到的位置，单击“开始”选项卡“剪贴板”组的“粘贴”按钮，从打开的下拉列表中选择要粘贴的选项，如单击“保留源格式”。
- 使用快捷键移动文本。选中要移动位置的文本，按“Ctrl+X”组合键，将光标移动到文本要移到的位置，按“Ctrl+V”组合键。

② 复制文本的方法。

- 使用拖曳鼠标的方法复制文本。先选中要复制的文本，将鼠标指针指向所选中的文本，按住鼠标左键不放，拖曳鼠标的同时按住“Ctrl”键，将其拖至要复制到的位置，松开鼠标左键和“Ctrl”键。
- 使用选项卡按钮复制文本。选中要复制的文本，单击“开始”选项卡“剪贴板”组的“复制”按钮，将选中的文本复制到剪切板上；将光标移到文本要复制到的位置，单击“开始”选项卡“剪贴板”组的“粘贴”按钮，从打开的下拉列表中选择要粘贴的选项，如“保留源格式”。
- 使用快捷键复制文本。选中要复制的文本，按“Ctrl+C”组合健，将光标移动到文本要复制到的位置，按“Ctrl+V”组合键。

（3）插入和删除文本

在文档编辑过程中，有时需要在已经输入的文本中的某一位置插入文本，或删除一些已经输入的文本，这时就要进行插入或删除文本的操作，操作方法如下。

① 插入文本。在插入文本之前，要确认当前文档是处于“插入”状态还是“改写”状态。如果是在“改写”状态，要切换到“插入”状态。在“插入”状态下，将光标移到需要插入文本的位置，输入要插入的文本。

② 删除文本。

- 利用“Delete”键或“Backspace”键删除字符。将光标移到要删除字符的位置，然后按

"Delete"键，则删除光标后面的字符；按"Backspace"键，则删除光标前面的字符。

- 删除文本。选中要删除的文本，然后按"Delete"键，或单击"开始"选项卡"剪贴板"组的"剪切"按钮。

（4）撤销与恢复

在编辑过程中不可避免地会出现一些误操作，我们常常用撤销与恢复操作来挽救误操作。

① 撤销操作。单击快速访问工具栏中的"撤销"按钮。单击一次按钮，撤销一步操作；如果单击快速访问工具栏中的"撤销"按钮右侧的下拉按钮，单击列表中的任一项，可以撤销多步的操作。

② 恢复操作。当用户执行一次"撤销"操作后，用户可以按"Ctrl+Y"组合键执行恢复操作，或单击快速访问工具栏中的"恢复"按钮，来恢复刚才撤销的内容。

（5）查找与替换

在 Word 2010 中，用户不仅可以查找文档中的普通文本，还可以对文档的格式进行查找和替换。

① 查找文本。单击"开始"选项卡"编辑"组的"查找"按钮右侧的下拉按钮，选择下拉列表中的"转到"选项，打开图 3-14 所示的"查找和替换"对话框。切换到"查找"选项卡，在"查找内容"文本框内输入要查找的内容，然后单击"查找下一处"按钮，即可进行查找。当找到要查找的内容后，就将该内容移入窗口工作区内，并反白显示所找到的内容。如果单击"取消"按钮，"查找和替换"对话框就会被关闭，光标就停留在当前找到的内容处；如果需要继续查找下一处，就单击"查找下一处"按钮，直到整个文档查找完毕为止。

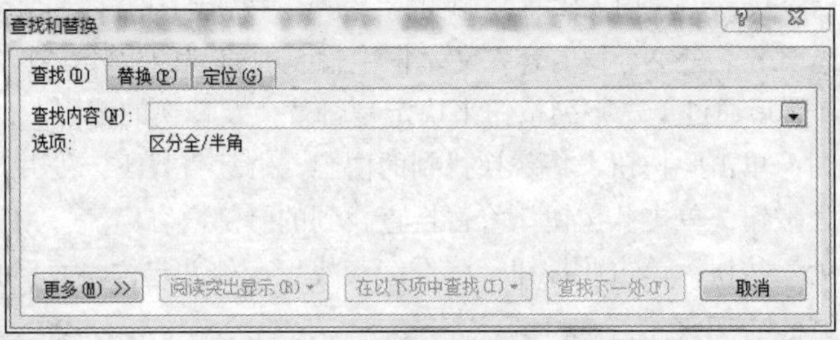

图 3-14 "查找和替换"对话框

② 利用高级功能查找文本。在打开的"查找和替换"对话框中，单击"更多"按钮，打开图 3-15 所示"查找和替换"对话框的"查找"选项卡，在展开的内容中有"搜索选项"和"查找"等区域，各个区域包含的功能如下。

- 搜索：在"搜索"后面的下拉列表框中有"全部""向上""向下"3 个选项。"全部"选项表示从光标所在处向后查找，找到文档末尾，再从文档的开头开始查找到光标所在处；"向上"选项表示从光标所在处开始向前查找到文档开头；"向下"选项表示从光标所在处向后查找到文档末尾。
- "区分大小写"和"全字匹配"复选框：主要用于查找英文单词。
- "使用通配符"复选框：选中此复选框，在查找文本时，如果输入通配符，可以实现模糊查找。
- "区分全/半角"复选框：选中此复选框，可区分全角或半角的英文字符和数字，否则不予区分。

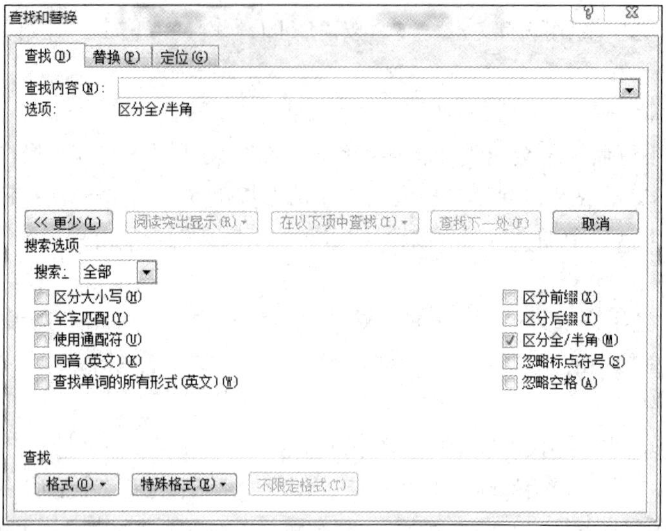

图 3-15 展开高级功能选项后的“查找和替换”对话框

- “格式”按钮：单击此按钮，在打开的下拉列表中，可以设置要查找指定格式的文本（如字体、段落、制表符等）。
- “特殊格式”按钮：单击此按钮，在打开的下拉列表中，可以设置要查找的特殊字符。

③ 替换：单击“开始”选项卡“编辑”组的“替换”按钮，打开图 3-16 所示“查找和替换”对话框的“替换”选项卡，在“查找内容”文本框中输入要查找的内容，在“替换为”文本框中输入要替换的内容，然后通过单击下列按钮来决定是否替换及替换的范围。

- “替换”按钮：单击此按钮，将替换找到的内容，继续查找下一处并定位。
- “全部替换”按钮：单击此按钮，将替换查找到的全部内容。
- “查找下一处”按钮：单击此按钮，将继续查找下一处并定位，而不会替换找到的内容。

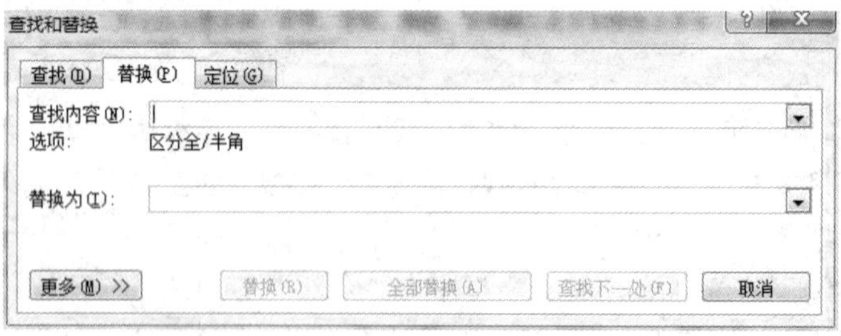

图 3-16 “查找和替换”对话框的“替换”选项卡

- 设置替换文字的字体。在“查找和替换”对话框的“替换”选项卡中单击“更多”按钮，打开的对话框如图 3-17 所示。将光标移至“替换为”后的文本框中，单击“格式”按钮，在打开的下拉列表中选择“字体”选项，打开图 3-18 所示的“替换字体”对话框。在“字体”选项卡中设置好替换的字体，单击“确定”按钮，返回“查找和替换”对话框的“替换”选项卡中，完成替换文字的字体设置。

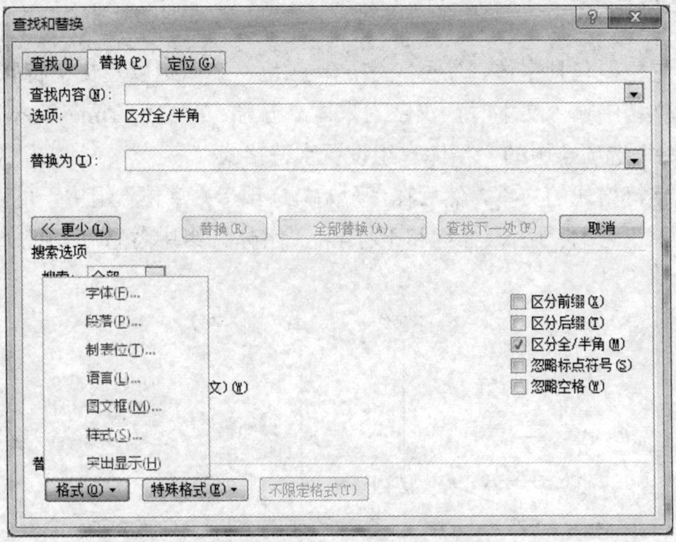

图 3-17 展开后的“替换”选项卡

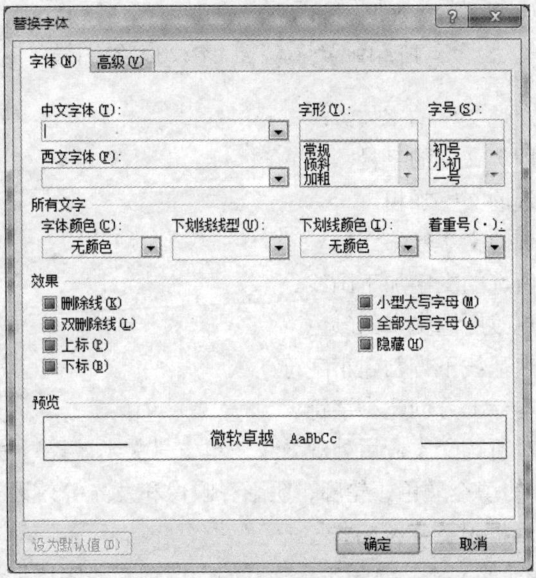

图 3-18 “替换字体”对话框

3.3 设置文档格式

文档格式的设置包括设置字符格式、设置段落格式、设置页面格式和设置打印选项等。用户可以根据实际需要，对文档进行必要的格式设置。

3.3.1 设置字符格式

字符格式的设置主要包括字体、字号、字形、颜色、字间距以及文字特殊效果等的设置。默认情况下，在新建文档中输入文本时，汉字为宋体、五号，西文为 Times New Roman、五号。

1. 使用“开始”选项卡中的“字体”组设置字符格式

先选中要设置字符格式的文本，然后在“开始”选项卡“字体”组中，可以设置文本的字体、字号、字形、下画线、字体颜色、上标和下标等。“字体”组中各按钮功能如图 3-19 所示，部分按钮功能如下。

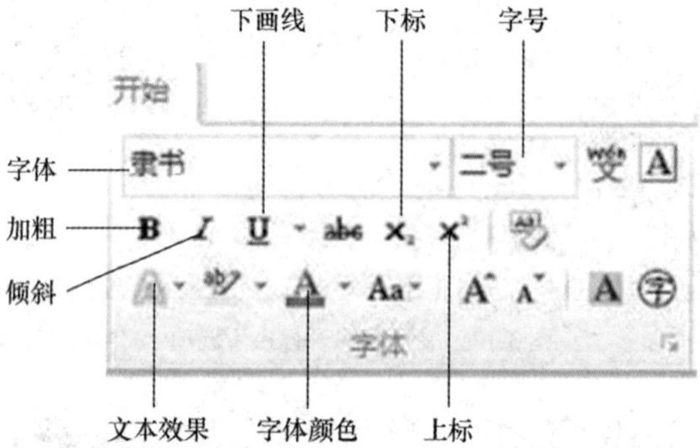

图 3-19 “字体”组中各按钮功能

① 字体：用于更改所选文字的字体。

② 字号：用于更改所选文字的字号。

③ 加粗：用于将所选的文字加粗。

④ 倾斜：用于将所选的文字倾斜。

⑤ 下画线：用于给所选的文字加下画线。

⑥ 字体颜色：用于更改所选文字的颜色。

⑦ 下标：用于在文字基线下方创建小字符。

⑧ 上标：用于在文本行上方创建小字符。

⑨ 文本效果：用于对所选文本应用外观效果。单击“文本效果”按钮，打开图 3-20 所示的下拉列表，可以设置文字的填充颜色、轮廓、阴影、映像和发光等效果。

2. 使用“字体”对话框设置字符格式

先选中要设置字符格式的文本，然后单击“开始”选项卡“字体”组的“对话框启动器”按钮（或右击已经选中的文本，在弹出的快捷菜单中选择“字体”命令），打开图 3-21 所示的“字体”对话框。在“字体”对话框中的“字体”选项卡中，可以进行中英文字体、字形、字号、字体颜色、下画线线型、着重号、删除线、双删除线、上标和下标等字符格式的设置，设置完成后单击“确定”按钮。

3. 使用“设置文本效果格式”对话框设置文本效果

先选中要设置文字效果的文本，单击“开始”选项卡“字体”组的“对话框启动器”按钮（或右击已经选中的文本，在弹出的快捷菜单中选择“字体”命令），打开图 3-21 所示的“字体”对话框。单击“文字效果”按钮，打开图 3-22 所示的“设置文本效果格式”对话框，在对话框中根据需要来设置特定的效果。

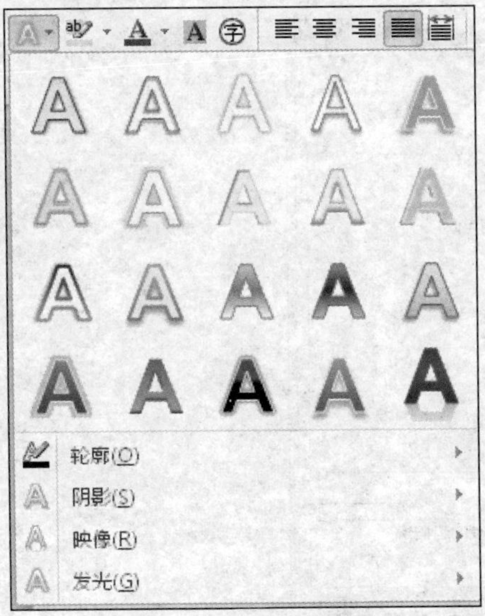

图 3-20 文本效果下拉列表

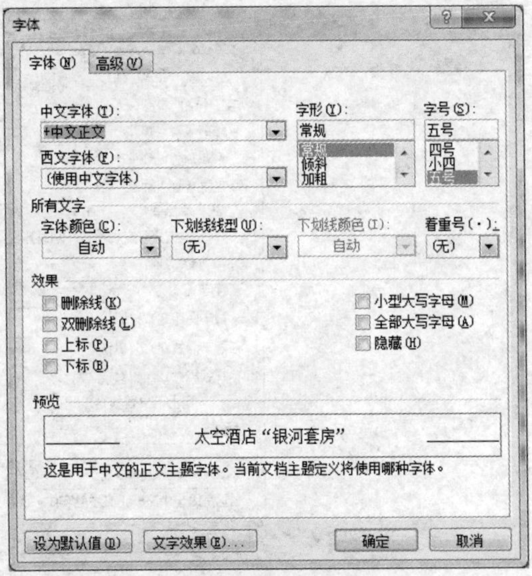

图 3-21 “字体”对话框

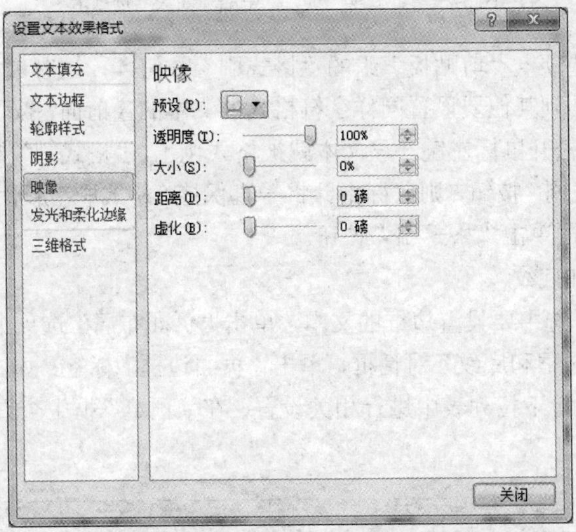

图 3-22 “设置文本效果格式”对话框

4．使用“字体”对话框中的“高级”选项卡设置字符间距、字宽度和位置

先选中要设置的文本，然后单击“开始”选项卡“字体”组的“对话框启动器”按钮（或右击已经选中的文本，在弹出的快捷菜单中选择“字体”命令），打开“字体”对话框。单击“高级”标签，如图 3-23 所示。在“缩放”选项中，设置文字变窄还是变宽；在“间距”选项中，设置字符间距；在“位置”选项中，设置文字相对水平基线提升或降低显示的位置。设置完成后，可在预览框中查看设置结果，确认后单击“确定”按钮。

5．使用格式刷设置字符格式

利用格式刷能把文本中已设置好的字符的格式，重复用于其他文本。使用格式刷的步骤如下。

① 选中已设置好字符格式的文本。

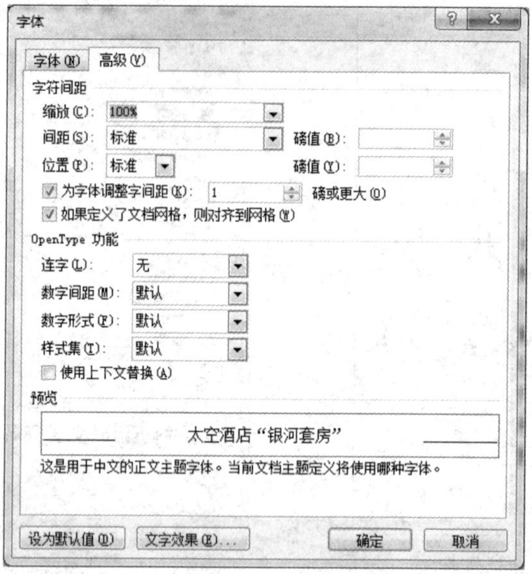

图 3-23　“字体”对话框中的“高级”选项卡

② 单击“开始”选项卡“剪贴板”组的“格式刷”按钮，这时鼠标指针变为格式刷形状。

③ 将鼠标指针移动到其他要设置同样字符格式的文本的最前面，按下鼠标左键，并将鼠标指针拖到该文本末尾处，松开鼠标左键，该文本就被格式化了，“格式刷”按钮还原。

④ 如果双击“格式刷”按钮，则鼠标指针将一直保持“格式刷”形状，可重复使用“格式刷”功能，直到使用结束再次单击“格式刷”按钮。

6．设置文本边框和底纹

① 设置文本边框。选中要设置边框的文本，单击“页面布局”选项卡“页面背景”组的“页面边框”按钮，打开“边框和底纹”对话框，单击“页面边框”标签，如图 3-24 所示。在“设置”“样式”“颜色”“宽度”等下拉列表中进行相关设置，在“预览”框中查看设置效果，确认后单击“确定”按钮。

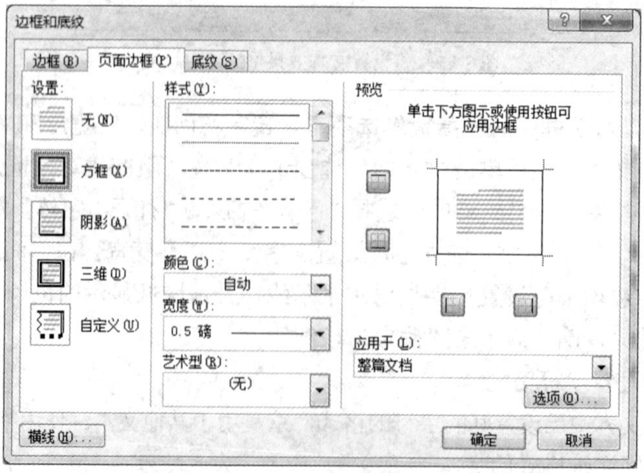

图 3-24　“边框和底纹”对话框中的“页面边框”选项卡

② 设置文本底纹。选中要设置底纹的文本，单击“页面布局”选项卡“页面背景”组的“页面边框”按钮，打开“边框和底纹”对话框，单击“底纹”标签，如图 3-25 所示。在“填充”栏的下拉列表中，选择底纹的颜色；在“图案”栏下的“样式”下拉列表中，选择图案的样式，在“颜色”下拉列表中，选择图案的颜色；在“应用于”下拉列表中选择“文字”；在“预览”框中查看设置效果，确认后单击“确定”按钮。

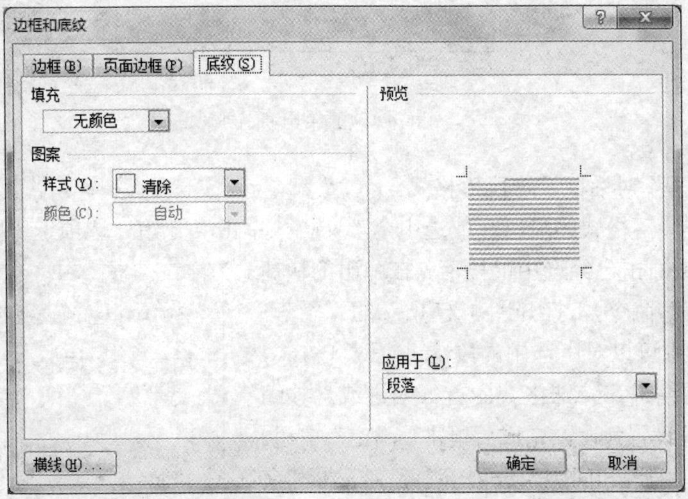

图 3-25 “边框和底纹”对话框中的“底纹”选项卡

7．清除文本格式

用户有时对已经设置的格式不满意，需要将文档中已经设置的文本格式清除。清除已经设置的文本格式的方法有以下两种。

① 选中需要清除格式的文本，单击“开始”选项卡“字体”组的“清除格式”按钮，即可清除选中文本的格式。

② 选中需要清除格式的文本，单击“开始”选项卡“样式”组右下角的“显示‘样式’窗口”按钮，打开“样式”窗格，在样式列表中单击“全部清除”按钮，即可清除所有样式和格式。

3.3.2 设置段落格式

段落格式的设置包括段落的对齐方式、缩进方式、段落间距、行距、段落换行和分页、中文版式等的设置。在设置段落格式之前，必须先选中要设置段落格式的段落，再执行相应的操作。

1．使用“开始”选项卡中的“段落”组设置段落格式

选中需要设置段落格式的段落，或选中全部文档，在“开始”选项卡“段落”组中设置段落格式。“段落”组中各按钮的功能如图 3-26 所示，部分按钮功能如下。

①“减少缩进量”和“增加缩进量”：可减少或增加段落的缩进量。

② 文本对齐方式按钮组：可设置段落文本的对齐方式，包括文本左对齐、居中、文本右对齐、两端对齐和分散对齐 5 种方式。

③“底纹”：设置所选文本或段落的背景色。

④“行和段落间距”：更改文本行的行间距，还可以自定义段前和段后添加的间距量。

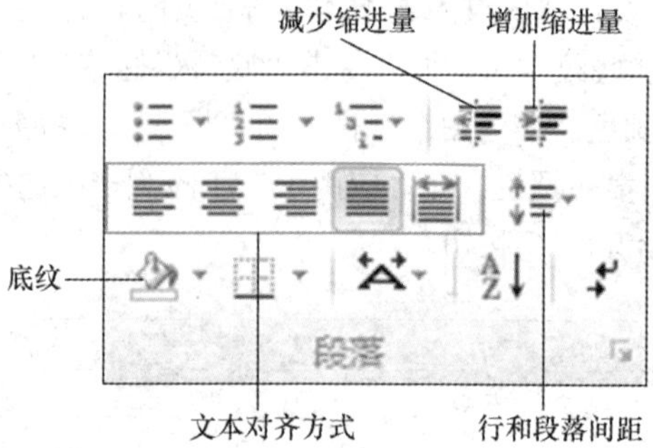

图 3-26 “开始”选项卡中的“段落”组

2．使用“段落”对话框设置段落格式

选中需要设置段落格式的段落，或选中全部文档，单击“开始”选项卡“段落”组右下角的“段落”按钮（或右击已经选中的段落，在弹出的快捷菜单中选择“段落”命令），打开图 3-27 所示的“段落”对话框，在对话框中可以对所选中的段落进行对齐方式、缩进（包括左、右缩进，特殊格式的首行缩进或悬挂缩进）、间距、行距等设置，设置完成后单击“确定”按钮。“段落”对话框的“缩进和间距”选项卡中各列表框和文本框的功能如下。

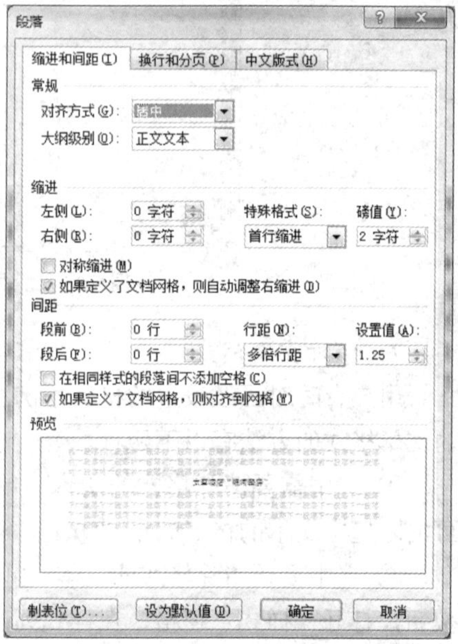

图 3-27 “段落”对话框

①“对齐方式”下拉列表框。单击“对齐方式”的下拉按钮，可以在打开的下拉列表中选择相应的文本对齐方式。

②“缩进”栏下的“左侧”和“右侧”文本框。单击“左侧”和“右侧”文本框的微调按钮，设置左右边界缩进的字符数，也可以在文本框中直接输入缩进的字符数。

③“缩进”栏下的“特殊格式”下拉列表框。单击“缩进”栏下的“特殊格式”的下拉按钮，设置“首行缩进”“悬挂缩进”和“无”等段落首行的格式。当选择“首行缩进”或“悬挂缩进”时，单击“磅值”文本框的微调按钮，设置缩进字符数，也可以在文本框中直接输入缩进的字符数。

④“间距”栏下的“段前”和“段后”文本框。单击“段前”或“段后”文本框的微调按钮，设置段落之间的间距，每按一次增加或减少 0.5 行，也可以在文本框中直接输入数字和单位。

⑤“间距”栏下的“行距”下拉列表框。单击“行距”的下拉按钮，选择所需的行距选项，包括“单倍行距”“1.5 倍行距”“2 倍行距”“最小值”“固定值”“多倍行距”等。选择“固定值”选项时，通过“设置值”文本框的微调按钮，设置行距值，也可以在“固定值”文本框中直接输入行距值；选择“多倍行距”选项时，通过“设置值”文本框的微调按钮，设置行距值为几倍行距，也可以在“固定值”文本框中直接输入行距值。

⑥ 设置段落的左右边界缩进、特殊格式、段间距和行距时，可以采用系统默认的单位，如左右缩进单位为“字符”，首行缩进单位为“字符”，段前和段后间距单位为“行”，行距中固定值的

单位为“磅”等。用户也可以在输入设置值的同时输入单位，输入完成后，按“Enter”键。

3．通过标尺设置段落缩进

选中要设置首行缩进的段落，单击“视图”选项卡“显示”组的“标尺”复选框，在标尺上出现4个缩进滑块，拖曳“首行缩进”滑块可以设置首行缩进；拖曳“悬挂缩进”滑块设置悬挂缩进；拖曳“左缩进”和“右缩进”滑块设置左右缩进。拖曳滑块时会出现一条垂直虚线，用户通过这条垂直虚线可以判断当前移到的位置。

4．给段落添加边框和底纹

① 设置文本边框。选中要设置边框的文本，单击“页面布局”选项卡“页面背景”组的“页面边框”按钮，打开“边框和底纹”对话框，单击“页面边框”标签，如图3-24所示。在“设置”“样式”“颜色”和“宽度”等列表中进行相关设置，在“应用于”下拉列表中选择“段落”，在“预览”框中查看设置效果，确认后单击“确定”按钮。

② 设置文本底纹。选中要设置底纹的文本，单击“页面布局”选项卡“页面背景”组的“页面边框”按钮，打开“边框和底纹”对话框，单击“底纹”标签，如图3-25所示。在“填充”栏的下拉列表中，选择底纹的颜色；在“图案”栏下的“样式”下拉列表中，选择图案的样式，在“颜色”下拉列表中，选择图案的颜色；在“应用于”下拉列表中选择“段落”；在“预览”框中查看设置效果，确认后单击“确定”按钮。

5．给段落添加项目符号和编号

项目符号是放在文本前的点或其他符号，起到强调该段落的作用，而编号则是用来给指定的一个或多个段落进行编号的。

（1）添加项目符号

首先要选中需添加项目符号的若干段落，然后单击“开始”选项卡“段落”组的“项目符号”按钮☰▾右侧的下拉按钮，打开图3-28所示的“项目符号”下拉列表，在下拉列表中选择所需要的项目符号样式，此时所选段落便应用了选择的项目符号。

如果在“项目符号”下拉列表中没有要添加的项目符号，在“项目符号”下拉列表中选择“定义新项目符号”选项，在打开的“定义新项目符号”对话框中，选中或设置需要添加的项目符号。

（2）添加编号

首先要选中需添加项目符号的若干段落，然后单击“开始”选项卡“段落”组的“编号”按钮☰▾右侧的下拉按钮，打开图3-29所示的“编号”下拉列表，在下拉列表中选择所要添加的编号的样式，此时所选段落便应用了选择的编号。

如果在“编号”下拉列表中没有要添加的编号，可以在“编号”下拉列表中选择“定义新编号格式”选项，在打开的“定义新编号格式”对话框中，选择或设置需要添加的编号。

6．设置制表符

制表符，又称制表位，是指在水平标尺上的位置，指定文字缩进的距离或一栏文字开始的位置，使用户能够向左、向右或居中对齐文本行；或者将文本与小数字符或竖线字符对齐，可以在制表符前自动插入一些特殊字符。按“Tab”键就可以跳到下一个制表位的位置，一直按住“Tab”键就会一直往下跳。在一个制表符宽度范围内，增加或者删除文字不会影响下一制表符中的文字位置。在Word 2010中有5种不同的制表符，包括“左对齐式制表符”“右对齐式制表符”“居中式制表符”“小数点对齐式制表符”及“竖线对齐式制表符”等。设置制表符有以下两种方法。

图 3-28　“项目符号”下拉列表

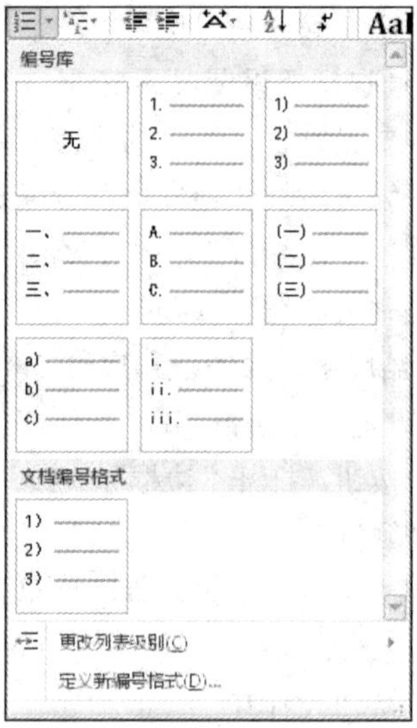

图 3-29　“编号”下拉列表

（1）使用标尺设置制表符

在水平标尺左端有一制表符对齐方式按钮，单击它可以循环出现左对齐式制表符、居中式制表符、右对齐式制表符、小数点对齐式制表符及竖线对齐式制表符。使用标尺调整制表符的步骤如下。

① 单击水平标尺左侧的制表符对齐方式按钮进行切换，确定一种制表符类型。

② 将鼠标指针移到水平标尺的合适位置并单击，当前的制表符即出现在水平标尺上的单击位置。

③ 重复步骤①、②，选择并放置其他制表符。

只要在标尺上放置了新的制表符，则左边所有的默认制表符将自动取消。如果插入点停留在编辑区左侧，按“Tab”键，插入点将直接移至第一个制表符位置；输入文字后按“Tab”键，则移向第二个制表符位置；在第二个制表符处输入文字后按“Tab”键，则移到第三个制表符位置；以此类推，直到输完此行数据后按“Enter”键，将把前一段的制表符设置带到新段落中。

如果文档中已存在使用默认制表符制作的多列文本，可先选中段落，按上述①、②步操作，文本将按新的制表符重新整齐排列。

（2）使用“制表位”对话框设置制表符

使用“制表位”对话框调整制表符的步骤如下。

① 单击“开始”选项卡“段落”组右下角的“段落”按钮（或右击已经选中的段落，在弹出的快捷菜单中选择“段落”命令），打开图 3-27 所示的“段落”对话框。

② 在打开的“段落”对话框中单击“制表位”按钮，打开图 3-30 所示“制表位”对话框。在“制表位位置”文本框中输入制表位的位置数值；调整“默认制表位”文本框的数值，以设置制表位间隔；在“对齐方式”栏选择制表位的类型；在“前导符”栏选择前导符样式。设置完成后单击“确定”按钮即可。

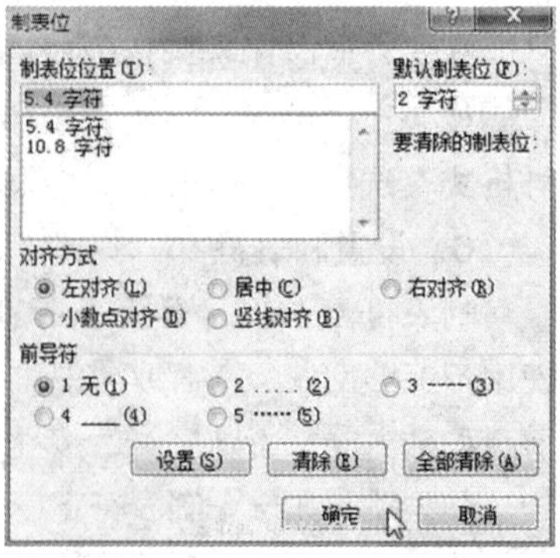

图 3-30　“制表位”对话框

3.3.3 设置页面格式

在文档编辑完成后，要进行页面格式的设置，包括节的设置、分页设置、分栏设置、页面设置等。

1．节的设置

为了便于对同一文档中不同部分的文本设置不同的格式，可以将文档分为多个节。在不同的节中，可以分别设置与前文不同的页眉和页脚、页面方向、页边距、分栏版式等。插入分节符时，首先在要插入分节符的位置单击，然后单击“页面布局”选项卡“页面设置”组的“分隔符”按钮，在打开的分隔符列表中，“分节符”区域列出了4种不同类型的分节符。

① 下一页：插入分节符，并在下一页上开始新节。

② 连续：插入分节符，并在同一页开始新节。

③ 偶数页：插入分节符，并在下一偶数页开始新节。

④ 奇数页：插入分节符，并在下一奇数页开始新节。

选择合适的分节符，即可对文档进行分节。

2．分页设置

（1）手动分页

手动分页指在页面中采取人工方式对文档进行强制分页。手动分页时把插入点移到要分页的位置，单击“插入”选项卡“页”组的“分页”按钮，或单击“页面布局”选项卡“页面设置”组的“分隔符”按钮，在打开的“分隔符”列表中选择“分页符”；或按“Ctrl+Enter”组合键即可完成手动分页。

如果要删除分页符或分节符，可以把文档切换到“普通视图”模式。在“普通视图”中，把光标移到分页符上，然后按“Delete”键即可。

（2）自动分页

自动分页指在完成页面设置之后，Word 2010将自动根据页面参数的设置，对文档进行分页。

3．分栏设置

Word 2010提供了分栏排版功能，可以为文档设置不同数量或不同版式的栏，就像在报纸和杂志中看到的一样。设置分栏后，文档正文的内容将从最左边的一栏开始，从上往下填满一栏后，再自动从当前栏的底部连接到其右边相邻的一栏的顶端。在文档中分栏的方法如下。

① 如果需要给整篇文档分栏，那么先选中所有文字；若只需要给某段落进行分栏，那么就单独选中那个段落。

② 单击“页面布局”选项卡“页面设置”组的“分栏”按钮，在分栏列表中有“一栏”“两栏”“三栏”“偏左”“偏右”和“更多分栏”等，用户可以根据自己想要的栏数来选择合适的选项。

如果分栏中的数目都不满足要求，用户可以选择“更多分栏”，打开图3-31所示的“分栏”对话框。在“分栏”对话框中的“预设”栏下选择所需的分栏格式，在“栏数”文本框里设置栏数，并在“宽度和间距”下对栏宽和栏间距进行设置，通过“分隔线”复选框设置是否要分隔线，设置完成后单击“确定”按钮。

4．页面设置

在打印文档之前，需要对页面的页边距、纸张大小等进行设置。设置页面既可以在输入文本之前，也可以在文档输入过程中或文档输入完成后进行。Word 2010 中页面设置有以下两种方法。

（1）使用“页面布局”选项卡“页面设置”组中的按钮进行设置

“页面布局”选项卡的“页面设置”组如图 3-32 所示。单击“页边距”按钮，从下拉列表中选择“普通”“窄”“适中”或“宽”；单击“纸张方向”按钮，从下拉列表中选择“纵向”或“横向”；单击“纸张大小”按钮，在下拉列表中选择纸张大小。

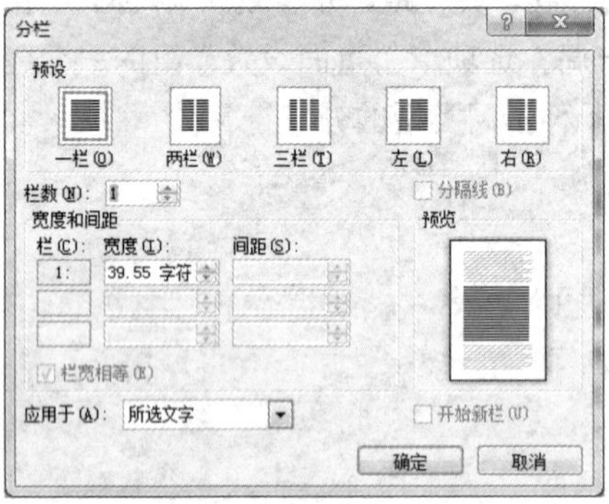

图 3-31　“分栏”对话框

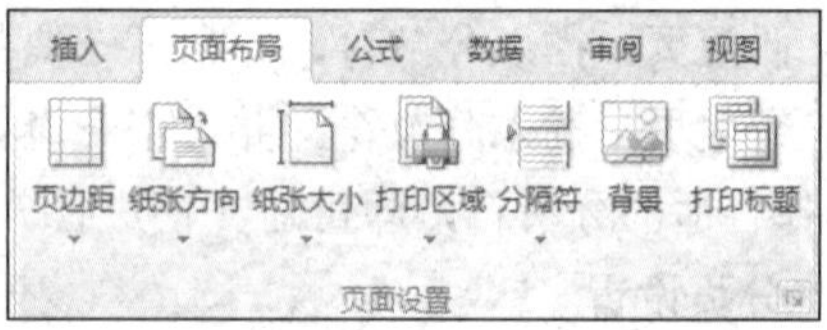

图 3-32　“页面设置”组

（2）使用“页面设置”对话框进行设置

单击“页面布局”选项卡“页面设置”组右下角的“页面设置”按钮，打开“页面设置”对话框，在“页面设置”对话框中有“页边距”“纸张”“版式”和“文档网络”4 个选项卡。

① 设置页边距。首先在打开的“页面设置”对话框中单击“页边距”标签，如图 3-33 所示，然后对“页边距”“纸张方向”“页码范围”和“应用于”等进行设置，设置完成后单击“确定”按钮。

② 设置纸张。在文档中，用户可以自由设置纸张的大小。在打开的“页面设置”对话框中单击“纸张”标签，如图 3-34 所示，单击“纸张大小”的下拉按钮，在下拉列表中选择一种纸型，设置完成后单击“确定”按钮。

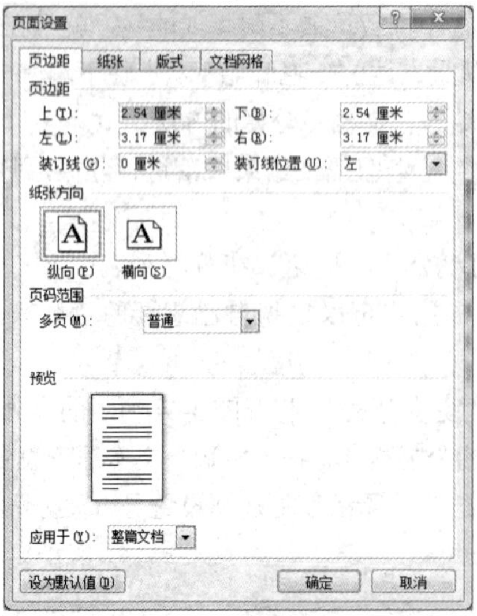

图 3-33　“页边距”选项卡

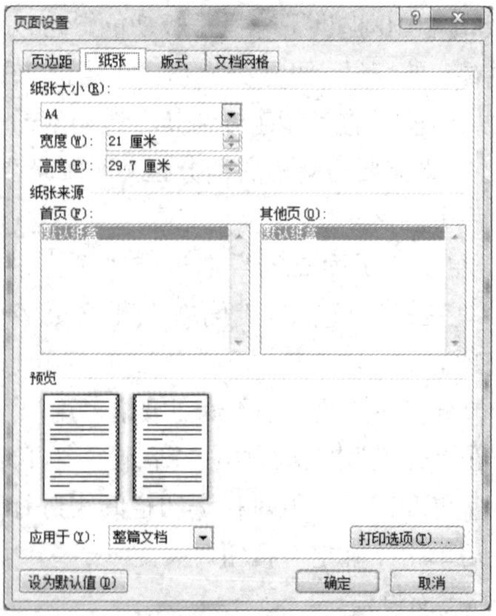

图 3-34　“纸张”选项卡

③ 设置版式。在文档中，用户可以设置文档版式。在打开的“页面设置”对话框中单击“版式”标签，如图3-35所示，在“页眉和页脚”栏中，选中“奇偶页不同”或“首页不同”复选框，对页眉和页脚进行编排；在“页面”栏中设置文本垂直对齐方式等。

④ 设置文档网络。有些文档要求每页包含固定的行数和固定的字数，如制作稿纸信函；还有一些文档要求纵向排版等。在打开的“页面设置”对话框中单击“文档网格”标签，如图3-36所示。然后在“网格”栏中选中“指定行和字符网格”单选按钮，在“字符数”栏中设置每行字数，在“行数”栏中设置每页的行数，设置完成后单击“确定”按钮。

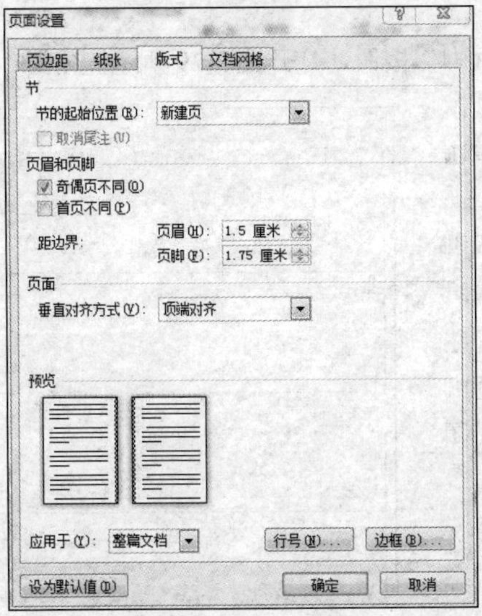

图3-35 “版式”选项卡

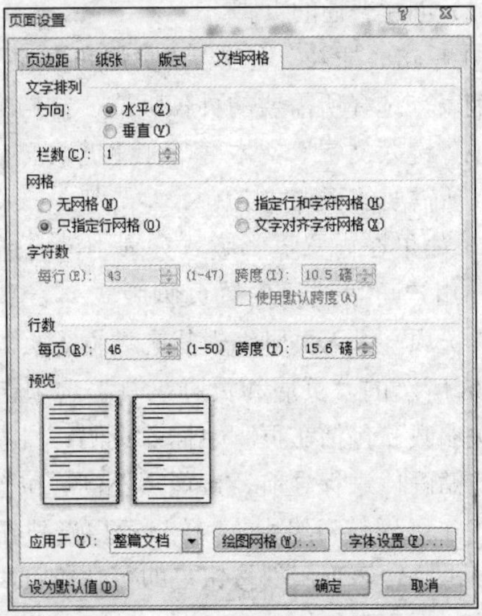

图3-36 “文档网格”选项卡

5. 页眉和页脚

页眉和页脚分别位于文档页面的顶部和底部，它们常常用来显示章节标题、页码、日期、书名和作者姓名等信息。页眉和页脚只能在页面视图和打印预览方式下看到。页眉的创建方法和页脚的创建方法一样。

（1）创建普通的页眉

① 单击“插入”选项卡“页眉和页脚”组的“页眉”按钮，打开图3-37所示的内置页眉版式列表，选择所需要的页眉版式，文档中的页眉处就会出现“键入文字”文本框，在“键入文字”下方单击并输入所需要的页眉文字。

② 如果在内置页眉版式列表中没有所需要的页眉版式，用户可以选择内置页眉版式列表下方的“编辑页眉”选项，进入页眉编辑状态并输入页眉内容，且在图3-38所示的“页眉和页脚工具”选项卡中设置页眉的相关参数，包括在页眉中插入页码、日期和时间、图片、剪贴画，进行导航、奇偶页不同、位置等的设置。这时，

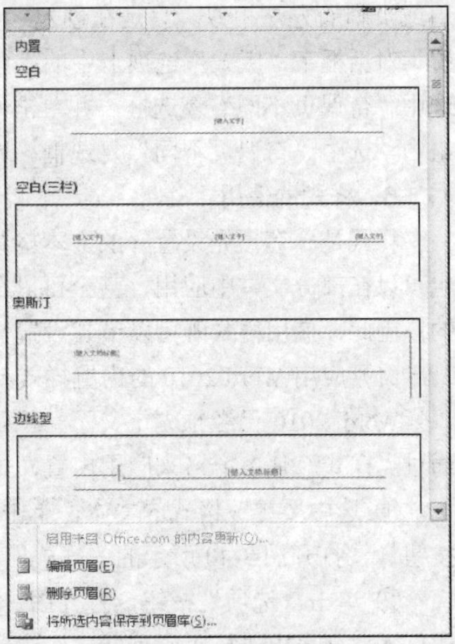

图3-37 内置页眉版式列表

可以在“导航”组中单击“转至页脚”按钮，即可从“页眉”编辑状态切换到“页脚”编辑状态。

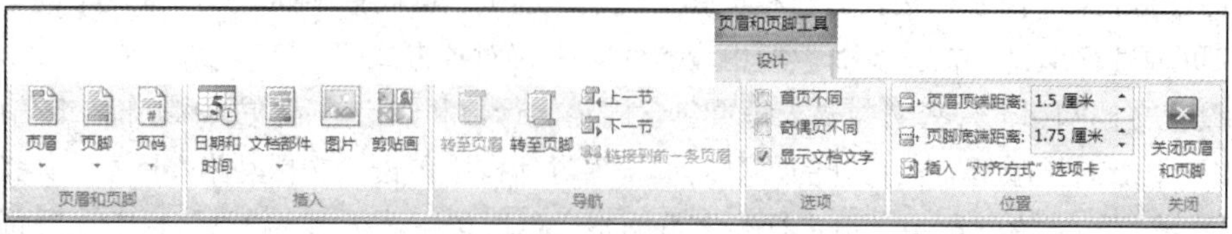

图 3-38　“页眉和页脚工具”选项卡

（2）创建普通的页脚

① 单击“插入”选项卡“页眉和页脚”组的“页脚”按钮，打开图 3-39 所示的内置“页脚”版式列表，选择所需要的页脚版式，文档中的页脚处就会出现“键入文字”文本框，在“键入文字”下方单击并输入所需要的页脚文字。

② 如果在内置页脚版式列表中没有所需要的页脚版式，用户可以选择内置页脚版式列表下方的“编辑页脚”选项，进入页脚编辑状态并输入页脚内容，且在图 3-38 所示的“页眉和页脚工具”选项卡中设置页脚的相关参数，包括在页脚中插入页码、日期和时间、图片、剪贴画，进行导航、奇偶页不同、位置等的设置。这时，在“导航”组中，“转至页眉”按钮处于可用状态，单击“转至页眉”按钮，即可从“页脚”编辑状态切换到“页眉”编辑状态。

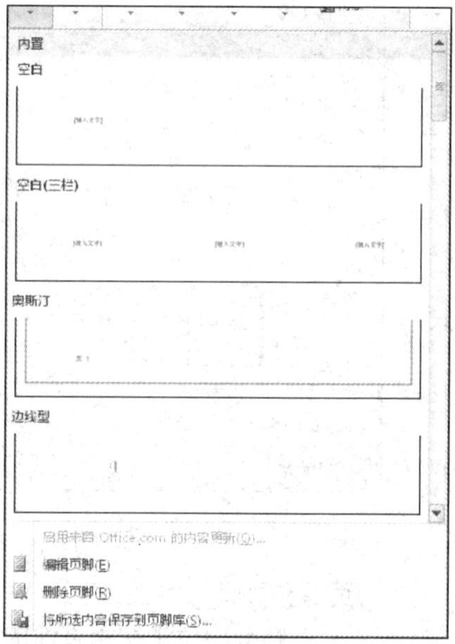

图 3-39　内置“页脚”版式列表

（3）创建奇偶页不同的页眉和页脚

为奇偶页创建不同的页眉或页脚，与创建普通的页眉或页脚的方法相似。只是在创建之前，要在“页面设置”对话框下“版式”选项卡中的“页眉和页脚”栏中，选中“奇偶页不同”复选框，并单击“确认”按钮；然后在“页眉和页脚工具”选项卡“选项”组中，选中“奇偶页不同”复选框。这时，才可以设置奇偶页不同的页眉和页脚。

6．样式的使用

样式是一套预先设置好的文本格式，包括字号、字体、缩进等。样式可以在整个文本中应用，也可以在部分文本中应用，甚至可以在一个简单的任务中应用，且所有格式的设置都是一次完成的。因此，使用样式既可以节省设置文档的时间，又可以保证文档格式的一致性。

（1）应用 Word 2010 的内置样式

Word 2010 已经预先定义了一些可供使用的样式，这些自带的样式称为内置样式。用户可以通过“样式”任务窗格来应用内置样式。应用样式的步骤如下。

① 选中要更改格式的文本，单击“开始”选项卡“样式”组右下角的“显示‘样式’窗口”按钮，打开图 3-40 所示的“样式”窗格。

② 单击“选项”按钮，打开图 3-41 所示的“样式窗格选项”对话框，在“选择要显示的样式”下拉列表中选择“所有样式”选项，并单击“确定”按钮。

图 3-40 “样式”窗格

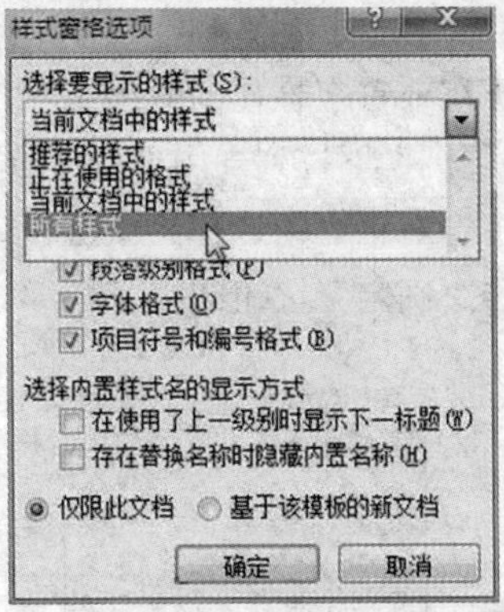

图 3-41 “样式窗格选项”对话框

③ 返回“样式”窗格，可以看到已经显示出所有的样式，如图 3-42 所示，选中“显示预览”复选框可以显示所有样式的预览效果。在“样式”窗格中选择需要的样式，即可将该样式应用到文本中。

（2）修改样式

创建的样式往往随着具体情况的改变而改变，可能有些格式不再满足原来的需求，需要进行一定的修改。修改样式的方法如下。

在图 3-42 所示的“样式”窗格中，右击需要修改的样式，在弹出的快捷菜单中选择“修改”命令，打开图 3-43 所示的“修改样式”对话框。在“修改样式”对话框中进行字体、段落格式等的修改，修改完毕后，单击“确定”按钮。

图 3-42 显示所有样式的“样式”窗格

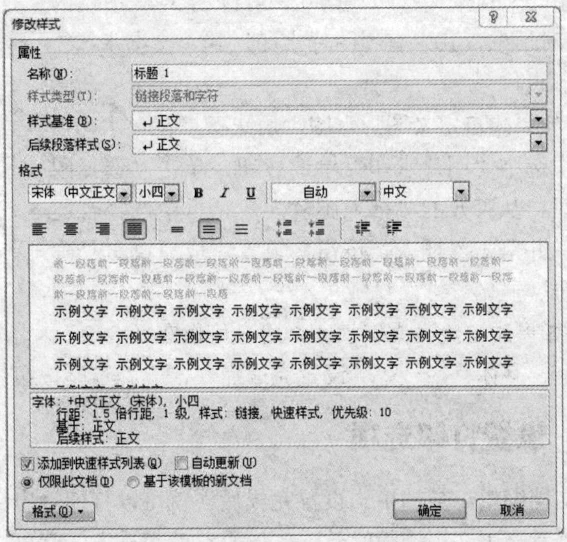

图 3-43 “修改样式”对话框

7．首字下沉或首字悬挂效果

在使用 Word 2010 编辑文档的过程中，可以为段落设置首字下沉或首字悬挂效果，从而突出显示段首或篇首位置。设置首字下沉或首字悬挂效果的方法如下。

① 将光标移动到需要设置首字下沉或首字悬挂的段落中，然后单击“插入”选项卡“文本”组的“首字下沉”按钮，打开图 3-44 所示的下拉列表，接着在其中选择“下沉”或“悬挂”选项，就可以实现首字下沉或首字悬挂的效果了。

② 在“首字下沉”下拉列表中选择“首字下沉选项”，打开图 3-45 所示的“首字下沉”对话框。在“首字下沉”对话框中选择“下沉”或“悬挂”选项，然后可以分别设置字体样式或下沉的行数，最后单击“确定”按钮即可。

图 3-44　“首字下沉”下拉列表

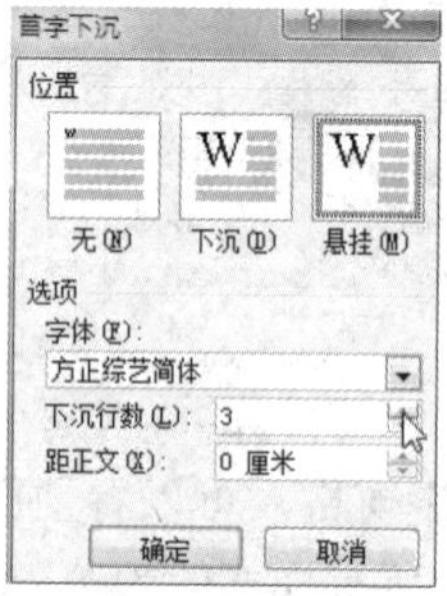

图 3-45　“首字下沉”对话框

8．为文档添加水印

水印是把图形、图像、文字等设置为文档背景的一种特殊处理方法，在统一文档风格的同时也能给读者以视觉上的冲击和美感。为文档添加水印的方法如下。

① 单击“页面布局”选项卡“页面背景”组的“水印”按钮，在打开的下拉列表中，有“机密”“紧急”和“免责声明”等 3 组共 12 款默认的文字水印样式，选择需要添加的水印即可。

② 如果默认的水印不是想要的，用户可以选择下拉列表中的“自定义水印”选项，打开图 3-46 所示的“水印”对话框，其中有“图片水印”和“文字水印”等水印形式。

③ 如果想自定义图片水印，用户可以在“水印”对话框中选中“图片水印”单选按钮，单击“选择图片”按钮，从打开的“插入图片”对话框中选择合适的图片，并单击“插入”按钮，设置完成后单击“确定”按钮。

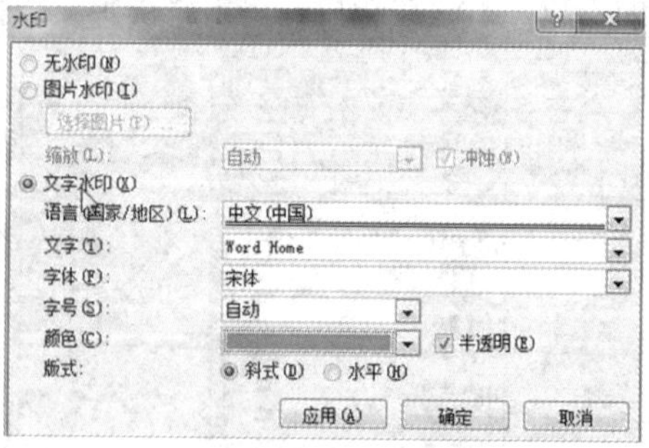

图 3-46　“水印”对话框

④ 如果想自定义文字水印，用户可以在“水印”对话框中选中“文字水印”单选按钮，接着设置文字、字体、字号等，设置完成后单击“确定”按钮。

3.3.4　设置打印选项

在文档编辑、文档格式设置完成后，就可以打印输出文档。打印文档前，可以利用打印预览功能先查看一下文档排版的效果。如果对效果满意，就可以打印；否则可继续修改排版，并通过设置打印选项使打印设置适合实际应用。

1. 打印预览

单击“文件”选项卡，从打开的菜单中选择“打印”命令，打开的窗口右侧就是打印预览的内容，如图3-47所示。

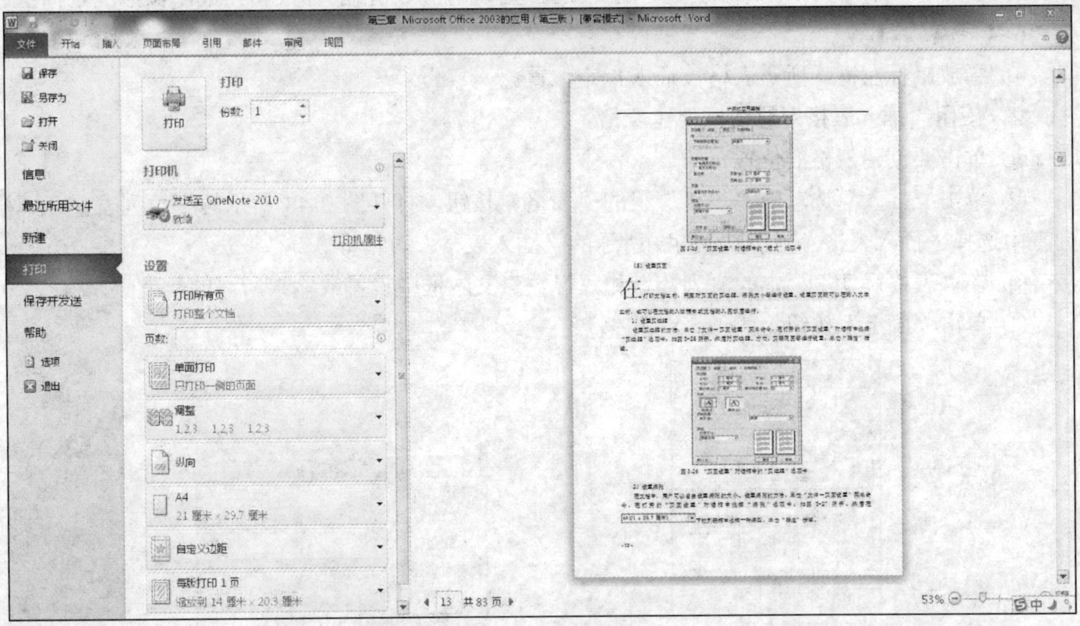

图3-47 打印预览

2. 打印文档

查看“打印预览”后，如果对文档排版满意，就可以开始打印文档。在打印文档之前，用户可以通过设置打印选项使打印设置适合自己的需要。设置Word文档打印选项的方法如下。

① 打印份数设置。根据需要修改“份数”数值以确定打印多少份文档。

② 打印机设置。在打印窗口中单击“打印机”下拉按钮，选择计算机中安装的打印机。

③ 打印页数设置。单击“打印所有页”右侧的下拉按钮，在打开的下拉列表的“文档”栏中，选择“打印当前页面”，就只打印当前光标所在的一页；如果选择“打印自定义范围”，在“页数”文本框中输入要打印的页码，则可以打印指定的页面。

3.4 应用表格

表格由一行或多行单元格组成，用于显示数字和其他项以便快速引用和分析。表格中的项被组织为行和列。表格作为显示成组数据的一种手段，有条理清楚、说明性强、便于查找等优点，使用非常广泛。

3.4.1 创建表格

常用创建表格的方法有以下4种。

1．利用“插入表格”按钮创建表格

① 将光标移到要插入表格的位置。

② 单击“插入”选项卡“表格”组的“表格”按钮，打开图 3-48 所示的下拉列表，将鼠标指针移到下拉列表中，按住鼠标左键，拖曳鼠标选择需插入表格的行数和列数，如拖曳鼠标至选定“6×4 表格”。

③ 释放鼠标左键，所需表格被插入指定位置。

2．使用“插入表格”对话框创建表格

① 单击要创建表格的位置。

② 单击“插入”选项卡“表格”组的“表格”按钮，打开图 3-48 所示的下拉列表，在下拉列表中选择“插入表格”，打开图 3-49 所示的“插入表格”对话框。

③ 在“表格尺寸”栏中的“列数”和“行数”文本框中设置或输入所需的数值。

④ 单击“确定”按钮。

图 3-48　“表格”下拉列表

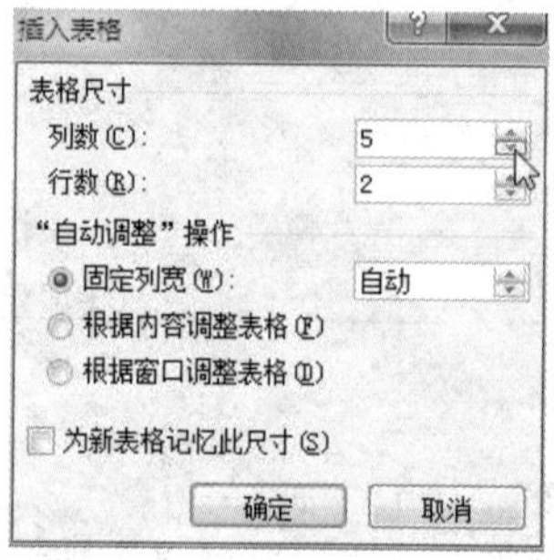

图 3-49　“插入表格”对话框

3．使用“绘制表格”工具手工绘制表格

该方法常常用来绘制较复杂的表格，具体操作如下。

① 在文档中选择要创建表格的位置，将光标放置于插入点。

② 单击“插入”选项卡“表格”组的“表格”按钮，打开图 3-48 所示的下拉列表，在下拉列表中选择“绘制表格”选项，此时鼠标指针变为笔形。

③ 首先要确定表格的外围边框，可以先绘制一个矩形。在选中位置的左上角，按住鼠标左键，然后向右下方拖曳，到达合适位置时松开鼠标左键，即在选中的位置出现一个矩形框。在“视图”选项卡后出现了图 3-50 所示的“表格工具/设计”选项卡。

图 3-50　“表格工具/设计”选项卡

④ 单击“表格工具/设计”选项卡“绘图边框”组的“绘制表格”按钮，此时鼠标指针变为笔形。这时候就可以自由使用表格功能，绘制各种形状的表格。

⑤ 绘制表格边框内的各行各列。在需要画线的位置按下鼠标左键，水平或竖直移动鼠标指针，移动过程中系统可以自动识别出画线的方向，松开鼠标左键则自动绘出相应的行和列。如果要画斜线，则要从表格的左上角开始向下方移动或从表格的右下角开始向上方移动，等待系统识别出方向后，松开鼠标左键即可。

⑥ 如果绘制过程中绘了不必要的线条，可以使用“绘图边框”分组中的“擦除”按钮。此时鼠标指针变成橡皮形状，将鼠标指针移到要擦除的线条上单击，系统会自动识别出要擦除的线条，松开鼠标左键，则会删除该线条。

4．文本与表格的相互转换

在编辑文档时，有时需要将表格内容转换成文本，或者是将文本转换成表格内容，在 Word 2010 中只需要简单几步便可解决问题。

（1）文本转换成表格

① 在需要画表格的文字中间加上空格、逗号或者制表符等统一的标记，然后全选需要转换成表格形式的文字。例如，如图 3-51 所示，选中要转换为表格的文本（以制表符分隔）。

姓名	学号	性别	成绩
王大一	060001	男	90
李二	060002	男	85

图 3-51 选中要转换为表格的文本（以制表符分隔）

② 单击“插入”选项卡“表格”组的“表格”按钮，打开图 3-48 所示的下拉列表，在下拉列表中选择“文本转换成表格”选项，打开图 3-52 所示的“将文字转换成表格”对话框，在对话框中的“列数”文本框中输入表格列数，在“文字分隔位置”栏中选中“制表符”单选按钮。

③ 设置完成后，单击“确定”按钮。转换后的表格如图 3-53 所示。

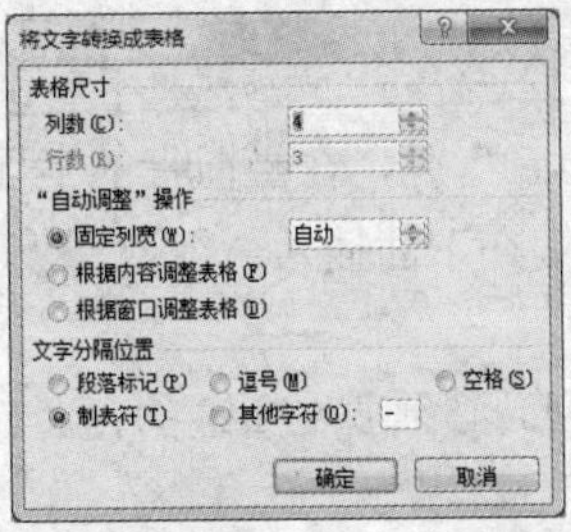

图 3-52 “将文字转换成表格”对话框

姓名	学号	性别	成绩
王大一	060001	男	90
李二	060002	男	85

图 3-53 转换后的表格

（2）表格转换成文本

① 单击要转换成文本的表格任意单元格，单击“表格工具/布局”选项卡“数据”组的“转换为文本”按钮，如图 3-54 所示，打开图 3-55 所示的“表格转换成文本”对话框。

图 3-54 “表格工具/布局”选项卡“数据”组

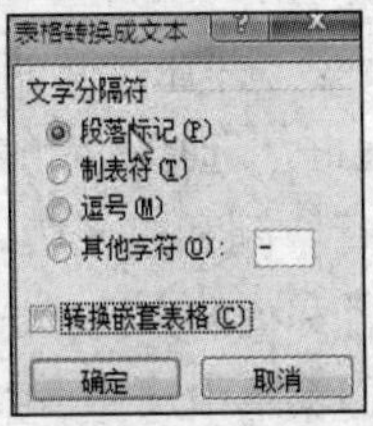

图 3-55 “表格转换成文本”对话框

② 在“表格转换成文本”对话框中选中“段落标记”“制表符”“逗号”或“其他字符”单选按钮，一般情况下，使用“段落标记”。选中“转换嵌套表格”复选框可以将嵌套表格转换为文本。设置完成后，单击“确定”按钮即可将当前表格转换成文本。

3.4.2 编辑表格

在建立表格之后，可以根据实际情况对表格结构做出调整。对表格的各种操作都是针对单元格、行或列进行的。对表格的编辑包括修改表格属性或增删单元格、行、列，拆分或合并表格，拆分或合并单元格，移动、复制、删除表格的内容等。

1．选中表格

要对表格的内容进行编辑时，必须先选中表格。选中表格的方法有很多，下面仅介绍5种常用的方法。

① 选中一个单元格。把鼠标指针移到要选中的单元格的左侧边框附近，指针变为斜向右上方的实心箭头“➚”时单击，就可以选中相应单元格。

② 选中一行或多行。移动鼠标指针到表格该行左侧，鼠标指针变为斜向右上方的空心箭头⇗时，单击则选中该行。此时再上下拖曳鼠标就可以选中多行。

③ 选中一列或多列。移动鼠标指针到表格该列顶端，鼠标指针变为竖直向下的实心箭头“⬇”时，单击则选中该列。此时再左右拖曳鼠标就可以选中多行。

④ 选中多个单元格。按住鼠标左键并在所要选中的单元格中拖曳就可以选中左右或上下顺序排列的单元格。如果需要选中分散的单元格或单元格区域，则单击需要选中的第一个单元格、行或列，按住“Ctrl”键再单击下一个单元格、行或列。

⑤ 选中整个表格。将鼠标指针划过表格，表格左上角将出现表格移动的控点⊞，单击该控点，或者直接按住鼠标左键，拖过整张表格。

2．在表格中插入或删除行、列和单元格

① 插入行的快捷方法。单击表格最右边的边框外，按“Enter”键，在当前行的下面插入一行；或将光标定位在最后一行最后一列的单元格中，按“Tab”键在下面插入一行。

② 插入行和列的方法如下。

- 在表格中，选择插入行（或列）的位置，所插入行（或列）必须要在所选的行（或列）的上下（或左右）。
- 在要插入行（或列）的位置右击，在弹出的快捷菜单中选择“插入行”或“插入列”命令；或在准备插入行或列的相邻单元格中单击，然后由“表格工具/设计”选项卡切换到“表格工具/布局”选项卡，在“行和列”组中根据实际需要单击“在上方插入”“在下方插入”“在左侧插入”或“在右侧插入”按钮，来插入行或列。

③ 插入单元格的方法。在准备插入单元格的相邻单元格中右击，然后在弹出的快捷菜单中指向“插入”命令，并在打开的下一级菜单中选择“插入单元格”命令，打开图3-56所示的“插入单元格”对话框，选择相应的方式，单击“确定”按钮。

④ 删除行、列和单元格。

- 删除行和列的方法。选中需要删除的表格的整行或整列，右击被选中的整行或整列，在弹出的快捷菜单中选择“删除单元格”命令，在“删除单元格”对话框中选中“删除行”或“删除列”单选按钮并单击“确定”按钮即可；或在表格中单击需要删除的整行或整列中的任意一个单元格，打开图 3-57 所示的下拉列表，在其中选择“删除行”或“删除列”选项即可。

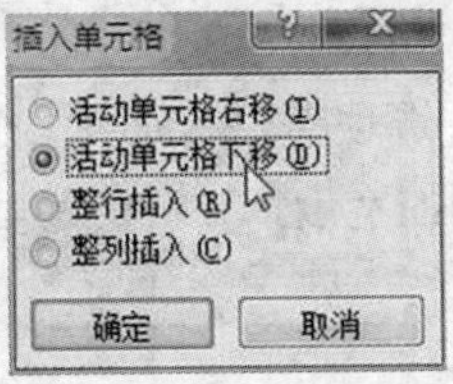

图 3-56 “插入单元格”对话框

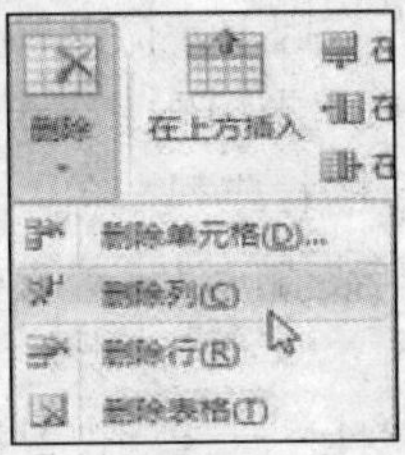

图 3-57 “删除”下拉列表

- 删除单元格的方法。在表格中右击需要删除的单元格，在弹出的快捷菜单中选择“删除单元格”命令；或在表格中选中需要删除的单元格，单击“表格工具/布局”选项卡“行和列”组的“删除”按钮，在打开的下拉列表中选择“删除单元格”选项，在打开的图 3-58 所示的“删除单元格”对话框中选择相应的方式，单击“确定”按钮。

3．合并和拆分单元格

（1）合并单元格

选择表格中需要合并的两个或两个以上相邻的单元格，单击“表格工具/布局”选项卡“合并”组的“合并单元格”按钮；或右击被选中的单元格，在弹出的快捷菜单中选择“合并单元格”命令即可。

（2）拆分单元格的方法

选择要拆分的单元格（一个或多个），单击“表格工具/布局”选项卡“合并”组的“拆分单元格”按钮；或者右击，在弹出的快捷菜单中选择“拆分单元格”命令，打开图 3-59 所示的“拆分单元格”对话框，设置要将选中的单元格分成的列数或行数，单击“确定”按钮。

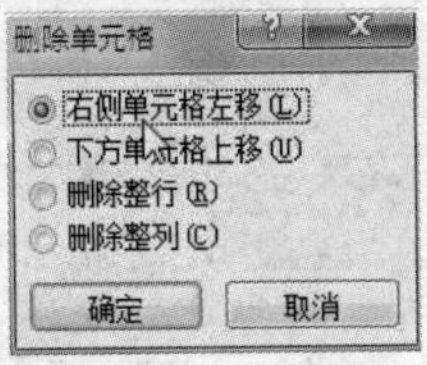

图 3-58 “删除单元格”对话框

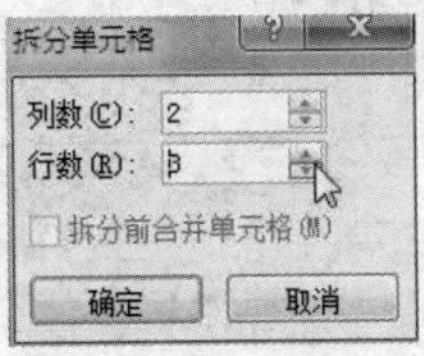

图 3-59 “拆分单元格”对话框

4．拆分和合并表格

（1）拆分表格

将光标移到需要拆分的插入点处，单击“表格工具/布局”选项卡“合并”组的“拆分表格”按钮，即可将原来的表格拆分为两个小表格。

（2）合并表格

将需要合并的两个表格放置于相邻处，表格间只有空格行而没有文字，按“Delete”键删除表格间的空格行即可将两个表格自动合并为一个大的表格。

5．设置表格行高和列宽

用户使用 Word 2010 制作表格时，往往需要准确设置表格中行高和列宽的数值。设置表格行高和列宽有以下 3 种方法。

（1）用拖曳的方法设置表格的行高或列宽

将鼠标指针移到表格的垂直框线（或水平框线）上，当鼠标指针变成调整列宽指针◀||▶形状

（或调整行高指针 ⇕ 形状）时，按住鼠标左键，此时出现一条上下垂直（或左右水平）的虚线。向左（或向上）或向右（向下）拖曳鼠标到所需的位置，放开鼠标左键即可改变列宽（或行高）。

（2）利用“表格工具/布局”选项卡“单元格大小”组设置行高或列宽

在表格中选中特定的行或列，在“表格工具/布局”选项卡“单元格大小”组中，调整“表格行高”或“表格列宽”数值，以设置表格行的高度或列的宽度，如图 3-60 所示。

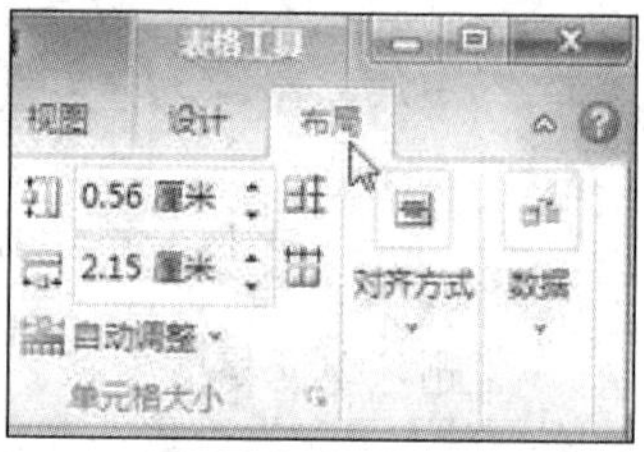

图 3-60 “单元格大小”分组

（3）利用“表格属性”对话框设置行高和列宽

① 在表格中选中特定的行或列，在“表格工具”中，切换到“布局”选项卡，在“表”组中单击“属性”按钮，打开“表格属性”对话框。

② 在对话框中单击“行”标签，打开图 3-61 所示的“表格属性”对话框中的“行”选项卡，选中“指定高度”复选框，在文本框中输入行高的数值，并在“行高值是”下拉列表中选择“最小值”或“固定值”，单击“确定”按钮，即可完成行高设置。

③ 在对话框中单击“列”标签，打开图 3-62 所示的“表格属性”对话框中的“列”选项卡，选中“指定宽度”复选框，在文本框中输入列宽的数值，并在“度量单位”下拉列表中选择单位，单击“确定”按钮，即可完成列宽设置。

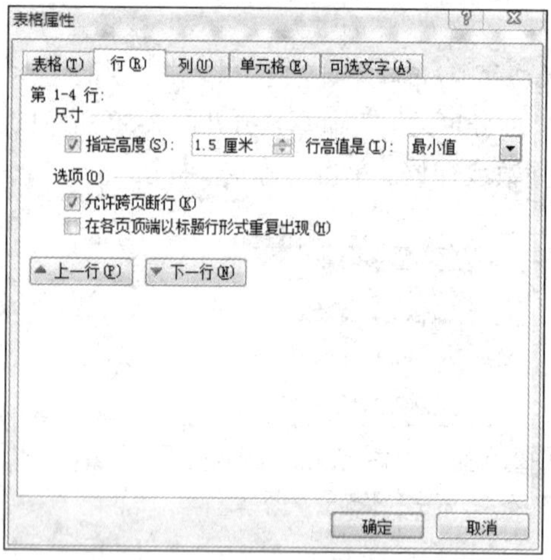

图 3-61 “表格属性”对话框的“行”选项卡

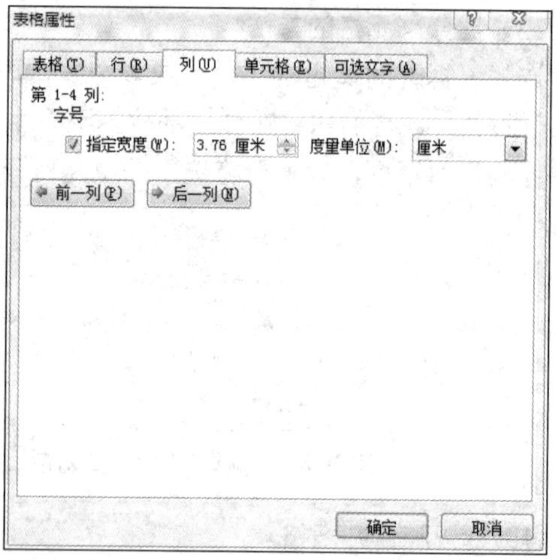

图 3-62 “表格属性”对话框的“列”选项卡

6．设置表格标题行重复显示

在制作和编辑表格时会出现同一张表格需要在多个页面中显示的情况，这时需要在每一页表格中都显示标题行，即让表格标题行重复显示。设置表格标题行重复显示的方法有 2 种，具体如下。

① 选中表格标题行，单击“表格工具/布局”选项卡“表”组的“属性”按钮，打开“表格属性”对话框。在对话框中单击“行”标签，打开图 3-61 所示的“表格属性”对话框中的“行”选项卡，选中“在各页顶端以标题行形式重复出现”复选框，单击“确定”按钮即可。

② 选中表格标题行，单击“表格工具/布局”选项卡“数据”组的“重复标题行”按钮即可，如图 3-63 所示。

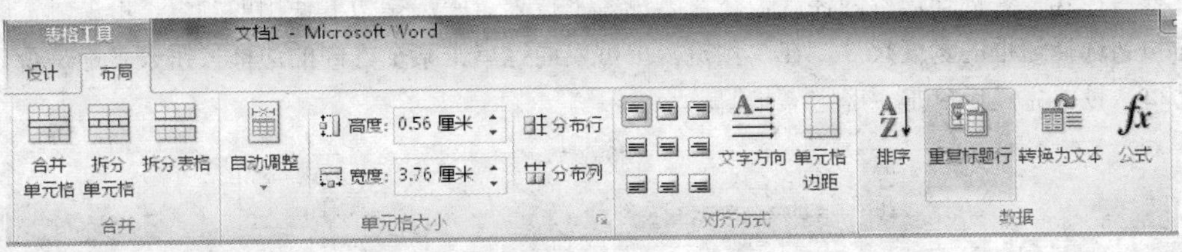

图 3-63 “数据”组的“重复标题行”按钮

3.4.3 设置表格格式

表格格式包括文字格式、文字在单元格中的对齐方式、表格的边框和底纹等，设置表格格式可以使表格美观、大方。

1．设置文字格式

设置文字格式的方法：选中表格中要设置格式的文本，按照在文档中设置文本格式的方法，就可设置表格中的文字格式。

2．设置文字在单元格中的对齐方式

Word 2010 提供了 9 种不同的文字对齐方式，默认情况下，将表格中的文字靠单元格的左上角对齐。设置文字在单元格中的对齐方式的方法主要有以下两种。

（1）利用快捷菜单设置

选中要设置文字对齐方式的单元格，右击被选中的单元格。在弹出的快捷菜单中选择“单元格对齐方式”命令，并在下一级菜单中选择合适的对齐方式。

（2）利用“表格工具/布局”选项卡“对齐方式”组设置

选中要设置文字对齐方式的单元格，在“表格工具/布局”选项卡“对齐方式”组中选择合适的对齐方式。

3．设置表格的边框

表格边框的设置包括对整张表格或单元格区域的边框、线型及边框颜色等的设置。设置表格边框的方法主要有以下两种。

（1）利用“表格工具/设计”选项卡的“边框”按钮设置

在表格中选中需要设置边框的单元格或整个表格，单击“表格工具/设计”选项卡“表格样式”组的“边框”下拉按钮，在打开的下拉列表中设置边框的显示位置即可。

（2）利用“边框和底纹”对话框设置

在表格中选中需要设置边框的单元格或整个表格，右击，在弹出的快捷菜单中选择“边框和底纹”命令，打开“边框和底纹”对话框。在打开的“边框和底纹”对话框中切换到“边框”选项卡，如图 3-64 所示，在“设置”栏选择边框显示位置。其中各选项的含义如下。

① 选择“无”选项表示被选中的单元格或整个表格不显示边框。

② 选择“方框”选项表示只显示被选中的单元格或整个表格的四周边框。

③ 选择“全部”表示被选中的单元格或整个表格显示所有边框。

④ 选择“虚框”选项，表示被选中的单元格或整个表格四周为粗边框，内部为细边框。

⑤ 选择“自定义”选项，表示被选中的单元格或整个表格由用户根据实际需要自定义设置边框的显示状态。

在“样式”栏选择边框的样式，在“颜色”下拉列表中选择边框使用的颜色，单击“宽度”下拉按钮选择边框的宽度尺寸，在“预览”中可以通过单击某个方向的边框按钮来确定是否显示该边框。设置完成后单击“确定”按钮。

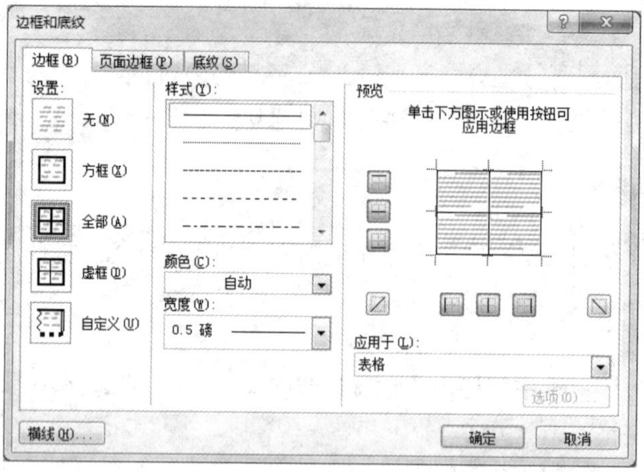

图 3-64　“边框和底纹”对话框中的“边框”选项卡

4．设置表格的底纹

在表格中添加底纹可以使表格更加美观。设置表格底纹的方法有以下 2 种。

（1）利用“表格工具/设计”选项卡的“底纹”按钮设置

在表格中选中需要设置边框的单元格或整个表格，单击“表格工具/设计”选项卡“表格样式”组的“底纹”下拉按钮，在打开的颜色列表中选择合适的颜色即可。也可以单击“其他颜色”按钮，在打开的“颜色”对话框中选择合适的颜色，并单击“确定”按钮。

（2）利用“边框和底纹”对话框设置

在表格中选中需要设置边框的单元格或整个表格，单击“表格工具/设计”选项卡“表格样式”组的“边框”下拉按钮，在打开的下拉列表中选择“边框和底纹”选项，打开“边框和底纹”对话框。在打开的“边框和底纹”对话框中切换到“底纹”选项卡，如图 3-65 所示，设置要在表格中添加的底纹颜色和图案样式，设置完成后单击“确定”按钮。

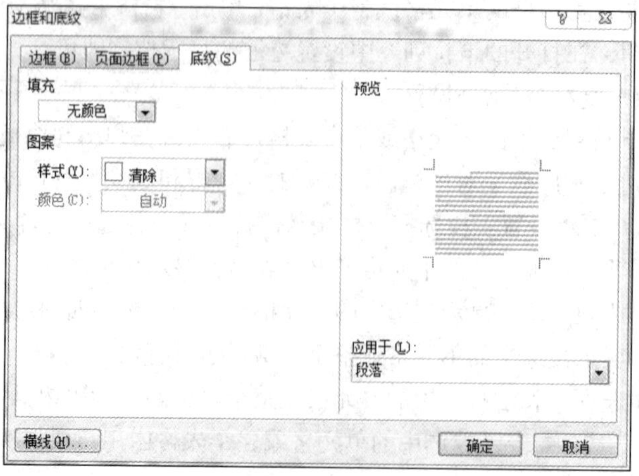

图 3-65　“边框和底纹”对话框中的“底纹”选项卡

5．表格自动套用格式

为了快速排版表格，Word 2010 提供了若干种已经设计好的表格格式，用户可以根据需要直接套用。操作方法如下。

将插入点移到要套用格式的表格中的任意位置，单击“表格工具/设计”选项卡“表格样式”组的“其他”按钮，打开图 3-66 所示的表格样式列表，在表格样式列表中选择所需的表格样式。

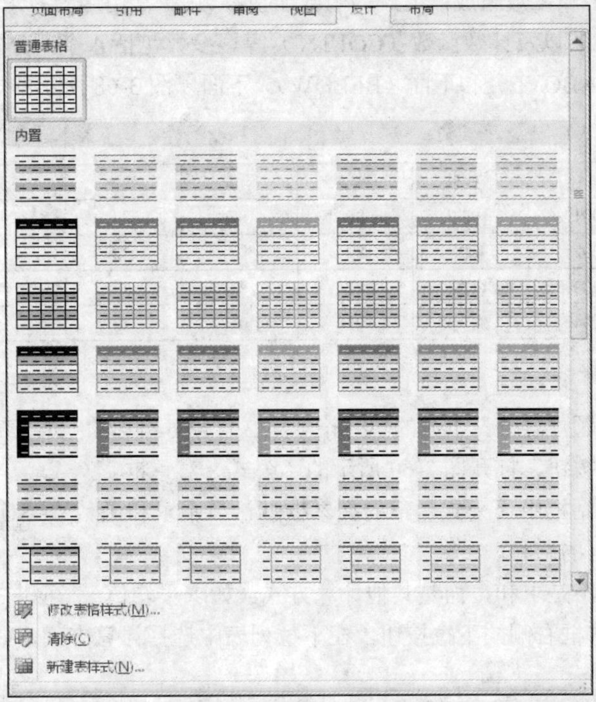

图 3-66 自动套用表格样式列表

6．设置表格在页面中的对齐方式和版式

设置表格在页面中的对齐方式和版式的方法如下。

① 将插入点移到要套用格式的表格中的任意位置，单击“表格工具/布局”选项卡“表”组的“属性”按钮，打开“表格属性”对话框，在打开的对话框中切换到“表格”选项卡，如图 3-67 所示。

② 在“尺寸”栏中，如选中“指定宽度”复选框，则可设定具体的表格宽度；在“对齐方式”栏中，可以设置表格在页面的对齐方式，包括“左对齐”“居中”和“右对齐”；在“文字环绕”栏中，可以选择“无”或“环绕”版式。

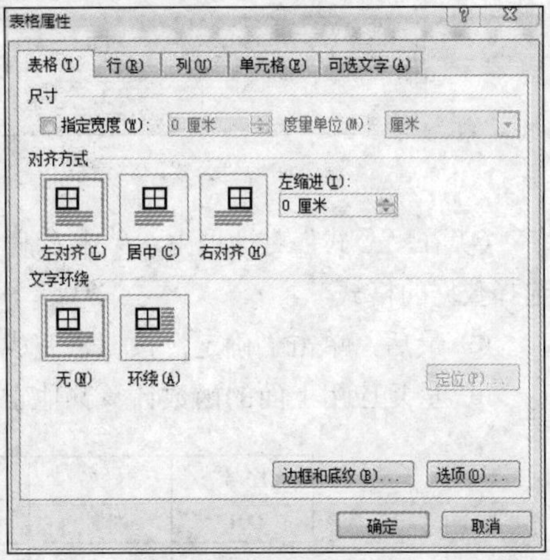

图 3-67 “表格属性”对话框中的“表格”选项卡

3.4.4 计算和排序表格数据

Word 2010 提供对表格中数据进行简单的数据分析的功能，包括对表格中的数据进行计算和排序等。

1．表格中数据的计算

表格中数据的计算包括数据求和、求平均值等常用的计算，利用数据计算可以对表格中的数据进行简单分析。对表格中的数据进行一些简单的运算，可以根据不同的需要选择不同的计算方法，主要有函数计算方法、公式计算方法、引用单元格地址计算方法。

（1）函数计算方法

函数一般由函数名和参数组成，形式为函数名（参数）。常用函数有求和函数（SUM）、求平均值函数（AVERAGE）以及计数函数（COUNT）等。参数包括 4 个，分别是左侧（LEFT）、右侧（RIGHT）、上面（ABOVE）和下面（BELOW）。下面以图 3-68 所示的成绩表为例，介绍表格中数据的计算。

序号	姓名	数学	语文	英语	总分
001	林欢	85	88	79	
002	王树	89	92	82	
003	刘杰	81	83	86	
004	陈飞	93	91	88	

图 3-68　成绩表

① 将光标移至标题“总分”下面的单元格（第 2 行第 6 列），单击“表格工具/布局”选项卡“数据”组的“公式”按钮，打开图 3-69 所示的“公式”对话框。

② 在“公式”对话框中“公式”下的文本框默认显示求和函数“=SUM(LEFT)”，这时可以计算左边各单元格数据的总和。

③ 如果数据计算不是求和，而是其他计算方式（如求平均值），可以在“公式”对话框中，单击“粘贴函数”文本框右侧的下拉按钮，在下拉列表中选择计算方式，如图 3-70 所示。

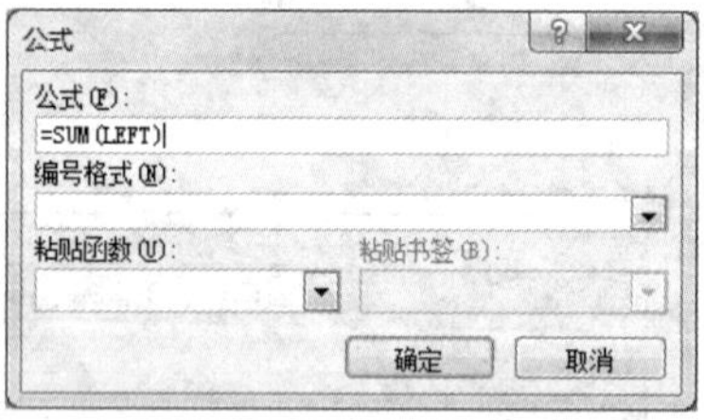

图 3-69　“公式”对话框

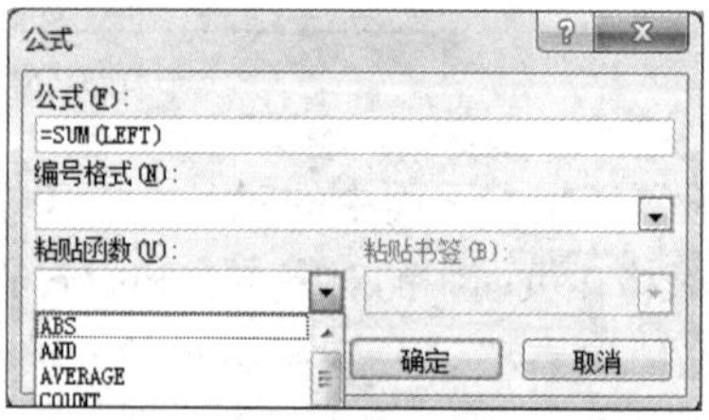

图 3-70　“公式”对话框中的“粘贴函数”

④ 在“公式”对话框中，单击“编号格式”下拉列表框中的下拉按钮，在打开的下拉列表中选择数据的格式。

⑤ 最后，单击“确定”按钮，完成序号 001 的“总分”计算。

⑥ 重复应用上面的函数计算其他学生的总分，计算结果如图 3-71 所示。

序号	姓名	数学	语文	英语	总分
001	林欢	85	88	79	252
002	王树	89	92	82	263
003	刘杰	81	83	86	250
004	陈飞	93	91	88	272

图 3-71　利用函数计算总分后的成绩表

（2）公式计算方法

表格中的计算也可以用公式来完成，公式的表达形式为“= 表达式”。表达式由数值和算术运算符组成，如 3*6 等，算术运算符有+（加）、-（减）、*（乘）、/（除）、^（乘方）、()（圆括号，改变运算次序）等。数值的表达方法有常量和单元格地址两种。

常量计算：例如计算 5×8，将插入点移到存放该结果的单元格中，同样单击“布局”选项卡中的“公式”按钮，在“公式”对话框中的“公式”文本框中输入“=5*8”，如图 3-72 所示，单击“确定”按钮，则可以在当前单元格返回计算结果 40。

（3）引用单元格地址计算方法

以图 3-68 所示的成绩表为例，引用单元格地址计算每个学生总分。首先介绍 Word 2010 表格中定义单元格的原则。在 Word 2010 表格中，以 A、B、C…表示列，以 1、2、3…表示行，如第 2 行第 3 列的单元格就是 C2 单元格。

① 将光标移至标题“总分”下面的单元格（第 2 行第 6 列），由“表格工具/设计”选项卡切换到“表格工具/布局”选项卡，在“数据”组中单击“公式”按钮，打开“公式”对话框。

② 在“公式”对话框的“公式”文本框中输入公式“=C2+D2+E2”，如图 3-73 所示，单击“确定”按钮，计算第一个学生的总分。

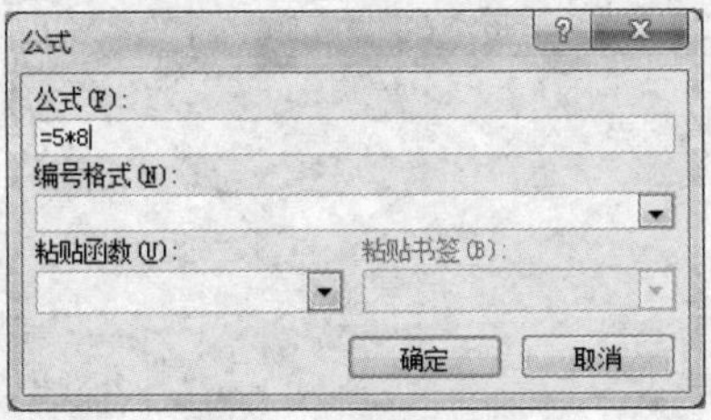

图 3-72 常量计算

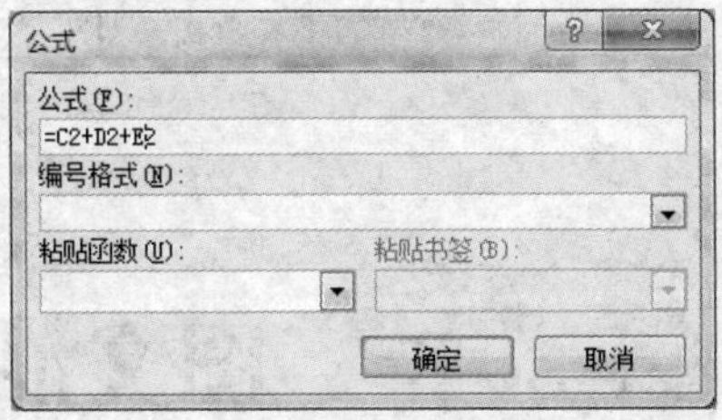

图 3-73 应用单元格地址计算

在计算表格中数据时可结合使用第 1、3 种方法，即应用函数计算时，引用单元格地址。例如，成绩表实例中，采用函数“=SUM(LEFT)”。在打开的“公式”对话框中，在“公式”文本框默认显示求和函数“=SUM(LEFT)”的括号中输入“(C2:E2)”单元格区域，如图 3-74 所示，单击“确定”按钮，计算第一个学生的总分。

2．表格中数据的排序

例如在上面利用公式计算各个学生的总分后，对图 3-71 所示表格中的数据进行排序。按总分从高到低排序（降序），当两个学生总分相同时，再按数学成绩从高到低排序（降序）。对表格中数据排序的方法如下。

① 单击成绩表表格任意单元格，单击“表格工具/布局”选项卡“数据”组的“排序”按钮，打开图 3-75 所示的“排序”对话框。

② 在“排序”对话框中，在“列表”栏中选中“有标题行”单选按钮。

③ 在“主要关键字”下拉列表中选择“总分”项，在“类型”下拉列表中选择“数字”项，再选中“降序”单选按钮；在“次要关键字”下拉列表中选择“数学”项，在“类型”下拉列表中选择“数字”项，再选中“降序”单选按钮。

④ 设置完成后，单击“确定”按钮。此时，成绩表按总分从高到低排序的结果如图 3-76 所示。

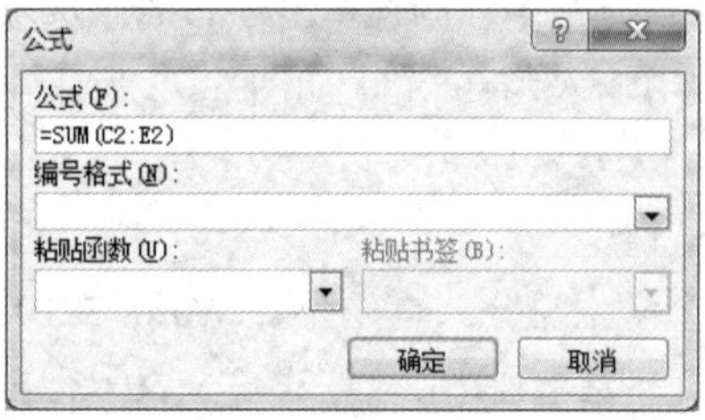

图 3-74 引用单元格地址计算“公式”对话框

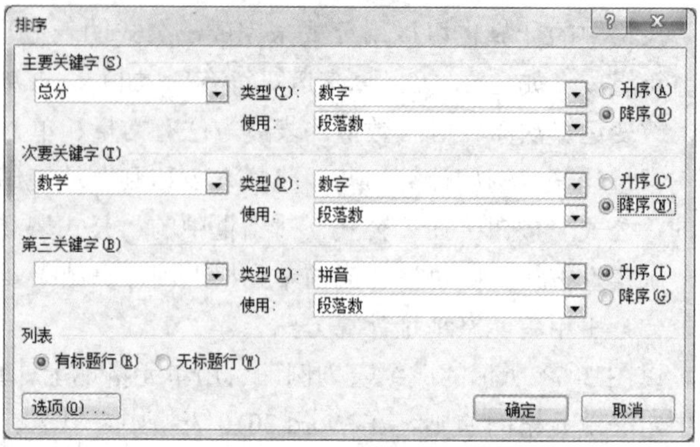

图 3-75 “排序”对话框

序号	姓名	数学	语文	英语	总分
004	陈飞	93	91	88	272
002	王树	89	92	82	263
001	林欢	85	88	79	252
003	刘杰	81	83	86	250

图 3-76 排序后的成绩表

3.5 图文混排

许多出版物都是图文并茂的，因为这样可以让读者更好地理解作者的创意。Word 2010 提供了在文档中插入图片、剪贴画、艺术字、自选图形、图表等的功能，以加强文档的直观性与艺术性。插入的图片可以随意放在文档中的任何位置，实现图文混排。

3.5.1 插入图片

在 Word 2010 中可以插入两种类型的图片：一种是剪辑管理器中提供的图片，另一种是来自文件中的图片。

1．插入来自文件中的图片

在文档中插入来自文件中的图片的步骤如下。

① 将光标置于要插入图片的位置，单击“插入”选项卡“插图”组的“图片”按钮，打开图 3-77 所示的“插入图片”对话框。

② 在“插入图片”对话框的“查找范围”列表中选择图片文件所在的文件夹，再选择要插入图片的文件名。预览框中将实时显示指定的图片。

③ 单击“插入”按钮，图片就插入到插入点的位置。

2．插入剪贴画

在 Word 2010 中含有大量的剪贴画和图片，用户也可以把它们插入文档，具体的方法如下。

① 将光标置于要插入图片的位置，单击“插入”选项卡“插图”组的“剪贴画”按钮，打开图 3-78 所示的“剪贴画”任务窗格。

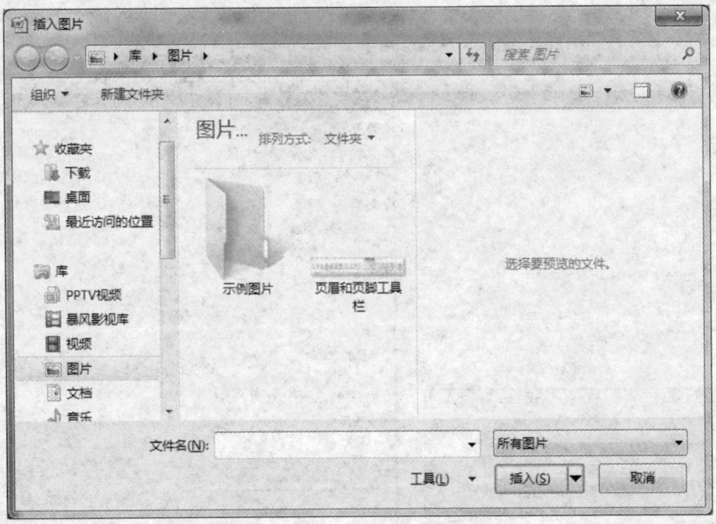

图 3-77 “插入图片”对话框

② 默认情况下，Word 2010 中的剪贴画不会全部显示出来，而需要用户使用相关的关键字进行搜索。在该任务窗格中的“搜索文字”框中，可输入所需剪贴画的关键字，如“运动”，或输入剪贴画的完整或部分文件名。若要缩小搜索范围，可在“其他搜索选项”中选择搜索范围和结果类型。

③ 单击“搜索”按钮，出现的搜索结果如图 3-78 所示。

④ 单击要插入的剪贴画，剪贴画就插入到插入点的位置；或单击剪贴画右侧的下拉按钮，并在打开的下拉列表中选择“插入”选项，即可将该剪贴画插入到插入点的位置。

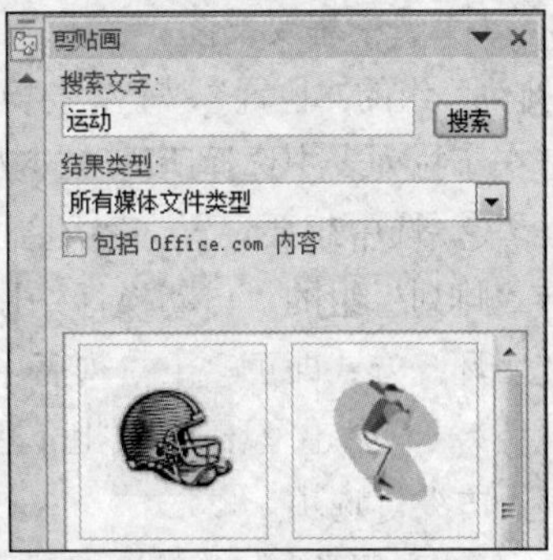

图 3-78 “剪贴画”任务窗格

3．编辑图片

当图片被插入文档中后，通常需要经过编辑和修改才会变成我们期望的样式，如可以对图片的大小、版式、位置等进行调整。

（1）调整图片大小

① 使用拖曳的方法来调整图片大小。

单击图片的任意位置，此时在图片的四周会出现 8 个控制点，将鼠标指针放在控制点上，拖曳 4 个角上的控制点可以成比例缩放图片，拖曳上下两边中间的控制点可改变图片的高度，拖曳左右两边中间的控制点可改变图片的宽度。

② 利用“绘图工具/格式”选项卡的“大小”组调整图片大小

单击要调整大小的图片，在“绘图工具/格式”选项卡的“大小”组中，设置“宽度”和“高度”数值，以调整图片的具体尺寸，如图 3-79 所示。

③ 利用“布局”对话框设置图片大小。

右击需要改变尺寸的图片，在弹出的快捷菜单中选择“大小和位置”命令，打开图 3-80 所示的“布局”对话框，接着在“布局”对话框中单击“大小”标签，在“高度”和“宽度”栏分别设置图片的高度和宽度，单击“重置”按钮则可以恢复图片原来的尺寸。完成设置后单击“确定”按钮。

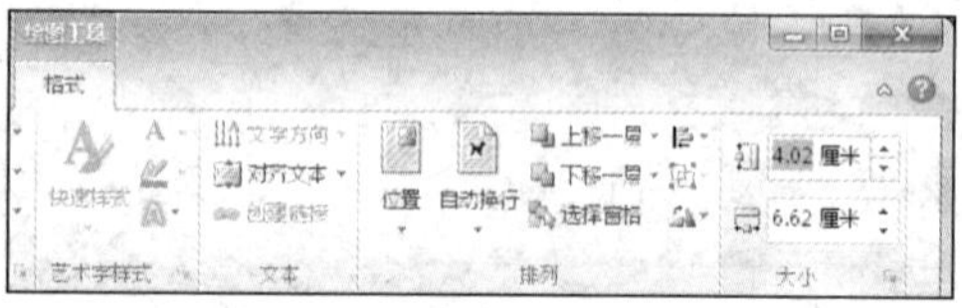

图 3-79 “格式”选项卡的“大小”组

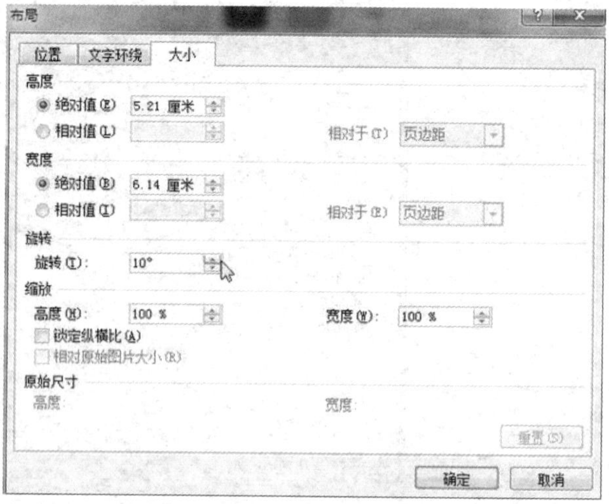

图 3-80 “布局”对话框中的“大小”选项卡

（2）调整图片的文字环绕方式

在编辑文档的过程中，为了制作出图文并茂的文档，往往需要按照版式需求安排图片位置。调整文字环绕图片位置的方法主要有以下 3 种。

① 选中想要设置文字环绕的图片，单击“绘图工具/格式”选项卡“排列”组的“位置”按钮，打开图 3-81 所示的“位置”下拉列表，接着在下拉列表中选择所需要的文字环绕方式即可。

② 选中想要设置文字环绕的图片，单击“绘图工具/格式”选项卡“排列”组的“自动换行”按钮，从打开的下拉列表中选择需要的文字环绕方式即可。下拉列表中包括“嵌入型”“四周型环绕”“紧密型环绕”“穿越型环绕”“上下型环绕”“衬于文字下方”和“浮于文字上方”等选项。

③ 利用“布局”对话框设置文字环绕方式。选中想要设置文字环绕的图片，单击“绘图工具/格式”选项卡“排列”组的“位置”按钮，打开图 3-81 所示的“位置”下拉列表。在下拉列表中选择“其他布局选项”选项，打开“布局”对话框，在“布局”对话框中切换到“文字环绕”选项卡，如图 3-82 所示。

图 3-81 “位置”下拉列表

（3）调整图片的位置

插入图片后，图片位于光标处，可以对图片在文档中的位置进行调整。选中要调整位置的图片，将鼠标指针置于图片的任意位置上，这时，鼠标指针变成“✥”形状，将图片拖到适当的位置上，释放鼠标左键，这时图片的位置发生了改变。

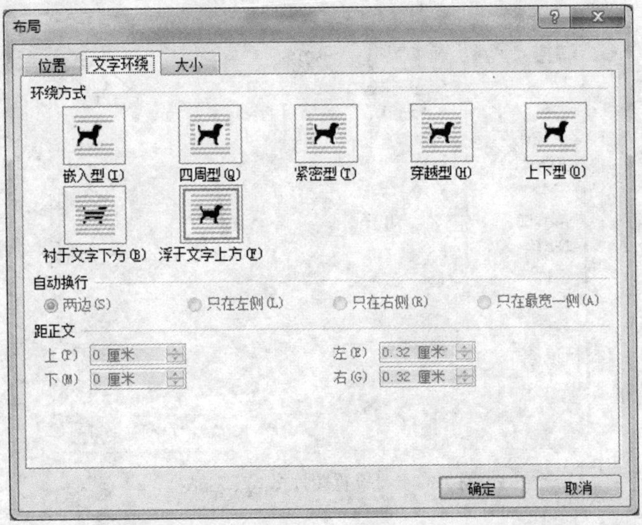

图 3-82 “布局”对话框中的“文字环绕”选项卡

（4）裁剪图片

在 Word 2010 文档中，用户可以方便地对图片进行裁剪操作，以截取图片中最需要的部分。裁剪图片的步骤如下。

① 将图片的环绕方式设置为非嵌入型，单击选中需要进行裁剪的图片，单击“绘图工具/格式”选项卡“大小”组的“裁剪”按钮。

② 图片周围出现 8 个方向的裁剪控制柄，拖曳控制柄对图片进行相应方向的裁剪，也可以拖曳控制柄将图片复原，直至调整合适为止。

③ 将光标移出图片，单击将确认裁剪。如果想恢复图片只能单击快速工具栏中的“撤销”按钮。

（5）为图片添加边框

在编辑文档的过程中，为了使文档中的图片更加漂亮，有时需要为图片添加边框。为图片添加边框的方法主要有以下两种。

① 利用“绘图工具/格式”选项卡的“图片边框”按钮添加边框。选中需要添加边框的图片，单击“绘图工具/格式”选项卡“图片样式”组的“图片边框”下拉按钮，然后在打开的下拉列表中选择“粗细”选项，并在下一级列表中选择符合要求的选项。接着选择“虚线”选项，在下一级列表中选择合适的边框类型并在图片边框列表中选择合适的边框颜色。

② 利用“设置图片格式”对话框添加边框。右击选中的图片，从弹出的快捷菜单中选择“设置图片格式”命令，打开图 3-83 所示的“设置图片格式”对话框；单击“线条颜色”标签，从“无线条”“实线”“渐变线”中选择一种；单击“线型”标签，在“宽度”文本框中输入边框线的宽度，在“复合类型”“短划线类型”和“线端类型”等下拉列表框中设置所需参数；设置完成后，单击“确定”按钮。

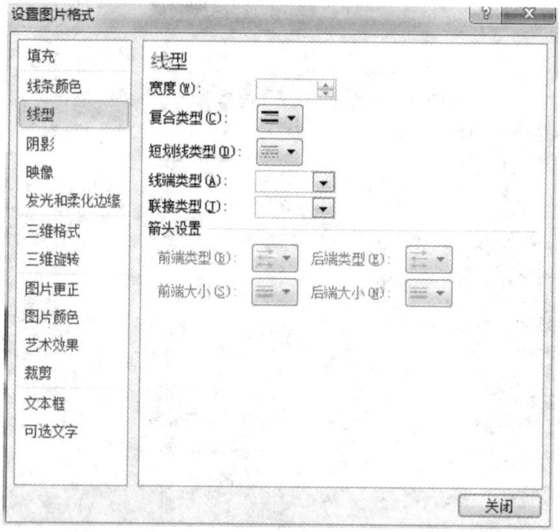

图 3-83 “设置图片格式”对话框

3.5.2 绘制图形

Word 2010 中的自选图形是指用户自行绘制的线条和形状，用户还可以直接将 Word 2010 提供的线条、箭头、流程图、星星等形状组合成更加复杂的形状。只有在页面视图方式下，才可以在文档中插入图形，所以在创建图形前，应把视图切换到页面视图方式。

1. 绘制自选图形

单击“插入”选项卡“插图”组的“形状”按钮，打开图 3-84 所示的“形状”下拉列表，从中选择所需的图形；将鼠标指针移动到页面位置，按下鼠标左键并拖曳鼠标即可绘制所选择的图形。如果在释放鼠标左键以前按“Shift”键，则可以成比例绘制形状；如果按住“Ctrl”键并拖曳鼠标，则可以在两个相反方向同时改变图形大小。将图形调整至合适大小后，释放鼠标左键即可完成自选图形的绘制。

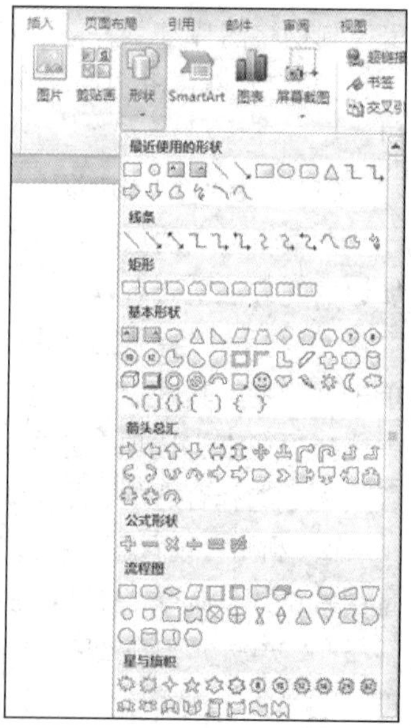

图 3-84 “形状”下拉列表

2. 在图形中添加文字

使用文档提供的自选图形不仅可以绘制各种图形，还可以向自选图形中添加文字，从而将自选图形作为特殊的文本框使用。但并不是所有的自选图形都可以添加文字，只有在除了“线条”以外的自选图形类型中才可以添加文字。在自选图形中添加文字的步骤如下。

① 右击准备添加文字的自选图形，在弹出的快捷菜单中选择“添加文字”命令。

② 自选图形进入文字编辑状态，在自选图形中输入文字内容即可。用户可以对自选图形中的文字进行字体、字号、颜色等格式设置。

3. 设置图形的颜色、线条和三维效果

设置图形的颜色、线条、三维效果有以下两种方法。

（1）利用“绘图工具/格式”选项卡设置

选中要设置的自选图形，在“绘图工具/格式”选项卡的“形状样式”组（见图3-85）中，单击“形状填充”按钮，从下拉列表中选择图形的填充颜色；单击“形状轮廓”按钮，从下拉列表中选择图形的线条颜色和线型等；单击“形状效果”按钮，在打开的下拉列表中选择“预设”选项，在“预设”下一级列表中选择需要的三维样式。

（2）利用“设置形状格式”对话框设置

右击要设置的自选图形，从弹出的快捷菜单中选择“设置形状格式”命令，打开图3-86所示的“设置形状格式”对话框，在对话框中设置“填充”“线条颜色”“线型”或“三维格式”等，为自选图形设置填充颜色、线条（线型和颜色）、三维效果等。

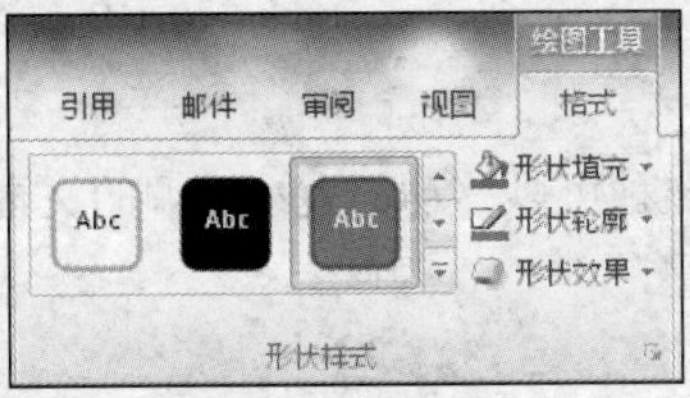

图3-85 “形状样式”组

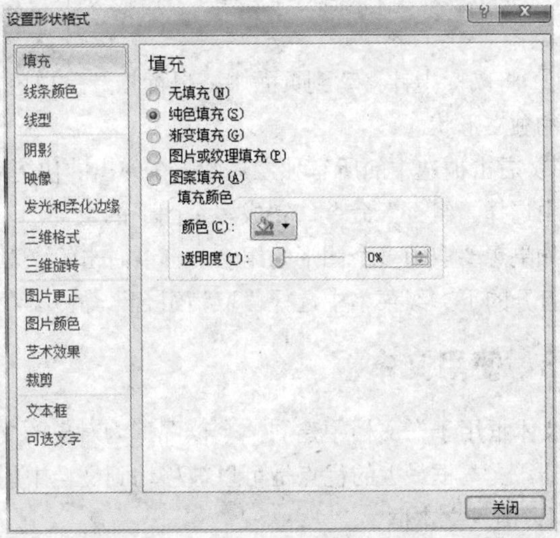

图3-86 “设置形状格式”对话框

4．调整图形的叠放次序

对于绘制的自选图形或插入的其他图形对象，Word 2010 将按绘制或插入的顺序将它们放于不同的对象层中。如果对象之间有重叠，则上层对象会遮盖下层对象。当需要显示下层对象时，可以通过调整它们的叠放次序来实现。调整图形的叠放次序的方法有以下两种。

（1）利用“绘图工具/格式”选项卡调整图形的叠放次序

选中要改变叠放次序的图形，在“绘图工具/格式”选项卡的“排列”组（见图3-87）中，单击“上移一层”按钮，在下拉列表中选择“上移一层”“置于顶层”“浮于文字上方”其中的一个选项；或单击“下移一层”按钮，在下拉列表中选择“下移一层”“置于底层”“衬于文字下方”其中的一个选项，完成图形叠放次序的调整。

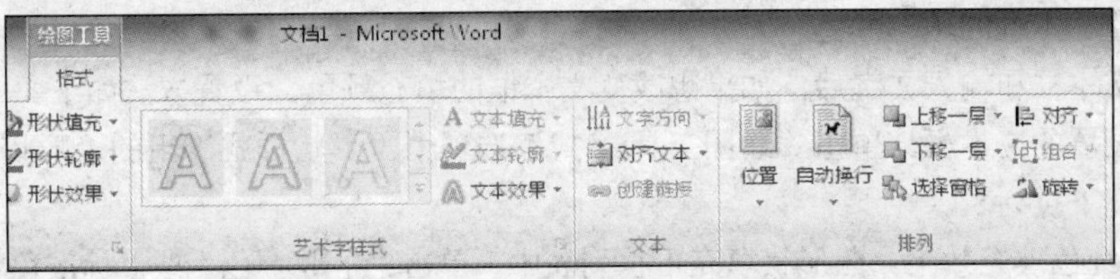

图3-87 “绘图工具/格式”选项卡“排列”组

（2）利用快捷菜单调整图形的叠放次序

右击要改变叠放次序的图形，弹出快捷菜单。在快捷菜单中选择“置于顶层”命令，在下一级菜单中，选择“置于顶层”“上移一层”或“浮于文字上方”其中的一项命令；在快捷菜单中选择“置于底层”命令，在下一级菜单中，选择“置于底层”“下移一层”或“衬于文字下方”其中的一项命令，完成图形叠放次序的调整。

5．图形的组合

使用自选图形工具绘制的图形一般包含多个独立的形状，当需要选中、移动和修改大小时，往往需要选中所有的独立形状，操作起来不太方便。这时可以将多个独立的形状组合成一个图形对象，然后即可对这个组合后的图形对象进行移动、修改大小等操作。将多个图形组合的方法如下。

① 单击“开始”选项卡“编辑”组的“选择”按钮，并在打开的下拉列表中选择“选择对象”命令。

② 将鼠标指针移动到页面中，鼠标指针呈白色箭头形状，在按住“Ctrl”键的同时单击选中所有的独立形状。

③ 右击被选中的所有独立形状，在弹出的快捷菜单中选择“组合”命令，并在打开的下一级菜单中选择“组合”命令，完成多个图形的组合。

如果想要取消多个图形的组合，可以右击组合对象，在弹出的快捷菜单中选择“组合”命令，并在打开的下一级菜单中选择“取消组合”命令。

3.5.3 使用文本框

文本框用于在文档中建立一个以图形为对象的文本，是一种可以移动、大小可调的文本或图形容器。文本框最大的优点是可以被移动到文档中的任何位置。

1．插入文本框

Word 2010 内置多种样式的文本框供用户选择，插入文本框的方法如下。

将光标移到要插入文本框的位置，单击“插入”选项卡“文本”组的“文本框”按钮，打开内置文本框下拉列表，在其中选择合适的文本框类型，返回文档编辑窗口，所插入的文本框处于编辑状态，用户直接输入文本内容即可。

2．设置文本框中的文字格式

文本框中的文字格式与文档的文字格式设置方法相同，包括字体、段落等的设置。

3．设置文本框的样式和填充颜色

（1）设置文本框的模式

在插入文本框和输入文字后，如果想改变文本框的样式，设置方法为选中要设置的文本框，单击“绘图工具/格式”选项卡“形状样式”组的“其他”按钮，在打开的文本框样式下拉列表中，选择合适的文本框样式和颜色即可。

（2）设置文本框的填充颜色

在插入文本框和输入文字后，如果想改变文本框的填充颜色，设置方法如下。

选中要设置的文本框，单击“绘图工具/格式”选项卡“形状样式”组的“形状填充”按钮，打开形状填充下拉列表。

① 设置纯色填充效果。在形状填充下拉列表中，单击“主题颜色”或“标准色”区域的任何一种颜色，可以设置文本框的填充颜色；单击“其他填充颜色”按钮，可以在打开的“颜色”对

话框中选择更多的填充颜色。

② 设置渐变颜色填充效果。在形状填充下拉列表中将鼠标指针指向“渐变”选项，并在打开的下一级列表中选择“其他渐变”选项，打开“设置形状格式”对话框，并自动切换到“填充”选项卡。选中“渐变填充”单选按钮，用户可以设置预设颜色、渐变类型、渐变方向和渐变角度等，还可以自定义渐变颜色。设置完成后单击“关闭”按钮即可。

③ 设置纹理填充效果。在打开的“设置形状格式”对话框中，可以在“填充”选项卡中选中“图片或纹理填充”单选按钮。然后单击“纹理”下拉按钮，在纹理列表中选择合适的纹理。设置完成后单击“关闭”按钮即可。

④ 设置图案填充效果。在打开的“设置形状格式”对话框中，可以在“填充”选项卡中选中“图案填充”单选按钮，在图案列表中选择合适的图案样式。用户可以为图案分别设置前景色和背景色，设置完成后单击“关闭”按钮即可。

⑤ 设置图片填充效果。在打开的“设置形状格式”对话框中，可以在“填充”选项卡中选中“图片或纹理填充”单选按钮，单击“文件”按钮，打开“插入图片”对话框，找到并选中合适的图片，单击“插入”按钮，返回“填充”选项卡，单击“关闭”按钮即可。

4．移动文本框的位置、设置文本框的大小和环绕方式

（1）移动文本框的位置

选中要移动位置的文本框，然后把鼠标指针指向文本框的边框，当鼠标指针变成四向箭头形状时，拖曳文本框，即可移动其位置。

（2）设置文本框的大小

在文档中设置文本框的大小，使其符合用户的实际需要。设置文本框的大小有以下两种方法。

① 使用拖曳的方法来调整文本框的大小。单击文本框，此时在文本框四周会出现 8 个控制点，将鼠标指针放在控制点上，拖曳 4 个角上的控制点可以成比例缩放文本框，拖曳上下两边中间的控制点可改变文本框高度，拖曳左右两边中间的控制点可改变文本框的宽度。

② 利用“绘图工具/格式”选项卡“大小”组调整文本框的大小。单击文本框，在“绘图工具/格式”选项卡“大小”组中，设置“高度”和“宽度”数值，以设置文本框的具体尺寸。

（3）设置文本框的环绕方式

单击选中文本框，单击“绘图工具/格式”选项卡“排列”组的“位置”按钮，在打开的下拉列表中提供了嵌入型和多种位置的四周型文字环绕方式。如果这些文字环绕方式不能满足需要，则可以单击“其他布局选项”命令，打开“布局”对话框，切换到“文字环绕”选项卡，该选项卡中提供了“四周型”“紧密型”“衬于文字下方”“浮于文字上方”“上下型”“穿越型”等多种文字环绕方式，选择合适的环绕方式，并单击“确定”按钮。

思考题

1．Word 2010 工作窗口由哪些部分组成？各部分的功能是什么？

2．Word 2010 工作窗口中各个选项卡的功能是什么？

3．Word 2010 中有几种视图方式，各视图方式的作用有什么不同？

4．如何创建、打开和保存文档？如何自动保存文档？

5．如何选中一句文本、一段文本和全文？

6．复制和移动文本有几种方法？如何操作？

7．编辑文本过程中，如何撤销与恢复操作？

8．在替换时，如何设置替换后的内容的格式？

9．页面设置的基本内容有哪些？基本操作又是怎样的？

10．如何在奇、偶数页输入不同的页眉和页脚？

11．如何修改和应用样式？

12．如何将表格转换成文本？

13．如何将文本转换成表格？

14．如何在文档中插入图片、绘图、剪贴画并设置图文混排？

15．在文档中如何设置图片大小和图片的版式？

16．如何设置文档的分节与分页？

第4章 电子表格处理软件 Excel 2010 的应用

Microsoft Excel 2010（以下简称 Excel 2010）作为一种广为流行的、功能强大的电子表格处理软件，可用于财务处理、科学分析和计算等，并可以通过图表及数据地图等来显示、说明数据之间的关系，实现对数据的组织和管理。

4.1 Excel 2010 的基本操作

4.1.1 Excel 2010 的启动与退出

1．Excel 2010 的启动

选择“开始”→“所有程序”→“Microsoft Office”→“Microsoft Excel 2010”命令，即可启动 Excel 2010。

2．Excel 2010 的退出

退出 Excel 2010 有以下 4 种方法。

（1）通过选项卡命令退出。选择“文件”选项卡里的“退出”命令。

（2）通过标题栏图标退出。单击窗口标题栏左侧的图标，在弹出的菜单中选择“关闭”命令，即可关闭 Excel 2010。

（3）通过按钮退出。单击窗口右上角的关闭按钮，即可退出 Excel 2010。

（4）通过组合键退出。按“Alt+F4”组合键，也可退出 Excel 2010。

4.1.2 Excel 2010 工作窗口介绍

启动 Excel 2010 后，屏幕上会出现 Excel 2010 工作窗口，如图 4-1 所示。该窗口主要由位于上部呈带状区域的功能区和下部的工作表窗口组成。功能区包含所操作文档的工作表区等。选项卡中集成相应的操作命令，根据命令功能不同每个选项卡内又划分不同的命令组。

1．标题栏

工作簿标题位于窗口顶部，其左侧的图标包含还原窗口、移动窗口、改变窗口大小、最大（小）化窗口和关闭窗口等选项，还包括“保存”“撤销”“恢复”“自定义快速访问工具栏”4 个按钮，其右侧包含工作表窗口的最大化、还原、关闭等按钮。拖曳标题栏可以改变 Excel 窗口的位置，双击标题栏可放大 Excel 窗口到最大化或还原到最大化之前的大小。

2．选项卡

各选项卡内均含有若干命令，主要包括文件、开始、插入、页面布局、公式、数据、审阅、视图等。用户可以根据需要增加相应的选项卡，用它们可以进行绝大多数 Excel 操作。使用时，先单击选项卡名称，然后在不同组中选择所需命令，Excel 将自动执行该命令。通过"Microsoft Excel 帮助"，用户可以了解选项卡的大部分功能。

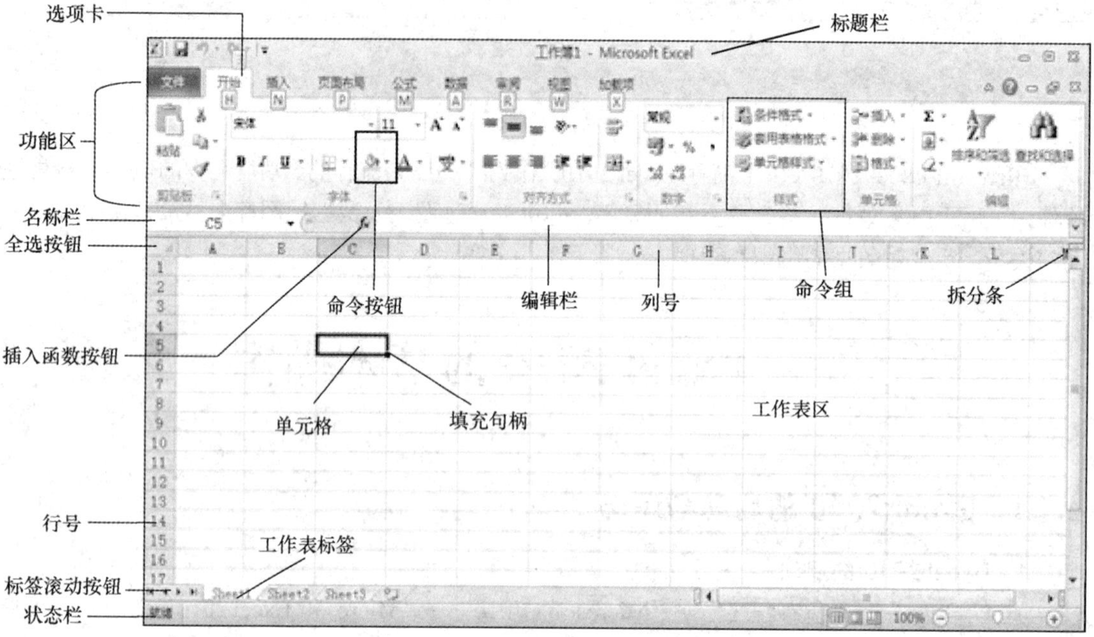

图 4-1　Excel 2010 工作窗口

3. 工作表区

工作表区包含单元格和当前工作簿所含工作表的工作表标签等相关信息，用户可对其进行相应操作。

4. 数据编辑栏

数据编辑栏主要用于输入或编辑当前单元格的值或公式。

5. 单元格

单元格是组成工作表的最基本元素，在 Excel 中用行标号和列标号的交点来指定单元格的坐标。

6. 行号

行号就是该行所在的行号，单击行号，可以选中整行。Excel 2010 中共有 1 048 576 行。

7. 列号

列号就是该列所在的列号，单击列号，可以选中整列。Excel 2010 共有 16 384 列。

8. 工作表标签

工作表标签用于显示当前的工作表名称。

9. 状态栏

状态栏位于窗口的最底端，用于显示当前的操作进程。

4.1.3 工作簿、工作表和单元格

1. 工作簿

工作簿是用来储存并处理工作数据的文件，通常所说的 Excel 文件指的就是工作簿文件（文

件的扩展名为 xlsx）。对工作簿的操作包括新建工作簿、保存工作簿和打开工作簿 3 项。

（1）新建工作簿

当启动 Excel 2010 时，系统会自动创建一个名为“Book1”或“工作簿 1”的工作簿。如果需要创建新的工作簿，有下列两种方法。

① 使用选项卡命令创建。选择“文件”选项卡下的“新建”命令，如图 4-2 所示，在“可用模板”下双击“空白工作簿”，即可创建一个新的工作簿。

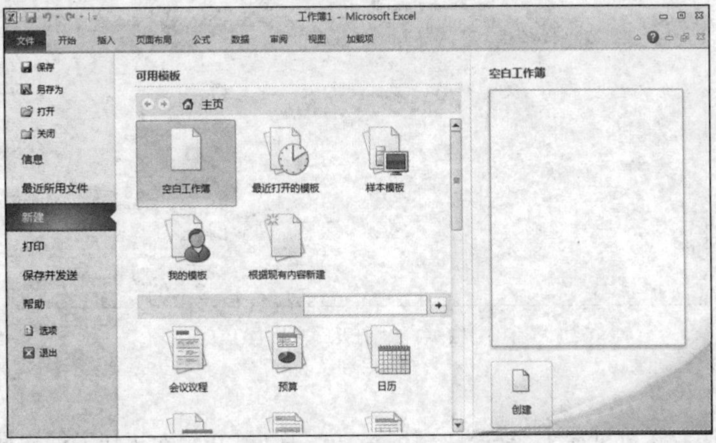

图 4-2 新建空白工作簿

② 使用快捷键创建工作簿。如果用户想创建一个默认格式的工作簿，只需按“Ctrl+N”组合键，即可自动创建一个新的工作簿。

（2）保存工作簿

保存工作簿，只需使用以下的方法之一就可实现。

① 选择“文件”选项卡下的“保存”或“另存为”命令，可以重新命名工作簿及选择存放文件夹的路径。

② 单击快速访问工具栏的“保存”按钮。

③ 按“Ctrl+S”组合键。

（3）打开工作簿

打开工作簿的具体方法如下。

① 打开 Excel 2010 工作窗口，选择“文件”选项卡下的“打开”命令，将会打开图 4-3 所示的“打开”对话框。

② 选择文件所在位置，找到要打开的文件后，双击该文件或选中要打开的文件后单击“打开”按钮即可打开文件。

2．工作表

工作簿创建完毕后，就需要使用工作表来输入数据。工作表在 Excel 2010 中是用于存储和处理数据的主要文档，也被称为电子表格。每个工作簿可以包含多张工作表，默认为 3 张，每张工作表有 16 384 列、1 048 576 行。用户可以对 Excel 2010 中的工作表进行添加、删除和编辑操作，还可以对工作表窗口进行拆分和冻结操作。编辑工作表又包括插入新工作表、重命名工作表和移动、复制、删除工作表等。下面主要介绍重命名工作表、移动和复制工作表、拆分工作表窗口和冻结工作表窗格的操作方法。

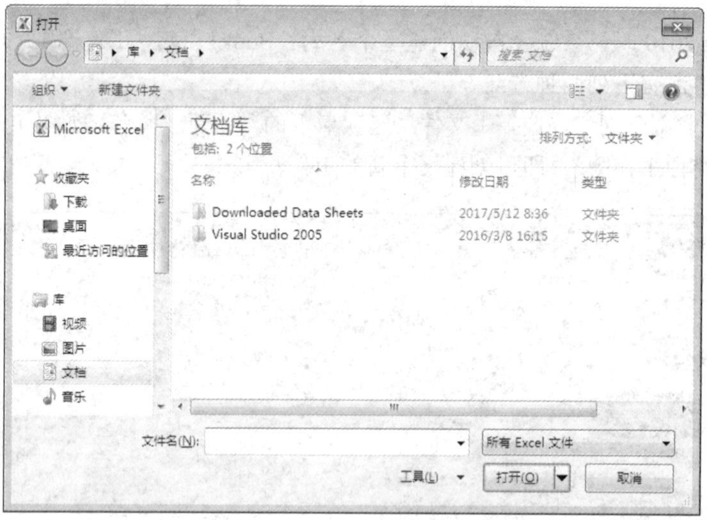

图 4-3　“打开”对话框

（1）重命名工作表

工作表的默认名称为 Sheet1、Sheet2、Sheet3…，为了让用户对工作表能够见名知义，系统允许用户对工作表进行重命名。对工作表进行重命名有下列两种方法。

① 使用快捷菜单命令：在需要重命名的工作表标签上右击，弹出图 4-4 所示的快捷菜单，选择“重命名”命令，输入所需名称即可。

② 双击标签：双击需要重命名的工作表标签，直接输入名称即可。

（2）移动和复制工作表

移动和复制工作表的方法如下。

① 右击要移动的工作表标签，弹出图 4-4 所示的快捷菜单，选择“移动或复制”命令，打开图 4-5 所示的“移动或复制工作表”对话框。

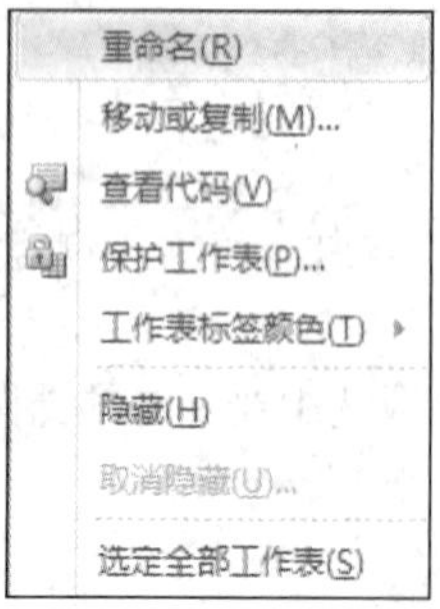

图 4-4　快捷菜单

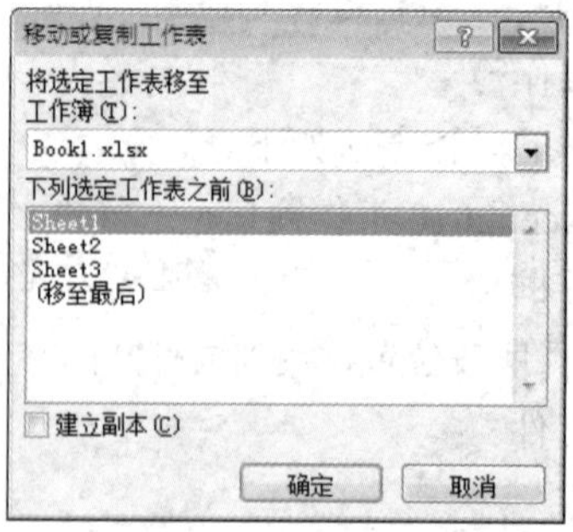

图 4-5　“移动或复制工作表”对话框

② 选择“下列选定工作表之前”列表中的一项，然后单击“确定”按钮，工作表就可以移动到指定的位置。

③ 如果要复制工作表，只需在②中选中“建立副本”复选框即可。

（3）拆分工作表窗口

一个工作表窗口可以被拆分为两个窗口或 4 个窗口。如图 4-6 所示，分隔条将窗口拆分为 4 个窗口。窗口被拆分后，用户可以同时浏览一个较大工作表的不同部分。拆分窗口操作可用两种方法实现。

① 将鼠标指针指向水平滚动条（或垂直滚动条）上的“拆分条”，当鼠标指针变成双箭头时，沿箭头方向拖曳拆分条到适当的位置，放开鼠标左键即可。拖曳拆分条，可以调整分隔后窗口的大小。

② 单击要拆分的行或列，单击“视图”选项卡“窗口”组的“拆分”按钮，一个窗口被拆分为 4 个窗口。

取消拆分的方法是将拆分条拖回到原来的位置或单击“视图”选项卡“窗口”组的“拆分”按钮。

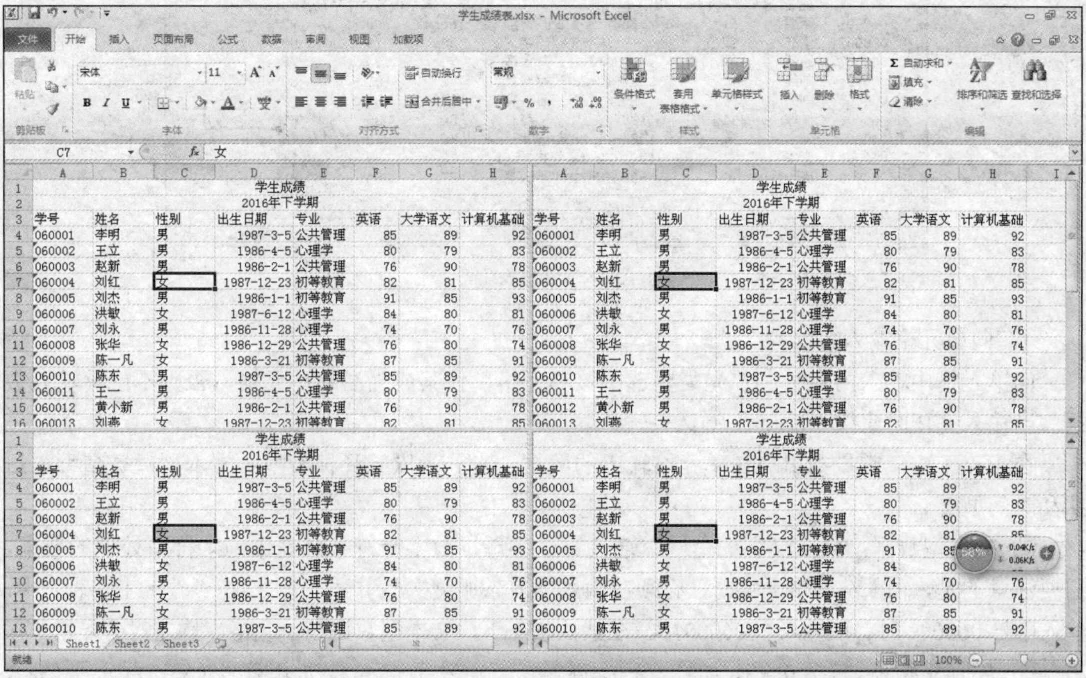

图 4-6 拆分窗口

（4）冻结工作表窗格

工作表较大时，用户在向下或向右滚动浏览时将无法一直在窗口中显示前几行或前几列，采用“冻结”行或列的方法可以一直显示表的前几行或前几列。

① 冻结第 1 行的方法：选中第 2 行，在“视图”选项卡“窗口”组中，单击“冻结窗格”按钮，选择“冻结拆分窗格”。

② 冻结前两行的方法：选中第 3 行，在“视图”选项卡“窗口”组中，单击“冻结窗格”按钮，选择“冻结拆分窗格”。

③ 冻结第 1 列的方法：选中第 2 列，在“视图”选项卡“窗口”组中，单击“冻结窗格”按钮，选择“冻结拆分窗格”。

利用“视图”选项卡的“冻结窗格”按钮还可以冻结工作表的首行或首列。

4.1.4 向单元格输入内容和编辑电子表格

Excel 2010 提供了强大的编辑功能，用户可以对工作表及其数据进行各种操作和处理。下面以图 4-7 所示的学生成绩表为例，介绍向单元格输入内容和编辑电子表格的操作方法。

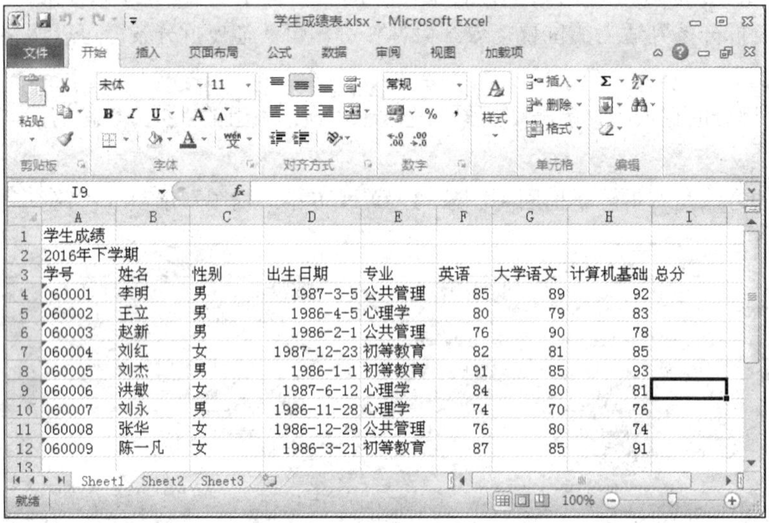

图 4-7 学生成绩表

1．向单元格输入数据

向单元格中输入内容时，首先需要选中该单元格，使其成为活动单元格，否则不能够输入数据；当输入完毕时应按“Enter”键结束输入。

在 Excel 中，常量指用户在单元格输入的数据，它分为以下几种类型：文本型、数值型、日期和时间型等。

① 文本型数据：包括汉字、空格、连接符、字母、数字等符号，是作为字符串处理的数据。需要注意的是，输入纯数字文字时，必须在输入项前添加英文单引号“'”，如在“教工工资表”中，输入学号 060001 时，应输入“'060001”。在默认状态下，文本型数据在单元格内均左对齐显示。

② 数值型数据：包括 0～9、加号（+）、减号（－）、小数点（.）、货币符号（$）、百分号（%）、圆括号、斜杠（/）、逗号、科学计数符（E 或 e）等。输入负数时，需要注意在数字前面加一个负号，或者用圆括号将数字括起来，如－1，可输入“－1”或“(1)”。输入分数时，应在分式前加一个 0 和一个空格，如 4/5，应输入“0 4/5”。如果省略 0，系统会将该数据按日期型数据处理，如 4/5 表示 4 月 5 日。若在单元格中输入数据的长度大于所在列的宽度，Excel 会舍入显示或者显示一连串的“#”号，这与用户使用的显示格式有关，这时适当调整此单元格的列宽即可显示全部数字。

③ 日期和时间型数据：在单元格中，可以输入不同格式的日期和时间。输入日期可使用“-”或“/”分割，如 4-5 或 4/5 可表示 4 月 5 日；输入时间时可使用半角冒号“:”或汉字分割，如 9:20:30am 或上午 9 时 20 分 30 秒。单元格中日期或时间的显示方式取决于单元格的数字格式。

2．自动填充单元格数据序列

为了使用户能够快速地实现数据的输入，Excel 为用户提供了自动填充的功能来实现高效输入。

（1）利用填充柄填充数据序列

在工作表中选中一个单元格或单元格区域，在右下角会出现一个控制柄，当光标移动至控制柄时会出现“+”形状的“填充柄”，拖曳“填充柄”可以快速实现自动填充。利用“填充柄”不仅可以填充相同的数据，还可以填充一组有规律的数据序列。

例如，在图 4-8 所示的“课程表”工作表的 C2:G2 单元格区域利用填充柄填充星期信息，在 A2:A6 单元格区域填充节次信息。

① 在 C2 单元格输入“星期一”，选中 C2 单元格为当前单元格，移动光标至 C2 单元格控制柄处，当出现“+”形状的“填充柄”时，拖曳填充柄至 G2 单元格，即可完成填充。

② 在 A3 和 A4 单元格中分别输入数字“1”和“2”，选中 A3:A4 单元格区域，移动光标至 A4 单元格控制柄处，重复步骤①的操作，拖曳填充柄至 A6 单元格，即可完成填充，最后结果如图 4-8 所示。

	A	B	C	D	E	F	G
1	功课表						
2	节次	时间	星期一	星期二	星期三	星期四	星期五
3	1						
4	2						
5	3						
6	4						

图 4-8　利用填充柄填充数据序列

（2）利用对话框填充数据序列

利用对话框填充数据序列有两种方法。

方法一：利用“开始”选项卡“编辑”组的“填充”按钮填充数据序列时，可进行已定义的序列的自动填充，包括对数值型、日期和时间型与文本型等数据类型的填充。首先在需填充数据序列的单元格区域的第一个单元格中输入序列的第一个数值（等比或等差数列）或文字（文本序列），然后选中这个单元格区域，再通过“填充”按钮下的“系列”选项打开“序列”对话框，然后进行相关设置。

方法二：利用“自定义序列”对话框填充数据序列，可自己定义要填充的序列。首先选择“文件”选项卡下的“选项”命令，打开“Excel 选项”对话框，如图 4-9 所示。单击左侧的“高级”标签，在“常规”栏下单击“编辑自定义列表”按钮，打开“自定义序列”对话框。在对话框中单击“自定义序列”标签，在右侧“输入序列”下输入自定义的数据序列，单击“添加”和“确定”按钮即可；或利用下方折叠按钮，选中工作表中已定义的数据序列，单击“导入”和“确定”按钮即可。

例如，在“课程表”工作表中利用“序列”对话框按等差数列填入时间序列，步长值为“0:50”，终止值为“10:30”。利用“自定义序列”定义“语文、数学、英语、物理”，再利用“序列”对话框填充 C3:C6 单元格区域，操作方法如下。

① 在 B3 单元格中输入“8:00”，选中 B3:B6 单元格区域，单击“开始”选项卡“编辑”组的“填充”按钮，选择“系列”选项，打开“序列”对话框，如图 4-10 所示。

② 设置序列产生在“列”，类型为“等差序列”，步长值为“0:50”，终止值为“10:30”，单击“确定”按钮完成填充，如图 4-11 所示。

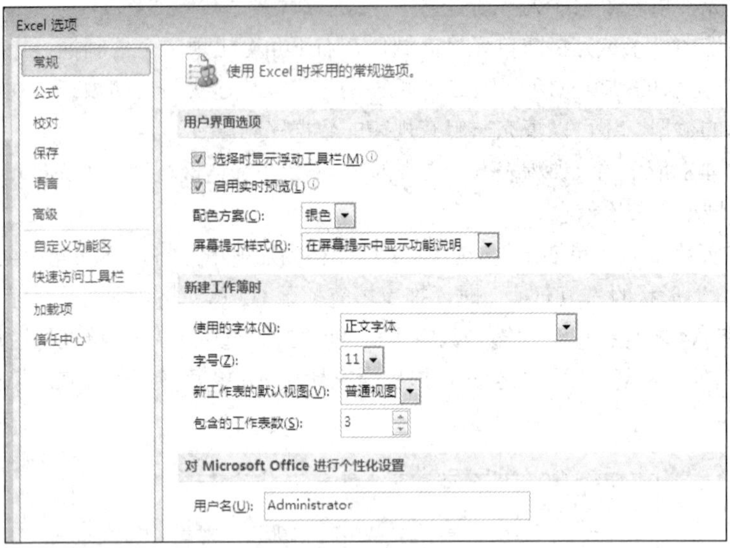

图 4-9 “Excel 选项”对话框

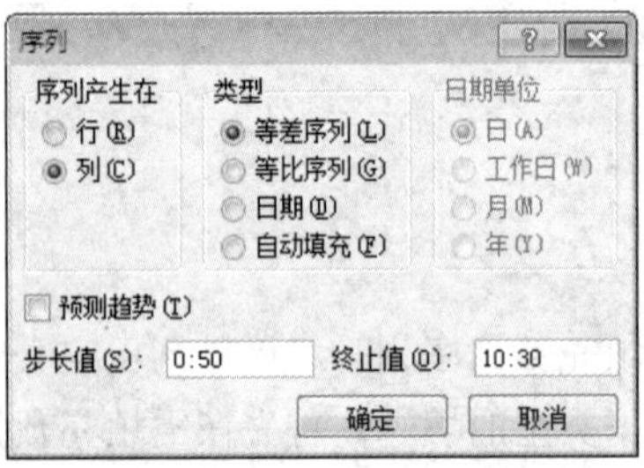

图 4-10 “序列”对话框

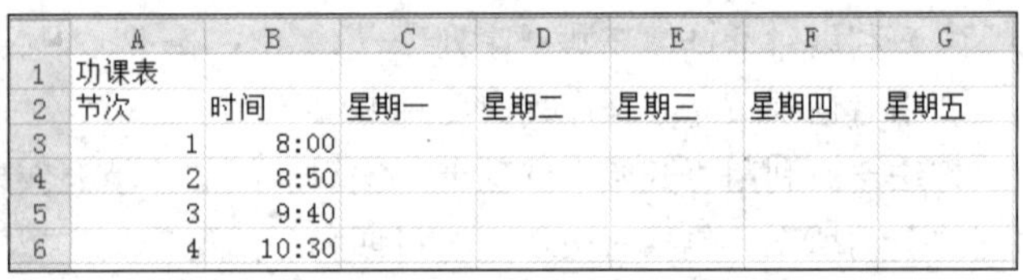

图 4-11 自动填充时间信息

③ 选择“文件”选项卡下的“选项”命令，打开“Excel 选项”对话框，如图 4-9 所示。单击“高级”标签，在“常规”栏下单击“编辑自定义列表”按钮，打开“自定义序列”对话框。单击对话框中的“自定义序列”标签，在“输入序列”下输入“语文，数学，英语，物理”，单击“添加”按钮，如图 4-12 所示，然后单击“确定”按钮。

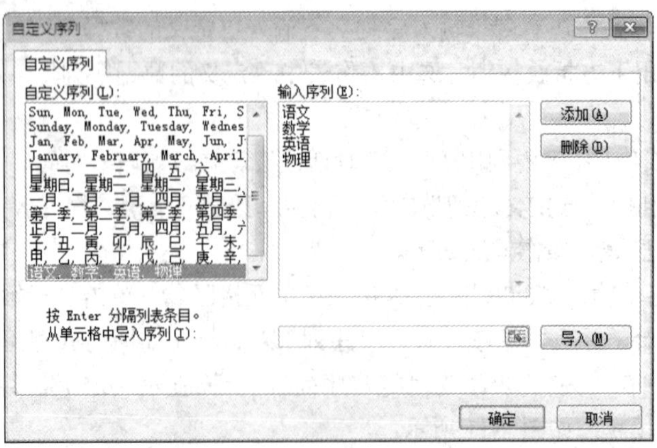

图 4-12 “自定义序列”对话框

④ 在 C3 单元格内输入“语文”，选中 C3:C6 单元格区域，可利用填充柄完成自动填充，或利用“序列”对话框下的“自动填充”完成填充，如图 4-13 所示。

	A	B	C	D	E	F	G
1	功课表						
2	节次	时间	星期一	星期二	星期三	星期四	星期五
3	1	8:00	语文				
4	2	8:50	数学				
5	3	9:40	英语				
6	4	10:30	物理				

图 4-13　自动填充自定义序列

3．编辑工作表

（1）选中单元格

在对单元格进行编辑之前，需要先选中单元格。用户可以选中一个单元格、多个单元格或全部单元格，也可以选中一行或一列。

① 选中一个单元格：单击需要编辑的单元格，当选中了某个单元格后，该单元格所对应的行列号或名称会显示在名称框中。

② 选中整张工作表：将指针移至行标签和列标签的左上角交汇处，此时指针变成“✣”形状，单击即可选中整张工作表。

③ 选中整行：单击行号可选中整行。

④ 选中整列：单击列号可选中整列。

⑤ 选中一个矩形区域：单击起始单元格，按住鼠标左键拖曳，此时将会出现一个矩形框，释放鼠标左键，则该矩形区域内的所有单元格都将被选中。

⑥ 选中不连续的单元格区域：先选中开始区域，按住“Ctrl”键不放，再选中其他的区域。

（2）单元格内容的编辑和清除

① 编辑单元格内容：双击待编辑数据所在的单元格或选中该单元格后单击编辑栏，即可对该单元格中的内容进行修改。

② 清除单元格内容：选中要清除的单元格区域，单击“开始”选项卡“编辑”组的“清除”按钮，在打开的下拉列表中有“全部清除”“清除格式”“清除内容”“清除批注”和“清除超链接”，选择“清除全部”即可清除单元格的全部内容；也可利用“Delete”键清除单元格内容。

（3）插入单元格、行或列

插入单元格的方法如下。

右击单元格，在弹出的快捷菜单中选择“插入”命令，并在弹出的“插入”对话框中选择所需的插入方式。

插入行或列的操作方法与插入单元格相同，在此不再详述。

（4）删除单元格、行或列

删除单元格的方法如下。

右击单元格，在弹出的快捷菜单中选择“删除”命令，并在弹出的“删除”对话框中选择所需的删除方式。

删除行或列的操作方法与删除单元格相同，在此不再详述。

（5）移动和复制单元格内容

移动和复制单元格内容有以下两种方法。

① 使用剪贴板的方法。选中要移动或复制的单元格，右击，在弹出的快捷菜单中选择“复制”或“剪切”命令。将光标移至复制或移动的目标单元格，右击，在弹出的快捷菜单中选择“粘贴”命令，即可完成复制或移动。

② 使用拖放的方法。将光标移至所选中的单元格区域的边缘，待光标变成选择箭头后将单元格或单元格区域拖曳到目标处释放，即完成单元格内容的移动。若拖曳单元格时按住“Ctrl”键不放，即可完成单元格内容的复制。

（6）给单元格添加批注

对包含有特殊数据的单元格添加注释，可以利用添加批注的方法实现。给单元格添加批注的方法如下。

① 选中要添加批注的单元格。

② 单击“审阅”选项卡“批注”组的“新建批注”按钮，或右击，在弹出的快捷菜单中选择“插入批注”命令，在单元格旁边会出现一个批注框。

③ 在批注框中输入批注信息。

4.1.5 格式化工作表

建立和编辑工作表后，为了美化工作表，使工作表更加美观、排列整齐、重点突出，必须对工作表中的单元格内容进行格式化操作。对工作表的格式化包括设置单元格的格式、调整行高和列宽、自动套用表格格式和设置条件格式等操作。

1．设置单元格格式

设置单元格格式包括设置数字格式、设置字体格式、设置对齐方式、设置边框、设置填充等。下面通过一个实例来介绍“单元格格式”的设置。

例如，格式化图 4-7 所示的“学生成绩表”。要求：标题为黑体、22 号、加粗、红色、A1:I1 单元格区域合并居中；副标题为宋体、12 号、蓝色、A2:I2 单元格区域合并左对齐；字段的格式为黑体、加粗、红色、12 号、水平居中、垂直居中、黄色底纹；出生日期中的数据格式为“2001 年 3 月 14 日”；A3:H12 单元格区域中的数据水平和垂直居中；数据清单（A3:H12 单元格区域）四周粗框线，内容细框线。

设置单元格格式的操作方法如下。

（1）设置标题为合并居中

选中要合并的 A1:I1 单元格区域，单击“开始”选项卡“对齐方式”组的“合并后居中”按钮，完成标题的合并与居中。

（2）设置单元格格式

选中要设置格式的单元格，单击“开始”选项卡“数字”组的“对话框启动器”按钮，打开“设置单元格格式”对话框，如图 4-14 所示。

① 设置数字格式。数字格式就是同一数字的不同表示方式。打开“设置单元格格式”对话框中的“数字”选项卡，在“分类”栏中选择要设置的格式，单击“确定”按钮即可完成数字格式的设置。本例中出生日期中的数据格式设置为“2001 年 3 月 14 日”，其设置方法为选中 C4:C12 单元格区域，打开“设置单元格格式”对话框，单击“数字”标签，在“分类”栏中选择“日期”，在“类型”列表中选择“2001 年 3 月 14 日”，然后单击“确定”按钮，如图 4-15 所示。

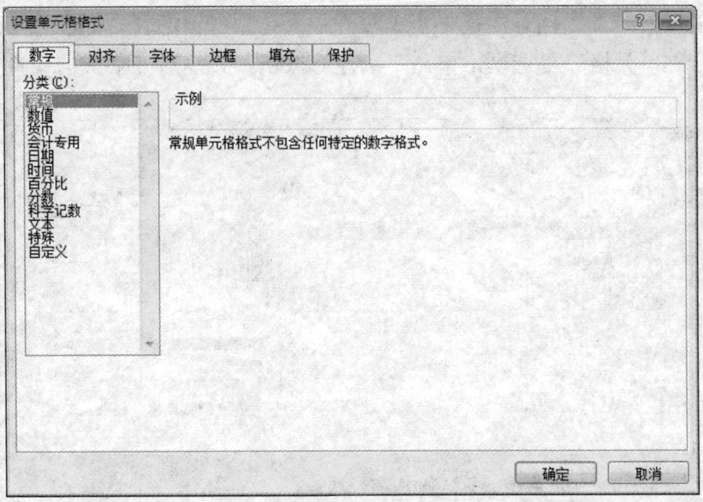

图 4-14 “设置单元格格式”对话框

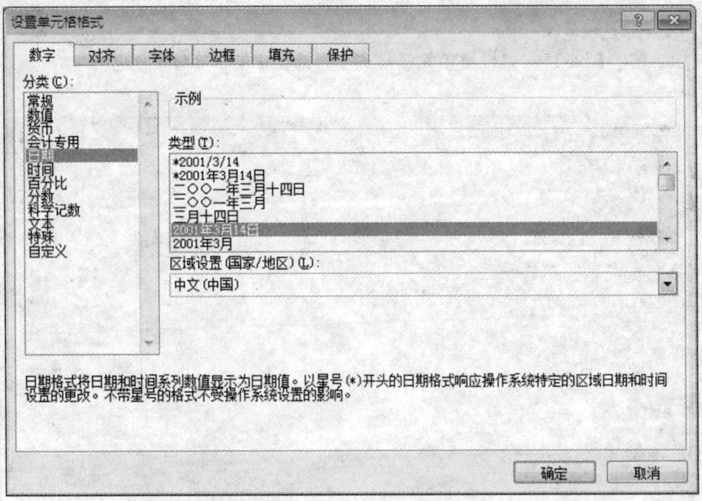

图 4-15 “设置单元格格式”对话框中的“数字”选项卡

② 设置字体格式。在“字体”选项卡中可以设置所选单元格中内容的字体、字形、字号、颜色等。本例中标题的字体格式的设置方法为选中 A1 单元格，打开“设置单元格格式”对话框，单击“字体”标签，如图 4-16 所示，在“字体”选项卡中设置该单元格字体为“黑体”，字号为“22 号”，字形为“加粗”，颜色为“红色”。其他字体格式的设置方法与之相同。

③ 设置对齐方式。一般情况下，单元格中的文字左对齐、数字右对齐。对单元格内容对齐方式的设置方法如下。

单击“设置单元格格式”对话框中的“对齐”标签，进行水平对齐、垂直对齐、文本控制、文字方向等设置，如图 4-17 所示。其中，若选中“文本控制”栏下的“自动换行”复选框，可在单元格中显示多行文本；若选中“缩小字体填充”复选框，字符会自动缩减大小到与列宽保持一致；若要合并选中的单元格，可选中“合并单元格”复选框，若要重新分割单元格，只需取消选中该复选框。本例中副标题文本合并左对齐设置方法为选中 A2:I2 单元格区域，打开“设置单元格格式”对话框，单击“对齐”标签，在“水平对齐”下拉列表中选择“靠左（缩进）”，选中“文本控制”栏下的“合并单元格”复选框，单击“确定”按钮。其他对齐格式的设置方法与之相同。

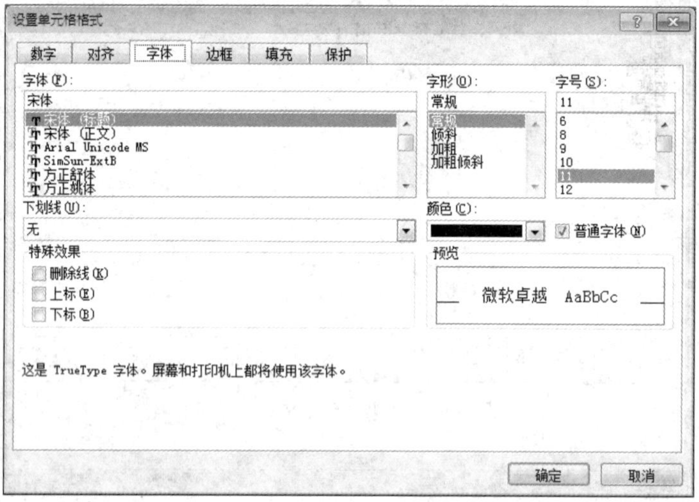

图 4-16 “设置单元格格式”对话框中的“字体”选项卡

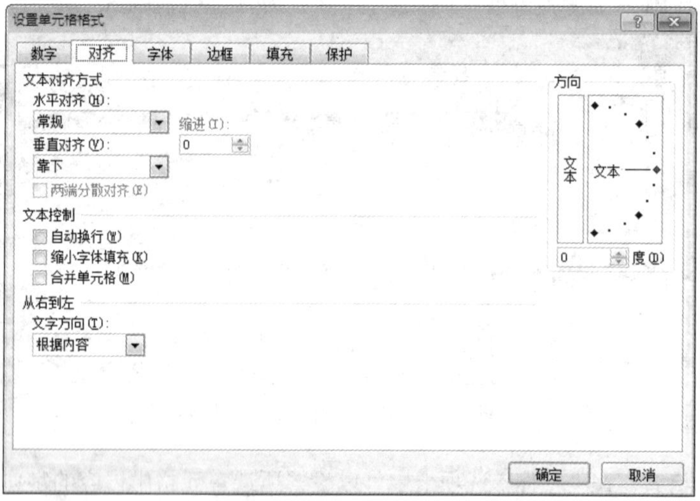

图 4-17 “设置单元格格式”对话框中的“对齐”选项卡

④ 设置边框。边框的作用是突出显示重点内容，使工作表更清晰明了。本例数据清单（A3:H12）单元格区域四周粗框线、内容细框线的设置方法如下。

选中 A3:H12 单元格区域，打开“设置单元格格式”对话框，单击“边框”标签，如图 4-18 所示。在“样式”列表中选择边框的样式，这里选择粗实线；在“预置”栏中选择边框的位置，这里选择“外边框”，设置为四周粗框线。在“样式”列表中选择细实线，在“预置”栏中选择“内部”，设置为内容细框线。完成后单击“确定”按钮。

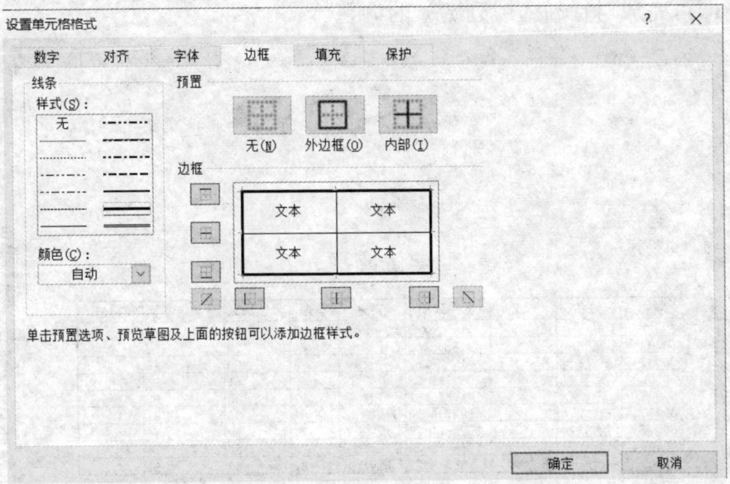

图 4-18 “设置单元格格式”对话框中的“边框”选项卡

⑤ 设置填充。使用“填充”选项卡，可以设置选择的单元格区域的背景颜色和背景图案，“图案样式”下拉列表中提供的图案样式可叠加在原有背景上。本例中的字段单元格区域黄色底纹的设置方法为选中 A3:I3 单元格区域，打开“设置单元格格式”对话框，单击“填充”标签，在“背景色”栏中选择“黄色”，在“图案样式”下拉列表框中选择“6.25%灰色”图案样式，如图 4-19 所示。设置完成后单击“确定”按钮。

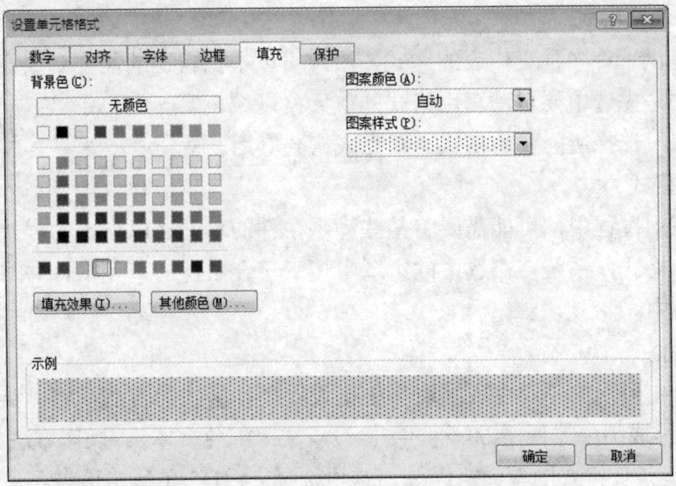

图 4-19 “设置单元格格式”对话框中的“填充”选项卡

最终设置的单元格格式效果如图 4-20 所示。

2. 调整行高和列宽

由于 Excel 2010 默认的单元格高度与宽度有限，所以当用户在单元格输入文本内容较多或加大文本的字号时，其内容并不能完全显示出来，这时就需要对单元格的行高和列宽进行调整。行高和列宽的调整方法有以下两种。

① 利用鼠标拖曳：将光标移至行号区域中的两行分隔线上（或列号区域中的两列分隔线上），此时光标变为双箭头的形状，按住鼠标左键，根据行高大小（或列宽大小）的显示值，拖曳光标

至合适的位置，即可完成对行高（或列宽）的调整。

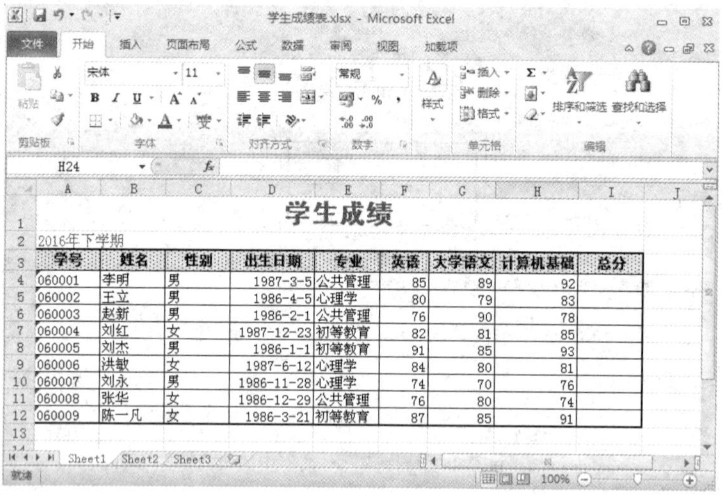

图 4-20 设置单元格格式效果

② 利用菜单命令：先选中要调整行高（或列宽）的一行或若干行（一列或若干列），单击“开始”选项卡“单元格”组的“格式”按钮，选择 “行高”（或“列宽”）选项，在打开的对话框的文本框中输入行高（或列宽）的数值（单位为磅），单击“确定”按钮即可完成对行高（或列宽）的调整。

3. 自动套用表格格式

Excel 2010 提供了许多种工作表的格式，用户可以根据自己的需要套用已有的格式。自动套用表格格式的方法是先选中要自动套用格式的单元格区域，单击“开始”选项卡“样式”组的“套用表格格式”按钮，选择所需要的格式，即完成格式套用。

4. 设置条件格式

在工作表的应用过程中，可能需要将某些满足条件的单元格以指定的样式显示。用户可以设置单元格的条件和格式，系统会在选中的区域中搜索符合条件的单元格，并将设置的格式应用到符合条件的单元格中。

（1）设置条件格式

例如，在图 4-7 所示的“学生成绩表”中用设置条件格式的方法，将“英语、大学语文、计算机基础”3 个课程成绩中，低于 60 分的字体设置成“红色文本”。操作方法如下。

① 选中要设置条件格式的单元格区域，这里选择 F4:H12 单元格区域。

② 单击“开始”选项卡“样式”组的“条件格式”按钮，选择其下的“突出显示单元格规则”中的“小于”选项，打开“小于”对话框，在“设置为”下拉列表框中选择“红色文本”，如图 4-21 所示。

图 4-21 “小于”对话框

（2）更改和删除条件格式

① 如果要更改条件格式，操作步骤如下：单击“开始”选项卡“样式”组中的“条件格式”按钮，选择“管理规则”选项，打开“条件格式规则管理器”对话框，如图4-22所示；选中要更改的规则，单击“编辑规则”按钮，打开“编辑格式规则”对话框，单击“格式”按钮，打开“设置单元格格式”对话框；在“设置单元格格式”对话框中，先单击“清除”按钮，再选择新格式。

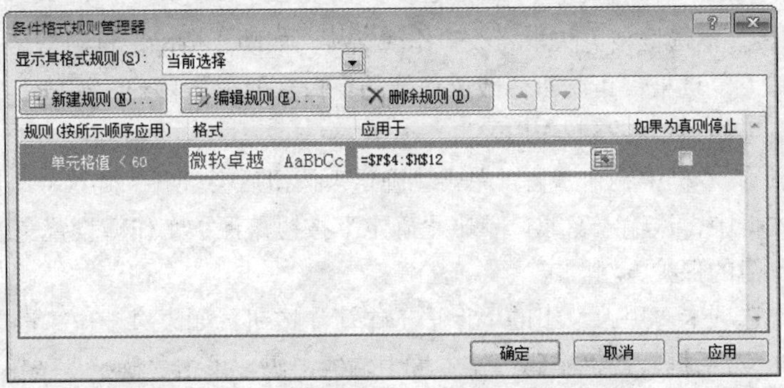

图4-22 “条件格式规则管理器”对话框

② 如果要删除条件格式，操作步骤如下：单击“开始”选项卡“样式”组的“条件格式”按钮，选择“管理规则”选项，打开“条件格式规则管理器”对话框；选中要删除的规则，然后单击“删除规则”按钮，单击“确定”按钮。

4.1.6 保护工作簿与工作表

工作簿有安全保护机制，最高一层的保护设置在文件级。如果不能访问文件本身，也就不能修改文件内容。用户可以根据不同的情况对工作簿、工作表进行保护。

1．设置打开或修改工作簿权限

用户可以为工作簿设置密码，防止别人打开自己的工作簿进行查看或修改。

用户可以在“另存为”对话框中设置权限，操作方法如下。

① 选择“文件”选项卡下的“另存为”命令，在打开的“另存为”对话框中输入文件名。

② 在“另存为”对话框中，单击“工具”按钮，从下拉列表中选择“常规选项”选项，打开“常规选项”对话框，如图4-23所示。

③ 打开“常规选项”对话框后，在“打开权限密码”文本框中输入密码，单击“确定”按钮。打开“确认密码”对话框，在“重新输入密码”文本框中再次输入密码，单击“确定”按钮，最后单击“保存”按钮即可完成工作簿密码设置。

2．保护工作簿

保护工作簿可以防止他人对工作簿的结构或窗口进行改动，可以防止他人对工作表进行移动、重命名、删除等操作。

（1）保护工作簿的方法

① 将光标定位在要保护的工作簿的任意工作表中，单击“审阅”选项卡“保护”组的“保护工作簿”按钮，打开“保护结构和窗口”对话框，如图4-24所示。

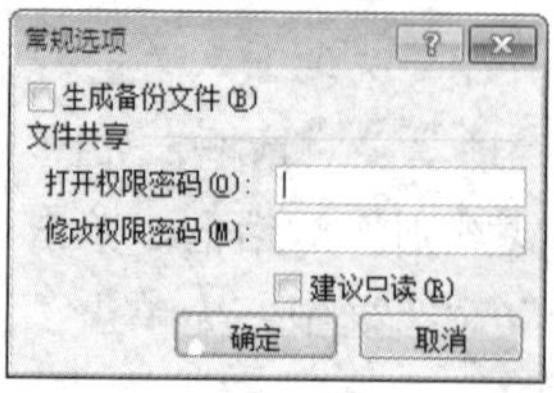

图 4-23　“常规选项”对话框

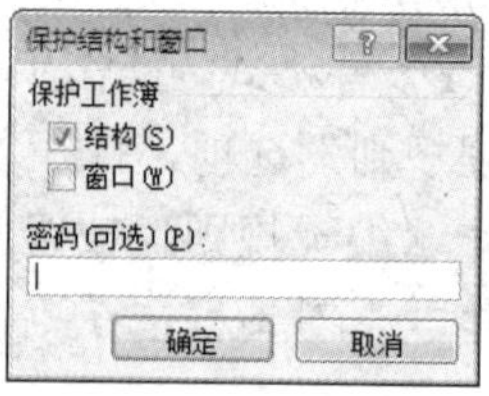

图 4-24　“保护结构和窗口”对话框

② 选中“结构”复选框，可防止修改工作簿结构，如防止删除、重新命名、复制、移动工作表等；选中“窗口”复选框，可防止修改工作簿的窗口，使窗口移动、缩放、恢复、最小化、新建、关闭、拆分和冻结窗口将不起作用。

③ 在“密码”文本框中输入密码，单击“确定”按钮后会打开“确认密码”对话框，在“重新输入密码”文本框中再次输入密码，单击“确定”按钮，保护工作簿设置完成。

（2）撤销工作簿的保护方法

单击“审阅”选项卡“更改”组的“保护工作簿”按钮，如果对工作簿设置了密码，会打开“撤销工作簿保护”对话框，在“密码”文本框中输入密码，单击“确定”按钮。

3．保护工作表

对工作簿进行保护后，虽然别人不能对工作表进行删除、移动等操作，但可以修改工作表中的数据，为了防止别人修改工作表中的数据，可以对工作表进行保护。

（1）保护工作表的方法

① 选中要保护的工作表，单击“审阅”选项卡“更改”组的“保护工作表”按钮，打开“保护工作表”对话框，如图 4-25 所示。

② 选中“保护工作表及锁定的单元格内容”复选框，在“允许此工作表的所有用户进行”列表中选择用户可以在工作表中进行的操作。

③ 在“取消工作表保护时使用的密码”文本框中输入密码，单击“确定”按钮后会打开“确认密码”对话框，在此对话框中的“重新输入密码”文本框中再次输入密码，单击“确定”按钮，工作表保护设置完成。

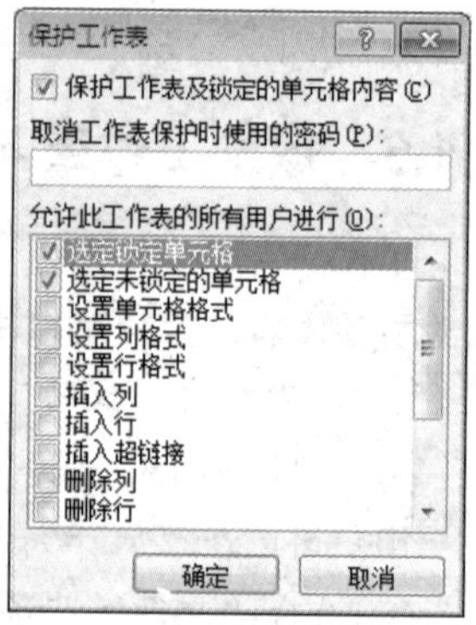

图 4-25　“保护工作表”对话框

（2）撤销工作表保护

单击“审阅”选项卡“更改”组的“撤销工作表保护”按钮，打开“撤销工作表保护”对话框，在“密码”对话框中输入设置的密码。

4.2　公式与函数的应用

Excel 2010 提供了强大的数据计算功能，用户通过公式和函数可以实现对数据的计算与分析。在进行一些烦琐的计算时，用户可以把数据直接代入函数中，Excel 2010 会自动返回计算后的结果。使用函数可以加快计算速度，大大提高用户的工作效率。

4.2.1 输入公式

在 Excel 2010 中，输入公式与输入文本很相似。不同的是，公式的输入必须以等号（=）开头，其后为常量、函数、运算符、单元格引用和单元格区域等，最后按“Enter”键或单击编辑栏中的“√”按钮确认。输入完毕后，Excel 2010 将根据公式中运算符的特定顺序从左到右进行计算。

下面以图 4-7 所示的学生成绩表为例进行说明，在该表中利用公式“总分=英语＋大学语文＋计算机基础”计算每一位学生的“总分”。

（1）输入公式的方法

① 选中 I4 单元格。

② 在单元格中输入“=F4＋G4＋H4”，如图 4-26 所示。

③ 按“Enter”键或单击编辑栏中的“√”按钮。

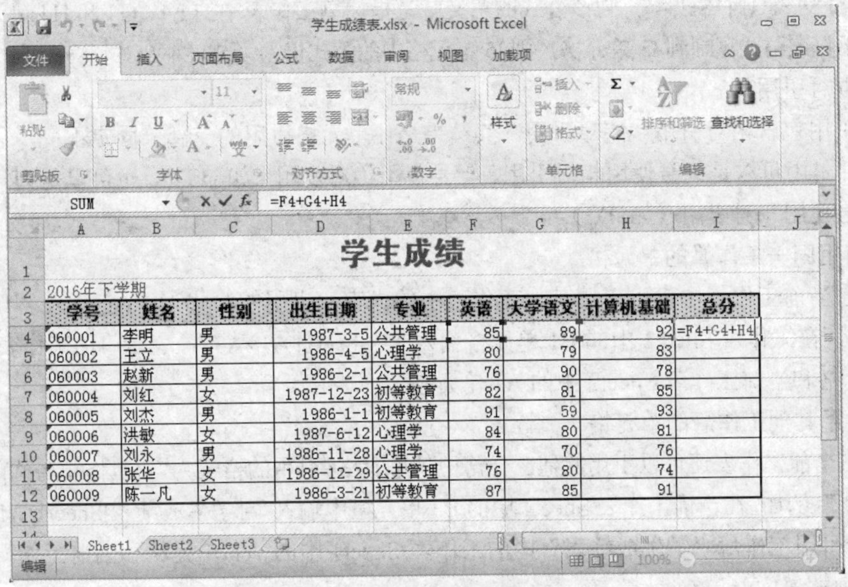

图 4-26 利用公式计算学生总分

此时，I4 单元格中将会出现 F4、G4、H4 单元格中的数据之和，并且在公式编辑栏中还会出现刚才输入的公式。

（2）计算其他学生的总分

如果要计算其他学生的总分，可直接使用填充柄进行操作。方法为选中 I4 单元格，将填充柄拖至 I12 单元格，此时就完成了每个学生总分的计算。

4.2.2 单元格引用

公式中通常用引用单元格来代替单元格中的实际数值，当被引用的单元格数据被修改后，公式的运算值将自动修改。

1. 引用类型

在上例中，使用的是单元格的相对引用。Excel 2010 中的单元格引用共有相对引用、绝对引用、混合引用 3 种类型。

（1）相对引用

相对引用是指在公式中对单元格的引用只相对于公式所在的单元格的位置，如果公式的位置改变，则公式引用的单元格地址也会随之改变，但引用地址与公式之间的相对位置关系保持不变。例如，图 4-26 所示的“学生成绩表”中的 I4 单元格的公式“=F4+G4+H4”的含义就是，计算同一行中公式所在单元格的左边 3 个单元格的数据之和。如果将该公式复制到 I5 单元格中，则 I5 单元格中的公式就变为“=F5+G5+H5”；而如果将该公式复制到 I6 单元格，则 I6 单元格中的公式就变为“=F6+G6+H6”。在默认情况下，新公式使用相对引用。

（2）绝对引用

在行号和列号的前面加上符号“$”就是绝对引用，如“$E$4”。绝对引用是指在公式中对单元格的引用只同该单元格相对于工作表的位置有关，而同公式的位置无关。当使用绝对引用公式的单元格位置改变时，不会影响公式的内容及结果。例如，在图 4-26 所示的“学生成绩表”中的 I4 单元格输入公式“=$F$4+$G$4+$H$4”，则该公式的意义就是指计算工作表中的 F4、G4 和 H4 单元格中的数据和。如果将该公式复制到 I5 单元格，则 I5 单元格中的公式仍为“=$F$4+$G$4+$H$4”。

（3）混合引用

混合引用包含相对引用和绝对引用。其结果是让单元格引用的一部分固定不变，一部分自动改变。这种引用可以是列号使用相对引用、行号使用绝对引用（如 D$3），也可以是列号使用绝对引用，行号使用相对引用（如$D3）。

2．引用同一工作簿的单元格

用户在当前工作表中可以引用其他工作表中的内容，引用的格式为“=工作表名！单元格地址”。例如，在工作表 Sheet2 中的 B1 单元格输入“=Sheet1! A1+A1”，表示引用工作表 Sheet1 中的 A1 单元格和当前工作表 Sheet2 中的 A1 单元格。

3．引用其他工作簿的单元格

用户在当前工作表还可以引用其他工作簿中的单元格。引用的格式为“=[工作簿名称]工作表名！单元格地址”。例如，在当前工作表 Sheet1 中的 B3 单元格中输入“=[学生成绩表]Sheet1!A1＋Sheet3！B1”，表示引用工作簿“学生成绩表”中的工作表 Sheet1 中的 A1 单元格和当前工作簿中的工作表 Sheet3 中的 B1 单元格。

4．编辑公式

编辑已输入的公式，可以对公式进行修正。编辑公式包括修改、删除、复制、移动等操作。

① 修改和删除公式：选中要修改或删除公式的单元格，然后在编辑栏中进行修改后按“Enter”键修改或按“Delete”键删除即可。

② 移动和复制公式：选中要移动或复制公式的单元格，右击，在弹出的快捷菜单中选择“剪切”或“复制”命令；将光标移至需移动或复制的目标单元格，右击，在弹出的快捷菜单中选择“粘贴”命令，即可完成公式的移动或复制。

5．使用函数

函数可以看成 Excel 2010 内置的计算公式，用户可以直接调用函数进行数值计算，这样可以简化在 Excel 2010 中输入公式的操作，且有些函数实现的计算功能是采用公式不能完成的。

函数由函数名、参数表和括号组成。在 Excel 2010 中，函数的格式为“=函数名(参数 1,参数 2,…)”，在函数中所带的参数可以是数字、文字、单元格、单元格区域及其他函数的计算结果等。

（1）引用运算符

引用运算符可以将单元格区域合并运算，下面列出了 Excel 2010 中所有的引用运算符。

① :（冒号）：指引用由两对角的单元格围起来的单元格区域。例如“A3:B5”，表示引用从 A3 到 B5 之间的矩形区域内的所有单元格中的数据，即引用 A3、B3、A4、B4、A5、B5 这 6 个单元格。

② ,（逗号）：指逗号前后单元格同时引用。例如“B2,B4”，表示引用 B2 和 B4 两个单元格。

③ （空格）：指引用两个或两个以上单元格区域的重叠部分。例如“A1:C3 B2:D4”指两个单元格区域 A1 至 C3 与 B2 至 D4 的交集部分，即引用 B2、C2、B3、C3 这 4 个单元格。

（2）直接输入函数

Excel 2010 中的函数同公式一样，可以直接在单元格中输入。例如在图 4-7 所示的“学生成绩表”中，利用求和函数求学生的总分，输入函数的方法如下。

① 单击 I4 单元格。

② 在单元格中输入“=SUM(F4:H4)”。

③ 按“Enter”键或单击编辑栏中的“√”按钮即可完成，I4 单元格内容显示如图 4-27 所示。

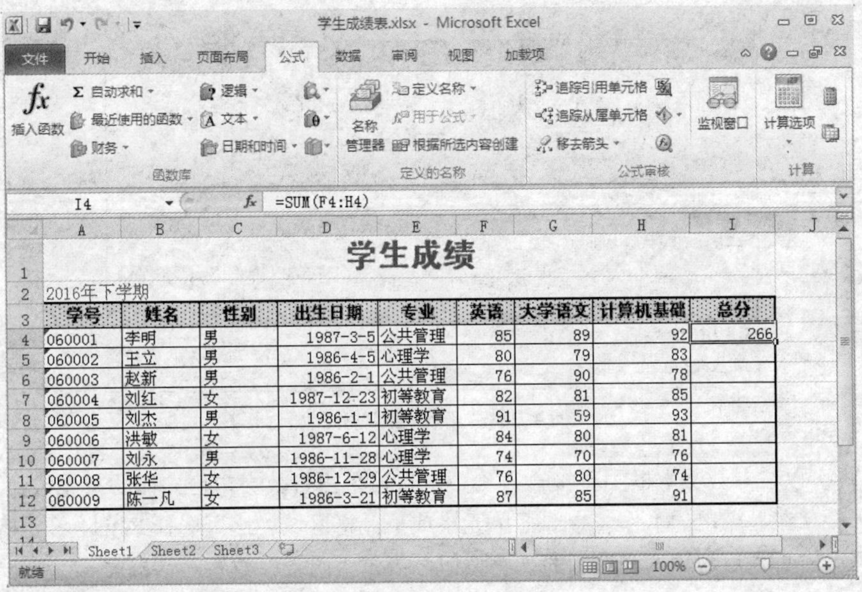

图 4-27 利用求和函数求学生的总分

（3）在单元格中粘贴函数

Excel 2010 中的函数很多，用户通常无法记住这些函数的名称。此时可以利用“公式”，单击“公式”选项卡“函数库”组的“插入函数”按钮 f_x，或利用编辑栏上的按钮 f_x 来输入函数。

例如，在图 4-7 所示的“学生成绩表”中，使用这种方法，利用求和函数求学生的总分，输入函数的方法如下。

① 单击 I4 单元格。

② 单击“公式”选项卡“函数库”组的“插入函数”按钮 f_x，打开图 4-28 所示的“插入函数”对话框。

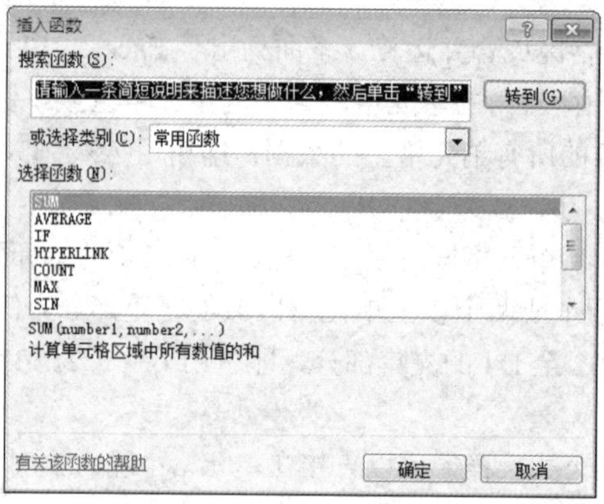

图 4-28　"插入函数"对话框

③ 从"或选择类别"下拉列表框中选择函数类型，这里选择"常用函数"。在"选择函数"列表中选择函数名称，本例选择"SUM"，单击"确定"按钮，打开图 4-29 所示的"函数参数"对话框。

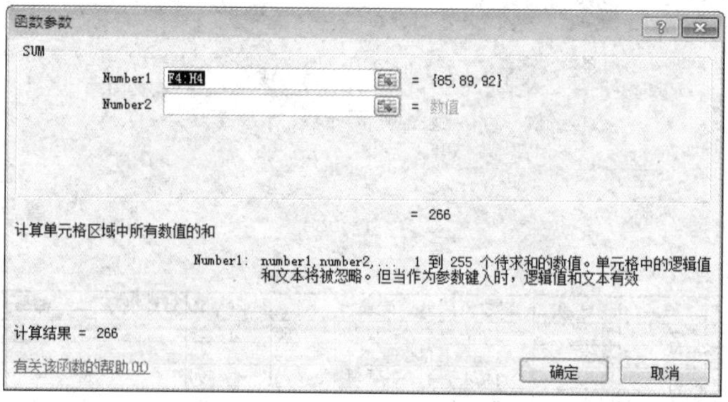

图 4-29　"函数参数"对话框

④ 用户可以在参数文本框中直接输入参数，也可单击参数文本框右侧的折叠按钮，将对话框暂时折叠，在显露出的工作表中选择单元格或单元格区域。这里选择 F4:H4 单元格区域作为求和区，再单击折叠后的输入框右侧的折叠按钮，恢复"函数参数"对话框。

⑤ 完成输入函数所需的所有参数后，单击"确定"按钮，即可看到 I4 单元格中的计算结果和编辑栏中显示的公式。

4.2.3　常用函数介绍

Excel 2010 提供了大量的内置函数，就其功能来看，大致分为以下几类：数据库函数、日期与时间函数、数学与三角函数、文本函数、逻辑函数、统计函数、工程函数、信息函数、财务函数等。下面介绍 13 个常用的函数的语法和功能。

（1）求和函数 SUM

语法：SUM(num1,num2,…)。

功能：计算一组选定数据的总和。

（2）求平均值函数 AVERAGE

语法：AVERAGE(num1,num2,…)。

功能：计算一组选定数据的平均值。

（3）计数函数 COUNT

语法：COUNT(num1,num2,…)。

功能：计算单元格区域内数值型数据的个数。

（4）计数函数 COUNTA

语法：COUNTA(value1,value2,…)。

功能：计算单元格区域内“非空”单元格的个数。

（5）计数函数 COUNTBLANK

语法：COUNTABLANK(range)。

功能：计算单元格区域内“空”单元格的个数。

（6）求最大值函数 MAX

语法：MAX(num1,num2,…)。

功能：找出一组数值中的最大值。

（7）求最小值函数 MIN

语法：MIN(num1,num2,…)。

功能：找出一组数值中的最小值。

（8）取整函数 INT

语法：INT(number)。

功能：将数值向下取整为最接近的整数。

（9）四舍五入函数 ROUND

语法：ROUND(number,num_digits)。

功能：按指定的位数对数值进行四舍五入。

（10）条件函数 IF

语法：IF(logical-test,value-if-true,value-if-false)。

功能：若 logical_test 为真（TRUE），则取 value-if-true 表达式的值；否则，取 value-if-false 表达式的值。

（11）排位函数 RANK

语法：RANK(number,ref,order)。

功能：返回一个数字在数字列表中的排位。其中 number 为需要找到排位的数字；ref 为数字列表数组或对数字列表的引用；order 若为 0 或省略则表示排位按降序，若非 0 则为升序。

（12）条件求和函数 SUMIF

语法：SUMIF(range,criteria,sum_range)。

功能：根据指定条件对某个区域若干单元格求和。其中，range 为用于条件判断的单元格区域；criteria 为确定哪些单元格将被相加求和的条件，其形式可以为数字、表达式或文本，例如条件可以表示为“32”“>32”或“apples”；sum_range 是需要求和的实际单元格。

（13）条件计数函数 COUNTIF

语法：COUNTIF(range,criteria)。

功能：计算区域中满足给定条件的单元格的个数。其中 range 为需要计算其中满足条件的单元格数目的单元格区域；criteria 为确定哪些单元格将被计算在内的条件，其形式可以为数字、表达式或文本，例如条件可以表示为“32”“>32”或“apples”。

4.2.4 错误信息说明

在单元格输入或编辑公式后，有时会出现诸如“####!”或“#VALUE!”的错误信息。错误值一般以“#”符号开头，出现错误值有 8 种原因，如表 4-1 所示。

表 4-1 错误及错误值出现的原因

错 误 值	错误值出现的原因	举 例
#DIV/0!	除数为 0	例如=3/0
#N/A	引用了无法使用的数值	例如 HLOOKUP 函数的第 1 个参数对应的单元格为空
#NAME?	不能识别的名字	例如=sum(a1a4)
#NULL!	交集为空	例如=sum(a1:a3 b1:b3)
#NUM!	数据类型不正确	例如=sqrt(-4)
#REF!	引用无效单元格	例如引用的单元格被删除
#VALUE!	不正确的参数或运算符	例如=1+"a"
####!	宽度不够，加宽即可	

下面简要说明各错误信息可能产生的原因。

1. #DIV/0!

若单元格中出现“#DIV/0!”错误信息，可能的原因是：该单元格的公式中出现被零除的问题，即输入的公式中包含“0”除数；也可能在公式中的除数引用了零值单元格或空白单元格。

解决的办法是修改公式中零除数或零值单元格引用或空白单元格引用，或者在除数的单元格中输入不为零的值。

当被用作除数的单元格为空或含的值为零时，如果希望不显示错误，可以使用 IF 函数。例如，如果 B5 单元格包含除数，A5 单元格包含被除数，可以使用“=IF(B5=0,' ',A5/B5)”，表示 B5 单元格的值为“0”时，什么也不显示，否则显示 A5/B5 的商。

2. #N/A

在函数或公式中没有可用的数值时，会产生这种错误信息。

3. #NAME?

在公式中使用了 Excel 2010 所不能识别的文本时将产生错误信息“#NAME?”。可以从以下 4 方面进行检查。

① 使用了不存在的名称。应该检查使用的名称是否存在。

② 公式中的名称或函数名称拼写错误。修改错误的拼写即可。

③ 公式中区域引用不正确，如某单元格中引用公式“=SUM(GZC3)”。

④ 在公式中输入文本时没有使用双引号。

4. #NULL!

在单元格中出现此类错误信息的原因可能是试图将两个并不相交的区域指定为交叉点，可能是使用了不正确的区域运算符或不正确的单元格引用等。

5．#NUM!

在公式或函数中某个数值有问题时将产生该错误信息。例如，公式“=SQRT(-9)”，“-9”没有平方根，所以产生错误。

6．#REF!

单元格中出现这样的错误信息是因为该单元格引用无效的结果。例如，设 A9 单元格中有数值“5”，A10 单元格中有公式“=A9+1”，A10 单元格中显示结果为 6。若删除 A9 单元格，则 A10 单元格中的公式“=A9+1”对 A9 单元格的引用无效，就会出现该错误信息。

7．#VALUE!

当公式中使用不正确的参数时，将产生该错误信息。这时应确认公式所需的参数类型是否正确，公式引用的单元格中是否包含有效的数值。如果需要数字或逻辑值时却输入文本，就会出现这样的错误信息。

8．####!

若单元格中出现“####!”错误信息，可能的原因是单元格中的计算结果太长，该单元格宽度不够，此时可以通过调整单元格的宽度来清除该错误；或者是日期或时间格式的单元格中出现负值。

4.3 工作表中的数据库操作

Excel 2010 除了提供前面介绍的所有功能，还提供较强的数据库管理功能。用户不仅能够通过记录单来增加、删除和移动数据，还能够按照数据库的管理方式对数据清单形式的工作表进行排序、筛选、分类汇总、统计和建立数据透视表等操作。需要特别注意的是，对工作表数据进行数据库操作，要求数据必须按“数据清单”存放。工作表中的数据库操作大部分是利用“数据”选项卡下的命令来完成的，包括外部数据获取、连接操作、排序和筛选、使用数据工具、分级显示等。

4.3.1 数据清单

在 Excel 2010 中，数据库是作为一个数据清单来看待的，可以理解为数据清单就是数据库。在一个数据库中，信息按记录存储。每个记录中包含信息内容的各项，称为字段。例如，图 4-30 所示的“学生成绩表”数据清单，每一条学生信息就是一个记录。所有记录的同一字段存放相似的信息（如学号、姓名、出生日期、专业等）。Excel 2010 提供了一整套功能强大的命令集，使管理数据清单（数据库）变得非常容易。

	A	B	C	D	E	F	G	H	I	J
1	序号	学号	姓名	性别	出生日期	专业	英语	大学语文	计算机基础	总分
2	1	060001	李明	男	1987-3-5	公共管理	85	89	92	266
3	2	060002	王立	男	1986-4-5	心理学	80	79	83	242
4	3	060003	赵新	男	1986-2-1	公共管理	76	90	78	244
5	4	060004	刘红	女	1987-12-23	初等教育	82	81	85	248
6	5	060005	刘杰	男	1986-1-1	初等教育	91	59	93	243
7	6	060006	洪敏	女	1987-6-12	心理学	84	80	81	245
8	7	060007	刘永	男	1986-11-28	心理学	74	70	76	220
9	8	060008	张华	女	1986-12-29	公共管理	76	80	74	230
10	9	060009	陈一凡	女	1986-3-21	初等教育	87	85	91	263

图 4-30 “学生成绩表”数据清单

Excel 2010 提供了一系列功能，用户可以很容易地在数据清单中处理和分析数据。在运用这些功能时，请根据下述原则在数据清单中输入数据。

① 避免在一个工作表上建立多个数据清单。因为数据清单的某些处理功能（如筛选等）一次只能在同一工作表的一个数据清单中使用。

② 在工作表的数据清单与其他数据间至少留出一个空白列和一个空白行。在执行排序、筛选或插入分类汇总等操作时，这将有利于 Excel 2010 检测和选中数据清单。

③ 避免在数据清单中放置空白行和列，否则将不利于 Excel 2010 检测和选中数据清单。

④ 在数据清单的第一行中创建列标题，并且不可有相同的列标题。Excel 2010 使用这些标志创建报告，并查找和组织数据。

⑤ 在设计数据清单时，应使同一列中的各行有近似的数据项。在单元格的开始处不要插入多余的空格，因为多余的空格影响排序和查找。不要使用空白行将列标志和第一行数据分开。

4.3.2　数据排序

数据排序是指按照一定的规则对数据进行重新排列，便于浏览或为进一步处理做准备。对工作表的数据清单进行排序是根据选择的“关键字”字段内容按升序或降序进行的。Excel 2010 会给出两个关键字，分别是“主要关键字”和“次要关键字”，用户可根据需要添加和选取；用户也可以自定义排序顺序。对数据记录进行排序时，主要有两种方法：一种是利用“数据”选项卡下的“升序”和“降序”按钮对数据进行快速排序；另一种是利用“数据”选项卡下的“排序和筛选”组的“排序”按钮来进行排序。

1．利用“数据”选项卡下的“升序”按钮和“降序”按钮

例如对“学生成绩表”数据清单的内容按主要关键字“总分”的递减次序进行排序。

① 选中数据清单“总分”列。

② 单击“数据”选项卡“排序和筛选”组的“降序”按钮，即可完成对数据清单的排序，如图 4-31 所示。

	A	B	C	D	E	F	G	H	I	J
1	序号	学号	姓名	性别	出生日期	专业	英语	大学语文	计算机基础	总分
2	1	060001	李明	男	1987-3-5	公共管理	85	89	92	266
3	9	060009	陈一凡	女	1986-3-21	初等教育	87	85	91	263
4	4	060004	刘红	女	1987-12-23	初等教育	82	81	85	248
5	6	060006	洪敏	女	1987-6-12	心理学	84	80	81	245
6	3	060003	赵新	男	1986-2-1	公共管理	76	90	78	244
7	5	060005	刘杰	男	1986-1-1	初等教育	91	59	93	243
8	2	060002	王立	男	1986-4-5	心理学	80	79	83	242
9	8	060008	张华	女	1986-12-29	公共管理	76	80	74	230
10	7	060007	刘永	男	1986-11-28	心理学	74	70	76	220

图 4-31　按“总分”降序排序后的数据清单

2．利用“数据”选项卡下的“排序和筛选”组的“排序”按钮

使用“数据”选项卡下的两个排序按钮进行排序时虽然很方便，但只能按单个字段名的内容进行排序。在工作表中有时会遇到两个或多个关键字相同的情况，此时如果想区分它们，就需要对其他的字段名进行较为复杂的排序了，即需要使用多列排序。

如果要对数据清单的数据进行多列排序，可利用“数据”选项卡“排序和筛选”组的“排序”按钮来进行排序。例如对“学生成绩表”数据清单的内容按主要关键字“专业”的递增次序和次要关键字“总分”的递减次序进行排序，方法如下。

① 选中数据清单区域，单击“数据”选项卡“排序和筛选”组的“排序”按钮，打开“排序”对话框。

② 在“主要关键字”下拉列表框中选择“专业”，选择“升序”次序，单击“添加条件”按钮；在新增的“次要关键字”下拉列表框中选择“总分”，选择“降序”次序，如图 4-32 所示，单击“确定”按钮即可。

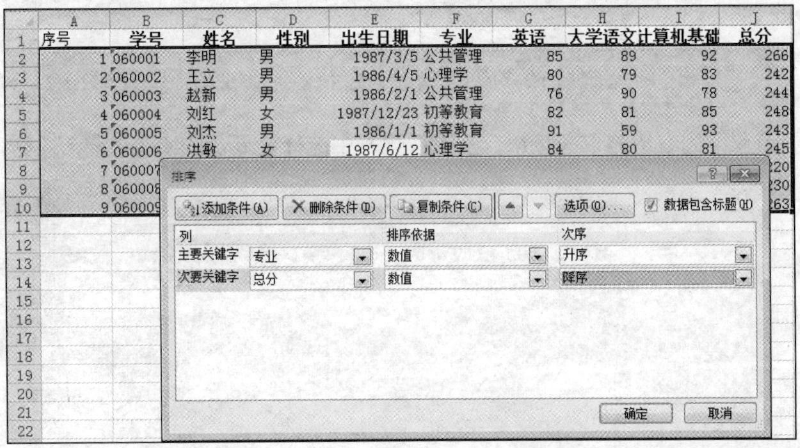

图 4-32 利用“排序”对话框进行排序

3．自定义排序

如果对数据的排序有特殊要求，可以利用图 4-32 所示的“排序”对话框内“次序”下拉列表框中的“自定义序列”选项所打开的对话框来完成。用户可以不按字母或数值等常规方式排序，可根据需求自行设置排序依据。

4．恢复排序

用户如果希望将已经进行过多次排序的数据清单恢复到排序前的状况，可以在数据清单中设置“记录号”字段，内容为顺序数字 1、2、3、4…无论何时，只要按“记录号”字段排列即可恢复为排序前的数据清单。

4.3.3 数据筛选

筛选是指在工作表中只显示满足给定条件的数据，而不满足条件的数据自动隐藏，它是一种能快速查找数据清单中的数据的方法。Excel 2010 提供了“自动筛选”命令和“高级筛选”命令来筛选数据。

1．自动筛选

利用自动筛选功能可以快速访问大量数据，从中选择满足条件的记录并显示出来，不过它只适用于简单条件。

【例 4-1】 对图 4-30 所示的“学生成绩表”数据清单的内容进行自动筛选，条件为“公共管理”专业的学生的记录。

操作方法如下。

① 选中要筛选的数据清单的 A1:J10 单元格区域。

② 单击“数据”选项卡“排序和筛选”组的“筛选”按钮，此时数据清单的列标题右边全部

出现下拉按钮，即字段名旁边出现一个下拉按钮，如图 4-33 所示。

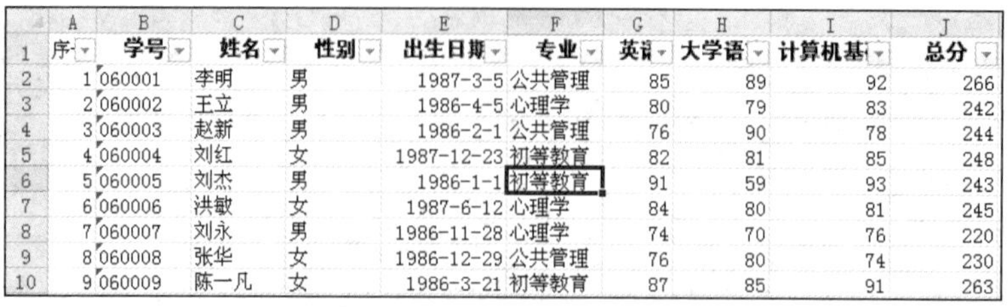

	A	B	C	D	E	F	G	H	I	J
1	序	学号	姓名	性别	出生日期	专业	英语	大学语	计算机基	总分
2	1	060001	李明	男	1987-3-5	公共管理	85	89	92	266
3	2	060002	王立	男	1986-4-5	心理学	80	79	83	242
4	3	060003	赵新	男	1986-2-1	公共管理	76	90	78	244
5	4	060004	刘红	女	1987-12-23	初等教育	82	81	85	248
6	5	060005	刘杰	男	1986-1-1	初等教育	91	59	93	243
7	6	060006	洪敏	女	1987-6-12	心理学	84	80	81	245
8	7	060007	刘永	男	1986-11-28	心理学	74	70	76	220
9	8	060008	张华	女	1986-12-29	公共管理	76	80	74	230
10	9	060009	陈一凡	女	1986-3-21	初等教育	87	85	91	263

图 4-33　使用自动筛选后的学生成绩表

③ 单击“专业”列右边的下拉按钮，从下拉列表中选择要显示的“公共管理”选项，如图 4-34 所示。

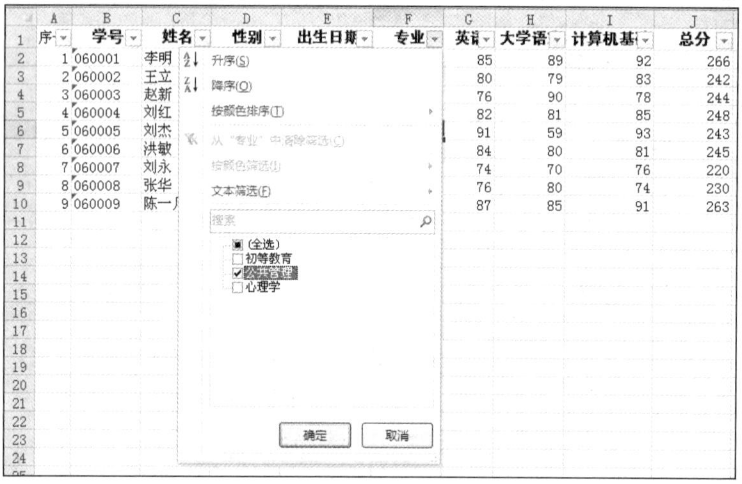

图 4-34　选择要显示的选项

【例 4-2】 对图 4-30 所示的“学生成绩表”数据清单的内容进行自动筛选，条件为“总分”大于等于 250 且小于 300 的学生的记录。

操作方法如下。

① 选中要筛选的数据清单的 A1:J10 单元格区域。

② 单击“数据”选项卡“排序和筛选”组的“筛选”按钮，此时，工作表中数据清单的列标题右边全部出现下拉按钮。

③ 单击“总分”列右边的下拉按钮，选择“数字筛选”选项，在下一级列表中选择“自定义筛选”选项，如图 4-35 所示；打开“自定义自动筛选方式”对话框后，在“总分”的第一个下拉列表框中选择“大于或等于”，在右侧的文本框中输入“250”；选中“与”；在“总分”的第二个下拉列表框中选择“小于”，在右侧的文本框中输入“300”；如图 4-36 所示，单击“确定”按钮即可完成自动筛选。

筛选条件涉及多个字段的为多字段条件筛选，可采用执行多次自动筛选的方式完成。

例如对图 4-30 所示的“学生成绩表”数据清单的内容进行自动筛选，需要同时满足两个条件，条件 1 为“总分”大于等于 250 且小于 300，条件 2 为专业为“公共管理”。筛选的操作方法如下。

① 按照例 2 中筛选“总分”大于等于 250 且小于 300 的操作筛选出满足条件 1 的数据记录。

② 在根据条件 1 筛选出的数据清单内，按例 1 中筛选“公共管理”专业的操作筛选出满足条件 2 的数据记录。筛选结果如图 4-37 所示。

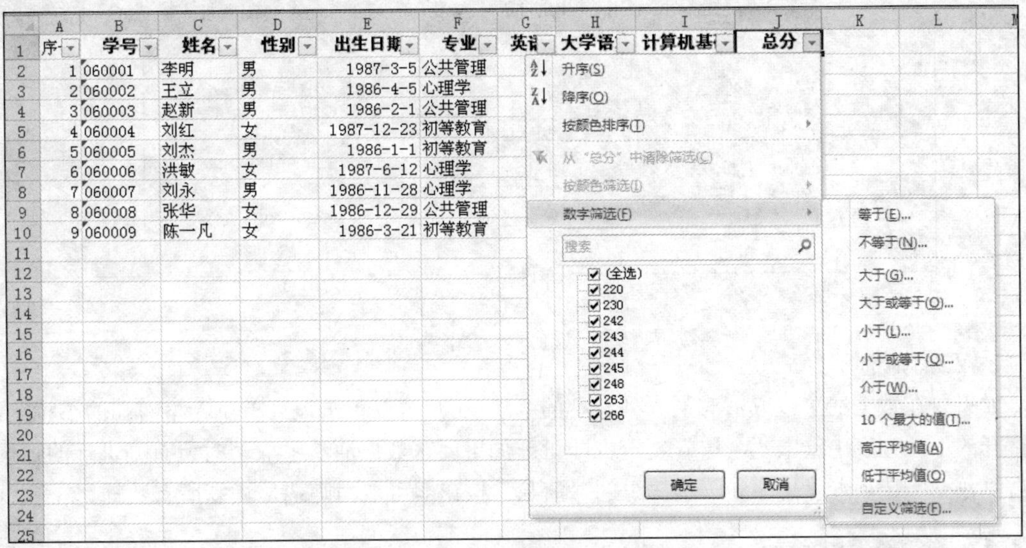

图 4-35 自定义筛选

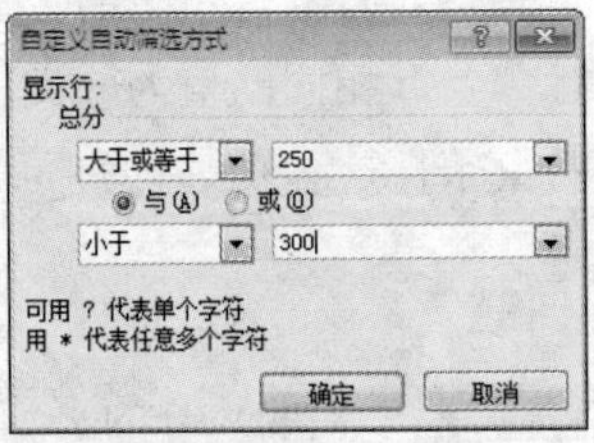

图 4-36 “自定义自动筛选方式”对话框

图 4-37 筛选结果

2. 高级筛选

使用自动筛选功能可快速查找符合条件的记录，但命令的条件是不能太复杂的。如果是很复杂的条件，只能用高级筛选功能来筛选数据。使用高级筛选必须先建立一个条件区域，用来编辑筛选条件。条件区域的第 1 行是所有筛选条件的字段名，这些字段名必须与数据清单中的字段名完全一样。条件区域的其他行输入筛选条件，“与”关系的条件必须出现在同一行内，“或”关系的条件不能出现在同一行内。

例如，对图 4-30 所示的“学生成绩表”数据清单的内容进行高级筛选，条件为“公共管理”和“初等教育”两个专业的男生的记录。操作步骤如下。

① 首先在工作表第 1 行前插入 4 行作为高级筛选的条件区域。

② 在条件区域（E1:F3 单元格区域）中输入筛选条件。

③ 单击“数据”选项卡“排序和筛选”组的“高级”按钮，打开“高级筛选”对话框，选中“在原有区域显示筛选结果”（也可以选择“将筛选结果复制到其他位置”）单选按钮，利用下拉按钮确定列表区域（数据清单区域）和条件区域（筛选条件区域），如图 4-38 所示，单击“确定”按钮即可完成高级筛选。

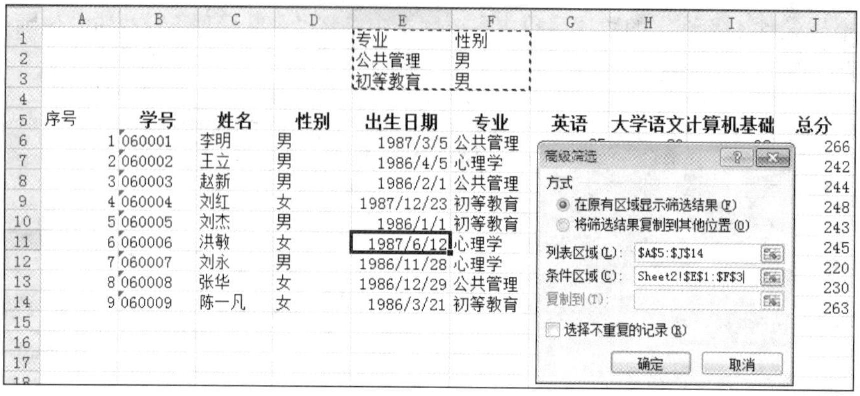

图 4-38 进行高级筛选

3．取消筛选

如果要在数据清单中取消对某一列进行的筛选，用户可以单击该列首单元格右端的下拉按钮，从打开的下拉列表中选中“全选”复选框即可。如果要在数据清单中取消对所有列进行的筛选，单击“数据”选项卡“排序和筛选”组的“清除”按钮即可取消筛选，恢复所有数据。

4.3.4 分类汇总

汇总是指对数据清单中的某列数据进行求和、求平均值等计算，它是对数据清单上的数据进行分析的一种方法。分类汇总是指按照数据清单中的某一列字段进行分类，相同的值为一类，然后对相同的类进行汇总操作。使用分类汇总的工作表必须满足以下两个条件：一是具有列标题，即字段名；二是数据清单必须在要进行分类汇总的列上进行排序工作。

1．创建分类汇总

例如，在图 4-7 所示的“学生成绩表”中使用分类汇总功能求出各专业学生的总分的平均值。操作方法如下。

① 将数据清单按分类汇总的列排序，本例将“学生成绩表”的数据清单按“专业”排序。

② 选中要进行分类汇总的数据清单的单元格区域，本例选中 A1:J10 单元格区域。

③ 单击“数据”选项卡“分级显示”组的“分类汇总”按钮，打开图 4-39 所示的“分类汇总”对话框。

④ 在“分类汇总”对话框中，选中相关内容，本例设置“分类字段”为“专业”，“汇总方式”为“平均值”，“选定汇总项”为“总分”。

⑤ 单击“确定”按钮，即可得到汇总结果，如图 4-40 所示。

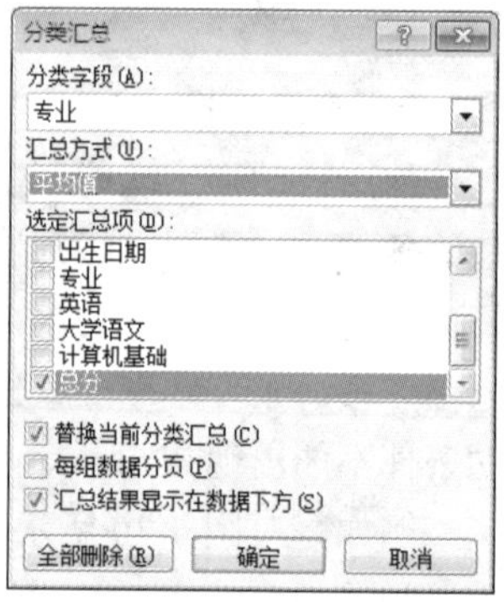

图 4-39 “分类汇总”对话框

2．改变分类汇总显示内容

（1）明细数据和汇总数据

明细数据是指在分类汇总中要对其进行汇总的行或列中的数据，汇总数据是指对明细数据进行汇总的行或列中的数据。汇总数据 A 若被汇总为更高一级的汇总数据 B，那么汇总数据 A 就是汇总数据 B 的明细数据。汇总数据可以是明细数据的求和，也可以是平均值、最大值或其他汇总函数的结果，汇总数据必须与其汇总的明细数据相邻。汇总行可以在明细数据下方或上方，一般在下方；汇总数据可以在明细数据的左方或右方，一般在右方。

	A	B	C	D	E	F	G	H	I	J
1	序号	学号	姓名	性别	出生日期	专业	英语	大学语文	计算机基础	总分
2	4	060004	刘红	女	1987-12-23	初等教育	82	81	85	248
3	5	060005	刘杰	男	1986-1-1	初等教育	91	59	93	243
4	9	060009	陈一凡	女	1986-3-21	初等教育	87	85	91	263
5						初等教育 平均值				251.33333
6	1	060001	李明	男	1987-3-5	公共管理	85	89	92	266
7	3	060003	赵新	男	1986-2-1	公共管理	76	90	78	244
8	8	060008	张华	女	1986-12-29	公共管理	76	80	74	230
9						公共管理 平均值				246.66667
10	2	060002	王立	男	1986-4-5	心理学	80	79	83	242
11	6	060006	洪敏	女	1987-6-12	心理学	84	80	81	245
12	7	060007	刘永	男	1986-11-28	心理学	74	70	76	220
13						心理学 平均值				235.66667
14						总计平均值				244.55556

图 4-40 “分类汇总”结果

（2）改变显示内容

在对数据清单进行分类汇总后，Excel 2010 会自动对数据清单进行分级显示。汇总后在数据清单左窗口处将出现 1 2 3 等数字，还用“-”“+”等符号来控制显示汇总结果。其中 1 2 3 表示明细数据级别，1 级数据为最高级，2 级数据是 1 级数据的明细数据，又是 3 级数据的汇总数据。单击 1 可以直接显示一级数据，单击 2 可以显示一级和二级数据；单击 3 可以显示一级、二级、三级数据，即全部数据。- 是“隐藏明细数据”按钮，+ 是“显示明细数据”按钮。单击 - 可以隐藏该级明细数据，单击 + 可以展开该级明细数据。

3. 删除分类汇总

建立分类汇总后，如果不再需要进行分类汇总，用户可以删除分类汇总，删除分类汇总的方法如下。

① 单击分类汇总数据清单中任一单元格。

② 单击“数据”选项卡“分级显示”组的“分类汇总”按钮，打开“分类汇总”对话框。

③ 在“分类汇总”对话框中单击“全部删除”按钮即可。

4.3.5 数据合并

数据合并指把来自不同源数据区域的数据进行汇总，并进行合并计算。不同源数据区域包括同一工作表中、同一工作簿的不同工作表中、不同工作簿中的数据区域。数据合并是通过建立合并表的方式来进行的。其中，合并表可以建立在某源数据区域所在工作表中，也可以建立在同一个工作簿或不同的工作簿中。利用“数据”选项卡“数据工具”组的命令可以完成“合并计算”“数据有效性”“模拟分析”等设置。

例如，在同一工作簿中的“1 分店销售数量统计表”数据清单（表示 1 分店的 4 种图书在一月、二月、三月的销量）和“2 分店销售数量统计表”数据清单（表示 2 分店的 4 种图书在一月、二月、三月的销量），它们分别位于工作表“销售单 1”和“销售单 2”中，如图 4-41 所示。现需新建工作表，计算出两个分店的 4 种图书在一月、二月、三月的销售数量总和。其数据合并的操作方法如下。

① 在本工作簿中新建工作表“合计销售单”数据清单，数据清单字段名与源数据清单相同，第一列输入书名，然后输入其他文本，再选中用于存入合并计算结果的 B3:D6 单元格区域，如图 4-42 所示。

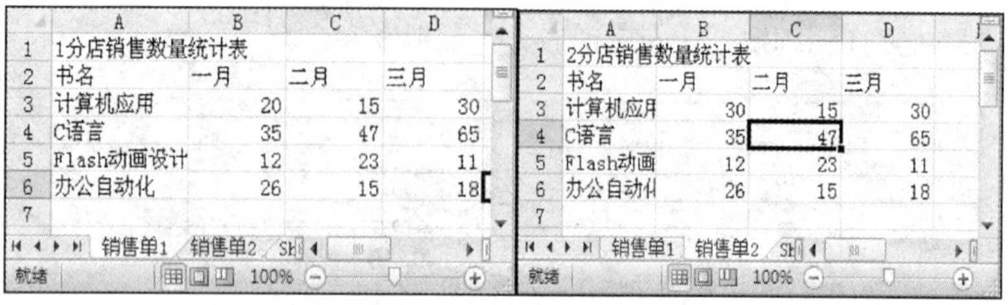

图 4-41 “销售单 1”和“销售单 2”工作表

② 单击“数据”选项卡“数据工具”组的“合并计算”按钮，打开“合并计算”对话框。在“函数”下拉列表框中选择“求和”，在“引用位置”选取“销售单 1”的 B3:D6 单元格区域，单击“添加”按钮；再选取“销售单 2”的 B3:D6 单元格区域（单击“添加”按钮后，选择“浏览”按钮可以选取不同工作表或工作簿中的引用位置），选中“创建指向源数据的链接”复选框（当源数据变化时，合并计算结果也随之变化），如图 4-43 所示。单击“确定”按钮，计算结果如图 4-44 所示。

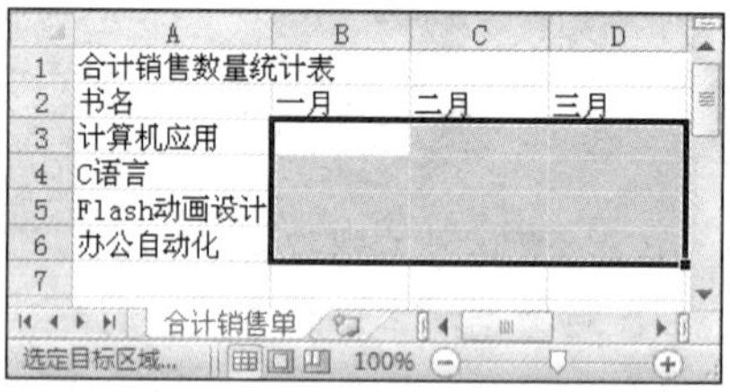

图 4-42 选中用于存入合并计算结果的单元格区域

③ 合并计算结果以分类汇总的方式显示。单击左侧的“+”，可以显示源数据信息。

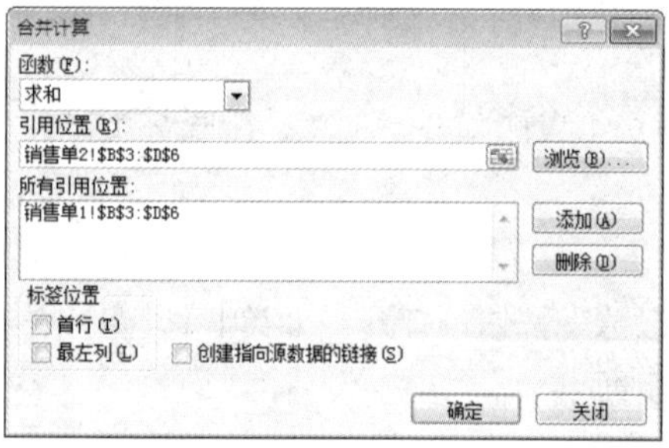

图 4-43 利用“合并计算”对话框进行合并计算

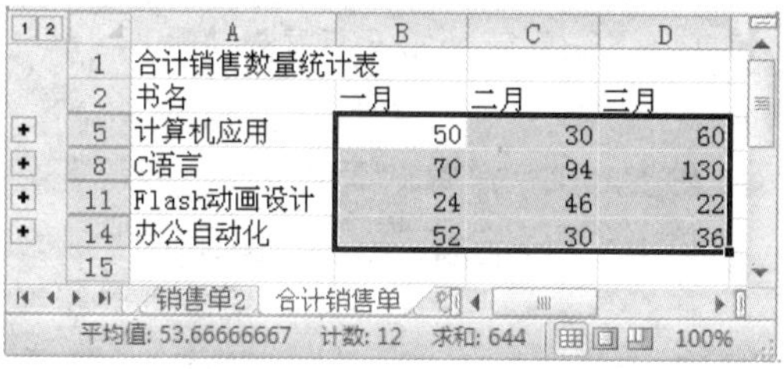

图 4-44 合并计算后的工作表

4.3.6 数据透视表

数据透视表是用于快速汇总大量数据和建立次序列表的交互式表格。在数据透视表中，用户可以转换行和列以查看源数据和不同的汇总结果，可以通过显示不同的页面来筛选数据，还可以根据需要显示区域中的明细数据。

1. 数据透视表概述

数据透视表主要由字段（页字段、数据字段、行字段、列字段）、项（页字段项、数据项）和数据区域组成。

2. 创建数据透视表

数据透视表的功能很强大，但创建过程非常简单，基本上是自动完成的。用户只需在“创建数据透视表”对话框中指定用于创建的原始数据区域和数据透视表的存放位置，并指定页字段、行字段和数据字段即可。

以图 4-30 所示的“学生成绩表”为例，建立一张统计各专业不同性别的人的总分平均值的成绩情况表。具体操作方法如下。

① 选中要创建数据透视表的数据清单中的任一单元格，单击“插入”选项卡“表格”组的“数据透视表”按钮，打开“创建数据透视表”对话框，如图 4-45 所示。

② 在“创建数据透视表”对话框中，会自动选中“选择一个表或区域”单选按钮，通过“表/区域”切换按钮选中区域“Sheet1!$A$1:$J$10”，在“选择放置数据透视表的位置”栏下选中“新工作表”单选按钮，单击“确定”按钮，打开“数据透视表字段列表”对话框，如图 4-46 所示。

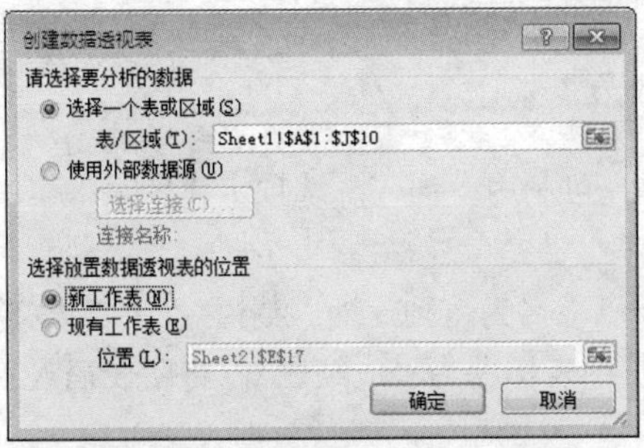

图 4-45 “创建数据透视表”对话框

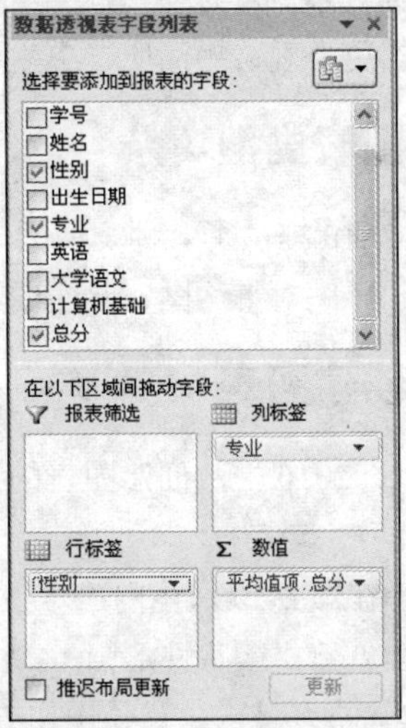

图 4-46 “数据透视表字段列表”对话框

③ 在“数据透视表字段列表”对话框中，选择数据透视表的列标签、行标签和需要处理的方式（单击“数据透视表字段列表”对话框右侧的“字段节和区域节层叠”按钮，可以改变“数据透视表字段列表”对话框的布局结构）。此时，在所选择的存放数据透视表的位置显示出完成的数据透视表，如图 4-47 所示。

④ 选中数据透视表，右击，在弹出的快捷菜单中选择“数据透视表选项”命令，可打开“数据透视表选项”对话框，利用对话框的选项可以设置数据透视表的布局和格式、汇总和筛选以及显示方式等，如图 4-48 所示。

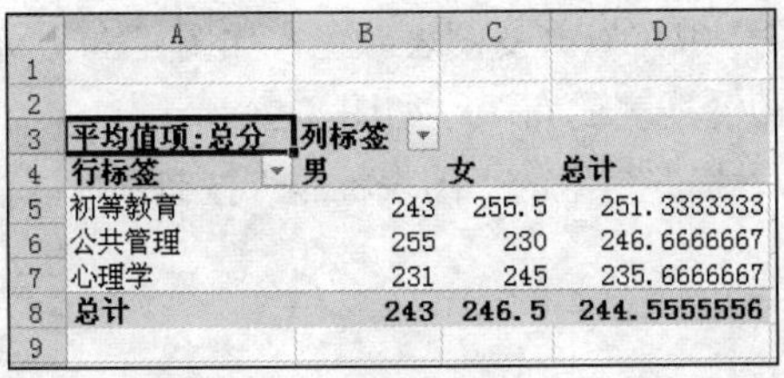

	A	B	C	D
1				
2				
3	平均值项:总分	列标签		
4	行标签	男	女	总计
5	初等教育	243	255.5	251.3333333
6	公共管理	255	230	246.6666667
7	心理学	231	245	235.6666667
8	总计	243	246.5	244.5555556
9				

图 4-47 完成的数据透视表

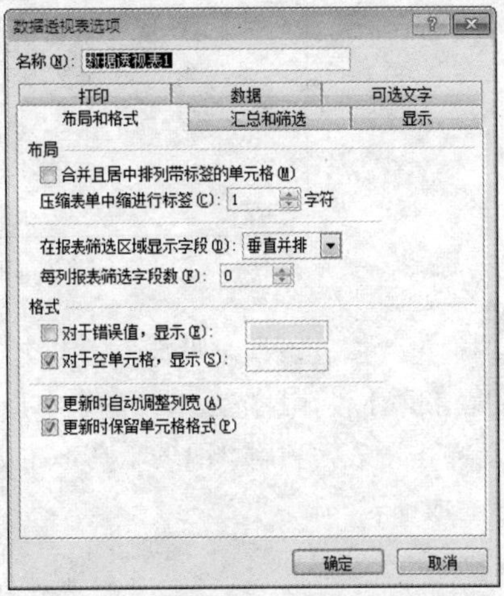

图 4-48 “数据透视表选项”对话框

4.4 使用图表分析数据

用户在分析工作表的数据时，需要结合图形来了解工作表中各个数据之间的联系。图表具有良好的视觉效果，可方便用户查看数据的差异、分析数据和预测趋势。将抽象的数据变为图表，可以使数据更直观、更简明、更生动、更易于理解。

4.4.1 图表类型

Excel 2010 提供了多种类型的图表，常见的有柱形图、条形图、折线图、饼图、XY 散点图、面积图、圆环图、雷达图、曲面图、气泡图、股价图等。

4.4.2 创建图表

在 Excel 2010 中，创建图表的方法十分简单，可利用“插入”选项卡“图表”组中的命令创建图表。

例如，在图 4-30 所示的“学生成绩表”中，以姓名为系列，为“英语”“大学语文”“计算机基础”3 列创建“簇状柱形图”，系列产生在列，图表标题为“成绩表”，将图表插入工作表中的 A11:J21 单元格区域内。具体操作方法如下。

① 选中图表数据区域（一般包括列标题），本例选取单元格数据区域为（C1:C10,G1:I10）。单击“插入”选项卡“图表”组的“柱形图”按钮，选择“簇状柱形图”，如图 4-49 所示。

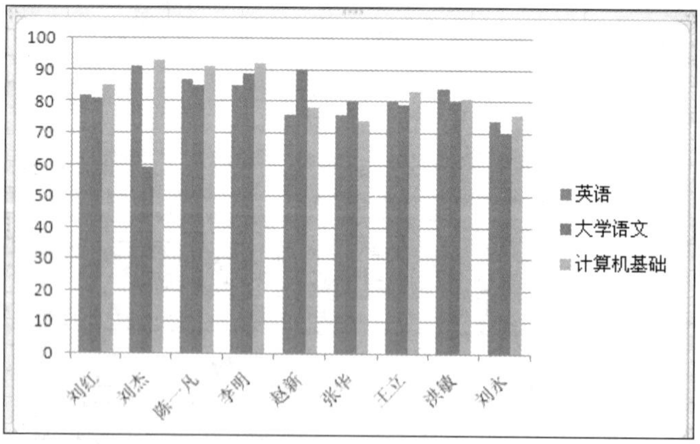

图 4-49　簇状柱形图之一

② 通过“图表工具 1 设计”选项卡“图表样式”组可以改变图表颜色，如图 4-50 所示。通过“图表工具 1 设计”选项卡“图表布局”组可以改变图表的布局，如图 4-51 所示。

③ 单击图表，利用“图表工具 1 布局”选项卡“标签”组的“图表标题”按钮，可以输入图表标题“成绩表”。

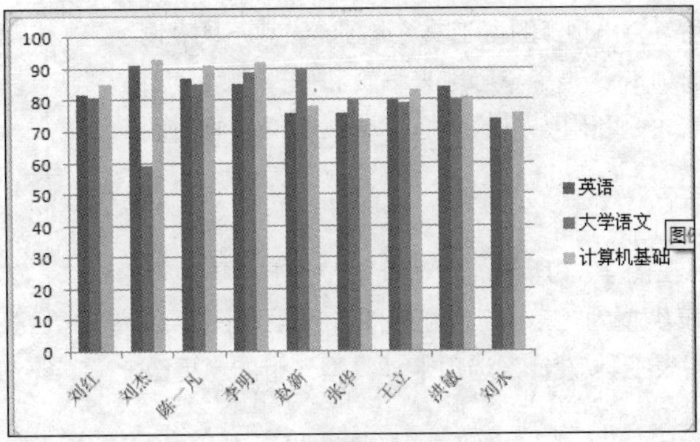

图 4-50　簇状柱形图之二

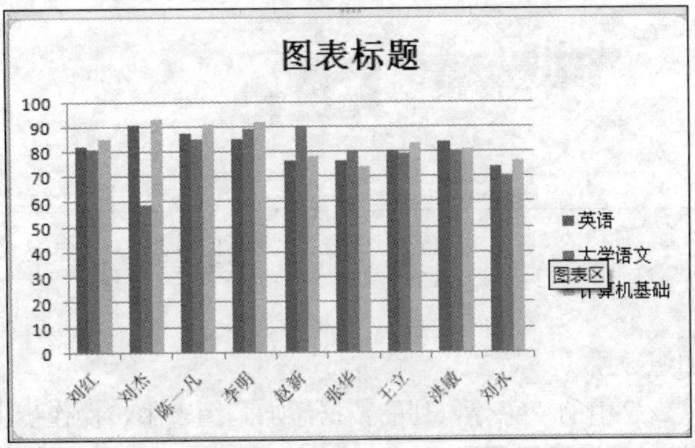

图 4-51　簇状柱形图之三

④ 图表创建完成后，调整大小，将其移至 A11:J21 单元格区域内，如图 4-52 所示。

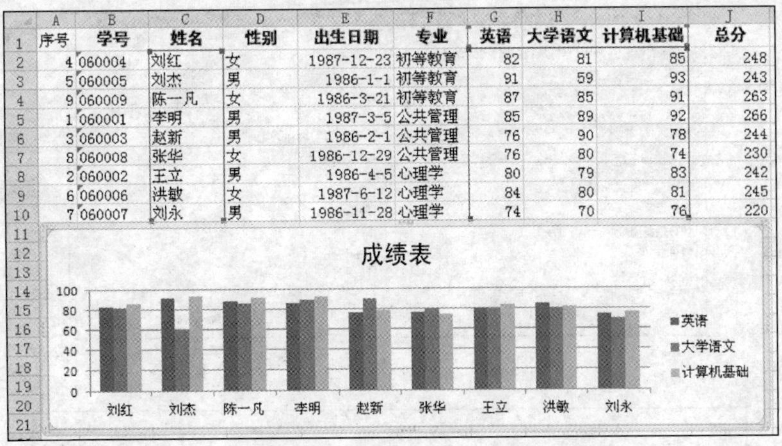

图 4-52　插入图表后的工作表

4.4.3 编辑图表

用户创建图表之后，可以在工作表中或直接在图表中对图表进行编辑，还可以调整工作表中生成图表的源数据区域，使图表更符合要求。

当选中一个图表后，会出现“图表工具”选项卡，其下的“设计”“布局”“格式”选项卡内的命令可用来编辑和修改图表。用户也可以选中图表后右击，利用弹出的快捷菜单来编辑和修改图表，如图 4-53 所示。

图 4-53　修改图表快捷菜单

1. 修改图表类型

右击图表绘图区，在图 4-53 所示的快捷菜单中选择“更改图表类型”命令，修改图表类型为“三维簇状柱形图”，结果如图 4-54 所示。也可以利用“图表工具/设计”选项卡“类型”组的“更改图表类型”按钮来完成。

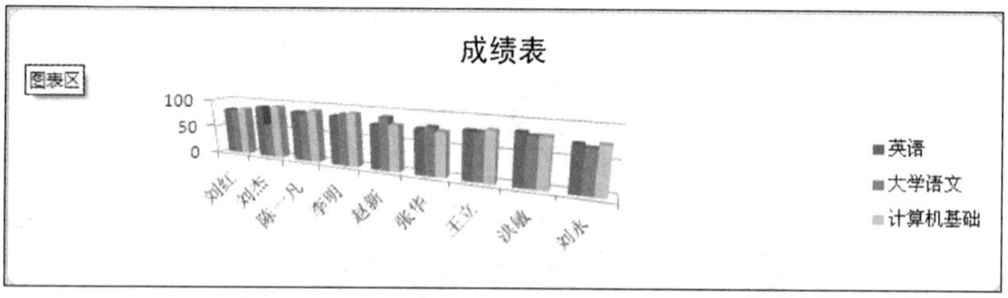

图 4-54　修改“图表类型”后的图表

2. 更改源数据

（1）向图表中添加源数据

如果将“学生成绩表”中的“总分”列的数据添加到图表中，操作步骤如下：单击图表绘图区，单击“图表工具/设计”选项卡“数据”组的“选择数据”按钮；或在图表绘图区右击，在图 4-53 所示的快捷菜单中选择“选择数据”命令，在打开的“选择数据源”对话框（见图 4-55）中重新选择所需的数据区域，即可完成向图表中添加源数据，如图 4-56 所示。

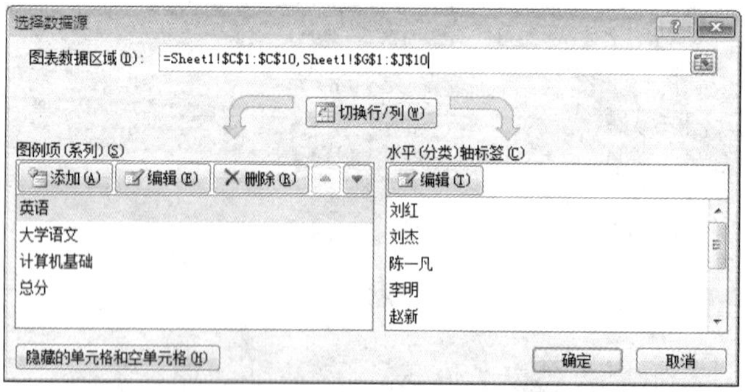

图 4-55　“选择数据源”对话框

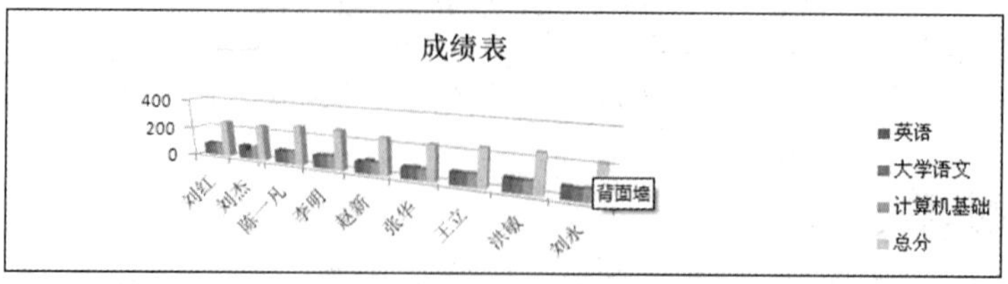

图 4-56　添加源数据后的图表

（2）删除图表中的数据

如果要同时删除工作表和图表中的数据，只需删除工作表中的数据即可，图表会自动更新。如果只从图表中删除数据，在图表上单击所要删除的图表系列，按“Delete”键即可完成。利用“选择数据源”对话框的“图例项（系列）”栏中的“删除”按钮也可以进行对图表数据的删除。

3．格式化图表

为了使图表更加美观，可以对图表的边框、文字和数据等进行格式设置。具体操作方法如下：双击图表区或选中图表区后右击，在弹出的快捷菜单中选择“设置图表区域格式”命令，打开图4-57所示的“设置图表区格式”对话框；用户可在对话框中设置边框线的格式和区域的背景颜色等；双击图表的标题区或选中标题区后右击，在弹出的快捷菜单中选择“设置图表标题格式”命令，打开“设置图表标题格式”对话框，可设置标题的图案颜色、边框样式、对齐方式等。

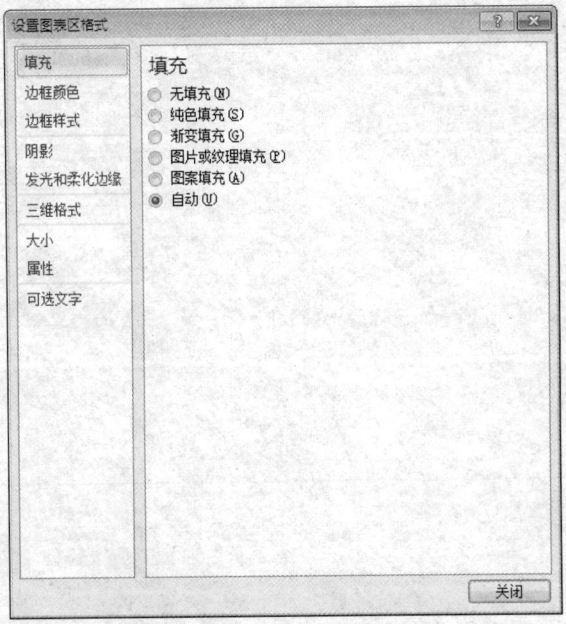

图4-57 “设置图表区格式”对话框

思考题

1．简述Excel工作窗口与Word窗口的不同之处。
2．简述工作簿、工作表、单元格的概念。
3．输入纯数字字符串、日期和时间数据时，需要注意什么？
4．如何使用“填充柄”快速地复制和填充数据？
5．简述如何设置单元格格式。
6．简述单元格引用有几种类型，它们之间有什么区别。

7．输入公式与输入文本之间有什么区别？

8．简述数据清单、记录单的概念。如何通过记录单输入和编辑工作表中的数据？

9．简述对工作表中的数据进行排序、筛选、分类的操作。

10．简述建立数据透视表的操作方法。

11．简述创建和编辑图表的操作方法。

第5章 演示文稿制作软件 PowerPoint 2010的应用

Microsoft PowerPoint 2010（以下简称 PowerPoint 2010）是微软公司出品的幻灯片制作与播放软件，是 Microsoft Office 2010 办公套件中的重要组件。它提供了简单的可视化操作，用户可利用其快速创建具有精美外观和感染力的演示文稿，能达到复杂的演示效果。此外，比起 PowerPoint 2003 及以前的版本，它的功能更为强大。

本章主要介绍演示文稿 PowerPoint 2010 的基本功能和应用。从最简单的启动与退出演示文稿的操作入手，介绍窗口组成及打开和关闭演示文稿的方法。介绍利用不同视图编辑幻灯片，以及利用主题和设置背景统一演示文稿的外观风格。介绍为演示文稿添加文本、图片、艺术字和表格。还介绍利用幻灯片动画设计、切换方式设计以及放映方式设置使演示文稿内容更加丰富、表现形式更为多样。最后介绍演示文稿打包和格式转换的操作，以使打包后的文件能在没有安装 PowerPoint 2010 的计算机上放映。

同时，在 PowerPoint 2010 中，用户还可以利用 VBA 控件以及其他高级功能来实现更为丰富灵活的展现和交互。

本章主要有以下 6 个学习任务。

- 演示文稿的创建、打开、关闭和保存。
- 演示文稿视图的使用，幻灯片版式的选用，幻灯片的插入、移动、复制和删除。
- 幻灯片的制作与编辑，包括插入文本、图片、艺术字、声音、表格、视频和格式化幻灯片。
- 演示文稿主题的选用和幻灯片背景设置。
- 演示文稿的放映效果设计，包括动画设计、放映方式、切换效果等。
- 演示文稿的打包和打印。

5.1 PowerPoint 2010 的基本操作

PowerPoint 2010 是一个功能强大的幻灯片制作与演示软件，集图形、图像、文字、声音以及视频剪辑等多种多媒体元素于一体，用户的设想能通过放映幻灯片的方式淋漓尽致地演示出来。

5.1.1 启动和退出 PowerPoint 2010

1. 启动 PowerPoint 2010

在 Windows 环境下，启动 PowerPoint 2010 有多种方法，常用的方法如下。

① 选择“开始”→“所有程序”→“Microsoft Office”→“Microsoft PowerPoint 2010”命令，即可启动 PowerPoint 2010。

② 双击桌面上的“Microsoft PowerPoint 2010”图标，可启动 PowerPoint 2010。

③ 双击文件夹中的 PowerPoint 演示文稿文件（其扩展名为 pptx），可启动 PowerPoint 2010，并打开该演示文稿。

前两种方法启动 PowerPoint 2010 后，在 PowerPoint 的窗口中会自动生成一个名为“演示文稿 1”的空白演示文稿。

2．退出 PowerPoint 2010

退出 PowerPoint 2010 也有多种方法，常用的方法如下。

① 选择“文件”选项卡里的“退出”命令。

② 双击窗口快速访问工具栏左端的控制菜单图标。

③ 单击窗口右上角的关闭按钮。

④ 按“Alt + F4”组合键。

5.1.2　PowerPoint 2010 窗口介绍

启动 PowerPoint 2010 后，进入图 5-1 所示的窗口。该窗口主要由标题栏、快速访问工具栏、选项卡、演示文稿编辑区、视图按钮、显示比例按钮、状态栏等组成。

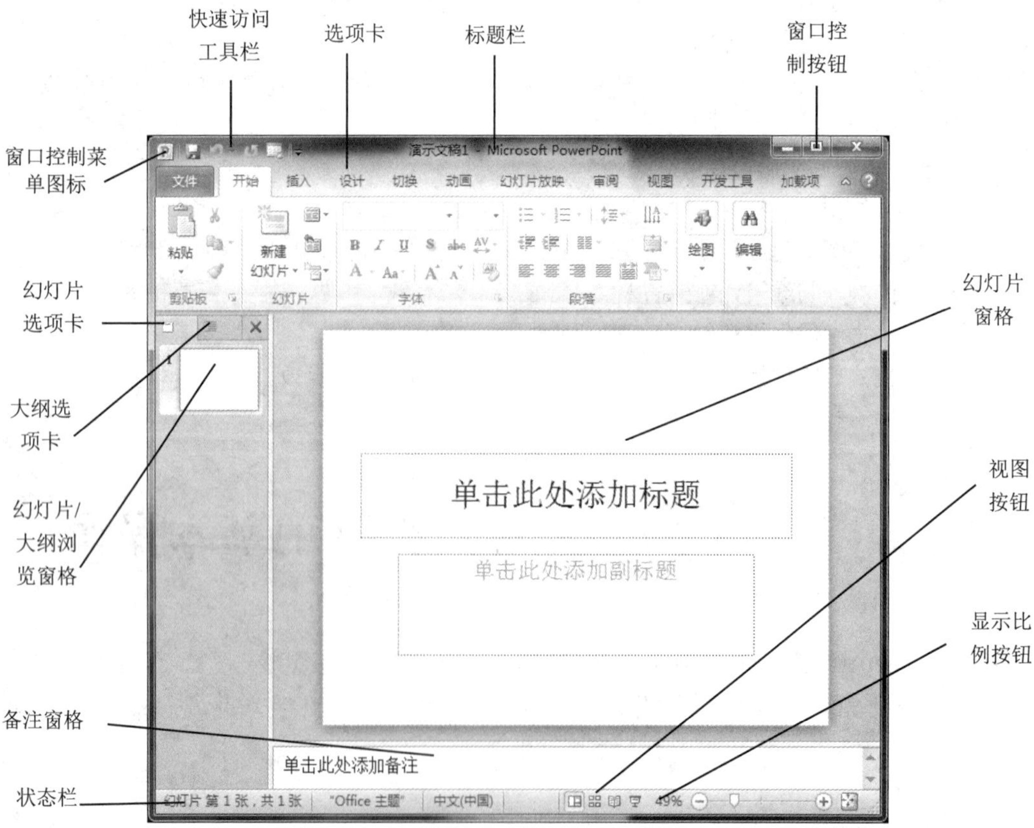

图 5-1　PowerPoint 2010 窗口

1．标题栏

标题栏位于窗口的最上方，上面显示了演示文稿的名称。双击标题栏，可以将窗口放大或将缩小的窗口恢复到它原来的大小。

2．快速访问工具栏

快速访问工具栏位于标题栏左侧，包含几个常用按钮，便于用户快速访问。通常有“保存”“撤销”和“恢复”等按钮，用户可以根据自己的需要进行增删。

3．选项卡

选项卡位于标题栏下方，包含了 PowerPoint 2010 所有的控制功能，用户通过选项卡里的按钮或快捷键，可以完成各项操作。选项卡里的一个按钮代表一个命令，如果要激活某个命令，只需要单击或使用快捷键即可，通过单击按钮的操作和通过使用快捷键的操作的结果是一样的。

选项卡通常包括“文件”“开始”“插入”等 9 个不同类别的选项卡，用户可以根据需要使用，并且能新建选项卡进行个性化调整。选择“文件”→“选项”→“自定义功能区”命令，用户可以进入自定义界面进行个性化调整。

4．演示文稿编辑区

演示文稿编辑区分为 3 个部分：左侧的幻灯片/大纲浏览窗格、右侧上方的幻灯片窗格和右侧下方的备注窗格。拖曳窗格之间的分界线能调整窗格大小。

在幻灯片窗格中显示当前幻灯片，用户可以在此编辑该幻灯片的内容。用户可在备注窗格中添加与该幻灯片有关的备注信息。幻灯片/大纲浏览窗格中有“幻灯片”和“大纲”两个选项卡。在“幻灯片”选项卡下，显示幻灯片的缩略图，在此可以进行幻灯片的插入、删除、添加和重新排列次序等。在“大纲”选项卡下，显示各幻灯片的标题和正文信息。

5．视图按钮

视图按钮区域有“普通视图”“幻灯片浏览”“阅读视图”“幻灯片放映”等多种模式对应的按钮，单击某个按钮可以方便地切换到相应的视图。

6．显示比例按钮

用户可以拖曳显示比例按钮来调节显示比例，可以通过“+”“−”按钮调节显示比例。

7．状态栏

状态栏位于窗口的底部左侧。在“普通视图”中，状态栏显示当前幻灯片的序号、当前演示文稿幻灯片的总数、幻灯片的主题和当前输入法等信息。在“幻灯片浏览”视图中，显示当前视图、幻灯片主题和输入法等信息。

5.1.3 打开和关闭演示文稿

1．打开演示文稿

打开现有的演示文稿的方法主要有以下 6 种。

（1）以一般方式打开演示文稿

单击“文件”选项卡，在打开的菜单中选择“打开”命令，打开“打开”对话框，如图 5-2 所示。双击要打开的文件或直接在“文件名”文本框中输入要打开的文件名，再单击“打开”按钮。

（2）以副本方式打开演示文稿

以副本方式打开演示文稿时，对副本的修改不会影响原来的演示文稿。此种方式下打开演示文稿的操作方法与第一种方法类似，不同之处仅在于最后一步。在“打开”对话框中，单击“打开”按钮右侧的下拉按钮，在下拉列表中选择“以副本方式打开”，这样打开的演示文稿在标题栏处的文件名前会出现“副本（1）”，此时编辑的演示文稿与原演示文稿无关。

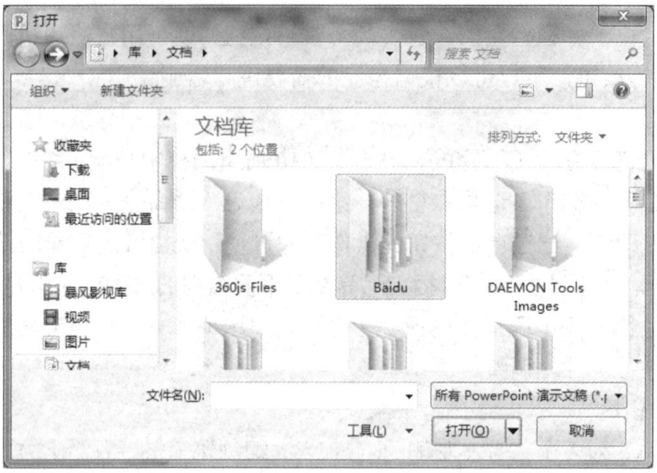

图 5-2 “打开”对话框

（3）以只读方式打开演示文稿

以只读方式打开演示文稿时，用户只能浏览，不能修改，如果文件有修改则不能以原文件名保存，只能保存为其他文件名。此种方式下打开演示文稿的操作方法与“以副本方式打开演示文稿”相似，不同之处在于最后一步。在“打开”对话框中，单击“打开”按钮右侧的下拉按钮，在下拉列表中选择“以只读方式打开”，这样打开的演示文稿在标题栏处的文件名后会出现“[只读]”。“打开”下拉列表如图 5-3 所示。

（4）打开最近使用过的演示文稿

单击“文件”选项卡，选择“最近所用文件”命令，选择要打开的演示文稿。这样，就能快速打开最近使用过的演示文稿。

（5）双击演示文稿方式打开

以上 4 种方法是在已启动 PowerPoint 2010 的情况下打开演示文稿，在没有启动 PowerPoint 2010 的情况下直接双击要打开的演示文稿能快速打开它。

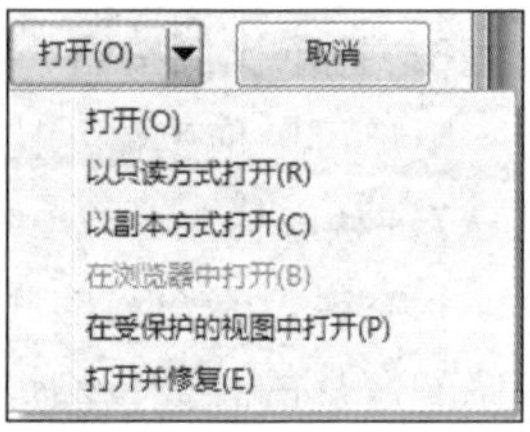

图 5-3 “打开”下拉列表

（6）一次打开多个演示文稿

要同时打开多个演示文稿，可以单击“文件”选项卡，在出现的菜单中选择“打开”命令，在打开的“打开”对话框中找到要打开的演示文稿，按住“Ctrl”键的同时单击多个要打开的演示文稿，然后单击“打开”按钮，即可同时打开所选择的多个演示文稿。

2. 关闭演示文稿

关闭演示文稿常用以下 3 种方法。

① 单击“文件”选项卡，选择“关闭”命令，则可关闭演示文稿，但不退出 PowerPoint 2010。

② 单击 PowerPoint 2010 窗口右上角的“关闭”按钮，则可关闭演示文稿并退出 PowerPoint 2010。

③ 右击标题栏上的 PowerPoint 2010 图标，在弹出的快捷菜单中选择“关闭”命令，则可关闭演示文稿并退出 PowerPoint 2010。

5.2 演示文稿的 5 种视图方式

PowerPoint 2010 为了满足用户建立、编辑、浏览和放映幻灯片的需要，提供了普通视图、幻灯片浏览视图、幻灯片放映视图、备注页视图、阅读视图等多种视图方式。

5.2.1 视图方式介绍

1. 普通视图

在普通视图下，演示文稿编辑区左侧的“幻灯片浏览/大纲窗格”、右侧上方的“幻灯片窗格”和右侧下方的“备注窗格”被组合到一个窗口中。普通视图是主要的编辑视图，在此视图下用户既可以对文本进行输入、编辑和排版操作，又可以在备注窗格内输入备注信息。

窗格的大小是可以调节的，一般情况下，“幻灯片窗格”越大，编辑幻灯片越方便。

2. 幻灯片浏览视图

在“幻灯片浏览”视图中，用户可以在一个屏幕中同时看到演示文稿中的多张幻灯片，这些幻灯片是以缩略图显示的。这样，用户就可以很清楚地看到演示文稿的整体。用户还能很容易地选择幻灯片并进行添加、删除和移动等操作，还可以设置幻灯片的切换效果，但不能改变幻灯片本身的内容。

3. 幻灯片放映视图

在此视图下，用户可以观看幻灯片的全屏放映效果，也可以“从头开始”或“从当前幻灯片开始”或以其他方式放映演示文稿。当所有的幻灯片放映结束时，单击即可返回到普通视图的编辑窗口中。用户通过单击窗口底部的“幻灯片放映”按钮，也可以从当前幻灯片开始放映演示文稿。

4. 备注页视图

在“视图”选项卡中单击“备注页”按钮，进入“备注页”视图。在此视图下显示一张幻灯片及其下方的备注页。用户可以输入或编辑备注页的内容。

5. 阅读视图

在“视图”选项卡中单击“阅读视图”按钮，进入阅读视图。在阅读视图下只保留幻灯片窗格、标题栏和状态栏，在幻灯片制作完成后可在此视图下做简单的放映浏览。按“Esc”键可以退出阅读视图。

5.2.2 视图方式的切换

切换视图方式的方法有两种：一是在“视图”选项卡下单击“普通视图”“幻灯片浏览”“备注页”和“阅读视图”按钮，二是单击位于窗口底部的视图按钮，如图 5-4 所示。

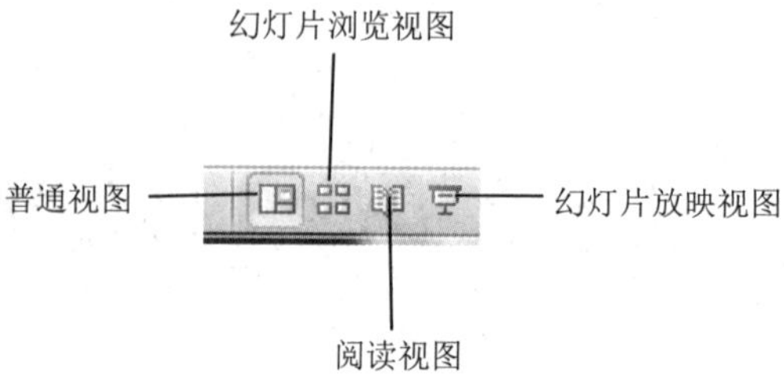

图 5-4 视图按钮

5.2.3 普通视图下的操作

在普通视图下，幻灯片窗格面积最大，用于显示单张幻灯片，因此在这种视图下，适合对幻灯片上的对象，包括文本、图片、表格等进行编辑操作。主要操作包括对文本和图片进行选择、移动、复制、插入、删除，对图片进行缩放以及设置文本格式和对齐方式等。

5.2.4 “幻灯片浏览”视图下的操作

在“幻灯片浏览”视图下，可以同时显示多张幻灯片的缩略图，便于用户进行重排幻灯片的顺序以及移动、复制、插入和删除幻灯片等操作。

1．选择幻灯片

若要编辑某张幻灯片，必须使其成为当前幻灯片。普通视图下可在左侧的“幻灯片/大纲浏览”窗格中用拖曳滚动条方式快速找到目标幻灯片。

在“幻灯片浏览”视图下，窗口中以缩略图方式显示全部幻灯片，而且缩略图的大小可以调整。所以在这种视图下，用户可以看到比普通视图下“幻灯片/大纲浏览”窗格中更多的幻灯片缩略图。如果幻灯片不多，甚至可以显示全部幻灯片缩略图，用户能够在此快速找到目标幻灯片。

“幻灯片浏览”视图下选择幻灯片的方法如下。

① 单击“视图”选项卡“演示文稿视图”组的“幻灯片浏览”按钮，或单击窗口底部“幻灯片浏览”按钮，进入“幻灯片浏览”视图，如图 5-5 所示。

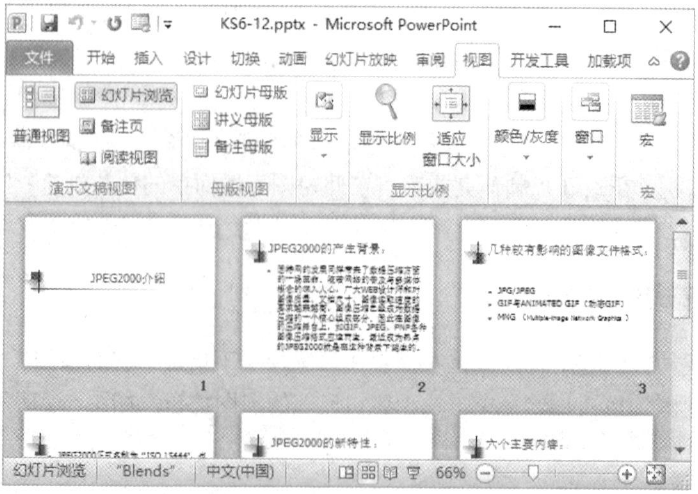

图 5-5 “幻灯片浏览”视图

② 利用滚动条或“PageUp”键和“PageDown”键滚动屏幕，寻找目标幻灯片。单击目标幻灯片，该幻灯片的四周出现黄框，说明该幻灯片被选中。

若想选择连续的多张幻灯片，可以先单击第一张幻灯片，然后按住“Shift”键的同时单击最后一张幻灯片，则这些连续的多张幻灯片均出现黄框，说明它们都被选中。如果想选择不连续的多张幻灯片，可按住“Ctrl”键并逐个单击要选择的幻灯片即可。

2．缩放幻灯片缩略图

在“幻灯片浏览”视图下，幻灯片通常以66%的比例显示，幻灯片缩略图因此得名。用户根据需要可以调节显示比例，如果希望一屏显示更多幻灯片缩略图，可以缩小显示比例。

在“幻灯片浏览”视图下单击“视图”选项卡“显示比例”组的“显示比例”按钮，打开“显示比例”对话框，此时可看到幻灯片缩略图的显示比例。在“显示比例”对话框中可以选择合适的显示比例，如50%等；也可以自己定义显示比例，即在“百分比”下的文本框中直接输入比例或单击微调按钮选取合适的比例，如图5-6所示。

图5-6 “显示比例”对话框

3．重排幻灯片的顺序

演示文稿中的幻灯片有时要调整位置，按新的顺序排列。因此需要向前或向后移动幻灯片。移动幻灯片的方法如下。

在“幻灯片浏览”视图下选中需要移动位置的幻灯片，按住鼠标左键拖曳幻灯片到目标位置，当目标位置出现一条竖线时，松开鼠标左键，所选幻灯片移到该位置。移动时出现的竖线表示当前位置。

移动幻灯片的另一种方法是采用剪切/粘贴方式。选中需要移动位置的幻灯片，单击“开始”选项卡“剪贴板”组的“剪切”按钮。单击目标位置，如第5张幻灯片和第6张幻灯片之间的位置，此时该位置出现一条竖线。单击“开始”选项卡“剪贴板”组的“粘贴”按钮，则所选幻灯片移到第5张幻灯片后面。

4．插入幻灯片

在“幻灯片浏览”视图下能插入一张或多张新幻灯片。

5．删除幻灯片

在创建和编辑演示文稿的过程中，可能要删除某些不需要的幻灯片。在“幻灯片浏览”视图下，可以显示更多幻灯片，所以删除多张幻灯片也更为方便。先选中要删除的幻灯片，按“Delete”键即可删除幻灯片。

5.3 创建和编辑简单的电子演示文稿

5.3.1 创建演示文稿

在PowerPoint 2010里创建一个演示文稿，就是建立一个新的以pptx或ppt为扩展名的PowerPoint文件。启动PowerPoint 2010时，系统会自动为空白演示文稿新建一张“标题”幻灯片，如图5-7所示。PowerPoint 2010根据用户的不同需要，提供了多种新文稿的创建方式，常用的有“创建空白演示文稿”“根据主题创建演示文稿”“根据模板创建演示文稿”“根据现有演示文稿创建演示文稿”等。下面介绍4种常见的创建演示文稿的方法。

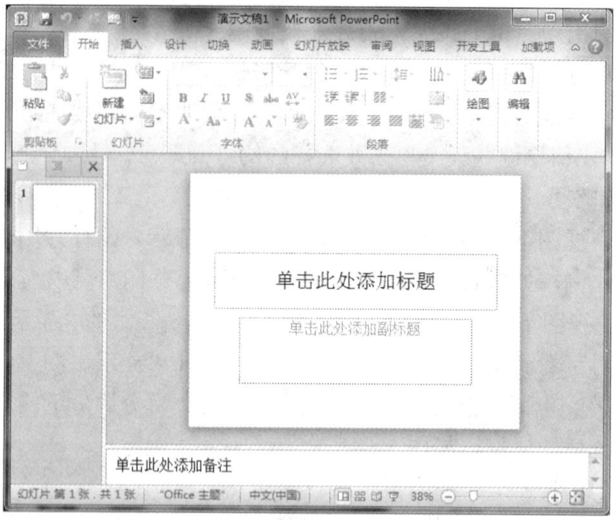

图 5-7 新建的空白演示文稿

1. 创建空白演示文稿

从空白幻灯片创建演示文稿的具体操作方法如下。

① 选择“文件”→“新建”→“空白演示文稿”→“创建”命令或选择“文件”→“新建”命令，双击“空白演示文稿”。

② 单击图 5-8 所示的新建任务面板中的“空白演示文稿”按钮，创建图 5-7 所示的“空白演示文稿”。

图 5-8 新建任务面板

2. 用主题创建演示文稿

在图 5-8 所示的面板中选择“主题”，在打开的面板中选择要用的主题，双击或单击后单击“创建”按钮，如图 5-9 所示。

图 5-9 用主题创建演示文稿

使用现成的主题创建演示文稿，可以简化演示文稿风格设计的大量工作，快速创建演示文稿。

3．用模板创建演示文稿

在图 5-8 所示的面板中选择“样本模板”，在打开的面板中选择要用的模板，双击或单击后单击“创建”按钮。

使用现成的设计模板创建演示文稿，省时省力，能快速创建具有专业水平的演示文稿，从而提高工作效率。

但系统中预设的模板样式有限，如果“样本模板”中没有符合要求的模板，也可以在微软公司的官方网站上下载。

4．用现有演示文稿创建演示文稿

在图 5-8 所示的面板中双击“根据现有内容创建”，即可创建一个与现有演示文稿样式和内容完全一样的新演示文稿，在此基础上进行适当修改并保存即可。

5.3.2 在演示文稿中增删幻灯片

一个演示文稿由多张幻灯片组成，有时需要增加下幻灯片，有时需要删除某些幻灯片。

1．选择幻灯片

（1）选择一张幻灯片

在“幻灯片/大纲浏览”窗格中，拖曳“幻灯片/大纲浏览”窗格中的滚动条滑块，找到要选取的幻灯片后，单击选中即可。

（2）选择多张相邻幻灯片

在“幻灯片/大纲浏览”窗格中单击要选择的第一张幻灯片，然后在按住“Shift”键的同时单击要选择的最后一张幻灯片，即可选中这两张幻灯片之间的全部幻灯片。

（3）选择多张不相邻幻灯片

在“幻灯片/大纲浏览”窗格中单击所要选择的第一张幻灯片，然后在按住“Ctrl”键的同时逐个单击所选的其他幻灯片，即可同时选中多张不相邻幻灯片。

2．插入幻灯片

插入幻灯片有两种常用方法：插入新幻灯片和插入当前幻灯片的副本。插入新幻灯片后由用户重新编写幻灯片内容和格式。插入当前幻灯片的副本则直接复制当前幻灯片，包括当前幻灯片的格式和内容，用户只需编辑内容。

（1）插入新幻灯片

第一种方法：将光标定位在“幻灯片/大纲浏览”窗格中要插入幻灯片的位置，按“Enter”键，即可插入一张幻灯片。这种方法最为简便。

第二种方法：将光标定位在“幻灯片/大纲浏览”窗格中要插入幻灯片的位置，单击“开始”选项卡“幻灯片”组的“新建幻灯片”下拉按钮，从出现的幻灯片版式中选择一种版式，如“标题和内容”，则新建了一张该版式的幻灯片。

另外，将光标定位在“幻灯片/大纲浏览”窗格中要插入幻灯片的位置，右击，在弹出的快捷菜单中选择“新建幻灯片”命令，可以在该幻灯片后面新建一张幻灯片。

（2）插入当前幻灯片的副本

在“幻灯片/大纲浏览”窗格中选择目标幻灯片，然后单击“开始”选项卡“幻灯片”组的“新建幻灯片”下拉按钮，在下拉列表中选择“复制所选幻灯片”选项。这样就在当前幻灯片之后插入一张与当前幻灯片完全相同的幻灯片。也可右击目标幻灯片，在弹出的快捷菜单中选择“复制幻灯片”命令，在目标幻灯片后面插入新幻灯片。

3．删除幻灯片

在“幻灯片/大纲浏览”窗格中选择要删除的幻灯片，按“Delete”键删除。也可右击幻灯片，在弹出的快捷菜单中选择“删除幻灯片”命令，如图 5-10 所示。若删除多张幻灯片，可以同时选中多张幻灯片，然后按“Delete”键删除。

4．复制幻灯片

（1）本文档内复制幻灯片

选中幻灯片，右击，在弹出的快捷菜单中选择“复制幻灯片”命令，如图 5-11 所示，再在文档的目标位置进行粘贴即可。

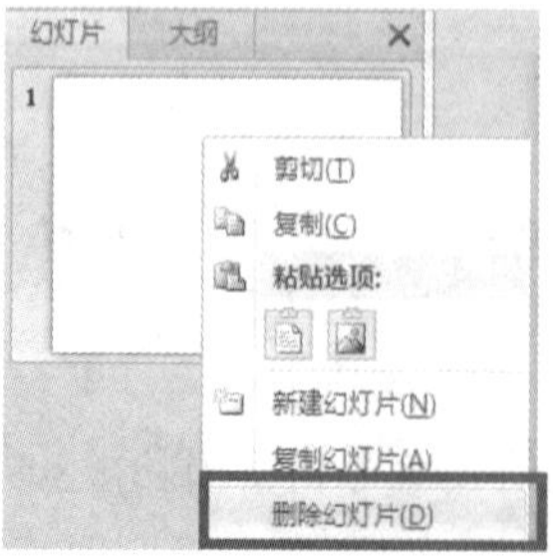

图 5-10 删除幻灯片

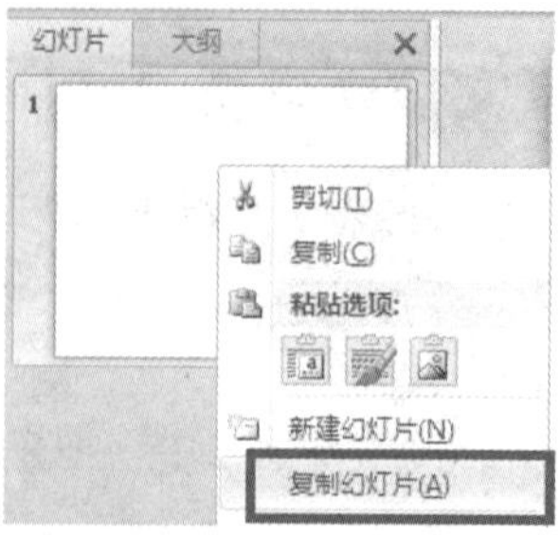

图 5-11 复制幻灯片

（2）不同文档间复制幻灯片

在某一文档中选中幻灯片，右击，在弹出的快捷菜单中选择“复制”命令，如图 5-12 所示。在另一文档的目标位置右击，在弹出的快捷菜单中的“粘贴选项”下，选择“使用目标主题”命令即可，如图 5-13 所示。

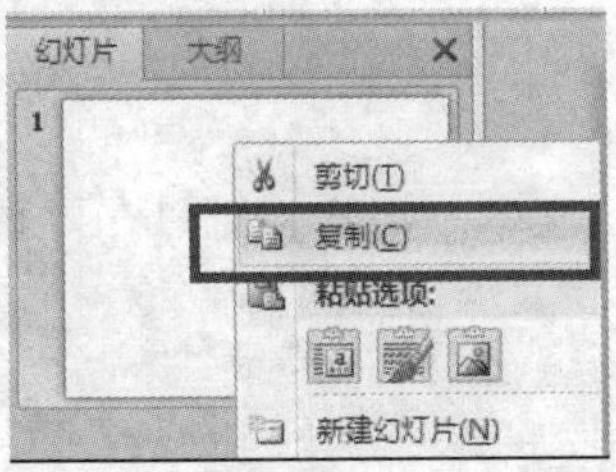

图 5-12 复制不同文档幻灯片

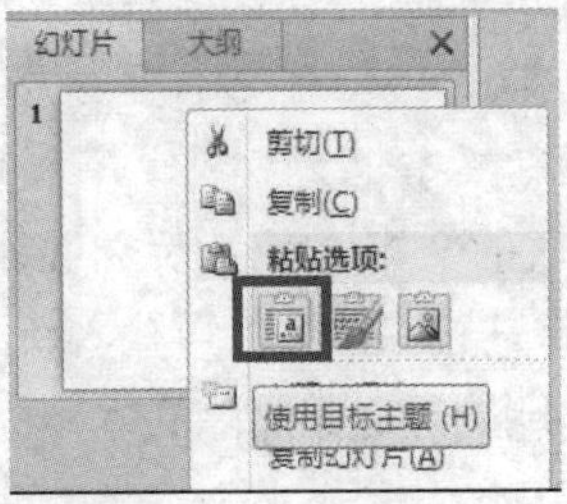

图 5-13 使用目标主题

5.3.3 编辑幻灯片中的文本内容

演示文稿由若干幻灯片组成，根据需要幻灯片中可以出现多种表现形式。文本是最基本的表现形式，也是演示文稿的基础。用户输入文本后，可以为其设置相应的格式，也可以继续在幻灯片中添加图片、表格、背景等以丰富幻灯片内容。

1．输入文本

（1）利用占位符输入文本

新建空白演示文稿时，系统会自动生成一张标题幻灯片，其中包括两个虚线框，框中有提示文字，这些虚线框称为占位符。占位符是预先安排的对象插入区域，对象可以是文本、图片、表格等。单击不同的占位符即可插入相应的对象。标题幻灯片的两个占位符都是文本占位符。单击占位符，提示文字消失，出现插入光标，直接输入文本内容即可。输入文本时，一般情况下会自动换行，需要开始新段落时，按“Enter”键即可。

（2）利用文本框输入文本

单击“插入”选项卡“文本”组的“文本框”下拉按钮，在打开的下拉列表中，用户可以选择横排文本框和垂直文本框。把鼠标指针指向文本框的边界小圆圈处，当指针变为双向箭头时，拖曳文本框控制点即可对文本框的大小进行粗略设置。此外，还可以选中文本框，在“绘图工具/格式”选项卡“大小”组中，设置高度和宽度，用这种方法可以精确地设置文本框的大小，如图 5-14 所示。

可以使用“形状填充”“形状轮廓”和“形状效果”按钮设置文本框格式：选中文本框，在“绘图工具/格式”选项卡“形状样式”组中，设置形状填充、形状轮廓和形状效果，如图 5-15 所示。

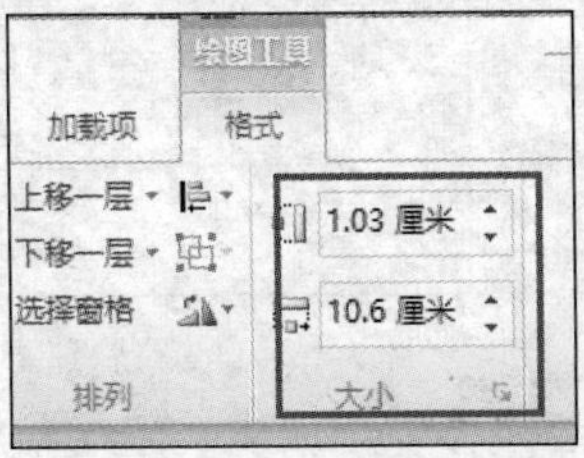

图 5-14 设置文本框大小

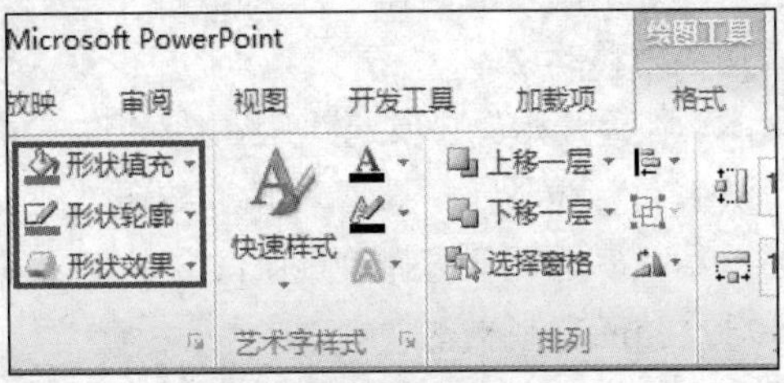

图 5-15 设置文本框格式

2．选择文本

要对文本进行编辑，必须先选中该文本。用户根据需要可以选择整个文本框或部分文本。

① 选择整个文本框：单击文本框中任一位置，出现虚线框，再单击虚线框，则变成实线框，

此时表示选中整个文本框。单击文本框外的位置，即可取消选中状态。

② 选择部分文本：按住鼠标左键从所选文本的第一个字符拖曳光标到所选文本的最后一个字符，松开鼠标左键，这部分文本反白显示，此时表示被选中。

3．替换原有文本

选择要替换的文本，使其反白显示后直接输入新文本。用户也可以在要替换的文本后按“Delete”键，将其删除，然后再输入新文本。

4．插入、删除与撤销删除文本

（1）插入文本

单击插入位置，然后输入要插入的文本，新文本将插入到插入点位置。

（2）删除文本

选择要删除的文本，使其反白显示，然后按“Delete”键或“Backspace”键即可。用户也可以选择文本后右击，在弹出的快捷菜单中选择“剪切”命令。还可以定位光标，按键盘上的“Delete”键即可删除光标之后的文本，按“Backspace”键即可删除光标之前的文本。

此外，用户还可以单击“清除”按钮。选择要删除的文本，单击快速访问工具栏中的“清除”按钮，即可删除该文本。

若“清除”按钮不在快速访问工具栏，用户可以将“清除”按钮添加到快速访问工具栏。具体方法如下。

单击快速访问工具栏右侧的“自定义快速访问工具栏”按钮，从中选择“其他命令”，在打开的“PowerPoint 选项”对话框中单击“从下列位置选择命令”栏的下拉按钮，从中选择“不在功能区中的命令”，然后从列表中选择“清除”选项，并单击中间的“添加”按钮，就可以看到右侧新出现的“清除”按钮。单击“确定”按钮后，快速访问工具栏中出现“清除”按钮，如图 5-16 所示。

（3）撤销删除文本

单击快速访问工具栏上的“撤销”按钮即可撤销删除，即图 5-16 左上角的按钮 。

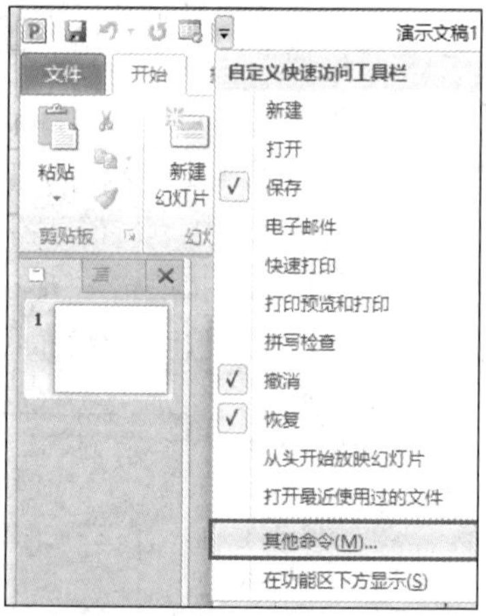

图 5-16 自定义快速访问工具栏

5．移动与复制文本

（1）本文档内复制文本

选中文本，在“开始”选项卡“剪贴板”组中，单击“复制”按钮，选择目标位置，单击“粘贴”按钮，在打开的下拉列表中的“粘贴”选项下选择“只保留文本”选项。

（2）本文档内移动文本

选中文本，在“开始”选项卡“剪贴板”组中，单击“剪切”按钮，选择目标位置，单击“粘贴”按钮，在打开的下拉列表中的“粘贴”选项下选择“只保留文本”选项。

（3）不同文档间复制文本

选中文本，右击，在弹出的快捷菜单中，选择“复制”命令，在目标的位置右击，在弹出的快捷菜单中的“粘贴选项”下选择“只保留文本”命令。

（4）不同文档间移动文本

选中文本，右击，在弹出的快捷菜单中，选择“剪切”命令，在目标的位置右击，在弹出的快捷菜单中的“粘贴选项”下选择“只保留文本”命令。

5.3.4 设置幻灯片中文字格式

1. 字体、字号、字体样式和字体颜色

用户可以利用“开始”选项卡“字体”组的相关命令进行设置。单击“字体”组中的“字体”工具的下拉按钮，在打开的下拉列表中选择中意的字体，如“宋体”等。单击“字号”工具的下拉按钮，在打开的下拉列表中选择中意的字号，图 5-17 所示为“44”磅。单击字体样式按钮，如“加粗”“倾斜”等。

如图 5-17 所示，单击“字体”组的右下角的“字体”按钮，即可打开“字体”对话框，如图 5-18 所示。

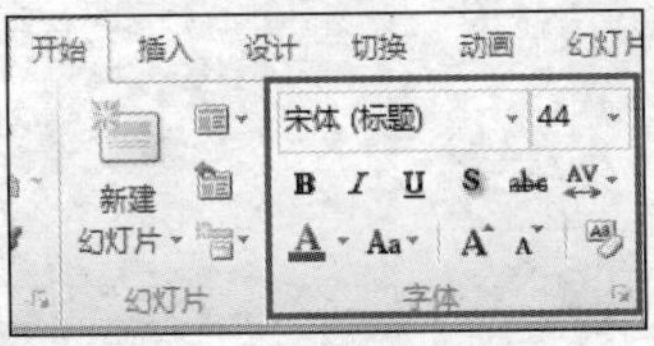

图 5-17 利用“字体”组设置文本格式

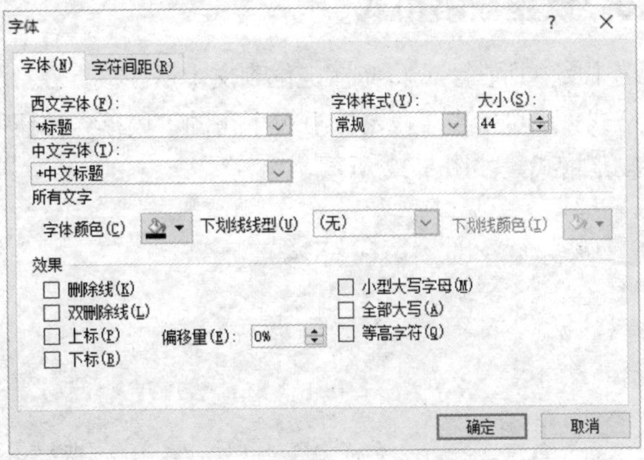

图 5-18 “字体”对话框

关于字体颜色的设置，可以单击“字体颜色”工具的下拉按钮，在“主题颜色”下拉列表中选择所需要的颜色，如红色。

用户如对颜色列表中的颜色不满意，也可以自定义颜色。单击“主题颜色”下拉列表中的“其他颜色”命令，打开“颜色”对话框，如图 5-19 所示。在“自定义”选项卡中选择“RGB”颜色模式，然后分别输入红色、绿色、蓝色数值，如（255，0，0），从而自定义所需要的字体颜色。在“颜色”对话框的右侧可以预览输入的颜色数值对应的自定义颜色，若不满意，也可修改颜色数值，直至满意为止。单击“确定”按钮完成自定义颜色设置。

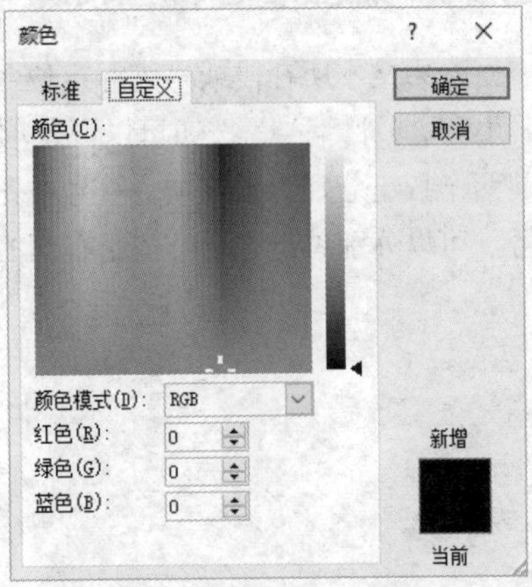

图 5-19 “颜色”对话框

2. 文本对齐

文本有水平方向和垂直方向两种对齐方式。其中水平方向有左对齐、居中、右对齐、两端对齐和分散对齐 5 种方式，垂直方向有顶端对齐、中部对齐和底端对齐 3 种方式，如图 5-20 所示。若要改变文本的对齐方式，用户可以先选中文本，然后单击“开始”选项卡“段落”组的相应按钮，如图 5-21 所示。或者单击“段落”组右下角的“段落”按钮，在打开的“段落”对话框中设置文本的对齐方式。

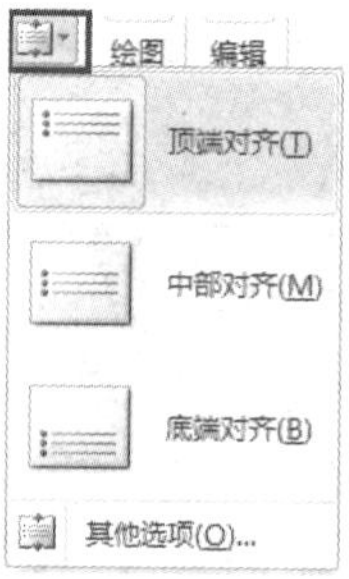

图 5-20　垂直方向的对齐方式

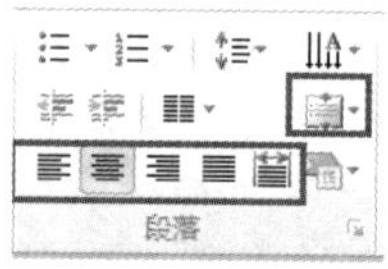

图 5-21　“段落”组按钮

5.3.5　设置段落格式

选中文本所在段或将光标定位到文本所在段，在“开始”选项卡“段落”组中，就可以设置段落格式。也可单击“段落”组右下角的“段落”按钮，在打开的“段落”对话框中更精细地设置段落格式，如图 5-22 所示。

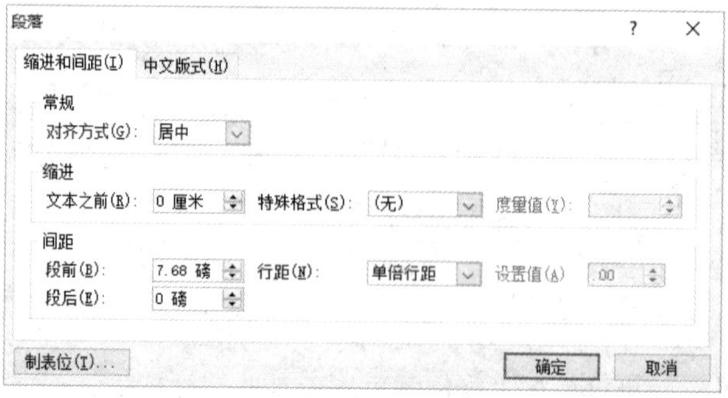

图 5-22　“段落”对话框

5.3.6　添加项目符号和编号

选中文本所在段或将光标定位到文本所在段，在“开始”选项卡“段落”组中，利用“项目符号”和“项目编号”按钮可以设置项目符号和项目编号。在图 5-20 所示的“段落”组按钮中第一行前两个按钮分别为设置项目符号按钮和设置项目编号按钮。如果需要选择其他格式的项目符号和编号，可以分别单击这两个按钮右侧的下拉按钮进行其他格式的设置，如图 5-23 和图 5-24 所示。

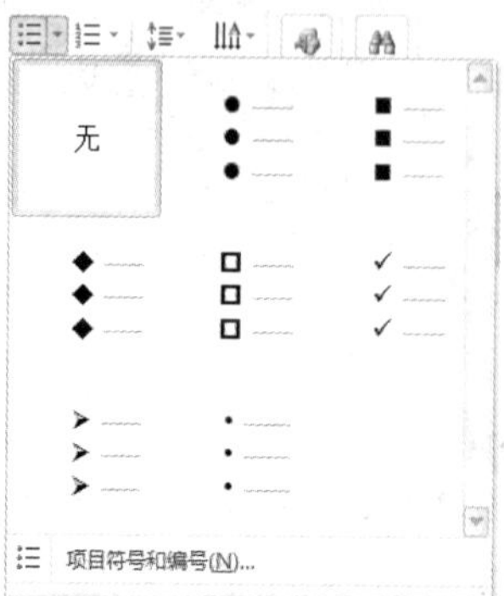

图 5-23　“项目符号”下拉列表

图 5-24　“项目编号”下拉列表

5.3.7 保存演示文稿

在制作完成演示文稿后，应将其保存在磁盘上。要养成良好的习惯，在制作过程中每隔一段时间保存一次，以防因断电或故障导致已经编辑好的幻灯片信息丢失。

演示文稿可以保存在原位置，也可以保存在其他位置甚至换名保存，既可以保存为 PowerPoint 2010 格式，即.pptx 格式，也可以保存为 PowerPoint 97-2003 格式，即.ppt 格式，以兼容 PowerPoint 2003。

1．保存在原位置

制作好演示文稿后，单击快速访问工具栏的“保存”按钮，或单击“文件”选项卡，在菜单中选择“保存”命令。若是第一次保存，会打开图 5-25 所示的“另存为”对话框；否则，不会打开该对话框，直接按原路径及原文件名保存。

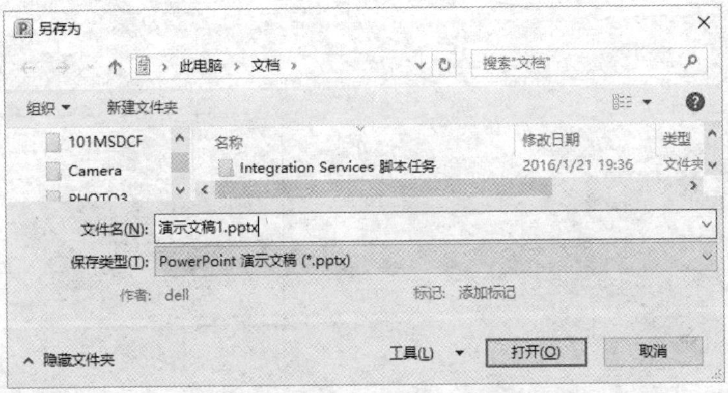

图 5-25 “另存为”对话框

在“另存为”对话框上方选择保存位置，在下方“文件名”栏中输入演示文稿文件名，单击“保存类型”的下拉按钮，从下拉列表中选择“PowerPoint 演示文稿（*.pptx）”，也可以根据需要保存为其他类型的文件，如“PowerPoint 97-2003 演示文稿（*.ppt）”。最后，单击“保存”按钮。

2．保存在其他位置或换名保存

对已经存在的演示文稿，希望存入另一位置或换名保存，都可以单击“文件”选项卡，在菜单中选择“另存为”命令，打开“另存为”对话框，然后按上述步骤确定保存位置或在“文件名”栏输入新文件名，再单击“保存”按钮。这样，演示文稿就会用原名保存在另一位置或在原文件夹下有两个以不同文件名命名的文件。

3．自动保存

自动保存是指在编辑演示文稿的过程中，每隔一段时间就自动保存当前文件。自动保存将避免因意外断电或计算机故障所带来的损失。若设置了自动保存，遇意外而重新启动文档后，PowerPoint 2010 会自动恢复最后一次保存的内容，以减少损失。设置“自动保存”的方法如下。

单击“文件”选项卡，在打开的菜单中选择“选项”命令，打开“PowerPoint 选项”对话框，单击左侧的“保存”标签，选中“保存在演示文稿”栏中的“保存自动恢复信息时间间隔”复选框，使其出现“√”，然后在其右侧输入时间，如 5 分钟，表示每隔 5 分钟就自动保存一次。在“默认文件位置”中可设定演示文稿存入的默认文件夹，以后保存时不必指定路径就能存入该文件夹，以节约时间。

5.3.8 打印演示文稿

演示文稿除可用于放映外，还可以打印成文档，便于演讲时参考、现场分发、传递交流和存档。打印的步骤如下。

① 打开演示文稿，单击“文件”选项卡，在菜单中选择“打印”命令，然后设置打印份数、打印范围、打印版式、打印顺序等，如图 5-26 所示。

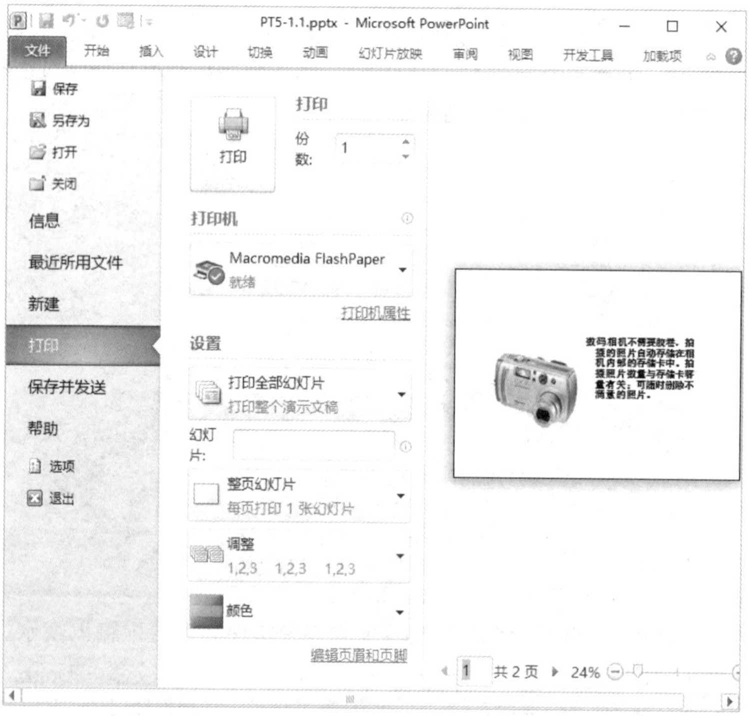

图 5-26 打印设置

② 在“打印”栏输入打印份数，在“打印机”栏中选择当前要使用的打印机。

③ 从“设置”栏开始从上到下分别确定打印范围、打印版式、打印顺序和打印颜色等。单击“设置”栏下方的下拉按钮，在打开的下拉列表中选择“打印全部幻灯片”“打印所选幻灯片”“打印当前幻灯片”或“自定义范围”。若选择“自定义范围”，则在下面“幻灯片”栏文本框中输入要打印的幻灯片序号，非连续的幻灯片序号用逗号分开，连续的幻灯片序号用“-”连接。如输入“1，5，8-12”，表示打印幻灯片序号为 1、5、8、9、10、11、12 的幻灯片。

④ 在“设置”栏中，设置打印版式为整页幻灯片、备注页或大纲以及打印讲义方式的 1 张幻灯片、2 张幻灯片、3 张幻灯片等。单击右侧下拉按钮，出现“打印版式”和“讲义”列表，从中选择一种。如选择“2 张幻灯片”的打印讲义方式，则右侧预览区显示每页打印上下排列的两张幻灯片。

⑤ 下一项用来设置打印顺序，如果打印多份演示文稿，有两种打印顺序：“调整”和“取消排序”。“调整”指打印 1 份完整的演示文稿后再打印下一份，即“1、2、3，1、2、3，…”的顺序。“取消排序”则表示打印各份演示文稿的第一张幻灯片后再打印各份演示文稿的第二张幻灯片，即“1、1、1，2、2、2，…”的顺序。

⑥ 打印顺序栏下方的选项用来设置打印方向。单击它并选择“横向”或“纵向”。

⑦“设置”栏的最后一项可以设置彩色打印、黑白打印和灰度打印。单击该项下拉按钮，在出现的列表中选择“颜色”“纯黑白”或“灰度”。

⑧ 设置完成后，单击“打印”按钮。

此外，纸张大小等信息可以通过单击“打印机属性”按钮来设置。单击“打印机”栏下方的“打印机属性”按钮，打开“文档属性”对话框，在“纸张/质量”选项卡中单击“高级”按钮，打开“高级选项”对话框，在“纸张规格”栏可以设置纸张的大小，如“A4”等。在“布局”选项卡的“方向”栏也可以选择打印方向为“纵向”或“横向”。

5.4 设置演示文稿外观

在制作幻灯片的过程中，为了体现所演示内容的整体性，需要演示文稿的幻灯片具有一致的外观，PowerPoint 2010 提供的主题样式和幻灯片背景设置等方法能实现这个目的。

主题是主题颜色、主题字体和主题效果三者的组合。主题可以作为一套独立的选择方案应用于演示文稿中。使用主题可以简化具有专业设计师水准的演示文稿的创建过程。

幻灯片的背景对幻灯片放映效果起着重要的作用。背景的设计不仅能充实美化幻灯片，而且使演示文稿更加系统和专业。为此，用户可以对幻灯片背景的颜色、图案和纹理等进行调整，甚至用特定图片作为幻灯片背景，以达到预期的效果。

5.4.1 应用主题

在 PowerPoint 2010 中可以很方便地使用不同的主题来修改幻灯片的版式和背景。用户选择不同的主题就可改变演示文稿的外观风格。

PowerPoint 2010 提供了 40 多种内置主题。用户通过选择满意的主题并应用到当前演示文稿中，就能改变当前演示文稿的颜色、字体和图形外观效果。主题的应用能统一演示文稿的设计风格。

打开演示文稿，在“设计”选项卡“主题”组中显示了部分主题列表，单击主题右下角“其他”按钮，就可以显示全部内置主题以供选择，如图 5-27 所示。将鼠标指针移到某主题，几秒后就会显示该主题的名称。单击该主题，则系统就按主题的颜色、字体和图形外观效果来修饰当前演示文稿。

如果要用该主题修饰部分幻灯片，用户可以选中这些幻灯片后右击该主题，在弹出的快捷菜单中选择“应用于选定幻灯片”命令，则所选幻灯片按该主题效果自动更新，其他幻灯片不变。若选择“应用于所有幻灯片”命令，则整个演示文稿均采用所选主题。

图 5-27 “设计”选项卡“主题”组

5.4.2 设置幻灯片背景

幻灯片背景设置对幻灯片放映的效果起着很重要的作用。用户可以通过改变主题背景样式和设置背景格式（如纯色、颜色渐变、纹理、图案或图片）等来美化幻灯片的背景。

1．设置背景样式

PowerPoint 2010 中的每个主题提供了 12 种背景样式，如图 5-28 所示，用户可以选择一种样式快速改变演示文稿中幻灯片的背景，可以改变所有幻灯片的背景，也可改变选中幻灯片的背景。

打开演示文稿，单击“设计”选项卡“背景”组的“背景样式”按钮会显示当前主题 12 种背景样式列表。从背景样式列表中选择一种背景样式，则演示文稿全部幻灯片采用该背景样式。如果只希望改变部分幻灯片的背景，则先选中这些幻灯片后，再右击其中一个背景样式，在弹出的快捷菜单中选择“应用于选定幻灯片”命令，则选中的幻灯片采用该背景样式，而其他幻灯片不变。

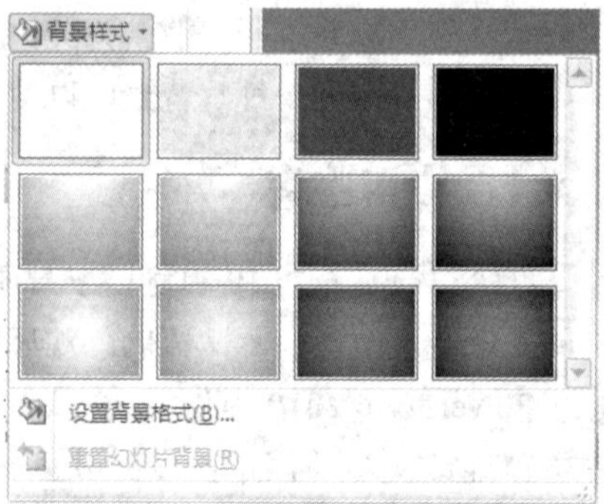

图 5-28 背景样式

2．设置背景格式

如果对所应用的背景格式不满意，用户也可以自己设置背景格式。有 4 种方法可以改变背景格式：设置背景颜色、设置图案填充、设置纹理填充和设置图片填充。

（1）设置背景颜色

背景颜色的设置有两种方式：“纯色填充”和“渐变填充”。“纯色填充”是选择单一颜色填充背景，而“渐变填充”是将两种或更多种填充颜色逐渐混合在一起以填充背景。具体操作如下。

① 单击“设计”选项卡“背景”组的“背景样式”按钮，在打开的下拉列表中选择“设置背景格式”选项，打开“设置背景格式”对话框，如图 5-29 所示。也可以单击“设计”选项卡“背景”组右下角的“设置背景格式”按钮，同样可以打开“设置背景格式”对话框。

② 单击“设置背景格式”对话框左侧的“填充”标签，右侧提供了“纯色填充”和“渐变填充”两种背景颜色填充方式。

选中“纯色填充”单选按钮，单击“颜色”栏的下拉按钮，在下拉列表中选择背景填充颜色。拖曳“透明度”滑块，可以改变颜色的透明度。若想要应用的颜色在列表中没有，用户也可以单击“其他颜色”项，从打开的“颜色”对话框中选择或按 RGB 颜色模式自定义背景颜色。

若选中“渐变填充”单选按钮，用户可以直接选择系统预设渐变颜色填充背景，也可以自己定义渐变颜色。

选择预设颜色填充背景时，单击“预设颜色”栏的下拉按钮，在出现的预设的渐变颜色列表中选择一种，如“漫漫黄沙”等。

自定义渐变颜色填充背景时，在“类型”下拉列表框中，选择所需的渐变类型，如“线性”等。在“方向”下拉列表框中，选择所需的渐变发散方向，如“线性对角-左上到右下”等。在“渐变光圈”下，应出现与所需颜色个数相等的渐变光圈，否则应单击“添加渐变光圈”或“删除渐变光圈”按钮以增加或减少渐变光圈，直到在渐变填充中使用的每种颜色都有一个渐变光圈，如两种颜色需要两个渐变光圈等。单击某一个渐变光圈，在“颜色”栏的下拉列表框中，选择一种颜色与该渐变光圈对应。拖曳渐变光圈位置可以调节该渐变颜色。如果需要，还可以调节颜色的“亮度”或“透明度”。对每一个渐变光圈用图 5-29 所示的方法调节，直到满意为止。

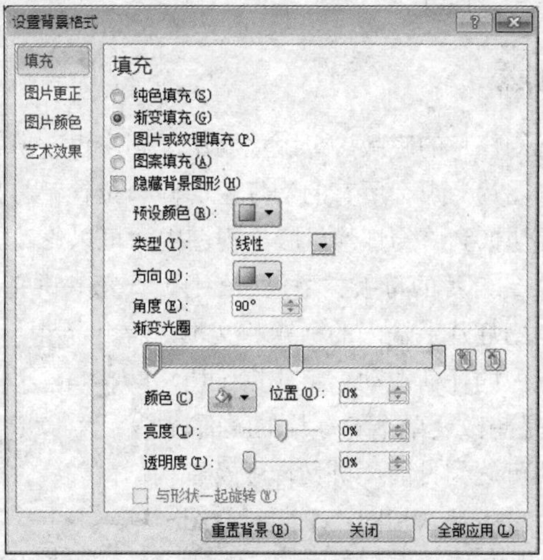

图 5-29 “设置背景格式”对话框

③ 单击“关闭”按钮，则所选背景颜色仅作用于当前幻灯片，若单击“全部应用”按钮，则改变所有幻灯片的背景。若单击“重置背景”按钮，则撤销本次设置，恢复之前状态。

（2）设置图案填充

① 单击“设计”选项卡“背景”组的“背景样式”按钮，在打开的下拉列表中选择“设置背景格式”选项，打开“设置背景格式”对话框。

② 单击对话框左侧的“填充”标签，在右侧选中“图案填充”单选按钮，在出现的图案列表中选择所需图案，如“深色上对角线”等。通过“前景”和“背景”栏可以自定义图案的前景色和背景色。

③ 单击“关闭”或“全部应用”按钮。

（3）设置纹理填充

① 单击“设计”选项卡“背景”组的“背景样式”按钮，在打开的下拉列表中选择“设置背景格式”选项，打开“设置背景格式”对话框。

② 单击对话框左侧的“填充”标签，在右侧选中“图片或纹理填充”单选按钮，单击“纹理”下拉按钮，在出现的下拉列表中选择所需纹理，如“画布”等。

③ 单击“关闭”或“全部应用”按钮。

（4）设置图片填充

① 单击“设计”选项卡“背景”组的“背景样式”按钮，在打开的下拉列表中选择“设置背景格式”命令，打开“设置背景格式”对话框。

② 单击对话框左侧的“填充”标签，在右侧选中“图片或纹理填充”单选按钮，在“插入自”栏中单击“文件”按钮，在打开的“插入图片”对话框中选择所需的图片文件，并单击“插入”按钮，回到“设置背景格式”对话框。

③ 单击“关闭”或“全部应用”按钮。

也可以选择剪贴画或剪贴板中的图片填充背景，在②中单击“剪贴画”按钮或“剪贴板”按钮即可。

若已设置主题，则所设置的背景可能被主题背景图形覆盖，此时可以在“设置背景格式”对话框中选中“隐藏背景图形”复选框。

5.4.3　设置幻灯片母版

母版又叫主控，是所有幻灯片的底版。母版主要用于同步更改所有幻灯片中的文本及对象，例如用户在母版上插入一张图片，那么所有的幻灯片的同一位置都将显示这张图片，如果想修改幻灯片的母版，必须将视图切换到“幻灯片母版”视图中才可以修改。

在 PowerPoint 2010 中，幻灯片的母版类型包括幻灯片母版、讲义母版和备注母版，如图 5-30 所示。幻灯片母版用来控制幻灯片上输入的标题和文本的格式与类型等。对母版所做的任何改动，将应用于所有使用此母版的幻灯片，要是想改变单个幻灯片的版面，只要对该幻灯片进行修改就可达到目的。讲义母版及备注母版的设计方法与幻灯片母版基本相同，下面只介绍幻灯片母版的设计方法。

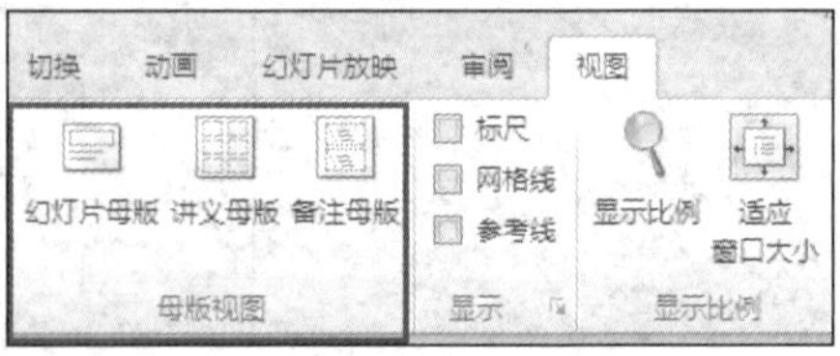

图 5-30　“母版视图”组按钮

幻灯片母版包含 5 个占位符：标题区、文本区、日期区、页脚区和数字区。这些占位符并没有实际内容，只是起引导用户操作的作用，用户可以按照提示进行格式编辑、添加页眉和页脚等。例如，用户可以使用文本框在标题区或文本区添加各幻灯片都共有的文本，还可以在幻灯片母版中插入图片和图形，并调整其位置和大小，如图 5-31 所示。

幻灯片母版用来定义整个演示文稿的幻灯片页面格式，对幻灯片母版的任何更改，都将影响到基于这一母版的所有幻灯片的格式。设置幻灯片母版的具体操作方法如下。

① 打开一个原有的演示文稿或创建一个新演示文稿，以在其上设置幻灯片母版。

② 单击“视图”选项卡“母版视图”组的“幻灯片母版”按钮，进入图 5-31 所示的幻灯片母版设置界面。

③ 单击“标题幻灯片版式”或“幻灯片母版”等按钮，选择某一级的标题文本右击，弹出快

捷菜单，可以选择“字体”“段落”“文字效果格式”“形状格式”等命令，进行字体、字形、字号、颜色以及效果等设置。选择“项目符号和编号”命令，在打开的“项目符号和编号”对话框中，设置此级项目符号的样式。

④ 单击日期区、页脚区、数字区，可以设置日期、时间、幻灯片编号等。

⑤ 设置完成后，单击“幻灯片母版”选项卡“关闭”组的“关闭母版视图”按钮以关闭母版视图。幻灯片上的标题即会应用母版已更改的设置。

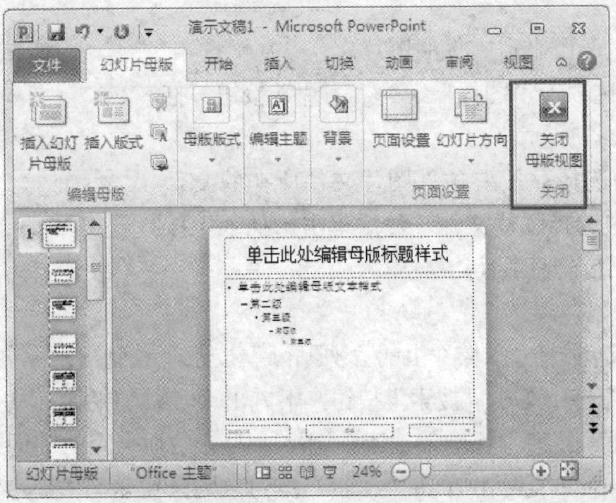

图 5-31 幻灯片母版设置

5.5 插入图片、形状和艺术字

PowerPoint 演示文稿中不仅包含文本，用户还可在其中添加剪贴画、图片、形状、艺术字等，以使演示文稿变得美观、生动且更具说服力。对于图片，用户可以对图片大小、样式进行更改并增加各种效果。如果希望使用自己设计的图形，以配合表达演示文稿的内容，系统提供了线条、基本形状、流程图、标注等形状以供使用。对于文本，可以利用系统提供的“艺术字”样式使文本具有特殊的艺术效果，并可以改变艺术字的形状、大小、颜色和变形幅度，还可以旋转、缩放艺术字等。

5.5.1 插入图片、剪贴画

插入图片能使幻灯片达到更好的表达效果。有两类可以插入的图片：第一类是剪贴画，它们被分门别类地存放着，以便使用；第二类是以文件的形式存在的图片。插入图片后，还可以调整图片大小、设置叠放顺序、旋转和剪裁图片、调整图片亮度和对比度、利用样式美化图片以及为图片增加特效等。

有两种方法插入剪贴画、图片：一种是利用选项卡中的按钮，另一种是单击幻灯片内容占位符内的“剪贴画”或“插入来自文件的图片”图标。

利用占位符插入图片和剪贴画按以下步骤操作：插入新幻灯片，单击“开始”选项卡“幻灯片”组的“版式”按钮，在下拉列表中选择“标题和内容”版式或其他版式，如图 5-32 所示；单击内容占位符中的“插入来自文件的图片”或“剪贴画”图标，然后再选择相应的图片或剪贴画，调整大小和位置。

图 5-32　利用占位符插入图片和剪贴画

利用选项卡中的按钮插入并调整图片和剪贴画的操作步骤如下。

1．插入图片

利用以下步骤插入一个来自文件的图片。

① 单击“插入”选项卡“图像”组的“图片”按钮，打开“插入图片”对话框。

② 在对话框左侧选择存放要插入图片文件所在的文件夹，在右侧该文件夹中选择图片文件，然后单击“插入”按钮，该图片即插入到当前幻灯片中。

2．插入剪贴画

① 单击“插入”选项卡“图像”组的“剪贴画”按钮，右侧出现“剪贴画”窗格。

② 在“剪贴画”窗格中单击“搜索”按钮，下方出现各种剪贴画，从中选择合适的剪贴画即可。用户也可以在“搜索文字”栏输入搜索关键字，即剪贴画对应的字词或短语、剪贴画的完整或部分文件名，如 computer 等，再单击“搜索”按钮，则只搜索与关键字相匹配的剪贴画。

③ 单击选中的剪贴画，或单击剪贴画右侧下拉按钮或右击选中的剪贴画，在弹出的快捷菜单中选择“插入”命令，则该剪贴画插入幻灯片中。然后再调整剪贴画的大小和位置。

3．调整图片大小

在图 5-33 所示的窗口中，选中剪贴画后，四周出现 8 个控点，拖曳控点可以粗略调整图片的大小。

图 5-33　插入剪贴画

还可以选中图片，在“图片工具/格式”选项卡“大小”组中，设置高度和宽度，进行图片大小的精确设置；或单击该组右下角的“大小和位置”按钮，在打开的“设置图片格式”对话框中进行图片大小和位置的精确设置，如图 5-34 所示。

4．旋转图片、裁剪图片、调整图片亮度和对比度

在图 5-33 所示窗口中，在选择图片或剪贴画后，拖曳上方绿色控点，就能旋转图片或剪贴画的方向。也可以在图 5-34 所示的“设置图片格式”对话框中设置精确的旋转度数。输入“30° ”表示顺时针旋转 30° ，输入“−30° ”表示逆时针旋转 30° 。还可以设置“垂直翻转”和“水平翻转”。

与旋转图片类似，在图 5-33 所示的窗口中单击“裁剪”按钮就可以拖动裁剪图片，或在图 5-34 所示的对话框中单击“裁剪”标签进行设置。可以按“纵横比”剪裁图片，可以自由裁剪图片，也可以“裁剪为形状”，如图 5-35 所示。

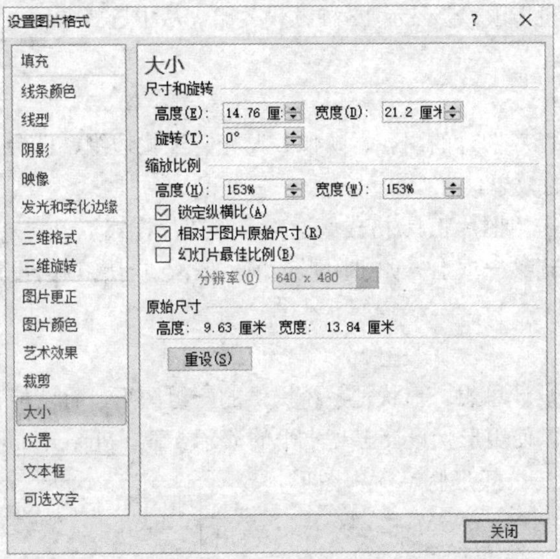

图 5-34 “设置图片格式”对话框

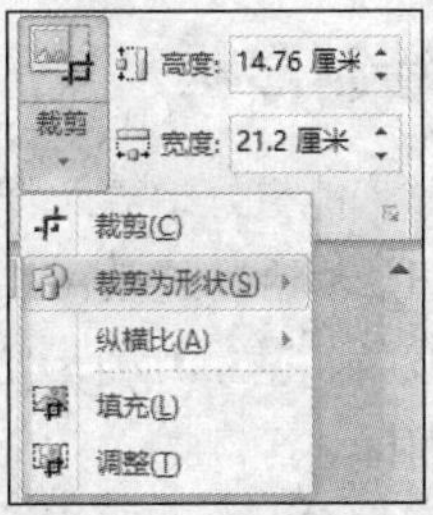

图 5-35 裁剪为形状

5．设置图片叠放顺序

选中要设置的图片后，在“图片工具/格式”选项卡“排列”组中，利用“上移一层（置于顶层）”“下移一层（置于底层）”按钮就可以设置图片的叠放顺序。

单击“选择窗格”按钮，打开“选择和可见性”对话框，在其中可以对幻灯片对象的可见性进行调整，如图 5-36 和图 5-37 所示。

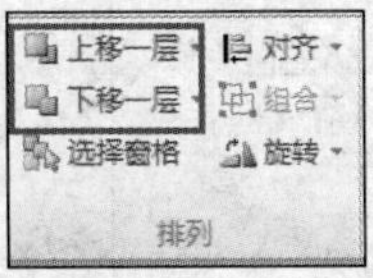

图 5-36 设置图片叠放顺序

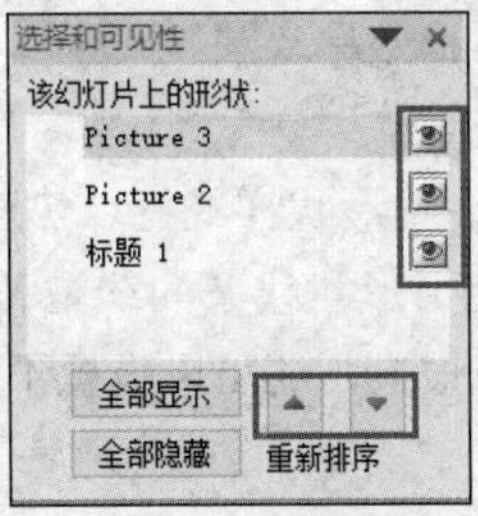

图 5-37 设置可见性

6．利用图片样式美化图片

使用图片样式可以快速美化图片，系统内置了 28 种图片样式可供使用。选择要美化的图片，

在“图片工具/格式”选项卡“图片样式”组中会显示若干图片样式。单击样式列表右下角的“其他”按钮，会打开包含 28 种图片样式的列表，从中选择一种，可以看到图片效果发生了变化。

7．为图片增加阴影、映像、发光等特定效果

用以上类似的两种方法可以设置图片亮度和对比度，为图片增加阴影、映像、发光等特定效果，使图片更加美观真实，增强图片的感染力。系统内置 12 种预设效果，若不满意，用户还可以自定义图片效果。

（1）使用预设效果

选择要设置效果的图片，单击“图片工具/格式”选项卡“图片样式”组的“图片效果”按钮，在出现的下拉列表中将指针移至“预设”项，会显示 12 种预设效果。从中选择一种，就可以观察到图片已经按所选择的效果发生了变化。

（2）自定义图片效果

用户若对预设效果不满意，还可以对图片的阴影、映像、发光、柔化边缘、棱台、三维旋转 6 个方面进行适当设置，以达到满意的效果。

首先选中要设置效果的图片，单击“图片工具/格式”选项卡“图片样式”组的“图片效果”按钮，在打开的下拉列表中将指针移到某一项上，如“阴影”项，依次进行各项的设置即可。

5.5.2 绘制形状

插入形状能更好地表达演示文稿设计思想。形状是系统提供的一组图形，有些能直接使用，有些需要稍加组合才能使用。用户可以使用形状设计出高水平的演示文稿。PowerPoint 2010 提供的形状有线条、基本几何形状、箭头、公式形状、流程图形状、星、旗帜和标注等。

插入形状有以下两种方法：单击“插入”选项卡“插图”组的“形状”按钮，或者单击“开始”选项卡“绘图”组“形状”列表右下角的“其他”按钮，就会出现包含各类形状的列表，如图 5-38 所示。

图 5-38 “形状”列表

1．绘制直线、矩形、椭圆等形状

单击“插入”选项卡“插图”组的“形状”按钮，在打开的下拉列表中选择某个选项，如“直线”。如绘制直线，按住“Shift”键可绘制水平线、垂直线、45° 对角线等直线。绘制矩形或椭圆，按住“Shift”键可绘制正方形或圆。

2．设置形状样式

利用系统提供的 42 种形状样式可以快速美化形状。对于内置的形状样式，可以自定义形状线条的线型和颜色，也可以设置封闭形状的填充色和填充效果，还可以设置不同的形状效果。

（1）应用形状样式

选中自选图形，在“绘图工具/格式”选项卡“形状样式”组中，选择某种形状样式来设定。

（2）自定义形状线条的线型和颜色

选择形状，单击“绘图工具/格式”选项卡“形状样式”组的“形状轮廓”按钮，在打开的下拉列表中，可以修改线条的颜色、粗细、线型等，也可以取消形状的轮廓线。线条的粗细可以通过改变磅值进行精确设置。

（3）设置封闭形状的填充色和填充效果

选择要填充的封闭形状，单击“绘图工具/格式”选项卡“形状样式”组的“形状填充”按钮，在打开的下拉列表中选择形状内部填充的颜色，也可以用渐变、纹理、图片来填充。

（4）设置形状效果

选择要设置效果的形状，单击“绘图工具/格式”选项卡“形状样式”组的“形状效果”按钮，在打开的下拉列表中将鼠标指针移到“预设”项，有 12 种预设效果可供选择。

用户还可以对形状的阴影、映像、发光、柔化边缘、棱台、三维旋转 6 个方面进行适当设置，以达到满意的效果。

3．为自选图形添加文本

选中自选图形右击，在弹出的快捷菜单中，选择“编辑文字”命令，或者选中自选图形后直接输入文字。

4．移动、复制形状

单击要移动或复制的形状，形状周围出现控点时，表示被选中，直接拖曳控制点即可进行移动，按住“Ctrl”键拖曳控制点则进行复制。

5．旋转形状

与图片一样，形状也可以按照需要进行旋转。只需在选中形状时，拖曳上方绿色控点。也可以单击“绘图工具/格式”选项卡“排列”组的“旋转”按钮，在下拉列表中选择“向右旋转 90°”“向左旋转 90°”“垂直翻转”“水平翻转”“其他旋转选项”等选项进行精确角度、任意角度的旋转。

6．更改形状

绘制形状后，若不满意则可以删除后重新绘制或直接更改为更满意的形状。选择要更改的形状，单击“绘图工具/格式”选项卡“插入形状”组的“编辑形状”按钮，在打开的下拉列表中选择“更改形状”，然后在弹出的形状列表中单击要更改的目标形状。

7．组合形状

要将几个形状作为一个整体进行移动、复制或改变大小，可以把它们组合成一个形状，称为形状的组合。反之，将组合形状恢复为组合前的状态，称为取消组合。

选中要组合的第一个形状，按住“Shift”键或“Ctrl”键的同时单击其他形状以选中它们，单击鼠标右键，在快捷菜单中选择“组合”中的“组合”命令。或者单击“绘图工具/格式”选项卡“排列”组的“组合”按钮。

要取消组合，需选中该组合图形，单击鼠标右键，在快捷菜单中选择“组合”中的“取消组合”命令。也可以单击“绘图工具/格式”选项卡“排列”组的“取消组合”按钮。

8．调整形状的大小

选中形状，将鼠标指针置于形状周围的控点处，当指针变为双向箭头形状时，拖曳控制点即可粗略调整其大小。或者选中自选图形后，利用“绘图工具/格式”选项卡“大小”组的“形状高度”/“形状宽度”对形状的大小进行精确设定。

9．调整自选图形叠放次序

选中形状，单击“绘图工具/格式”选项卡“排列”组的“上移一层（置于顶层）”/“下移一层（置于底层）”按钮进行设定。

5.5.3 插入艺术字

对文本除了用字体、字形、颜色等格式化处理方法外，还可以对文本进行艺术化处理，使其具有特殊的艺术效果。例如，利用艺术字拉伸标题、对文本进行变形、使文本适应预设形状或应用渐变填充等。使用艺术字可以起到醒目强调的作用。用户可以创建艺术字，也可以将已有文本转换成艺术字。

1. 创建艺术字

选中要插入艺术字的幻灯片。单击“插入”选项卡“文本”组的“艺术字”按钮，打开艺术字样式列表，如图 5-39 所示。在艺术字样式列表中选择一种艺术字样式。出现相应样式的艺术字编辑框，其中内容为“请在此放置您的文字”，在艺术字编辑框中删除原有文本并输入艺术字文本。也可以改变艺术字的字体和字号。

2. 把已有文本转换为艺术字

首先选中已有的文本，然后单击“插入”选项卡“文本”组的“艺术字”按钮，在打开的下拉列表中选择一种样式，并适当修饰即可。

3. 设置艺术字的效果

创建艺术字或把已有文本转换为艺术字后，还可以对艺术字进行填充（颜色、渐变、图片、纹理等）、轮廓线（颜色、粗细、线型等）、文本外观效果（阴影、发光、映像、棱台、三维旋转和转换等）等修饰处理，使艺术字的表现能力更强，如图 5-40 所示。

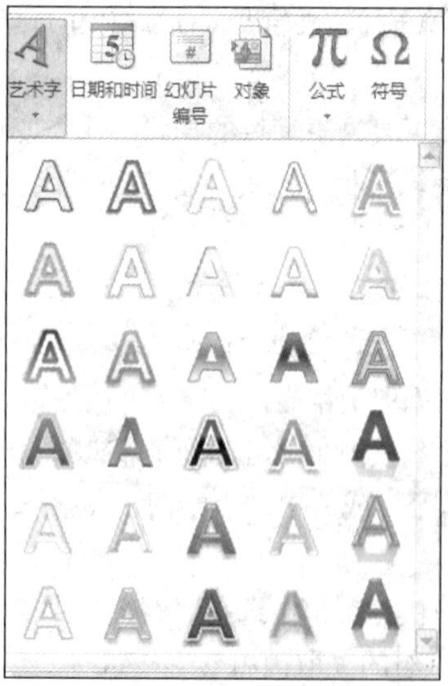

图 5-39 艺术字样式列表

图 5-40 艺术字效果设置

（1）改变艺术字填充颜色

选择艺术字，单击“绘图工具/格式”选项卡“艺术字样式”组的“文本填充”按钮，在打开的下拉列表中选择一种颜色，则艺术字内部用该颜色填充。用户还可以将填充效果设置为渐变、图片或纹理填充。

（2）改变艺术字轮廓

改变艺术字填充颜色的同时，还可以改变艺术字轮廓线的颜色、粗细和线型，从而美化艺术字。

选择艺术字，单击“绘图工具/格式”选项卡“艺术字样式”组的“文本轮廓”按钮，在打开的下拉列表中选择一种颜色作为艺术字轮廓线颜色；在下拉列表中选择“粗细”，选择一种尺寸的线型，如选择 0.5 磅作为艺术字轮廓的尺寸线条；在下拉列表中选择“虚线”，选择某一线型后，则艺术字轮廓采用该线型。

（3）改变艺术字效果

用户通过“阴影”“发光”“映像”“棱台”“三维旋转”“转换”等方式进行艺术字效果的设置，其中“转换”可以使艺术字变形产生各种弯曲效果。

选择艺术字，单击“绘图工具/格式”选项卡“艺术字样式”组的“文本效果”按钮，在打开的下拉列表中，选择其中一种效果即可。

（4）编辑艺术字文本

单击艺术字，可以进行编辑、修改文本。

（5）改变艺术字位置

拖曳艺术字可以改变艺术字位置。如果要精确定位，首先选中艺术字，单击“绘图工具/格式”选项卡“大小”组的“大小和位置”按钮，打开“设置形状格式”对话框，在对话框的左侧选择“位置”，就可以进行精确的定位设置。

（6）旋转艺术字

选择艺术字，拖曳上方绿色控点，则可以旋转艺术字。

5.6 插入表格

在幻灯片中除了可以插入文本、形状、图片、艺术字，还可以插入表格。表格能更好地展现数据，也能直观地表现数据之间的联系。

5.6.1 创建表格

创建表格可以使用 4 种方法：利用内容占位符创建表格、利用选项卡中的按钮创建表格、快速创建表格以及绘制表格。

1. 利用内容占位符创建表格

方法与插入剪贴画和图片类似，在内容占位符中单击“插入表格”图标，打开“插入表格”对话框，如图 5-41 所示。输入表格行数和列数即可创建指定行数和列数的表格。

2. 利用选项卡中的按钮创建表格

利用选项卡中的按钮插入表格的方法：首先定位到要插入表格的位置上，单击“插入”选项卡“表格”组的“表格”按钮，在打开的下拉列表中选择“插入表格”选项，同样打开“插入表格”对话框，输入行数和列数，单击“确定”按钮，拖曳表格到满意的位置。

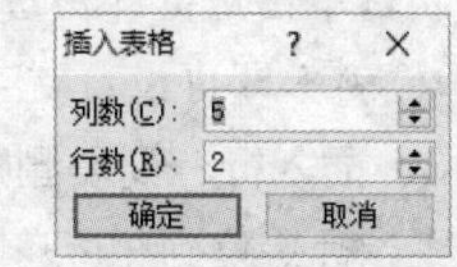

图 5-41 “插入表格”对话框

3．快速创建表格

也可快速创建表格。单击“插入”选项卡“表格”组的“表格”按钮，在打开的下拉列表顶部的示意表格中拖曳鼠标指针，顶部显示当前表格的行数和列数，直到行数和列数满意时单击，就快速创建了相应行数和列数的表格，如图 5-42 所示。

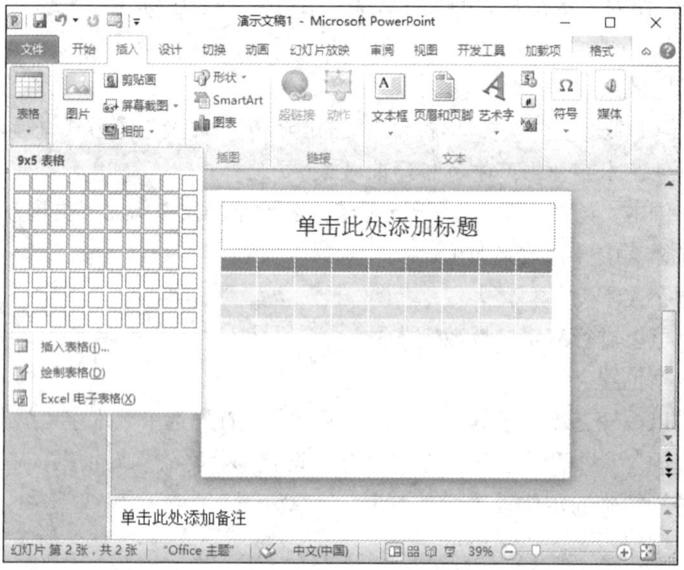

图 5-42 快速创建表格

4．绘制表格

单击“插入”选项卡“表格”组的“表格”按钮，在打开的下拉列表中选择“绘制表格”选项。手动拖出一个表格的范围后，在出现的“表格工具/设计”选项卡“绘图边框”组中，单击“绘制表格/擦除”按钮，即可完成表格的绘制。

5.6.2 编辑表格

1．调整表格的行高和列宽

有两种方法可以调整已有的表格的行高、列宽。将指针放在行或列的分割线上，当指针变为双向箭头时即可粗略地调整行高或列宽。此外，选中行或列，在“表格工具/布局”选项卡“单元格大小”组中，利用“高度”“宽度”可以精确设置行高、列宽。

2．调整表格位置、在单元格中输入文本及设置文字格式

将指针定位在表格边框上，当指针变为十字双箭头形状时即可移动表格的位置。将指针定位在某一单元格内即可进行文本输入。选中表格（将指针定位在表格边框上，当指针变为十字双箭头形状时单击边框即可选中表格），利用“开始”选项卡“字体”组的“字号”“字体”“颜色”“加粗”“倾斜”即可设置文字格式。

3．插入行、列及删除行、列、表格

将光标定位到相应单元格，单击“表格工具/布局”选项卡“行和列”组的“在上方插入”或“在下方插入”按钮即可插入行，单击“在左侧插入”或“在右侧插入”按钮即可插入列。单击“删除”按钮，在打开的下拉列表中单击“删除行”“删除列”或“删除表格”按钮即可完成相应的操作。

4．合并和拆分单元格

合并和拆分单元格的方法，与上类似。同样在“表格工具/布局”选项卡“合并”组中进行操作。选中相应的一个或多个单元格，单击“合并单元格”“拆分单元格”按钮进行单元格的合并和拆分。

5．设置表格中文本的对齐方式和文字方向

同样在“表格工具/布局”选项卡中进行操作。选中单元格，在“对齐方式”组中，单击几种对齐方式按钮即可设置所选单元格中文本的横向和纵向的对齐方式。在该组中单击“文字方向”按钮即可设置所选单元格中文字的不同方向。

5.6.3 设置表格格式

设置表格格式能美化表格，能增强表格的表现力。设置表格格式时既可以使用系统预设的表格样式，也可以自己动手设置表格边框和底纹效果。

1．套用表格样式

将光标定位在表格内的任意单元格处，单击“表格工具/设计”选项卡“表格样式”组的样式列表右下角的“其他”按钮，在下拉列表中包含“文档最佳匹配对象”“淡”“中”“深”4 类表格样式，单击选择自己满意的样式即可应用到当前表格，如图 5-43 所示。选择该下拉列表中最下方的“清除表格”选项，则可恢复成无样式的表格。

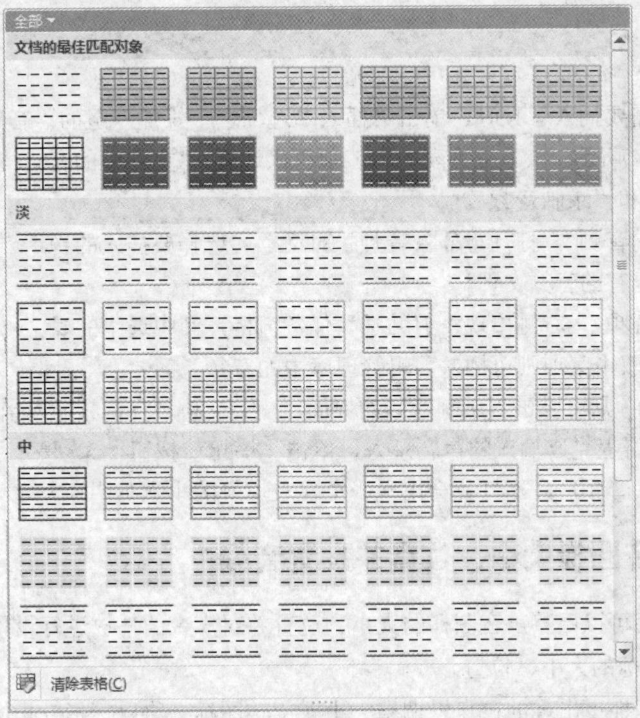

图 5-43 套用表格样式

2．设置表格框线

若用户对已有的表格样式不满意，还可以自己定义表格框线。在“表格工具/设计”选项卡“绘图边框”组中进行设置。

3．设置表格底纹

表格的底纹也可以自己定义。用户可以将表格底纹设置为纯色底纹、渐变色底纹、图片底纹、纹理底纹等，还可以设置表格的背景。单击“表格工具/设计”选项卡“表格样式”组的“底纹”按钮进行设置。

4．设置表格效果

选择表格，单击“表格工具/设计”选项卡“表格样式”组的“效果”按钮，下拉列表中提供了“单元格凹凸效果”“阴影”和“映像”3 类效果。其中，“单元格凹凸效果”主要是为表格单元格边框增加各种凹凸效果，“阴影”是为表格建立内部或外部各种方向的光晕，而“映像”是在表格四周创建倒影的效果。

选择某一类效果命令，在展开的列表中选择一种效果，则该效果就应用到所选中的单元格。

5.7 插入音频、视频

在演示文稿中插入音频、视频，能使演示文稿有更丰富的表现形式，让演示文稿图文并茂的同时，也有声音、视频的动态展示效果。

5.7.1 插入音频

在幻灯片中，需要插入音频时，单击“插入”选项卡“媒体”组的“音频”下拉按钮，打开下拉列表，如图 5-44 所示。该下拉列表中有 3 项可供选择：“文件中的音频”“剪贴画音频”和“录制音频”。

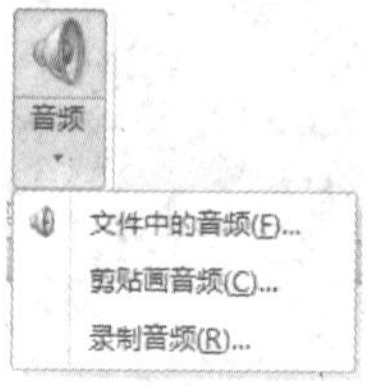

图 5-44 插入音频

单击“文件中的音频”，打开“插入音频”对话框，选择要插入的音频文件，即可插入已有的音频文件。

单击“剪贴画音频”，右侧出现“剪贴画”任务窗格，其中选中的媒体类型是“音频”，双击某项则可插入剪辑管理库中的音频。

单击“录制音频”则可以进入录制音频的界面，马上录制一段音频插入当前幻灯片。单击“录音”按钮●，即可将麦克风输入的声音录入，单击“停止”按钮■，停止录音，单击“确定”按钮完成录音。插入音频后，幻灯片会出现一个代表声音的小喇叭图标。

5.7.2 调整声音图标大小、位置并设置音频

插入音频后，还可以调整声音图标的大小、位置并对声音的播放进行设置。

1．调整声音图标的大小、位置

选中声音图标，拖曳出现的控点以调整大小或旋转图标。将鼠标指针指向声音图标边框，出现“十”字箭头时可以拖曳它调整位置。或者在“音频工具/格式”选项卡中用声音图标进行背景、效果等的调整，图片样式的设置，以及排列、大小的调整。

2．设置音频

插入音频后，还可以对音频进行设置。首先选中声音图标，在“音频工具/播放”选项卡中进

行音频播放的相关设置。

5.7.3 插入视频

PowerPoint 2010 支持的视频格式有 SWF（Flash 动画文件）、AVI、MPG、WMV 等。其他格式的视频需要将格式转换后才能插入幻灯片，格式工厂是常用的音频、视频格式转换的软件。

在幻灯片中，需要插入视频时，有两种常用方法：利用占位符插入视频或利用选项卡中的按钮插入视频。

利用占位符插入视频可以直接在内容占位符中单击“插入媒体剪辑”图标。在打开的“插入视频文件”对话框中选择要插入的视频文件，如图 5-45 所示。

此外，用户还可以单击“插入”选项卡“媒体”组的“视频”下拉按钮，打开下拉列表，其中有 3 项：“文件中的视频”“来自网站的视频”“剪贴画视频”，如图 5-46 所示。

单击“文件中的视频”可以插入一个已有的视频文件。单击“来自网站的视频”可以插入一个已经上传到网站的视频链接。单击“剪贴画视频”可以插入剪辑管理库中的视频。

图 5-45 利用内容占位符插入视频

图 5-46 插入视频

5.7.4 调整视频大小、位置并设置视频

插入视频后，还可以调整视频播放界面的大小、位置以及进行相关的播放设置。

1. 调整视频界面的大小、位置

选中视频，视频周围出现控点，指针指向控点，当光标变为双向箭头形状时，直接拖曳控点即可粗略调整大小。

此外，用户也可以选中视频，在“视频工具/格式”选项卡“大小”组的“高度/宽度”中精确地设置视频播放界面的高度和宽度。

2. 设置视频

选中视频，在“视频工具/格式”选项卡“视频样式”组中设置视频样式、视频形状、视频边框和视频效果。此外，用户还可以在“视频工具/播放”选项卡里进行视频播放的设置。

5.7.5 插入图表

图表以图形方式展示与比较数据，使数据更容易被理解。在幻灯片中使用图表不仅增强了演示文稿的美感，而且让人更容易理解和对比数据。在演示文稿中插入图表有两种方法：利用选项卡中的按钮插入图表和利用内容占位符插入图表。

1. 利用选项卡中的按钮插入图表

选中要插入图表的幻灯片，单击“插入”选项卡“插图”组的“图表”按钮，打开“插入图表”对话框。

2．利用内容占位符插入图表

插入一张新幻灯片，出现图 5-45 所示的图标，单击第一行第二列的“插入图表”图标，打开“插入图表”对话框，如图 5-47 所示。

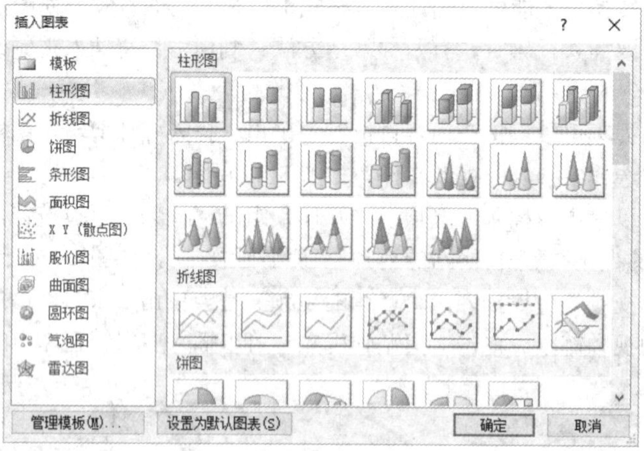

图 5-47　“插入图表”对话框

选择一种图表类型，单击“确认”按钮，利用打开的“图表工具”中的“设计”“布局”“格式”选项卡中的命令进行相应的设置。单击“图表工具/设计”选项卡“数据”组的“编辑数据”按钮，在出现的 Excel 窗口中可以把已有的 Excel 文件打开后复制所需的数据到该窗口中的蓝色矩形区域内，拖曳矩形区域右下角使它涵盖所需的全部数据。单击“图表工具/设计”选项卡“数据”组的“选择数据”按钮，打开“选择数据源”对话框后可以选择所需的数据系列和值，如图 5-48 所示。在“图表工具/布局”中设置“图表标题”“图例”等。在“图表工具/格式”中设计图表的展现格式。

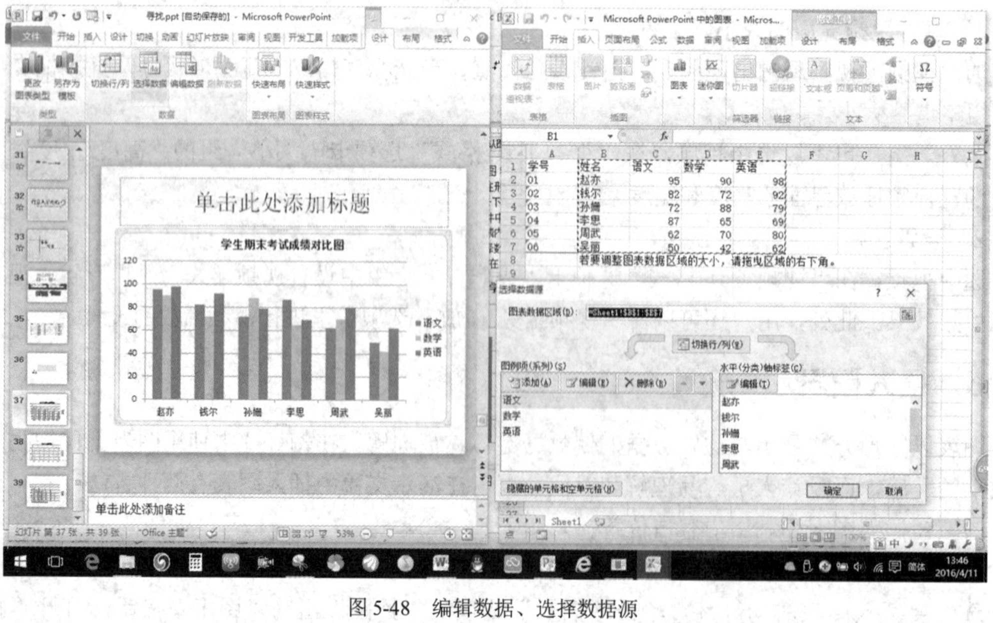

图 5-48　编辑数据、选择数据源

5.8 在演示文稿中创建超链接

PowerPoint 2010 内有一个 Office 应用程序共享的超链接对话框，用户可以很方便地用它在演示文稿中创建超链接。通过创建超链接、动作链接和动作按钮链接，可以建立起演示文稿中的幻灯片之间、幻灯片与其他应用程序之间或与网页之间的联系。

5.8.1 创建超链接

在演示文稿中创建超链接，用户可以使演示文稿在放映时指向超链接，此时光标变成手形，单击就能跳转到链接处。创建超链接的方法主要有 3 种：第一种是利用“超链接”命令创建超链接，第二种是利用“动作按钮”创建超链接，第三种是利用“动作”按钮创建动作链接。

1. 创建超链接

用户可以为文本、图片、形状等幻灯片对象创建“超链接”。下面介绍利用“插入”选项卡“链接”组的“超链接”按钮来创建超链接的操作方法。

① 选中幻灯片中要进行链接的对象，包括文本、图片、形状等。

② 单击“插入”选项卡“链接”组的“超链接”按钮，或右击，在弹出的快捷菜单中选择“超链接”命令，打开“插入超链接”对话框，该方法更简便。

③ 如果要链接到当前演示文稿，在“链接到”栏中选择“本文档中的位置”命令，打开图 5-49 所示的对话框，在“请选择文档中的位置”栏中选择要链接到的同一演示文稿的幻灯片，选择后单击“确定”按钮。

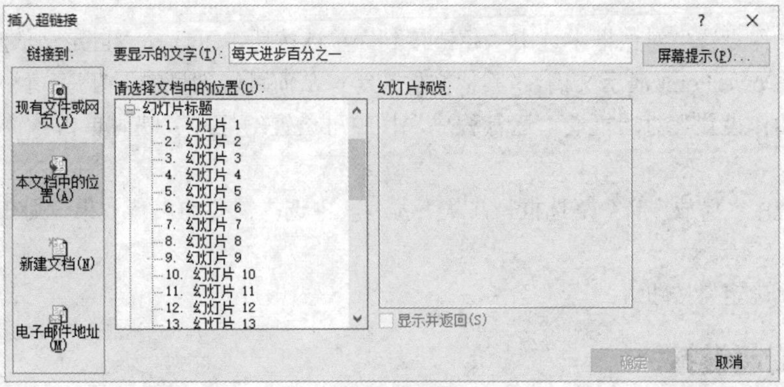

图 5-49 “插入超链接”对话框

④ 如果要链接到其他文档或网页，在“链接到”栏中选择“现有文件或网页”选项，借助“当前文件夹”“浏览过的网页”“最近使用过的文件”“查找范围”“书签”和“地址”等选项，找到要链接的文件或网页，定位后，单击“确定”按钮。

⑤ 用户还可以将内容链接到“新建文档”或“电子邮件地址”处。

2. 利用“动作按钮”创建超链接

在设计幻灯片时，有时需要在幻灯片上添加翻页等动作按钮以便更加灵活地控制幻灯片的播放。定位到要插入动作按钮的幻灯片，单击“插入”选项卡“插图”组的“形状”按钮，在“动作按钮”中（见图 5-50），选择“后退或前一项”“前进或下一项”，在幻灯片要插入动作按钮的地方按住鼠标左键并拖曳鼠标，出现一个动作按钮，打开“动作设置”对话框。再设置好链接到的幻灯片即可。如果希望在每一页内容幻灯片都显示翻页按钮，则需要在母版中添加动作按钮。

3．利用“动作”按钮创建动作链接

利用“插入”选项卡“链接”组的“动作”按钮插入动作链接的方法如下。

① 选中幻灯片中文本、图片、形状等要进行链接的对象，单击“插入”选项卡“链接”组的“动作”按钮，插入动作链接。此时，打开“动作设置”对话框，如图 5-51 所示。

图 5-50　添加动作按钮

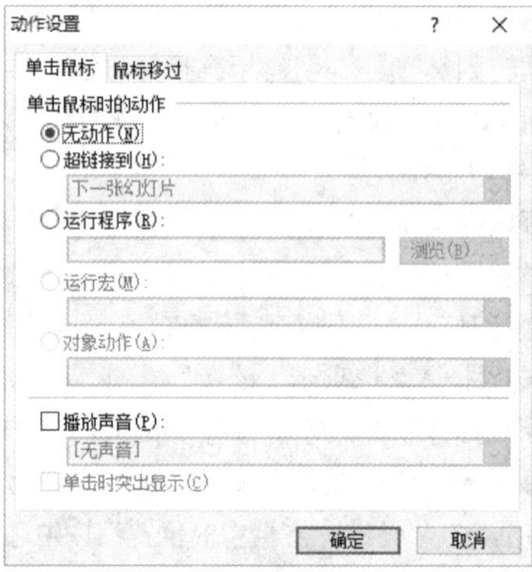

图 5-51　“动作设置”对话框

② 在“动作设置”对话框中选中“超链接到”单选按钮，可选择“自定义放映”“幻灯片”“URL”“其他 PowerPoint 演示文稿”“其他文件”等，从而跳转到目的幻灯片、网址或文件。

③ 在“动作设置”对话框的“运行程序”栏中可设置幻灯片放映时单击该链接后要运行的程序。

④ 如果选中“播放声音”复选框，并从下拉列表中选择需要的声音效果，则在跳转时会播放声音。

⑤ 单击“确定”按钮。

5.8.2　编辑超链接

在幻灯片中，右击已建立超链接的对象，在弹出的快捷菜单中选择“编辑超链接”命令。此时系统会根据创建时使用的方法，打开与创建时内容相近的“编辑超链接”对话框或“动作设置”对话框，在对话框中重新进行设置。

5.8.3　删除超链接

在幻灯片中，右击已建立超链接的对象，在弹出的快捷菜单中选择“删除超链接”命令，即可删除超链接。

5.9 幻灯片放映设计

在演示文稿的设计中还有很重要的一个环节，那就是设计幻灯片的放映效果。以下主要从 3 个方面来探讨幻灯片的放映设计。

5.9.1 设置幻灯片动画效果

在演示文稿中利用动画技术能使幻灯片以动态的形式展现更为丰富多彩的内容。这样做，能突出重点，吸引注意力，又使放映过程生动有趣。

1．设置动画

在 PowerPoint 2010 中有 4 类动画：“进入”“强调”“退出”及“动作路径”动画。“进入”动画有“飞入”“旋转”和“弹跳”等，“强调”动画有“放大/缩小”“更改颜色”“加粗闪烁”等，“退出”动画有“飞出”“消失”“淡出”等，“动作路径”动画有“弧形”“直线”“循环”等。

选择某个幻灯片对象，对象可以是文本、形状或图片，单击“动画”选项卡“高级动画”组的“添加动画”按钮，在打开的下拉列表中选择相应的动画进行设置。图 5-52 所示为直线路径动画。

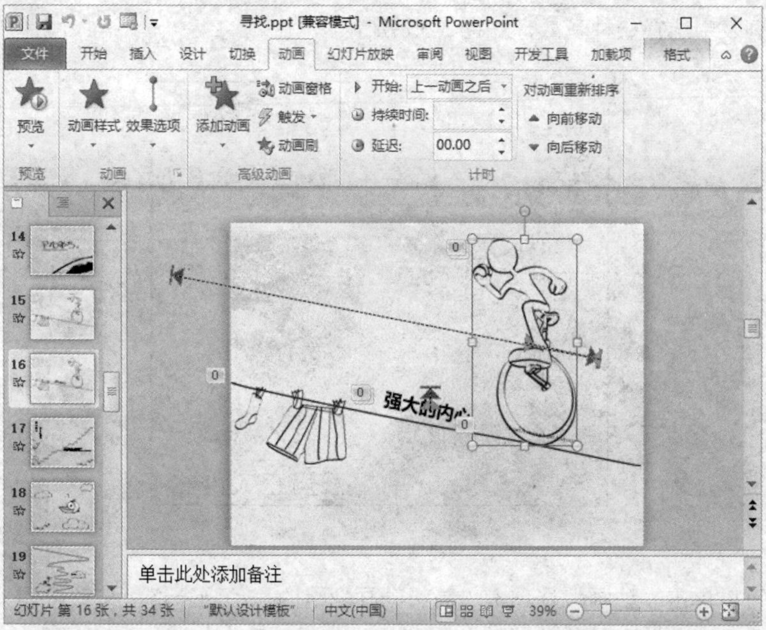

图 5-52 直线路径动画

2．设置动画属性

设置动画时，如果不设置属性，系统就会采用默认的动画属性。若用户对默认的属性不满意，也可以进一步对动画效果选项、动画开始方式、动画音效等重新进行设置。例如，动画对象是文本，则可以设置文本的发送方式是“整批发送”“按字/词”“按字母”等。

（1）设置动画效果

动画效果是指动画的方向和形式。

选中需设置动画的对象，单击“动画”选项卡“动画”组右侧的“效果选项”按钮，打开效果选项的下拉列表，从中选择满意的效果选项。

（2）设置动画开始方式、持续时间和延迟时间

动画开始方式是指开始播放动画的方式。动画持续时间是指动画开始后整个播放时间。动画延迟时间是指播放操作开始后延迟播放的时间。

选择设置动画的对象，单击“动画”选项卡“计时”组左侧的“开始”按钮，在打开的下拉列表中选择动画开始方式。动画开始方式有 3 种：“单击时”“与上一动画同时”“上一动画之后”。

“单击时”指单击时开始播放动画。“与上一动画同时”指播放前一动画的同时播放该动画，可以在同一时间组合多个效果。“上一动画之后”是指前一动画播放之后开始播放该动画。

此外，还可以在“动画”选项卡的“计时”组左侧“持续时间”栏调整动画持续时间，在“延迟”栏调整动画延迟时间。

（3）设置动画音效

设置动画时，默认动画无音效。需要音效时可以自行设置，方法如下。

选中设置动画音效的对象，单击“动画”选项卡“动画”组右下角的“显示其他效果选项”按钮，打开动画“效果选项”对话框。在对话框的“效果”选项卡中单击“声音”栏的下拉按钮，在打开的下拉列表中选择一种音效，如图 5-53 所示。

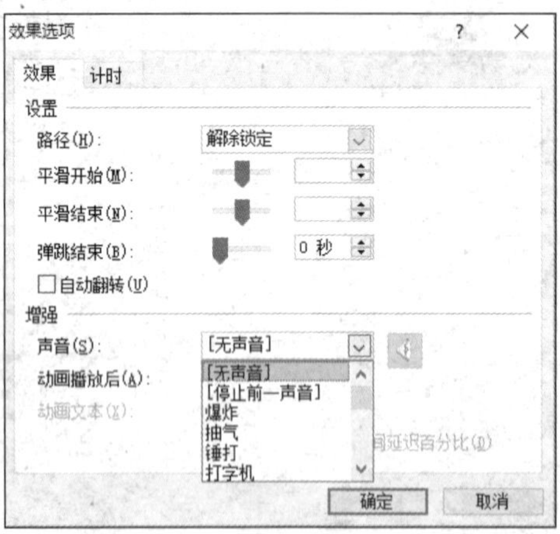

图 5-53　设置动画音效

此外，还可以单击“动画”选项卡“高级动画”组的“动画窗格”按钮，调出“动画窗格”。在“动画窗格”中右击某个对象，在弹出的快捷菜单中选择“效果选项”选项进入音效的设置。

3. 调整动画的播放顺序

为对象添加动画效果后，对象旁边出现该动画播放顺序的序号。一般情况下，该序号与设置动画的顺序是一致的。对多个对象设置动画效果后，如果对原有播放顺序不满意，可以调整对象

动画播放顺序，方法如下。

单击“动画”选项卡“高级动画”组的“动画窗格”按钮，调出“动画窗格”，如图 5-54 所示。“动画窗格中”显示所有动画对象，它左侧的数字表示该动画播放的顺序号，与幻灯片中的动画对象旁边显示的序号一致。选择动画对象，并单击底部的“ ”或“ ”，即可改变该动画对象的播放顺序。

图 5-54 动画窗格

4. 预览动画效果

动画设置完成后，用户可以预览动画的播放效果。单击“动画”选项卡“预览”组的“预览”按钮，或单击“动画窗格”上方的“播放”按钮，即可预览动画。

5. 删除动画

单击“动画”选项卡“高级动画”组的“动画窗格”按钮，调出“动画窗格”。右击某个对象，在弹出的快捷菜单中选择“删除”命令即可。

5.9.2 设计幻灯片切换效果

幻灯片的切换效果是指放映幻灯片时幻灯片离开和进入播放画面所产生的视觉效果。系统提供了多种幻灯片切换样式，如使幻灯片从右上部覆盖、自左侧擦除等。幻灯片的切换效果不仅使幻灯片的过渡衔接更为自然，而且能吸引观众的注意力。设计幻灯片的切换效果包括设置幻灯片切换方式和切换属性。

1. 设置幻灯片切换方式

① 选中幻灯片，在“切换”选项卡“切换到此幻灯片”组中，单击切换效果列表右下角的“其他”按钮，打开包含“细微型”“华丽型”“动态内容”等各类切换效果的列表，如图 5-55 所示。

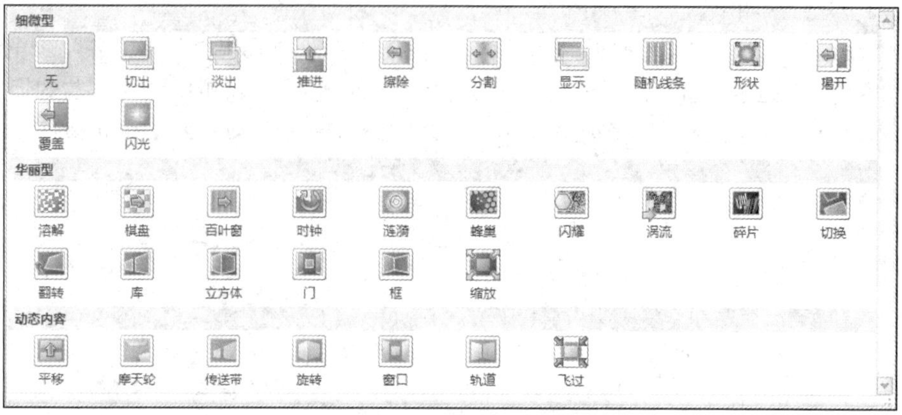

图 5-55　切换效果列表

② 在切换效果列表中选择一种切换样式即可。

所设置的切换效果仅对所选幻灯片有效。如果要使全部幻灯片均采用该切换效果，用户可以单击“计时”组的“全部应用”按钮。

2．设置切换属性

切换属性包括效果选项、换片方式、持续时间及切换音效。设置幻灯片切换时，如果不加设置，则切换属性都采用默认设置。

如果对切换属性不满意，则可以自行设置，方法如下。

① 单击“切换”选项卡“切换到此幻灯片”组的“效果选项”按钮，在打开的下拉列表中选择一种切换效果，如“自底部”。

② 在“切换”选项卡“计时”组右侧设置换片方式，如选中“单击鼠标时”复选框，表示单击时才切换幻灯片。也可选中“设置自动换片时间”，表示经过该时间段后自动切换到下一张幻灯片。

③ 在“切换”选项卡“计时”组左侧设置切换声音，单击“声音”栏的下拉按钮，在打开的下拉列表中选择一种切换声音。在“持续时间”栏输入切换持续时间。单击“全部应用”按钮，则表示全部幻灯片均采用所设置的切换效果，否则只作用于当前所选幻灯片。

3．预览切换效果

在设置切换效果时，可以即时预览所设置的切换效果。也可以在设置完成后单击“切换”选项卡“预览”组的“预览”按钮以预览切换效果。

5.9.3　设置幻灯片放映方式

在前面所有操作完成后，最后的设置是幻灯片的放映方式。演示文稿的放映方式有 3 种：“演讲者放映（全屏幕）”“观众自行浏览（窗口）”和“在展台浏览（全屏幕）”。应根据不同场合选择不同的放映方式。

1．演讲者放映（全屏幕）

演讲者放映是全屏幕放映。这种放映方式适合会议或教学的场合。放映过程完全由演讲者控制。

2．观众自行浏览（窗口）

展览会上若允许观众交互式控制放映过程，则采用这种方式。这种方式会在窗口中展示演示文稿，允许观众利用窗口命令控制放映进程。观众可以单击窗口右下方的左箭头和右箭头，分别切换到前一张幻灯片和后一张幻灯片。按“PageUp”键和“PageDown”键也能切换到前一张幻灯片和后一张幻灯片。单击两箭头之间的“菜单”按钮，将弹出放映控制菜单，利用菜单的“定位到幻灯片”命令，可以方便快速地切换到指定的幻灯片。按“Esc”键可以终止放映。

3. 在展台浏览（全屏幕）

这种放映方式采用全屏幕放映，适合无人看管的场合，如展示产品的橱窗或展览会上自动播放产品的展台等。演示文稿自动循环放映，观众只能观看不能控制。采用该方式的演示文稿应事先进行排练计时。

以上 3 种放映方式的设置方法如下。

① 打开演示文稿，单击“幻灯片放映”选项卡“设置”组的“设置幻灯片放映”按钮，打开“设置放映方式”对话框，如图 5-56 所示。

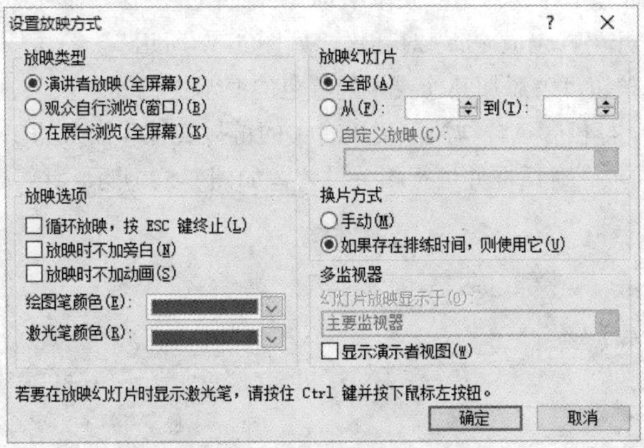

图 5-56 “设置放映方式”对话框

② 在“放映类型”栏中，可以选择“演讲者放映（全屏幕）”“观众自行浏览（窗口）”和“在展台浏览（全屏幕）”3 种方式之一。若选择“在展台浏览（全屏幕）”方式，则自动采用循环放映，按“Esc”键终止放映。

③ 在“放映幻灯片”栏中，可以确定幻灯片的放映范围（全体或部分幻灯片）。放映部分幻灯片时，需指定放映幻灯片中的开始序号和终止序号。

④ 在“换片方式”栏中，可以选择控制放映速度的两种换片方式。“演讲者放映（全屏幕）”和“观众自行浏览（窗口）”放映方式常采用“手动”换片方式，而“在展台浏览（全屏幕）”方式常常无人控制，应事先对演示文稿进行计时，并选择“如果存在排练时间，则使用它”换片方式。

5.10 打包演示文稿和转换为直接放映格式

完成的演示文稿在其他计算机上放映时，如果该计算机上没有安装 PowerPoint 2010，就可能无法放映演示文稿。因此，可以利用演示文稿的打包功能，将演示文稿打包到文件夹或 CD，甚至可以把 PowerPoint 2010 播放器和演示文稿一起打包。这样，即使计算机上没有安装 PowerPoint 2010，也能正常放映演示文稿。另一种方法是把演示文稿转换成放映格式，也可以在没有安装 PowerPoint 2010 的计算机上正常放映。

5.10.1 打包演示文稿

演示文稿被打包后，就能在没有安装 PowerPoint 的计算机上运行。

1. 打包演示文稿

演示文稿可以打包到磁盘中的文件夹，也可以打包到光碟。打包到 CD 光碟时需要刻录机和空白 CD 光碟。要将演示文稿打包到磁盘中的文件夹可以按以下步骤操作。

① 打开要打包的演示文稿。

② 单击“文件”选项卡，在弹出的菜单中选择“保存并发送”命令，然后双击“将演示文稿打包成 CD”命令，打开“打包成 CD”对话框，如图 5-57 所示。

③ 单击“添加”按钮可以添加其他要一起打包的演示文稿。

④ 在默认情况下，打包会包含与演示文稿有关的链接文件和嵌入的 TrueType 字体，单击“选项”按钮可以打开“选项”对话框并进行相关设置，如图 5-58 所示。

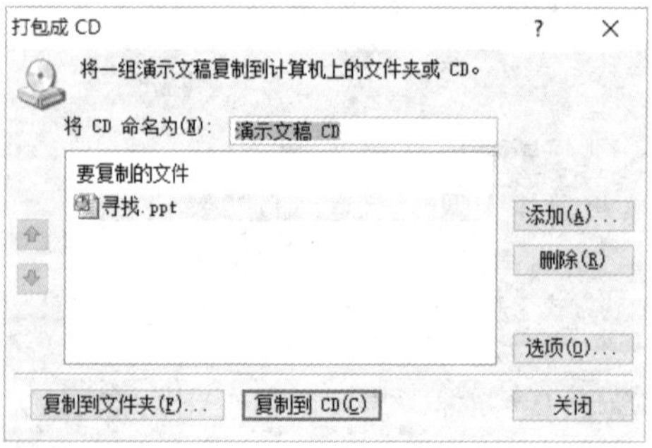

图 5-57 “打包成 CD”对话框

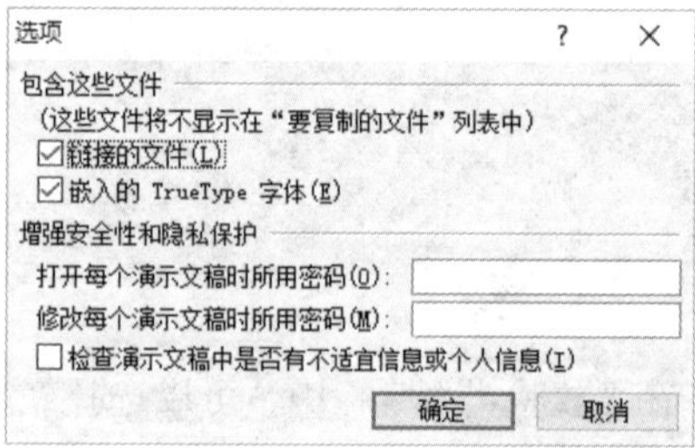

图 5-58 打包成 CD 的“选项”对话框

⑤ 在“打包成 CD”对话框中，单击“复制到文件夹”按钮，打开“复制到文件夹”对话框，输入文件夹名称和路径，单击“确定”按钮，则系统开始打包演示文稿并将其存放到指定的文件夹中。

如果已经安装光碟刻录设备，也可以将演示文稿打包到 CD，前 4 个步骤相同，最后一步改为以下步骤。

在刻录机中放入空白光碟，在“打包成 CD”对话框中单击“复制到 CD”按钮，打开“正在将文件复制到 CD”对话框并显示复制的进度。完成后系统会询问“是否要将同样的文件复制到另一张中？”，单击“是”按钮则复制到另一张光碟，单击“否”按钮则终止复制。

2. 运行打包的演示文稿

完成了演示文稿的打包后，就可以在没有安装 PowerPoint 的计算机上放映演示文稿。

① 打开打包的文件夹中的 PresentationPackage 子文件夹，如图 5-59 所示。

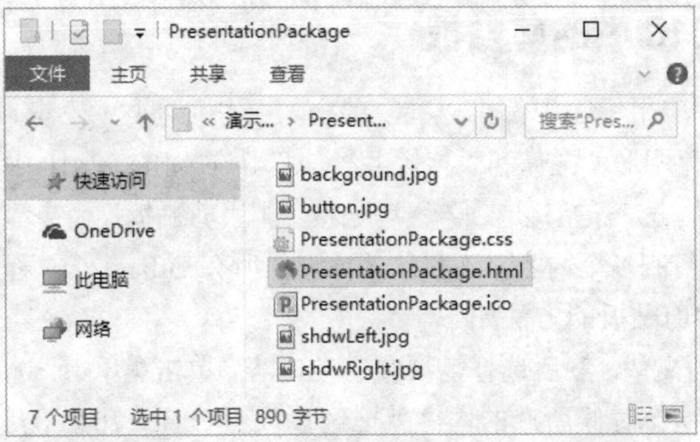

图 5-59 演示文稿打包生成的文件夹

② 在联网的环境下，双击该文件夹的 PresentationPackage.html 网页文件，在打开的网页上单击“Download Viewer”播放器，下载 PowerPoint 播放器 PowerPoint Viewer.exe 并安装。

③ 启动 PowerPoint 播放器，打开“Microsoft PowerPoint Viewer”对话框，定位到打包文件夹，选择某个演示文稿文件，并单击“打开”按钮，即可放映该演示文稿。

④ 放映后，还可以在此对话框中选择其他演示文稿进行播放。

在运行这种打包的演示文稿时，无法利用画笔的功能进行即兴标注。

打包到光碟的演示文稿，当光碟放到光驱中后会自动播放。

如果要播放演示文稿的计算机没有联网，也可以事先把 PowerPoint 播放器 PowerPoint Viewer.exe 下载并复制到该计算机上。

5.10.2 转换演示文稿为直接放映格式

演示文稿被转换成放映格式后，可以在没有安装 PowerPoint 的计算机上直接放映。

① 打开演示文稿，单击“文件”选项卡，在弹出的菜单中选择“保存并发送”命令。

② 双击“更改文件类型”中的“PowerPoint 放映”命令，打开“另存为”对话框，其中自动选择保存类型为“PowerPoint 放映（*.ppsx）”，选择存放位置和文件名后单击“保存”按钮即可。

此外，也可以用“另存为”命令转换放映格式。

打开演示文稿，单击“文件”选项卡，在弹出的菜单中选择“另存为”命令，打开“另存为”对话框，保存类型选择“PowerPoint 放映（*.ppsx）”，然后单击“保存”按钮。

双击放映格式为“PowerPoint 放映（*.ppsx）”的文件，就能放映该演示文稿。

5.11 Office 2010 程序间的信息共享与协同工作

在使用 Office 2010 时，Office 2010 中的各个程序间能很好地进行信息共享与协同工作，超越单个程序的功能，以一个集成的方式工作。下面主要介绍 Word 2010、Excel 2010 和 PowerPoint 2010 的信息共享与协同工作的方法。

5.11.1 Office 2010 中的剪贴板

剪贴板是 Windows 应用程序中都可以共享的一块公共信息区域，其功能强大，它不但可以保存文本信息，也可以保存图形、图像和表格等各种信息。在 Office 2010 中，可以存放最多 24 次复制或剪切的内容，通过单击“开始”选项卡“剪贴板”组“剪贴板”命令显示剪贴板的内容。Office 2010 的剪贴板程序可以复制多个内容，而且这些内容在所有 Office 2010 程序之间都可以粘贴。

使用 Office 2010 的剪贴板的方法如下。

① 首先打开需要的文件，然后选择需要复制的内容，单击“开始”选项卡“剪贴板”组的“复制”或“剪切”按钮，这个时候所选的内容就已经被放到 Office 2010 的剪贴板之中了。

② 再任意打开一个其他的 Office 文件，单击“开始”选项卡“剪贴板”组的“粘贴”按钮，这个时候在第一步复制或剪切的内容就会出现在目标文档的窗口之中。

③ 当复制的内容超过一个的时候，“剪贴板”就会按图 5-60 所示的样式列出来，而且能显示出所复制的内容，这个时候可以选择需要粘贴哪一份内容，对于要粘贴的内容只要单击就可以把内容复制到应用程序之中去。

④ 剪贴板可以帮助复制 24 个文本、表格或图片等，单击“全部粘贴”按钮把剪贴板的内容全部粘贴到目标文件之中。要全部删除 Office 2010 剪贴板上的内容，只需单击“全部清空”按钮。若只想删除剪贴板上的某个内容，可将鼠标指针指向剪贴板上的这个内容，在其右侧就会有一个向下的黑色按钮，单击该按钮，打开下拉列表，选择“删除”命令将内容从剪贴板删除，如图 5-61 所示。

图 5-60 剪贴板的内容

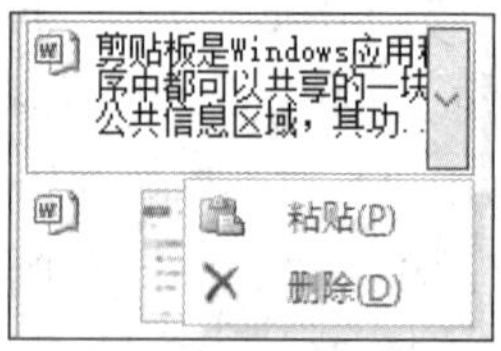

图 5-61 剪贴板的下拉列表

⑤ 如果在屏幕上没有出现剪贴板，还可以通过单击“开始”选项卡“剪贴板”组右下角“剪贴板”按钮来打开剪贴板。

5.11.2 导出文件或导入文件

导出、导入文件是指将用某种程序文件创建的文件转换成另一种程序能够解释的格式文件，且在程序之间转换的只是文件格式（文件编码信息的方式）。导出文件是以目的程序的文件格式保存该文件。导入文件可以从该应用程序能识别的格式文档中导入到本应用程序中并以该应用程序的格式保存文件。

1. 导出文件的方法

用户可以在 Office 2010 的各种应用程序间或在 Windows 的不同程序间实现文件的导出。例如，将 PowerPoint 文件或 Word 文档导出为 PDF 文件。

① 打开 PowerPoint 文件或 Word 文件。

② 选择“文件”→“另存为”命令，设置“保存类型”为“PDF（*.pdf)”，将保存为同名的 PDF 文件。

③ 选择“文件”→“保存并发送”→“创建 PDF/XPS 文档”→“创建 PDF/XPS”命令，确定 PDF 文档存储位置和文件名，即可创建一个 PDF 文件。

2. 导入文件的方法

用户可以在 Office 2010 的各种应用程序间实现它能识别的格式文档的导入。由于导入文件经常会导致文本格式的改变，所以这种方法不常使用。例如，将文本文件（.txt）导入 PowerPoint 文件中。

① 启动 PowerPoint，创建一个新的 PowerPoint 文件。

② 选择“文件”→“打开”命令，打开“打开”对话框，单击“文件类型”下拉按钮，然后选择“所有文件”选项，显示指定文件夹中的所有文件。

③ 选择指定的 TXT 文档。

④ 单击“确定”按钮。

5.11.3 对象嵌入与链接

1. 创建嵌入对象

嵌入是指将源文档中的对象复制到目的文档中，并且嵌入的对象保持与它嵌入的程序之间的联系，但不保持与源文件的联系。有时需要把其他对象嵌入当前的 Office 2010 文档中，这样做的好处是可以保证源文档中的信息和目标文档中的信息是一模一样的。

例如在 PowerPoint 文件中嵌入 Excel 工作表，创建嵌入对象的方法如下。

（1）使用“插入”选项卡“文本”组的“对象”按钮创建嵌入对象

① 打开 PowerPoint 文件。

② 单击“插入”选项卡“文本”组的“对象”按钮，打开“插入对象”对话框，在这里有两种选择，一是“新建”，二是“由文件创建”。选中“新建”单选按钮，如图 5-62 所示，选择对象类型为“Microsoft Excel 工作表”，单击“确定”按钮。这时，目标文档将自动把菜单栏、工具栏等变成插入对象的应用程序窗口，在这里是 Excel 应用窗口界面，在此即可对嵌入对象进行相应的编辑以及修改。

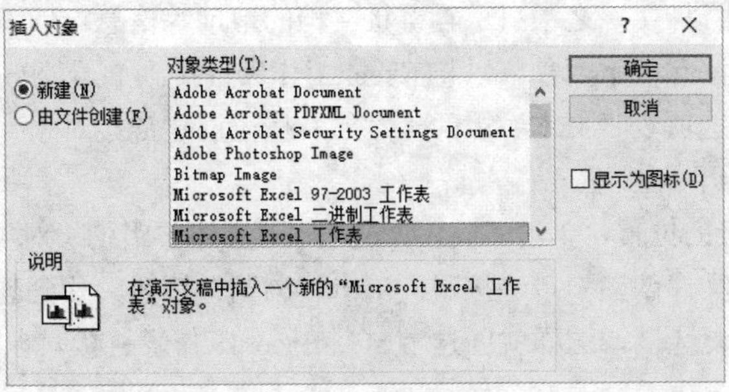

图 5-62 使用“插入”选项卡的“对象”命令嵌入对象

③ 设置好对象的相关信息之后，只需要在对象外单击，就可返回目标程序的窗口；如果需要对对象做一些修改，只需双击对象，即可返回对象的应用程序窗口。

④ 如果想让对象在目标文档中只显示为一个图标，还可以选中“显示为图标”复选框。如果要修改数据，只需双击该对象图标，即可调出对象应用程序。

若要嵌入已存在的 Excel 工作表，在步骤②中应改选中“由文件创建”单选按钮，然后通过“浏览”找到 Excel 工作簿文件，就可以在文档中指定位置嵌入 Excel 工作表。

（2）使用“开始”选项卡“剪贴板”组的“粘贴”下拉列表中“选择性粘贴”按钮创建嵌入对象

① 打开 Excel 工作簿文件，在工作表中选择需要嵌入的内容，右击，在弹出的快捷菜单中选择“复制”命令或按“Ctrl+C”组合键进行复制，选择的内容就被复制到剪贴板上。

② 打开 PowerPoint 演示文稿，在指定的位置，单击“开始”选项卡“剪贴板”组的“粘贴”下拉列表中“选择性粘贴”选项，打开“选择性粘贴”对话框，如图 5-63 所示。

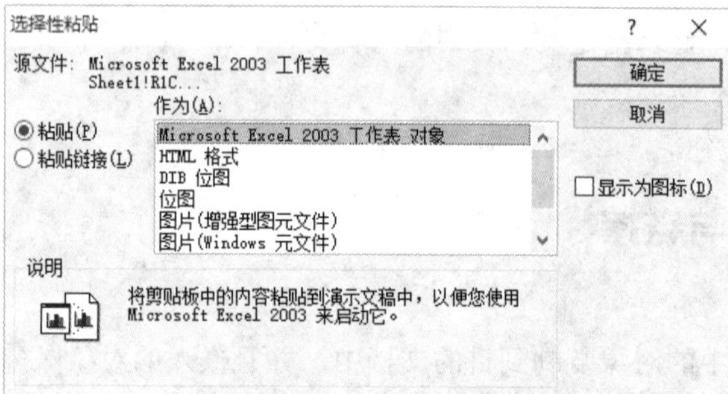

图 5-63 “选择性粘贴”对话框

③ 在“作为”栏中选择“Microsoft Office Excel 工作表 对象”选项，并且选中 “粘贴”单选按钮。

④ 单击“确定”按钮。

2. 创建链接对象

链接指将源文档中的对象复制到目的文档中，并保持与源程序的直接连接。嵌入对象和链接对象的区别主要在于数据的存储地方以及将数据放入目标文档后更新的方式。一般来说，创建嵌入对象，不管是新建对象还是由文件创建，修改源文档都不会改变目标文档的内容，嵌入的对象已经成为目标文档不可分割的一部分。而链接就不一样了，只要修改了源文档，目标文档的信息就会发生改变，因为在目标文档之中只保存链接文档的地址等信息，而不直接保存其内容。

创建链接对象的方法有以下两种。以将 Excel 工作表链接到 PowerPoint 演示文稿中为例。

（1）使用“插入”选项卡“文本”组的“对象”按钮创建链接对象

① 打开 PowerPoint 演示文稿。

② 选中要创建链接的位置，单击“插入”选项卡“文本”组的“对象”按钮，打开“插入对象”对话框，选中“由文件创建”单选按钮，单击“浏览”按钮，找到想链接的 Excel 工作簿文件，然后选中“链接”复选框，这样就创建了一个 Excel 工作表链接对象，如图 5-64 所示。

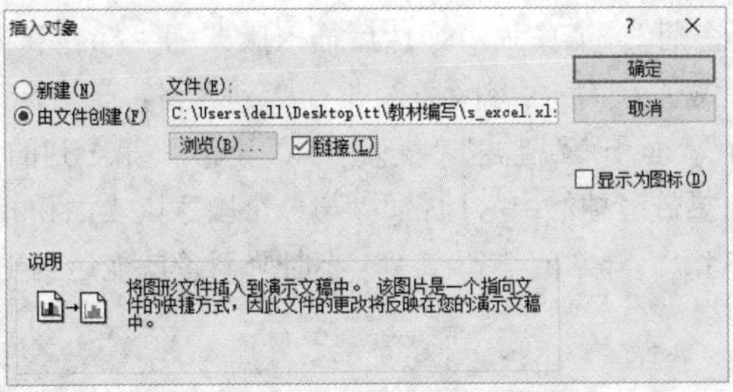

图 5-64 插入链接对象

（2）使用“开始”选项卡“文本”组的“粘贴”下拉列表中的“选择性粘贴”按钮创建链接对象

① 打开 Excel 工作簿文件，在工作表中选择需要嵌入的内容，右击，在弹出的快捷菜单中选择“复制”命令或按“Ctrl+C”组合键进行复制，把选择的内容复制到剪贴板。

② 打开 PowerPoint 文件，在指定的位置，单击“开始”选项卡“剪贴板”组的“粘贴”下拉列表框中“选择性粘贴”按钮，打开“选择性粘贴”对话框。如图 5-65 所示，选中“粘贴链接”单选按钮，单击“确定”按钮，工作表就被链接到幻灯片上。

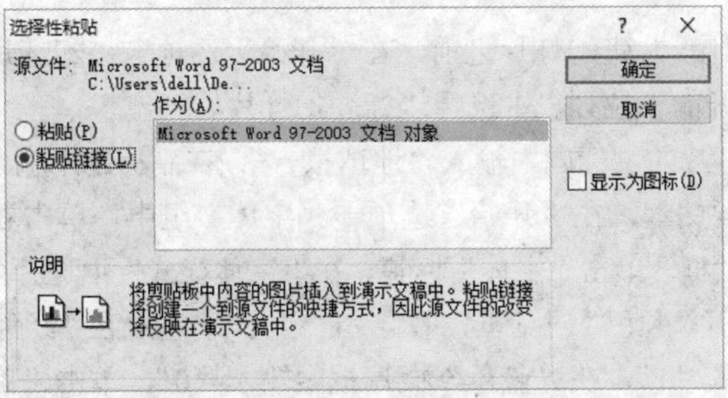

图 5-65 使用“选择性粘贴”链接对象

5.12 演示文稿制作实例

5.12.1 演示文稿制作实例 1

1. 打开演示文稿

打开演示文稿 yswg-1.pptx，其内容如图 5-66 所示。按照下列要求完成对此文稿的修饰并保存。

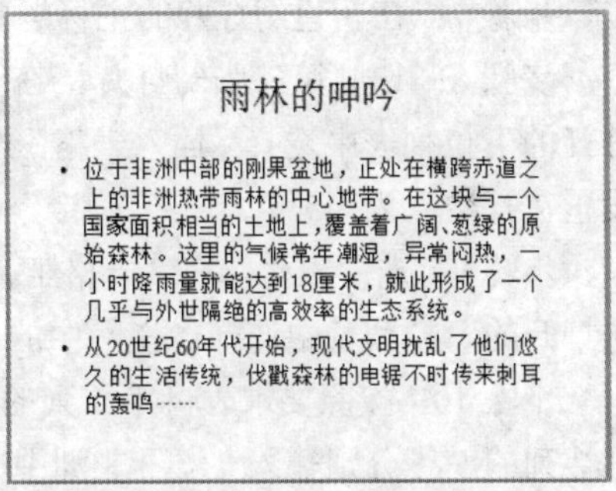

图 5-66 yswg-1 演示文稿的原始内容

① 使用“奥斯汀”主题修饰全文，全部幻灯片切换效果为“闪光”，放映方式为“在展台浏览（全屏幕）”。

② 在第一张幻灯片前插入版式为“标题幻灯片”的新幻灯片，主标题输入“地球报告”，副标题为“雨林在呻吟”。主标题设置为“加粗”“红色（RGB 颜色模式：249,1,0）”。将第二张幻灯片版式改为“标题和竖排文

字”，文本动画设置为“空翻”。第二张幻灯片后插入版式为“标题和内容”的新幻灯片，标题为“雨林—— 高效率的生态系统”，内容区插入 5 行 2 列表格，表格样式为“浅色样式 3”，第 1 列的 5 行分别输入“位置”“面积”“植被”“气候”“降雨量”，第 2 列的 5 行分别输入“位于非洲中部的刚果盆地，是非洲热带雨林的中心地带”“与一个国家国土面积相当”“覆盖着广阔、葱绿的原始森林”“气候常年潮湿，异常闷热”和“一小时降雨量就能达到 18 厘米”。

2. 解题步骤

（1）第①小题

步骤 1：打开 yswg-1.pptx 文件，在“设计”选项卡“主题”组中，单击“其他”下拉按钮，在展开的样式库中选择“奥斯汀”样式。

步骤 2：选中幻灯片，在“切换”选项卡“切换到此幻灯片”组中，单击“其他”下拉按钮，在展开的效果样式库中选择“细微型”下的“闪光”。

步骤 3：选中所有幻灯片，在“幻灯片放映”选项卡“设置”组中，单击“设置幻灯片放映”按钮，打开“设置放映方式”对话框，在“放映类型”中选择“在展台浏览（全屏幕）”，单击“确定”按钮，完成幻灯片的放映方式的设置。

（2）第②小题

步骤 1：将光标移到第 1 张幻灯片之前，在“开始”选项卡“幻灯片”组中，单击“新建幻灯片”下拉按钮，从打开的下拉列表中选择“标题幻灯片”。

步骤 2：在新建幻灯片的主标题中输入“地球报告”，在副标题中输入“雨林在呻吟”。

步骤 3：选中主标题文本，在“开始”选项卡“字体”组中，单击右侧的“对话框启动器”按钮，打开“字体”对话框。单击“字体”标签，在“字体样式”中选择“加粗”，在“字体颜色”中选择“其他颜色”，打开“颜色”对话框，单击“自定义”标签，在“红色”微调框中输入“249”，在“绿色”微调框中输入“1”，在“蓝色”微调框中输入“0”，单击“确定”按钮，再单击“确定”按钮返回到编辑界面中。

步骤 4：选中第二张幻灯片，在“开始”选项卡“幻灯片”组中，单击“版式”按钮，在下拉列表中选择“标题和竖排文字”。

步骤 5：选中第二张幻灯片中的文本，在“动画”选项卡“动画”组中，单击“其他”下拉按钮，在展开的效果样式库中选择“更多进入效果”选项，打开“更改进入效果”对话框，在“华丽型”中选择“空翻”，单击“确定”按钮。

步骤 6：将光标移到第二张幻灯片之后，在“开始”选项卡“幻灯片”组中，单击“新建幻灯片”下拉按钮，从打开的下拉列表中选择“标题和内容”。

步骤 7：在新建幻灯片的主标题中输入“雨林—— 高效率的生态系统”。

步骤 8：选中第三张幻灯片，在“插入”选项卡“表格”组中，单击“表格”下拉按钮，从打开的下拉列表中选择“插入表格”选项，在打开的“插入表格”对话框中，设置“列数”为“2”，设置“行数”为“5”，单击“确定”按钮。

步骤 9：选中表格，在“表格工具/设计”选项卡“表格样式”组中，单击“其他”下拉按钮，从打开的下拉列表中选择“淡”中的“浅色样式 3”。

步骤 10：按照要求表格第 1 列的 5 行分别输入“位置”“面积”“植被”“气候”和“降雨量”。第 2 列的 5 行分别输入“位于非洲中部的刚果盆地，是非洲热带雨林的中心地带”“与一个国家国土面积相当”“覆盖着广阔、葱绿的原始森林”“气候常年潮湿，异常闷热”“一小时降雨量就能达到 18 厘米"。

步骤 11：保存文件。完成后的效果如图 5-67 所示。

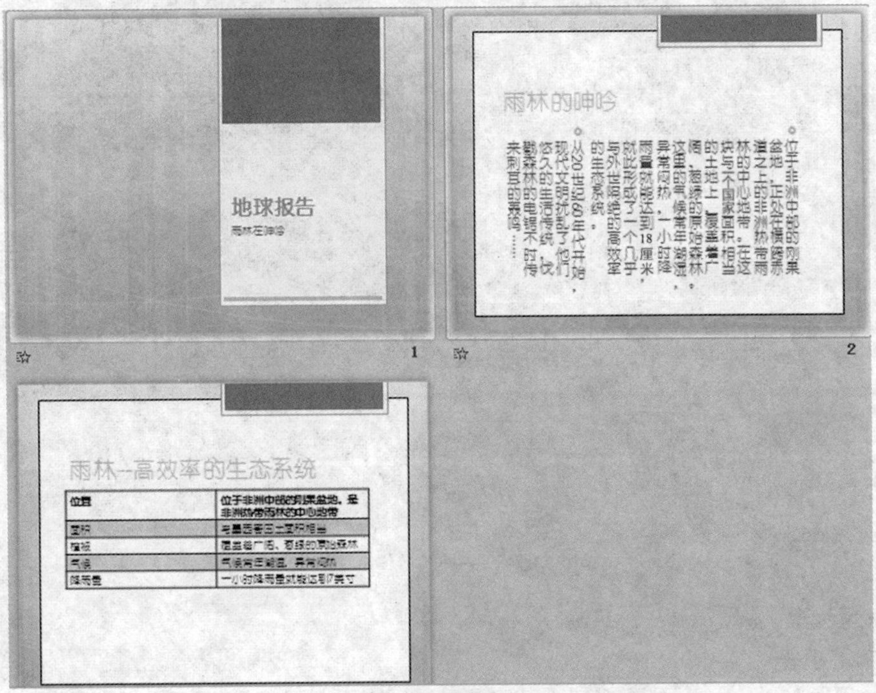

图 5-67 完成后的效果

5.12.2 演示文稿制作实例 2

1. 打开演示文稿

打开演示文稿 yswg-2.pptx，内容如图 5-68 所示。按照下列要求完成对此文稿的修饰并保存。

① 使用"市镇"主题修饰全文，放映方式为"观众自行浏览（窗口）"。

② 在第一张幻灯片之前插入版式为"两栏内容"的新幻灯片，标题输入"山区巡视，确保用电安全可靠"，将第二张幻灯片的文本移入第一张幻灯片左侧内容区，将考生文件夹下的图片文件"ppt1.jpg"插入第一张幻灯片右侧内容区，文本动画设置为"进入""擦除"，效果选项为"自左侧"，图片动画设置为"进入""飞入"，效果选项为"自右侧"。将第二张幻灯片版式改为"比较"，将第三张幻灯片的第二段文本移入第二张幻灯片左侧内容区，将考生文件夹下的图片文件"ppt2.jpg"插入第二张幻灯片右侧内容区。将第三张幻灯片的文本全部删除，并将版式改为"图片与标题"，标题为"巡线班员工清晨 6 时带着干粮进山巡视"，将考生文件夹下的图片文件"ppt3.jpg"插入第三张幻灯片的内容区。第四张幻灯片在水平为 1.3 厘米、自左上角，垂直为 8.24 厘米、自左上角的位置插入样式为"渐变填充-红色，强调文字颜色 1"的艺术字"山区巡视，确保用电安全可靠"，艺术字宽度为 23 厘米，高度为 5 厘米，文字效果为"转换-跟随路径-上弯弧"，使第四张幻灯片成为第一张幻灯片。移动第四张幻灯片使之成为第三张幻灯片。

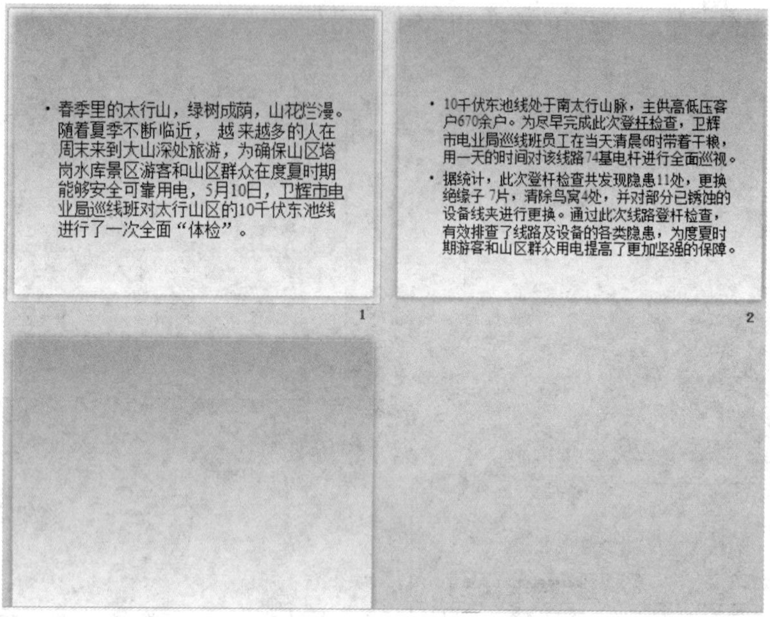

图 5-68　yswg-2 演示文稿的原始内容

2. 解题步骤

（1）第①小题

步骤 1：打开 yswg-2.pptx 文件，在“设计”选项卡“主题”组中，单击“其他”下拉按钮，在展开的主题库中选择“市镇”。

步骤 2：在“幻灯片放映”选项卡“设置”组中单击“设置幻灯片放映”按钮，打开“设置放映方式”对话框，在“放映类型”选项下选中“观众自行浏览（窗口）”单选按钮，再单击“确定”按钮。

（2）第②小题

步骤 1：在“幻灯片”窗口，单击第一张幻灯片的上方，在“开始”选项卡“幻灯片”组中，单击“新建幻灯片”下拉按钮，从打开的下拉列表中选择“两栏内容”，在标题中输入“山区巡视，确保用电安全可靠”。

步骤 2：选中第二张幻灯片的文本，单击“开始”选项卡“剪贴板”组的“剪切”按钮，将鼠标光标定位到第一张幻灯片的左侧内容区，单击“粘贴”按钮。

步骤 3：在第一张幻灯片右侧内容区，单击“插入来自文件的图片”按钮，打开“插入图片”对话框，从考生文件夹下选择图片文件“ppt1.jpg”，单击“插入”按钮。

步骤 4：选中第一张幻灯片的文本，在“动画”选项卡“动画”组中，单击“其他”下拉按钮，在展开的效果样式库中选择“更多进入效果”选项，打开“更改进入效果”对话框，在“基本型”中选择“擦除”，单击“确定”按钮。在“动画”组中，单击“效果选项”按钮，从打开的下拉列表中选择“自左侧”。

步骤 5：参考步骤 4 的动画设置，将第一张幻灯片的图片动画设置为“进入”“飞入”，效果选项为“自右侧”。

步骤6：选中第二张幻灯片，在“开始”选项卡“幻灯片”组中单击“版式”按钮，在打开的下拉列表中选择“比较”。参考步骤2和步骤3，将第三张幻灯片的第二段文本移入第二张幻灯片左侧内容区，将考生文件夹下的图片文件“ppt2.jpg”插入第二张幻灯片右侧内容区。

步骤7：选中第三张幻灯片的全部内容，按“Backspace”键。在“开始”选项卡“幻灯片”组中单击“版式”按钮，在打开的下拉列表中选择“图片和标题”。输入标题为“巡线班员工清晨6时带着干粮进山巡视”；在内容占位符中，单击“插入来自文件的图片”图标，打开“插入图片”对话框，从考生文件夹下选择图片文件“ppt3.jpg”，单击“插入”按钮。

步骤8：选中第四张幻灯片，单击“插入”选项卡“文本”组中的“艺术字”按钮，在打开的下拉列表中选择样式为“渐变填充-红色，强调文字颜色 1”，在文本框中输入“山区巡视，确保用电安全可靠”；选中艺术字，右击，在弹出的快捷菜单中选择“设置形状格式”命令，打开“设置形状格式”对话框，单击“位置”标签，设置“水平”为“1.3 厘米”，“自”为“左上角”，“垂直”为“8.24 厘米”，“自”为“左上角”，单击“大小”标签，在“尺寸和旋转”下的“宽度”微调框中输入“23 厘米”，“高度”微调框中输入“5 厘米”，单击“关闭”按钮；单击“格式”选项卡“艺术字样式”组中的“文本效果”按钮，在打开的下拉列表中选择“转换”，在打开的子列表中选择“跟随路径”下的“上弯弧”。

步骤9：选中第四张幻灯片，右击，在弹出的快捷菜单中选择“剪切”命令，将光标移动到第一张幻灯片之前，右击，在弹出的快捷菜单中选择“粘贴”命令。按照同样的方法移动第四张幻灯片使之成为第三张幻灯片。

步骤10：保存演示文稿。完成后的效果如图5-69所示。

图5-69 完成后的效果

思考题

1．打开演示文稿 yswg-01.pptx，其内容如图 5-70 所示。按照下列要求完成对此文稿的修饰并保存。

图 5-70 yswg-01 演示文稿的原始内容

（1）在最后一张幻灯片前插入一张版式为“仅标题”的新幻灯片，标题为“领先同行业的技术”，在位置“水平：3.6 厘米，自：左上角，垂直：10.7 厘米，自：左上角”插入样式为“填充-蓝色，强调文字颜色 2，暖色粗糙棱台”的艺术字“Maxtor Storage for the world”，且文字均居中对齐。将艺术字的文字效果设为“转换-跟随路径-上弯弧”，艺术字宽度为 18 厘米。将该幻灯片向前移动，作为演示文稿的第一张幻灯片，并删除第五张幻灯片。将最后一张幻灯片的版式更换为“垂直排列标题与文本”。将第二张幻灯片内容区文本的动画设置为“进入”“飞入”，效果选项为“自右侧”。

（2）将第一张幻灯片的背景设置为“水滴”纹理，且隐藏背景图形；将全文幻灯片切换方案设置为“棋盘”，效果选项为“自顶部”；放映方式为“观众自行浏览（窗口）”。

2．打开考生文件夹下的演示文稿 yswg-02.pptx，其内容如图 5-71 所示。按照下列要求完成对文稿的修饰并保存。

（1）使用“暗香扑面”主题修饰全文，全部幻灯片切换方案为“百叶窗”，效果选项为“水平”。

（2）在第一张“标题幻灯片”中，将主标题的字体设置为“Times New Roman”“47 磅”，副标题的字体设置为“Arial Black”“加粗”“55 磅”。将主标题的文字颜色设置成“蓝色（RGB 模式：红色 0，绿色 0，蓝色 230）”；副标题的动画效果设置为“进入”“旋转”，效果选项为“按字/词”。将幻灯片的背景设置为“白色大理石”。将第二张幻灯片的版式改为“两栏内容”，原有信号灯图片移入左侧内容区，将第四张幻灯片的图片移动到第二张幻灯片右侧内容区。删除第四张幻灯片。将第三张幻灯片标题设为“Open-loop Control”，字号为47磅，然后移动它使之成为第二张幻灯片。

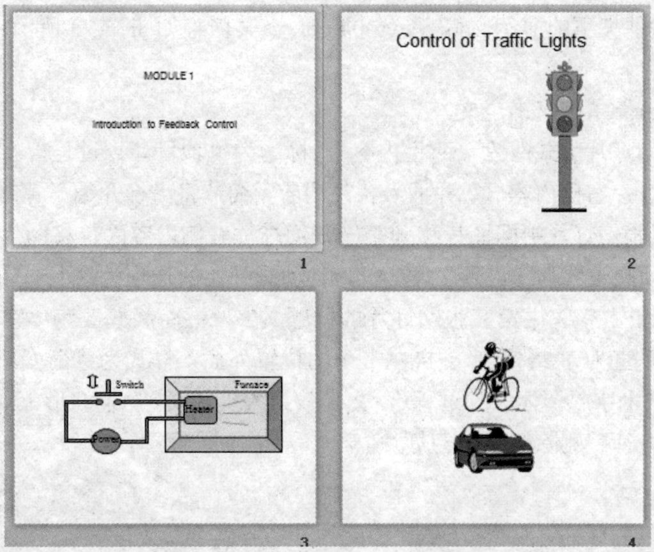

图5-71 yswg-02演示文稿的原始内容

3．打开考生文件夹下的演示文稿yswg-03.pptx，其内容如图5-72所示。按照下列要求完成对文稿的修饰并保存。

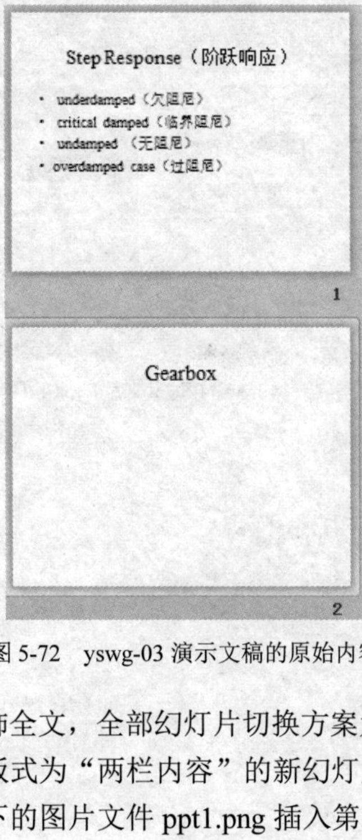

图5-72 yswg-03演示文稿的原始内容

（1）使用“精装书”主题修饰全文，全部幻灯片切换方案为“蜂巢”。

（2）在第二张幻灯片前插入版式为“两栏内容”的新幻灯片。将第三张幻灯片的标题移到第二张幻灯片左侧，把考生文件夹下的图片文件ppt1.png插入第二张幻灯片右侧的内容区。将图片的动画效果设置为“进入”“螺旋飞入”，文字动画设置为“进入”“飞入”，效果选项为“自左下部”，动画顺序为先文字后图片。将第三张幻灯片版式改为“标题幻灯片”，在主标题处输入“Module 4”，将文字设置为“黑体”“55 磅”，在副标题处输入“Second Order Systems”，将文字设置为“楷体”“33 磅”。移动第三张幻灯片，使之成为整个演示文稿的第一张幻灯片。

4．打开考生文件夹下的演示文稿 yswg-04.pptx，其内容如图 5-73 所示。按照下列要求完成对文稿的修饰并保存。

（1）使用“都市”主题修饰全文。

（2）将第二张幻灯片版式改为“两栏内容”，标题为“项目计划过程”。将第四张幻灯片左侧图片移到第二张幻灯片右侧内容区，并插入备注内容“细节将另行介绍”。将第一张幻灯片版式改为“比较”，将第四张幻灯片中间图片移到第一张幻灯片右侧内容区，将图片动画设置为“进入”“基本旋转”，文字动画设置为“进入”“浮入”，且动画开始的选项为“上一动画之后”，并移动该幻灯片到最后。删除图 5-73 中第三张幻灯片的标题文字，并将版式改为“空白”，在水平为 6.67 厘米、自左上角及垂直为 8.24 厘米、自左上角的位置外插入样式为“渐变填充-橙色，强调文字颜色 4，映像”的艺术字“个体软件过程”，文字效果为“转换-弯曲-波形 1”。移动第二张幻灯片使之成为第一张幻灯片。删除第三张幻灯片。

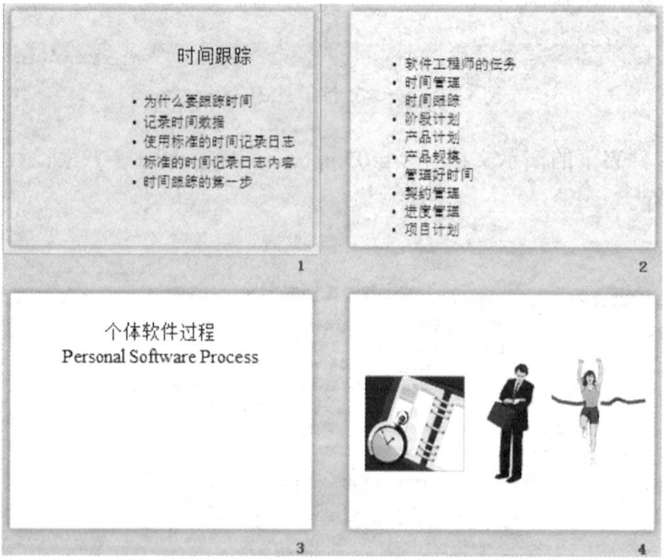

图 5-73　yswg-04 演示文稿的原始内容

第6章 计算机网络基础

计算机技术与通信技术的高度融合，产生了计算机网络，它满足了人们对于远程信息处理、远程通信、远程协作和资源共享的需要，给人们的工作、学习和生活带来了极大的便利。随着移动通信 4G、5G 时代的到来，计算机网络也进入了一个高速发展的阶段，并成为现代社会的一种基础设施。目前计算机网络，应用越来越广泛，影响也越来越大。

6.1 计算机网络基本知识

6.1.1 计算机网络的定义

在计算机网络发展的不同阶段，人们提出了不同的计算机网络定义。目前，较为准确的定义为“以数据传输和资源共享为主要目的，通过通信设备和通信线路，并基于共同协议互联起来的自主计算机系统的集合”。理解这个定义需要把握以下 3 点。

① 自主计算机系统的集合。网络中的计算机应是自主的，这种“自主”不仅体现在地理位置上，更体现在功能上。即网络互联中的计算机之间没有必须的主从关系，彼此相互独立。

② 网络中的计算机是通过通信设备和通信线路连在一起的，而且基于共同的协议。

③ 组建计算机网络的目的，或者说计算机网络的主要功能，是数据传输和资源共享。

6.1.2 计算机网络的组成

虽然计算机网络的规模不同，其结构、配置等也有很大差异。但是一个完整的计算机网络，其组成是基本相同的。接下来从以下两个角度进行划分。

① 从系统组成的角度来看，计算机网络主要由网络终端、网络设备和通信传输介质等部分组成。

网络终端位于网络拓扑结构末端，主要用于接收和发送数据。常见的网络终端包括计算机、手机、打印机等。

网络设备指位于网络拓扑结构中间节点的设备，主要用于数据转发。不同的网络设备在数据转发过程中所起的作用不一样，如调制解调器主要用于数据形式转换，交换机、路由器主要用于数据寻址等。

通信传输介质是网络中信息传输的载体，根据其特点可分为有线介质和无线介质两大类。

② 从功能的角度来看，计算机网络可以划分为通信子网和资源子网两大部分，如图 6-1 所示。

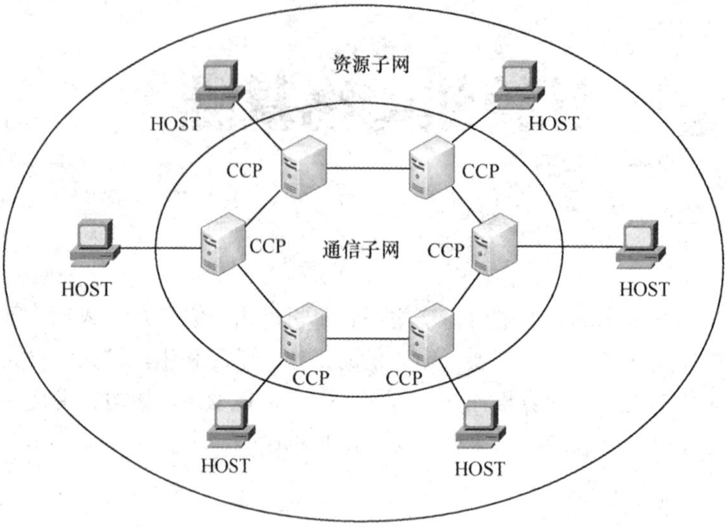

图 6-1 计算机网络的组成

通信子网主要负责网络的数据通信，它由网络节点、通信设备、通信线路以及通信协议等组成，为网络用户提供数据传输、转接、加工和变换等信息。

资源子网主要负责网络的数据存储和处理，由服务器、工作站、网络打印机、其他外部设备及其相关软件组成，为网络用户提供各种网络资源和网络服务，以实现资源共享的目的。

6.1.3 计算机网络的功能

计算机网络的功能可归纳为以下 4 个方面。

1．数据传输

数据传输是计算机网络的基本功能，也是其主要功能。数据传输实现了计算机之间、计算机与终端之间各种信息的传送，包括各种文字信息、新闻消息、图片信息等。

2．资源共享

资源共享包括硬件共享、软件共享和信息资源共享，资源共享是计算机网络较主要、较常用的功能。资源共享使得系统可以以最小的投入（人力、物力和财力等），获取最大的收益。

3．提高系统的可靠性和可用性

在计算机网络中，每台计算机可通过网络互为后备机，每一种资源都可以在两台甚至多台计算机上进行备份。因此，当网络中的某台计算机出现故障时，可以由另一台计算机代替；或当某一资源被破坏时，从另一台计算机上获取备份的资源。从而提高整个系统的可靠性，确保整个系统的可用性。

4．易于分布式处理

用户可以将复杂的、较大型的综合性问题通过一定的算法，将任务分别交给不同的计算机去完成，一方面避免了网络中某一节点的负担过重，另一方面充分地利用了网络中其他较为空闲的资源。

6.1.4 计算机网络的产生和发展

自 20 世纪 50 年代产生以来，计算机网络的发展经历了由简单到复杂、由低级到高级的过程，大致经历了以下几个阶段。

1．数据通信型网络

20 世纪 50 年代，人们将若干终端设备通过通信线路连接到一台主机上。在这种网络中，主机要完成所有数据的存储和处理，而终端并不具备独立处理数据的能力，只能完成简单的输入或输出操作，其主要目的是进行数据的通信，因此也将这种结构的网络称为数据通信型网络。数据通信型网络是当代计算机网络发展的基础。

2．资源共享型网络

20 世纪 60 年代，由于计算机的应用范围逐渐扩大，位置分散的各个部门之间的协同工作也越来越频繁，迫切需要将多个计算机系统互联以实现资源共享和数据交换，分组交换网由此产生。1969 年，美国国防部建成的阿帕网（Advanced Research Projects Agency Network，ARPANET），第一次实现了由通信网络和资源网络复合构成计算机网络系统，开创了“计算机—计算机”通信的时代，标志着计算机网络的真正产生。

3．标准化系统型网络

20 世纪 70 年代中期，计算机网络发展到了一个新的阶段，出现了许多不同的网络体系结构和网络协议，彼此之间无法互联，限制了计算机网络的发展。为了使不同设计标准的网络能够互联互通，国际标准化组织（International Organization fof Standardzation，ISO）于 1983 年提出了一个使各种计算机能够互联的标准框架——开放系统互联参考模型（Open System Interconnection/Reference Model，OSI/RM）。OSI/RM 将网络分为 7 层，并规定了每一层的功能。它的产生标志着标准化系统型计算机网络的诞生。

4．高速 Internet 型网络

20 世纪 90 年代，微电子技术和通信技术进入高速发展阶段，为计算机网络的发展提供了强有力的支持。Internet 的快速发展、信息高速公路的提出、无线网络的出现等，都意味着信息时代的全面到来，从而产生了以信息综合化、传输高速化为主要特点的第四代高速 Internet 型网络。

5．未来混合型网络

未来的计算机网络将进一步融合计算机技术与通信技术，更关注带宽、应用、安全、服务质量、终端多样性和智能化等方面。未来的计算机网络将具有更低的费用，将向适应多媒体通信、移动通信结构的方向发展，将具有更高的可靠性和更好的服务质量。网络结构将更加一体化、标准化，以此适应全球网络的互联。

6.1.5 计算机网络的分类

在计算机网络的研究中，人们往往使用不同的分类方法从不同的角度对其进行分类。常见的分类方法有以下几种。

1．按地理覆盖范围分类

（1）局域网

局域网（Local Area Network，LAN）是将分布在较小地理范围内的计算机和各种通信设备，通过专用的通信线路互联在一起的网络。局域网的覆盖范围一般在几十米到几千米之间，它常用于组建一个办公室、一栋楼、一个校园、一个企业的计算机网络。局域网主要用于实现短距离的资源共享，具有较高的数据传输速率和较低的误码率。

（2）广域网

广域网（Wide Area Network，WAN）又称远程网，其分布范围可达数百千米乃至更远，可以覆盖一个地区，一个国家，甚至全世界。目前，Internet 是全球最大的广域网。广域网通过电话交换网、微波、卫星通信网或它们的组合信道进行通信，具有较低的传输速率和较高的误码率，但网络延迟较严重。

（3）城域网

城域网（Metropolitan Area Network，MAN）是介于局域网和广域网之间的一种大型通信网络，其覆盖范围可以是一个地区或多个地区。由于城域网通常使用和局域网相同的技术，基本上可以说是一种大型的局域网。所以，目前按覆盖范围分类时也可直接分为广域网和局域网，而不再有城域网。

2．按拓扑结构分类

网络中各个节点相互连接的方法和形式称为网络拓扑结构。按拓扑结构分类，计算机网络可分为总线型、环形、星形、网状和树形等，如图 6-2 所示。

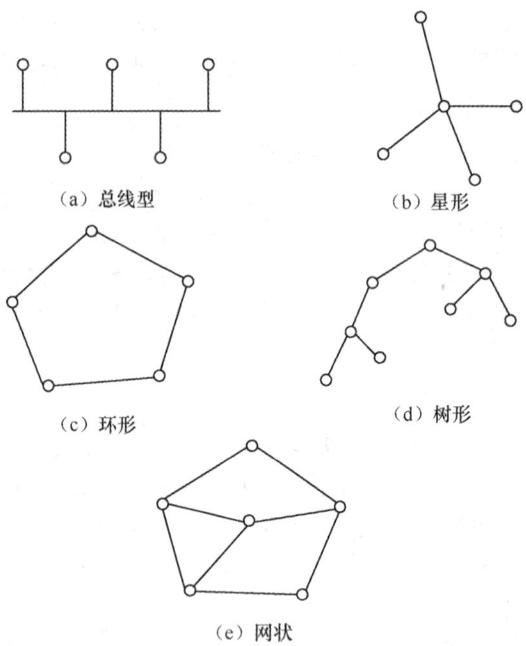

图 6-2 计算机网络拓扑结构

（1）总线型网络

在总线型网络中，所有的节点都通过相应的硬件接口直接连接到传输总线上，一个网段内所有的节点共享总线资源。总线型拓扑结构的优点是结构简单，易于扩充，布线容易。但由于不是集中控制，因此故障诊断困难。此外，由于所有节点共享传输链路和带宽，因此网络性能较差。目前，在计算机网络中较少使用。

（2）环形网络

在环形网络中，各个网络节点连接成一个闭合环，信息沿着固定方向从一个节点传送到另一个节点，最终由目的节点接收。环形拓扑结构的优点是结构简单，易于实现。但其可靠性较差，任一节点出故障都会引起全网故障，且故障诊断困难。

（3）星形网络

在星形网络中，各个节点都通过连接链路与中心节点相连，中心节点控制全网的通信，任意两个节点之间的通信都要通过中心节点。星型拓扑结构的优点是结构简单，便于管理，各条线路可以同时进行数据传输，网络性能较高。但由于所有节点都依赖于中心节点，因此中心节点是整个网络的关键，一旦中心节点出现故障则全网瘫痪。

（4）网状网络

在网状网络中，节点之间的连接是任意的、没有规律的，任意两个节点之间可以有 0 条、1 条或多条连接线路。网状拓扑结构的优点是系统可靠性高，一条链路发生故障，网络仍可正常运行。但由于结构复杂，就必须采用多种协议、流量控制等方法。网状拓扑结构常用于广域网中，如 Internet。

（5）树形网络

树形网络可以认为是分层的星形网络，其特点和星形网络相似，但树形拓扑更适合于分层管理。

此外，计算机网络还可按网络的交换方式分类，分为电路交换网、报文交换网和分组交换网；按网络传输介质分类，可分为有线网络和无线网络；按不同用户分类，可分为科研网、教育网、商业网和企业网等。

6.1.6 数据通信

数据通信是通信技术和计算机技术相结合而产生的一种新的通信方式。通信双方通过传输信道将数据终端与计算机连接起来，以实现信息的传输和交换。下面介绍几个相关的概念和技术指标。

1．信号

数据的具体物理表现，具有确定的物理描述，如电压、磁场强度等。根据信号的连续性分为模拟信号和数字信号。其中模拟信号是一种连续变化的电信号，而数据信号则是一种离散的脉冲序列。

2．信道

信道是传输信号的渠道，根据传输介质不同，可分为有线信道和无线信道。

3．调制与解调

发送端将数字信号转换成模拟信号的过程称为调制，接收端将模拟信号还原成数字信号的过程称为解调。

4．数据通信技术指标

（1）传输速率

在数据通信中，用数据传输速率表示信道的传输能力，即每秒传输的二进制位数，单位为比特每秒（bit/s），也可用 kbit/s、Mbit/s 和 Gbit/s 等作为单位。

（2）误比特率

误比特率是指数据在传输过程中，错误的比特数占传输数据总比特数的概率。目前计算机网络通信中，一般误码率要求要低于 10^{-9}。

6.1.7 网络协议与体系结构

计算机网络要做到有条不紊地交换数据，就必须通过一些事先约定好的规则来实现。这些规则在网络中被称为协议。计算机网络的各层及其协议的集合称为网络体系结构。下面进行具体介绍。

1．网络协议

通常，人们将为了网络数据交换而制定的规则、约定或标准称为网络协议（Network Protocol）。一个网络协议由以下三要素组成。

① 语法：数据与控制信息的结构或格式。

② 语义：需要发出何种控制信息，以及完成的动作和做出的响应。

③ 同步：事件实现顺序的详细说明。

人们所熟悉的超文本传送协议（Hypertext Transfer Protocol，HTTP）、文件传送协议（File Transfer Protocol，FTP）、邮局协议第 3 版（Post Office Protocol Version3，POP3）和简单邮件传送协议（Simple Mail Transfer Protocol，SMTP）等就是一些常见的应用协议，这些协议将在后面相关的章节中详细介绍。

2．体系结构

为了减小设计的复杂性，大多数的网络都是采用层次模型来组织的，每一层都是建立在它的下层之上。网络体系结构是计算机网络的所有功能层次、各层次的通信协议以及相邻层次间接口的集合。层次、协议和接口构成了网络体系结构的三要素，可以表示为

网络体系结构={层次，协议，接口}

3．OSI 模型

OSI 模型采用分层体系结构，共 7 层，由下而上分别是物理层、数据链路层、网络层、传输层、会话层、表示层和应用层，如图 6-3 所示。

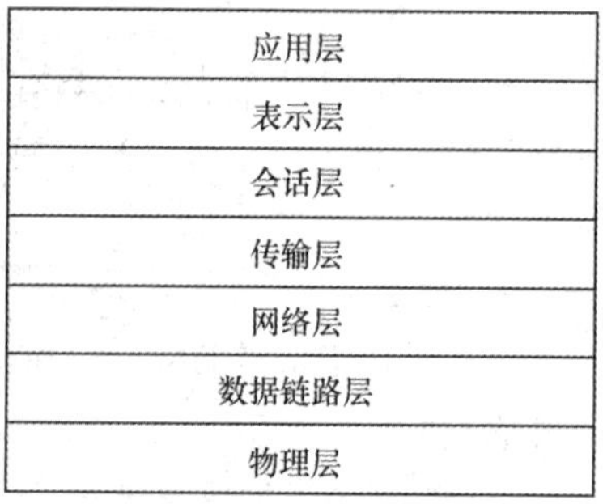

图 6-3 开放系统互连参考模型

OSI 参考模型各层的主要功能如下。

① 物理层：位于 OSI 模型中的最底层，利用传输介质，在网络上实现数据比特流的传输。在这一层，数据单位称为“比特（bit）”。

② 数据链路层：数据链路层将物理层提供的比特流组合成帧，然后通过校验、确认和反馈重传机制，在节点间传输帧。数据单位称为“帧（Frame）”。

③ 网络层：通过路由算法，网络层为数据包选择到达目的网络最适当的路径。数据单位称为“分组”或“包（Packet）”。

④ 传输层：第一个点到点，即主机到主机的层次，从该层起向上各层都称为“高层”。它向高层屏蔽了下层数据通信的细节，为双方主机间通信提供了透明的数据通道。数据单位称为“数据段（Segment）”。

⑤ 会话层：负责管理主机之间的会话进程，一次连接就称为一次会话。

⑥ 表示层：为上层用户提供所需要的数据语法转换与表示方法的服务，完成数据的加密与解密等基本操作。

⑦ 应用层：OSI模型的最高层，直接面向用户的具体应用，提供包括文件传输、电子邮件、远程登录等各种网络用户服务。

6.1.8 网络设备及传输介质

计算机网络通过各种网络设备和传输介质组成了计算机网络的硬件系统。

1．网络设备

（1）主机

所有连接在网络上的计算机，无论是巨型计算机还是微机，都被称为主机（Host），又称Host。主机按功能的不同分为服务器和工作站两类。

① 服务器（Server）：它主要负责网络的正常运行或提供专用服务，为网络中的各个工作站发出的请求提供服务。它的性能指标要求较高，必须具有很高的稳定性、可靠性以及很强的连续工作的能力。

② 工作站（Workstation）：它是网络资源的使用者，也是用户可直接操作使用的终端，可以由不同性能的计算机来承担。

网络中的服务器和工作站的概念不是绝对的，如果一台工作站上存放了大量的资料并为其他计算机提供一定的服务，此时这台工作站也就成为网络中的服务器了。

（2）网络接口卡

网络接口卡（Network Interface Card，NIC）简称网卡，用于将计算机和通信介质连接起来。所有接入网络的计算机都必须配备网卡，它通常插在计算机的扩展槽内。网卡工作在OSI模型中的物理层，不同的网络必须采用与之相适应的网卡。通常将网卡划分为有线网卡和无线网卡。

（3）交换机

由集线器组成的共享总线式局域网在扩大网络传输范围的同时也扩大了冲突域，所以现在的局域网中往往采用交换机（Switch）来代替集线器，组成以交换机为中心的交换式局域网。普通交换机工作在OSI模型中的数据链路层，接入交换机的任意两个节点之间可以享有独立的带宽。

（4）路由器

路由器（Router）是用于将局域网连入广域网或实现多个网络互联的网络设备。路由器工作在OSI模型中的网络层，实现网络层的路由选择和数据转发功能，“路由”和“交换”是它的两大基本功能。

（5）无线接入点

通过无线接入点（Wireless Access Points，WAP），无线设备（如手机、平板电脑、笔记本电脑等无线设备）就可以连入有线网络。无线接入点主要用于宽带家庭、大楼内部、校园内部等需要无线网络的地方，通常覆盖距离为几十米至上百米。

2．传输介质

网络传输介质是指在网络中传输信息的载体，常用的传输介质分为有线传输介质和无线传输介质两大类。

常用的有线传输介质有双绞线、同轴电缆和光纤。其中，双绞线最为便宜，但传输速率最慢，抗干扰能力最差，常用于局域网内部布线。光纤传输的是光信号，传输速率最快，抗干扰能力最强，经常用在主干线上。

常用的无线传输介质有无线电波、红外线、微波等。

随着无线网络的深入研究和广泛应用，无线传输介质在网络中的应用也越来越多。在局域网中，常用无线电波和红外线作为传输介质。

6.1.9 网络软件

网络软件是计算机网络中必不可少的组成部分，网络的正常工作需要网络软件的支持。一方面，网络软件授权用户合法、快速地访问网络资源；另一方面，通过管理和调度网络资源，网络软件提供网络通信和用户所需的各种网络服务，如资源共享、信息传输等。网络软件一般可以分为通信软件、网络协议软件和网络操作系统。

1. 通信软件

通信软件主要用来控制和监督网络中的通信，通常由线路缓冲区管理程序、线路控制程序以及报文管理程序等组成。

2. 网络协议软件

网络协议软件是网络软件的重要组成部分，根据网络所使用的协议层次模型组成，主要用以完成相应层协议所规定的功能。

3. 网络操作系统

网络操作系统，是网络用户与计算机网络之间的接口，其任务是支持网络的通信和提供资源，网络用户可以通过网络操作系统请求网络服务。网络操作系统可以分为服务器操作系统和客户机操作系统。常见的服务器操作系统有 UNIX、Linux 等，客户机操作系统有 Windows 系列（如 Windows 7、Windows 10）等。

6.2 局域网

局域网是当前使用率最高的一种计算机网络。因此，局域网技术是计算机网络研究与应用的热点，也是目前技术发展最快的领域之一，它在计算机网络中占有非常重要的地位。

6.2.1 局域网的特点

目前局域网中主要采用 IEEE 802 标准。

与其他的网络相比，局域网具有以下特点。

① 网络所覆盖的地理范围较小，通常不超过几千米，可以是一间教室、一栋建筑，甚至两台计算机之间，通过双绞线直接连在一起，便可以构成一个局域网。

② 具有较高的数据传输速率和较低的误码率。

③ 局域网的建设成本低，便于安装、管理和维护。

6.2.2 局域网的拓扑结构

局域网中最常采用的拓扑结构有总线型、星形、环形和树形 4 种。关于这些拓扑结构的特点已在前面介绍了，这里就不再详细论述。

6.2.3 局域网的分类

局域网的分类方式有很多种，按照网络转接方式，可分为共享式局域网和交换式局域网；按照介质访问控制方式，可分为以太网和令牌环网；按照所采用的传输介质划分，可以分为有线局域网和无线局域网等。

6.2.4 无线局域网

1．无线局域网的定义

无线局域网（Wireless Local Area Network，WLAN）指通过无线介质连接起来的局域网，是计算机网络与无线通信技术相结合的产物，传输距离一般在 1 000 m 以内，目前主要采用 IEEE 802.11 标准，业界成立了使用该标准的 Wi-Fi 联盟。

2．无线局域网的特点

与有线局域网相比，无线局域网具有以下优点。

① 部署简单，易于实现，适用于野外等难于布线又临时需要网络的场合。

② 成本低廉，易于扩展。无线局域网免去或减少了大量的网络布线，一般只需安装一个或多个无线接入点设备，就可以建立覆盖整个范围的局域网，如家庭、楼宇或园区等。

③ 高移动性。由于摆脱了有线介质的束缚，拥有无线上网设备的用户可以在 WAP 覆盖的范围内随意地移动，甚至可以在不同的 WAP 之间实现无缝漫游。

当然与有线局域网相比，无线局域网还是存在着一些不足之处，如速率较慢，易被干扰，安全隐患较多，等等。

6.3 因特网

因特网（Internet）又称国际互联网，它将数万个计算机网络、数千万台主机连在一起，覆盖全球，是全球最大的广域网。从信息资源的角度来看，因特网是一个集各个领域、各个单位的信息资源为一体的，供网络用户共享的全球最大信息资源网。近几年来，随着社会、科技、文化和经济的发展，人们对信息资源的依赖性越来越强。人们通过因特网查询、获取和利用各种各样的信息；通过因特网进行学习研究、从事商业活动、生活购物等。

6.3.1 Internet 的起源和发展

Internet 起源于美国国防部高级研究计划局（Advanced Research Projects Agency，ARPA）于

1969 年建立并投入使用的阿帕网。阿帕网采用了当时先进的分组交换技术，由主机和子网组成，由协议和软件支持工作，在概念、结构和网络设计方面都为后续的计算机网络打下基础。1983 年 1 月，ARPA 把 TCP/IP 作为阿帕网的标准协议，此后大量使用 TCP/IP 的网络和主机连入阿帕网，逐步形成了以阿帕网为主干的网际互联网，即 Internet。

随着 Internet 规模的不断扩大，Internet 向全世界提供的信息资源和服务也越来越丰富，极大地推动了全球信息化的进程。

1994 年 4 月，我国正式接入 Internet，并从此进入大规模的网络发展阶段。截至 1996 年年初，我国的因特网已拥有四大国际出口网络体系：中国教育科研网（China Education and Research Network，CERNET）、中国公用计算机互联网（CHINANET）、中国金桥信息网（China Goldon Bridge Network，CHINAGBN）和中国科技网（China Science and Technology Network，CSTNET）。

6.3.2 TCP/IP 参考模型和协议簇

20 世纪 80 年代，TCP/IP 作为 ARPA 的标准协议出现以后，所有遵守该协议的网络和主机都可以互连。从那以后，TCP/IP 参考模型成为计算机网络中另一个应用广泛的体系结构模型，并最终在工业应用中流行起来。

1. TCP/IP 参考模型

与前面所提到的 OSI 模型相比，TCP/IP 参考模型只有 4 层，分别是网络接口层、网络互联层、传输层和应用层。两个模型的对比示意图如图 6-4 所示。

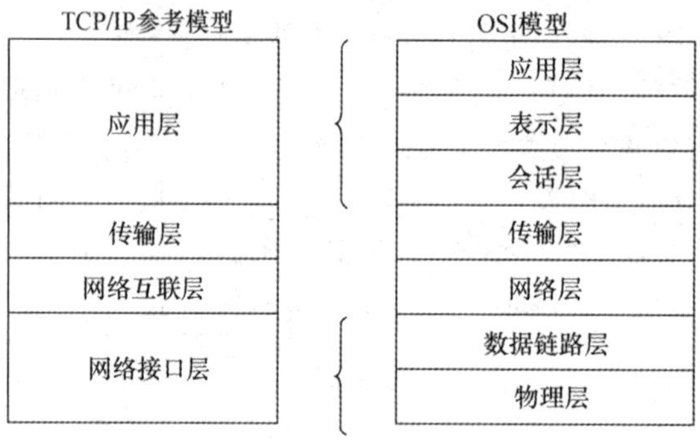

图 6-4 TCP/IP 参考模型与 OSI 模型对比

2. TCP/IP 协议簇

TCP/IP 参考模型中各个层次通过相应协议完成数据的交换和传输，以及一些特定的应用。由于这些协议中传输控制协议（Transmission Control Protocol，TCP）和互联网协议（Internet Protocol，IP）是最重要的两个协议，所以用 TCP/IP 作为协议簇的名称。TCP/IP 协议簇主要的协议如图 6-5 所示。

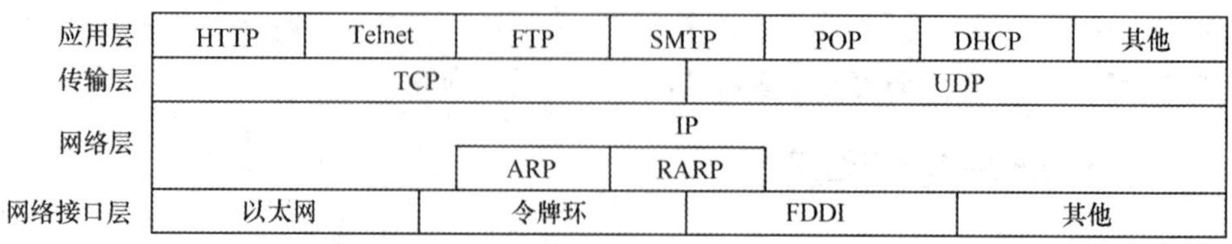

图 6-5 TCP/IP 协议簇

下面介绍几个常见的协议。

① HTTP：超文本传送协议，用于 Internet 网上的万维网（World Wide Web，WWW）服务。

② Telnet：远程上机协议，用于实现远程系统登录功能，方便用户使用远程主机中共享的资源。

③ FTP：文件传送协议，用于实现两台主机之间文件的传输。

④ SMTP：简单邮件传送协议，用于实现发送和传输电子邮件。

⑤ POP：邮局协议，用于实现电子邮件的接收。

⑥ DHCP：动态主机配置协议，用于实现 IP 地址的动态分配和管理。

⑦ TCP：传输控制协议，即可靠的面向连接的端到端协议，通过序列号、滑动窗口、出错重传机制确保数据的可靠性传输。HTTP、Telnet、FTP 和 SMTP 等都基于该协议。

⑧ IP：互联网协议，实现点到点的数据传输，用于实现不同类型的物理网络互连，以及实现数据从某个节点到另一节点的路径选择。

6.3.3 IP 地址和域名

1. IP 地址

不同类型的物理网络通过路由器连入因特网，形成一个全球性的网络。为了使信息能够准确到达目的地址，每个节点都必须拥有自己唯一的地址，这个地址就是 IP 地址。经过 40 多年的发展，IP 地址主要有两个版本，分别是 IPv4 和 IPv6。目前，在因特网中广泛使用的是 IPv4。

（1）IPv4

在 IPv4 中，IP 地址用 32 位二进制数表示。为了便于书写和记忆，人们将每 8 位二进制数分成一组，并转换成相应的十进制数，中间用“.”隔开，简称为点分十进制法，其中每个十进制数的取值范围为 0～255。

例如，IP 地址为 10010000110010110000001000001001，就可以表示为 144.203.2.9。

Internet 由许多网络互连而成，通信有可能是在同一网络内完成，也有可能是在不同的网络间完成。为了以示区别，人们又将 32 位的 IP 地址分为两部分，如图 6-6 所示。

网络号	主机号

图 6-6 IP 地址的组成

其中，网络号又称为网络地址，用于标识该主机所在的网络，同一个网络中的每台机器 IP 地址的网络号部分是相同的。而主机号则表示该主机在相应网络中的序号，可以唯一地标识该主机，因此同一网络中的各主机号必须是不同的。

根据网络规模，IP 地址分为 A、B、C、D 和 E 五大类。其中，A、B、C 类称为基本类，D 类为组播地址，E 类为保留地址。3 个基本类 IP 地址具体说明如下。

① A 类地址：1.0.0.1～126.255.255.254，主要用于超大型网络，全球共有 126 个 A 类网络，每个 A 类网络中可以容纳约 1 677 万台主机。

② B 类地址：128.0.0.1～191.255.255.254，主要用于中型网络，全球共有 16 382 个 B 类网络，每个 B 类网络可容纳 65 534 台主机。

③ C 类地址：192.0.0.1～223.255.255.254，主要用于小型网络，全球共有 200 多万个 C 类网络，每个 C 类网络可容纳 254 台主机。

采用点分十进制表示 IP 地址时，可以根据第一个十进数的范围来判断某一 IP 地址所属的类别：1～126 范围内属于 A 类地址，128～191 范围内属于 B 类地址，192～223 范围内属于 C 类地址。因此，很容易判断出 IP 地址 130.1.25.66 属于 B 类地址，因为 130 在 128～191 范围内。

此外，还有一些特殊的 IP 地址，如以 0 和 127 开头的 IP 地址，分别称为 0 地址和环回地址。

（2）IPv6

从理论上来讲，在 IPv4 中，32 位二进制数可以表示的地址总数为 2^{32}=4 294 967 296，构成约 42 亿个地址，但实际上并没有这么多，因为有一些地址用于特殊用途或作为保留用。随着因特网的发展，连入因特网的主机越来越多，对 IP 地址的需求也越来越大，现有的 IPv4 显然已无法满足网络的需要，IPv6 应运而生。

与 IPv4 相比，IPv6 具有以下这些特点。

① 地址的长度由原来的 32 位变成了 128 位。

② 为了便于记忆，每 16 位为一节，分为 8 节，每节用 4 个十六进制数表示。

③ 节与节之间用“:”隔开。

例如：FEAB:EC15:3567:15A4:BD12:AC42:4124:876A 就是一个合法的 IPv6 地址。

IPv6 地址可分为单播、任播和多播地址。

2．域名

尽管 IP 地址能够唯一地标识网络上的计算机，但 IP 地址是数字型的，用户记忆这类数字十分不方便，于是人们又发明了另一套字符型的地址方案，即所谓的域名地址。国际化域名与 IP 地址相比，更直观，也更便于记忆。

域名系统采用层次结构管理域名，一个域名从右到左依次为顶级域名（或称一级域名）、二级域名、三级域名……各级域名之间用点“.”隔开。其中，顶级域名采用两种模式划分：组织模式和地理模式。具体如表 6-1 和表 6-2 所示。

表 6-1　　常见的顶级域名（组织模式）

域　名	代表含义	域　名	代表含义
.com	商业机构	.mil	军事机构
.edu	教育机构	.net	网络机构
.gov	政府机构	.org	非营利性组织

表 6-2　　常见的顶级域名（地理模式）

域　名	国家或地区	域　名	国家或地区
.cn	中国	.us	美国
.jp	日本	.uk	英国

用户可以通过域名来访问网站，但网络设备只能识别 IP 地址，所以需要通过网络中的域名服务器（Domain Name Server，DNS）来完成域名和 IP 地址之间的映射转换，该过程被称为域名解析。当用户通过域名访问网络上某个资源地址时，DNS 会向根域名服务器发出查询

请求，直到查找到相对应的 IP 地址，然后将查询结果返回到应用程序中，从而完成域名地址的变换。

6.3.4 Internet 连接

Internet 是一个全球性信息资源网，拥有海量的信息资源，用户要使用这些资源，就必须将自己的计算机接入 Internet。那么，用户该从何处接入？采用何种接入方式？

首先，用户必须选择一个网络服务供应商（Internet Service Provider，ISP），并通过通信线路连接到 ISP，再借助于 ISP 与 Internet 的连接通道接入 Internet。在我国，用户可以选择中国电信、中国移动或中国联通作为 ISP。选择 ISP 时要考虑 ISP 提供服务的接入位置、价格和服务质量等因素。

其次，各个 ISP 都提供了多种接入方式供不同类型的用户选择，用户应结合自身需求选择一种接入方式。目前将主机或局域网接入 Internet 的方式主要有以下几种：综合业务数字网（Integrated Service Digital Network，ISDN）、数字数据网（Digital Data Network，DDN）、ADSL、无线接入技术等。下面简单介绍一下 ADSL 和无线接入技术。

1．ADSL

非对称数字用户线路（Asymmertric Digital Subscriber Line，ADSL）是目前通过电话线接入 Internet 的主流技术。ADSL 技术中的“非对称”指的是上行方向和下行方向的数据速率不同，并且通常上行速率要远小于下行速率，满足了用户对下行速率需求较大，上行速率需求较小的要求。此外，在 ADSL 中，采用频分复用技术将电话线分成了电话、上行和下行 3 个逻辑独立的信道，从而避免了相互之间的干扰，用户可以同时上网和打电话。这种上网方式不但降低了技术成本，而且大大提高了网络速度，具有高速率、低价格、多功能、低投入等优点，因而受到了许多用户的关注。目前，ADSL 的应用领域相当广泛，其对象包括学校、企业、社区及普通家庭等。

（1）ADSL 的硬件安装

① 打开主机机箱，将网卡插入 PCI 插槽，然后开机，系统自动检测到硬件，安装相应的驱动程序。一般网卡都支持即插即用，所以安装很简单。

② 安装 ADSL 滤波分离器。分离器的连线顺序依次是电话入户线（接 Line 插口和电话线入口）、电话信号输出线（接 Phone 插口）、数据信号输出线（接 Modem 插口并用电话线连接 Modem）。在安装滤波分离器的时候，如果家中有分机就要特别注意，分离器一定要装在电话入户线上，先接分离器再接分机，否则在摘机和挂机时会影响到网络通信。

③ 依次将滤波分离器的数据信号输出线接到 ADSL Modem 上，再将网卡与 Modem 用网线接好，插上 Modem 的电源，硬件就设置好了。

（2）ADSL 的连接

下面介绍 Windows 7 中的 ADSL 连接步骤。

步骤 1：在 Windows 7 控制面板中选择“网络和共享中心”，如图 6-7 所示。

图 6-7 网络和共享中心

步骤 2：选择“设置新的连接或网络”，如图 6-8 所示。

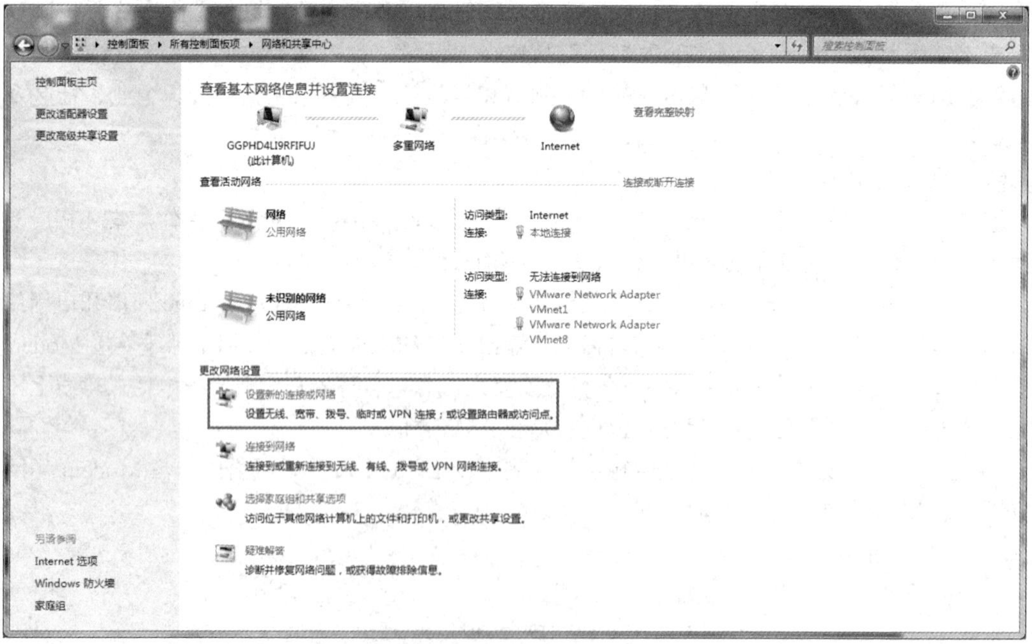

图 6-8 设置新的连接或网络

步骤 3：选择“连接到 Internet”，如图 6-9 所示。

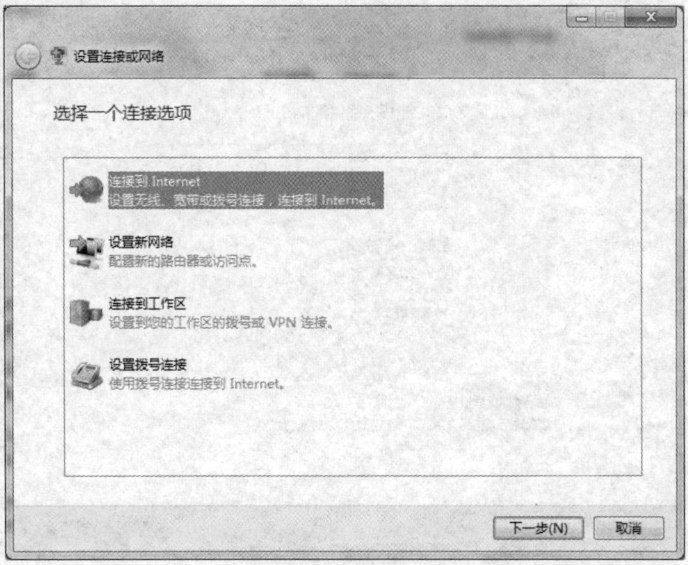

图 6-9 连接到 Internet

步骤 4：选择“宽带（PPPoE）”，如图 6-10 所示。

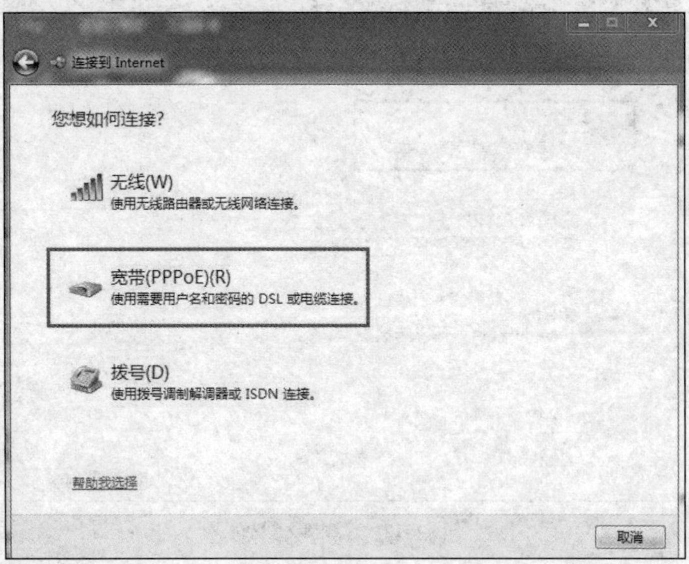

图 6-10 宽带 PPPoE

步骤 5：输入宽带服务商提供的账号和密码，如图 6-11 所示。

根据提示，在对应框中输入 ISP 提供的上网账号和口令密码即可，“连接名称”则可以自定。一般同时选中“显示字符”“记住此密码”“允许其他人使用此连接”复选框。

2. 无线接入

现在的笔记本电脑基本上都带有无线网卡，可以通过无线接入方式连入 Internet 中。如果要使用无线网卡只要在 ADSL 连接的步骤 4 中选择“无线”即可，如图 6-12 所示。

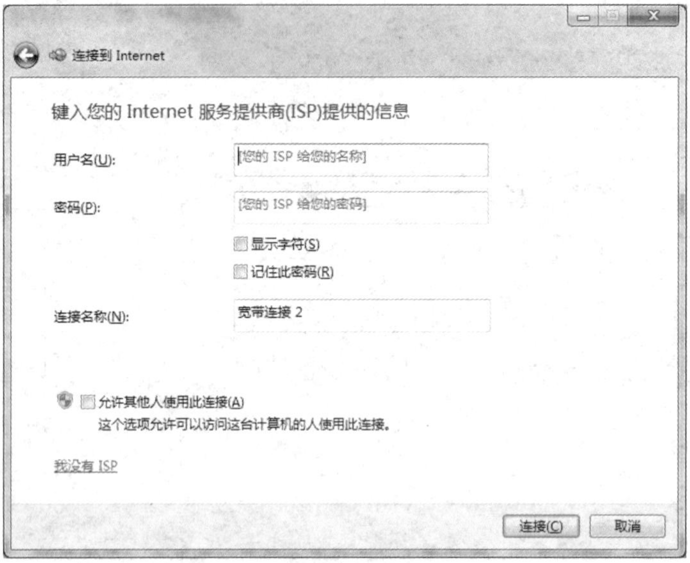

图 6-11　输入账号和密码

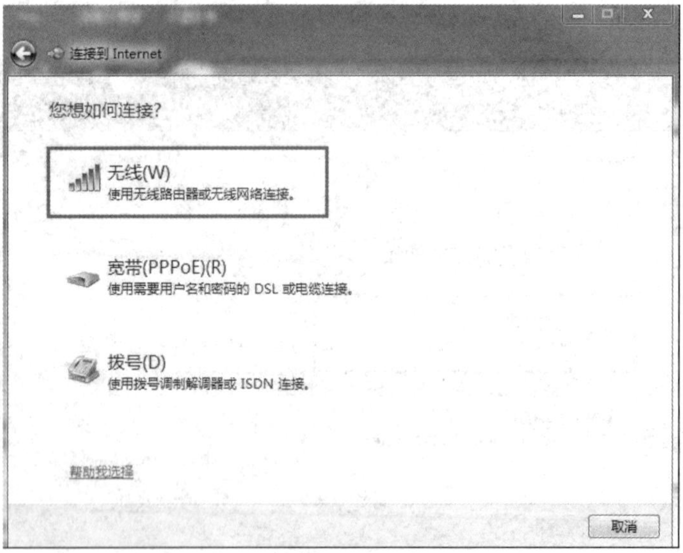

图 6-12　无线接入设置

这样 Windows 7 无线网络连接设置基本完成，接下来只要设置无线网络名称和密钥就可以了。回到桌面，在任务栏右下角打开无线网络连接。在弹出的窗口中输入自己的网络名和安全密钥即可，如图 6-13 所示。

网络名和安全密钥设置完成后，Windows 7 无线网络连接设置就完成了。此时打开系统托盘处的网络图标就会发现网络已经连接，可以正常上网了，如图 6-14 所示。

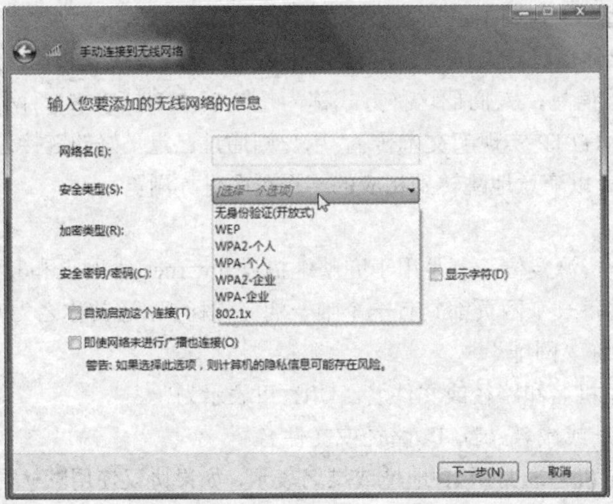

图 6-13 设置无线网络名称及密码

图 6-14 无线网络连接

6.4 Internet 的应用

Internet 的出现及广泛应用，使得人类社会产生了一场新的信息革命。作为目前全球最大的信息资源库，Internet 拥有丰富的信息资源，既有最新科技成果发展动态、网络购物信息、线上实时广播，也有互动式远距离教学、数字化图书馆、游戏等内容，可以说是应有尽有。人们可以通过网络与他人共享一切信息资料，享受网上最新科技文化的信息资料服务；也可以与来自世界各地互不相识的人交朋友等。本节将介绍 Internet 一些常见的应用及相关的使用技巧。

6.4.1 相关概念

1. WWW

WWW 由欧洲核子研究组织（European Organization for Nuclear Research，CERN）研制，其目的是让全球范围的科学家利用 Internet 方便地通信、信息交流和信息查询。

WWW 建立在客户机/服务器（Client/Server，C/S）结构之上。WWW 以超文本标记语言（Hyper text Markup Language，HTML）与 HTTP 为基础，能够提供面向 Internet 服务的、一致的用户界面的信息浏览系统。其中 WWW 服务器采用超文本链路来链接信息页，这些信息页既可放置在同一主机上，也可放置在不同地理位置的主机上；本链路由统一资源定位器（Uniform Resource Locator，URL）维持，WWW 客户端软件（WWW 浏览器）负责信息显示与向服务器发送请求。目前，用户利用 WWW 不仅能访问到 Web 服务器的信息，而且可以访问到 FTP、Telnet 等网络服务。因此，它已经成为 Internet 应用最广和最有前途的访问工具之一，并在商业领域发挥着越来越重要的作用。

2．超文本和超链接

超文本（Hypertext）概念中的“超”字强调了信息中不仅包含文本信息，还同时包含声音、图形、图像、动画以及视频等各种多媒体信息。与传统的信息组织模式——线性模式相比，超文本则采用非线性的方式组织各种多媒体信息，人们把这种方式称为超链接（Hyperlink）。网站开发者使用 HTML 编写网页代码，再通过 HTTP 实现超文本传输。用户则通过已定义好的链接源（可以是文字，也可以是图形、图标等），可以随意地跳转到相应的网页页面进行浏览。

3．统一资源定位器

统一资源定位器，有时也称为统一资源定位符，是用于完整地描述 Internet 上网页和其他资源的地址的一种标识方法。Internet 上的每一个网页都具有一个唯一的名称标识，通常称之为 URL 地址。可以说 URL 就是 Web 地址，俗称“网址”。

URL 由 3 部分组成：协议类型、主机名和路径或文件名。URL 可表示为

协议://IP 地址或域名:<端口>/路径或文件名

其中，常见的协议有 HTTP、FTP 等；主机名通常用 IP 地址或域名表示，如果协议使用默认端口，则“端口”部分可省略；使用默认路径及文件名时也可将路径或文件名省略不写。

又如，ftp://220.35.33.67:2121/myfile/abc.doc，其中协议类型为 FTP，服务器的 IP 地址为 220.35.33.67，端口号为 2121，文件位于 myfile 文件夹中，名字为 abc.doc。

6.4.2 Internet 应用

1．WWW 服务

WWW 服务是目前应用范围最广泛的 Internet 服务之一。WWW 服务是 Internet 上以网页形式展现文本、声音、动画和视频等多种媒体信息的信息服务系统。整个系统由 Web 服务器、Web 浏览器和 HTTP 组成。

WWW 的客户端软件在 Internet 上被称为 WWW 浏览器（Browser），它是用来浏览 Internet 上 WWW 网页的软件。目前，流行的浏览器软件主要有 Microsoft Internet Explorer（IE）等。

IE 浏览器提供界面友好的信息查询接口，用户只需提出查询要求，至于到什么地方查询，如何查询则由 WWW 自动完成。因此 WWW 为用户带来的是世界范围的超文本服务。用户只要单击鼠标，就可以通过 Internet 从全世界任何地方调来所需的文本、图像、声音等信息。WWW 使得非常复杂的 Internet 使用起来异常简单。下面简单介绍一下利用 IE 9.0（Windows 7 附带）浏览网页的相关操作。

（1）IE 的启动与关闭

① 与启动 Word、Excel 等其他应用程序相同，用户可以通过桌面上的 IE 快捷方式图标或“开始”菜单中的“Internet Explorer”命令启动 IE。

② 与 Word、Excel 等其他应用程序类似，用户可以通过关闭窗口按钮、任务栏上 IE 图标或按“Alt+F4”组合键等方式关闭 IE 程序。需要注意的是，IE 9.0 可以在一个窗口中打开多个网页，因此在关闭窗口时会出现“关闭所有选项卡”还是“关闭当前的选项卡”的提示，如图 6-15 所示。

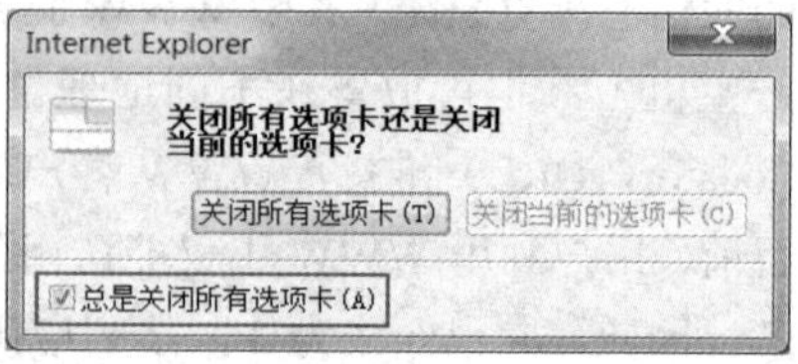

图 6-15 关闭窗口

如果希望每次都一次性关闭所有窗口，可以选中“总是关闭所有选项卡”复选框，如图 6-15 中方框所示。

（2）IE 9.0 窗口

与 IE 6.0 和 IE 7.0 相比，IE 9.0 在窗口方面有较大的改变，界面更为简洁，图 6-16 所示为 IE 9.0 窗口。

图 6-16 IE9.0 窗口

图 6-17 所示为旧版 IE 窗口。从图 6-16 和图 6-17 的对比中可以发现 IE 9.0 窗口少了原有的菜单栏、工具栏等项目。

图 6-17 旧版 IE 窗口

默认情况下，IE 9.0 窗口中的菜单栏是隐藏的，如果要显示出来，可以使用以下两种方法。

方法一：在 IE 窗口最上方空白区域右击。

方法二：在网页左上角单击。

两种方法均可弹出图 6-18 所示的菜单，然后选择相应的选项即可。

（3）浏览网站

① 输入网址。与旧版本一样，用户在 IE 9.0 地址栏中直接输入网站地址时，可以省略“http://”或“ftp://”等常用的协议。此外，IE 9.0 还有记忆功能，对于访问过的网站，用户再次访问时，只要输入前面几个字符，IE 会自动检查保存过的地址并将匹配的地址显示出来供选择，如图 6-19 所示。

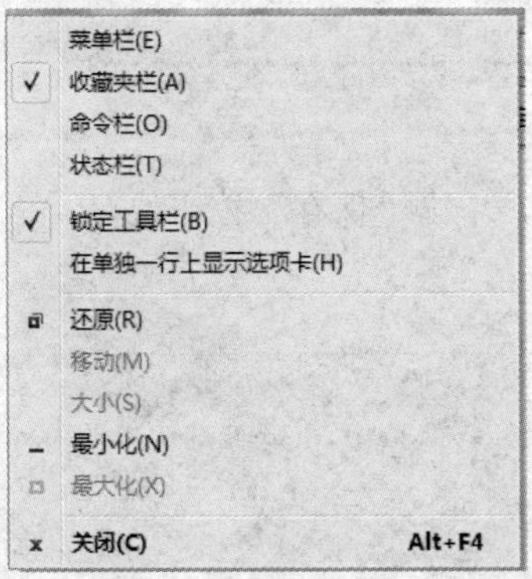

图 6-18 IE 9.0 的菜单栏

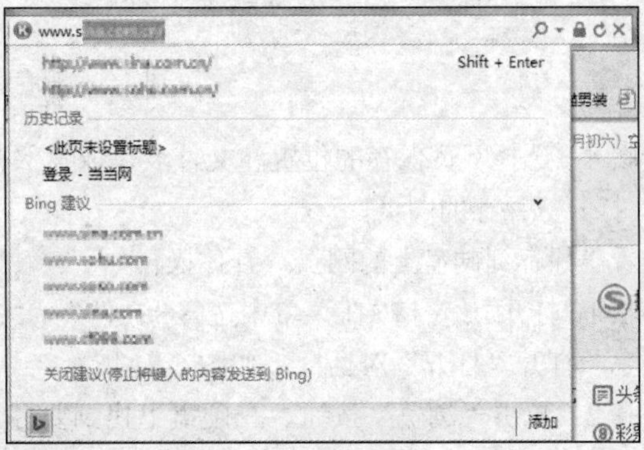

图 6-19 输入网页地址

输入地址后，按“Enter”键转到相应的网站页面。

② 浏览网站。打开网站后，就可开始浏览页面。网站的第一页被称为首页或主页，主页往往是整个网站的索引。通过主页提供的链接，用户就可以随意地从一个页面转到另一个页面，而不必按顺序浏览。

③ 网页页面的保存。用户在浏览网页的过程中，常常会需要保存一些有用的内容，这些内容有可能是整个网页页面，也有可能只是其中的文字、图片、音频等。下面简单介绍一下。

- 保存网页。保存整个网页的具体操作如下。

步骤 1：打开要保存的网页页面。

步骤 2：通过前面提到的方法显示菜单栏。

步骤 3：在菜单中选择“文件”→“另存为”命令，打开“保存网页”对话框，如图 6-20 所示。

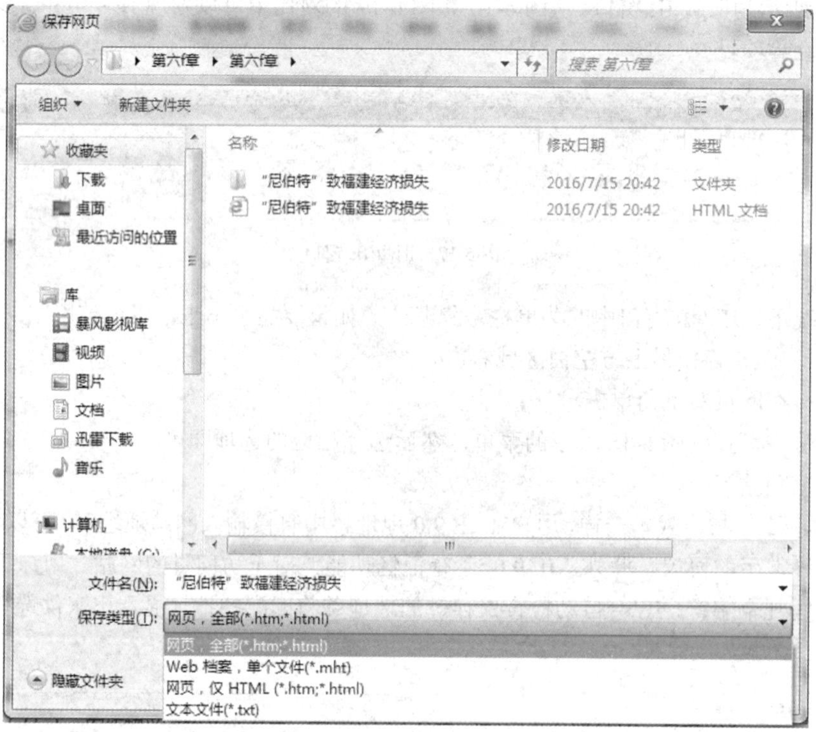

图 6-20 保存网页

步骤 4：选择网页保存的位置和文件名，以及保存类型，单击“保存”按钮保存。

- 打开已保存的网页。

查看已保存到硬盘上的网页，具体操作如下。

步骤 1：打开 IE 窗口，在菜单中选择“文件”→“打开”命令，打开“打开”对话框，如图 6-21 所示。

步骤 2：单击“浏览”按钮，在硬盘上找到要打开的网页文件，单击“打开”按钮，如图 6-22 所示。

图 6-21 “打开”对话框

- 保存网页上的部分内容。

保存文字的方法有很多种，最常用的有以下两种。

方法一：选中要复制的文字，按“Ctrl+C”组合键或选择菜单栏中的“编辑”→“复制”命令，把内容复制到剪贴板中，然后打开 Word 或“记事本”程序，按“Ctrl+V”组合键或右击，在弹出的快捷菜单中选择“粘贴”命令。

图 6-22　打开保存的网页

方法二：有些网页上的文字不能直接复制，这时可选择保存整个网页的方式先把整个网页内容保存，保存类型为“文本文件”，再把所需要的文字从文本文件中复制出来。

保存图片的步骤如下。

步骤 1：在要保存的图片上右击，弹出图 6-23 所示的快捷菜单。

步骤 2：选择“图片另存为”命令，打开“保存图片”对话框，如图 6-24 所示。

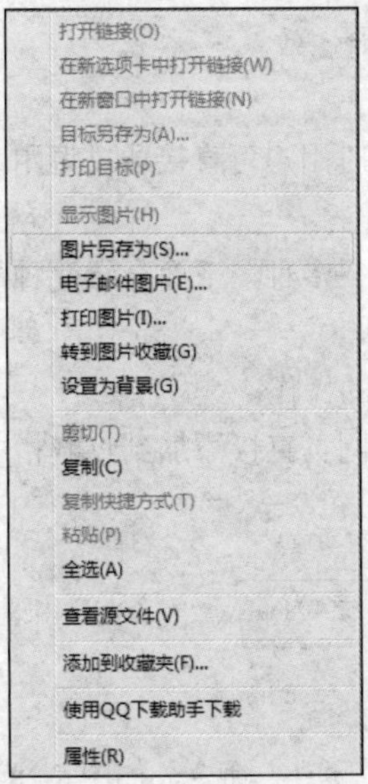

图 6-23　保存网页上的图片

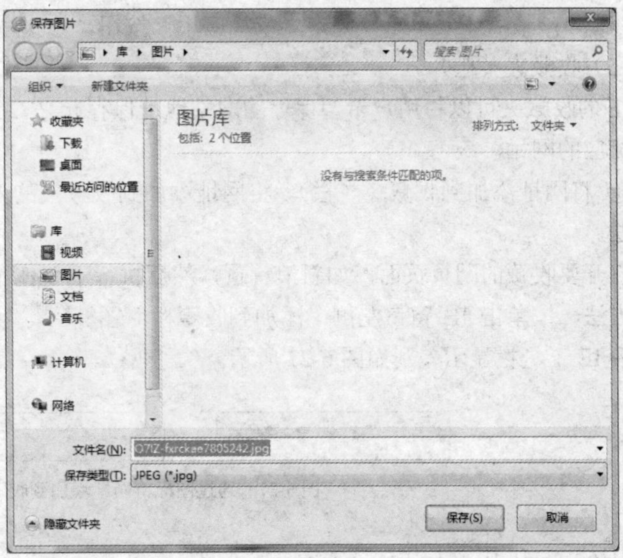

图 6-24　保存图片

步骤 3：选择要保存图片的位置并输入文件名，单击“保存”按钮。

（4）更改主页

如果希望每次启动 IE 都能直接进入访问最为频繁的网站，可以把该网站的首页设为 IE 的主页。例如，要把新浪网首页设为主页，具体操作如下。

步骤 1：在 IE 窗口中，选择菜单栏上的“工具”→“Internet 选项”命令，如图 6-25 所示。

步骤 2：在打开的“Internet 选项”对话框的“常规”选项卡下的“主页”项中输入网址，然后单击“使用当前页”按钮（见图 6-26）。

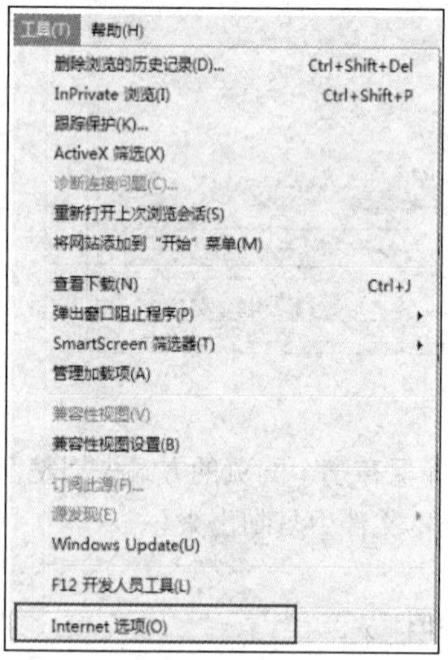

图 6-25 Internet 选项

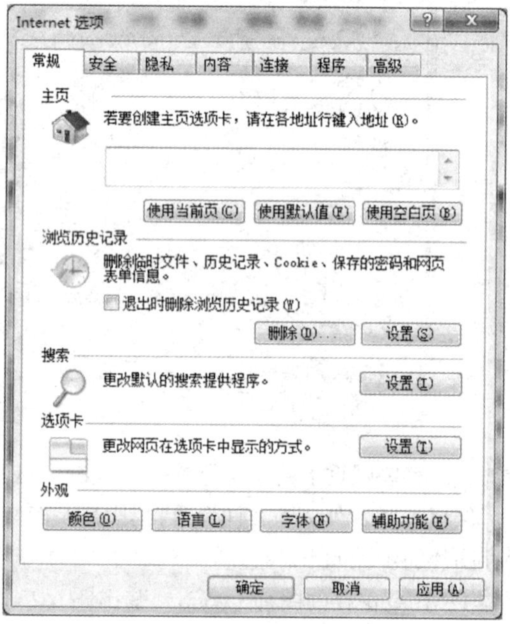

图 6-26 Internet 常规选项卡

步骤 3：最后还要单击“确定”或“应用”按钮，修改主页才能生效。

（5）收藏夹（栏）

IE 的收藏夹可以将用户希望保存的网站地址保存起来，在需要时用户可直接通过调用收藏夹打开相应的网站。

① 将网址添加到收藏夹（栏）。将网址添加到收藏夹的方法有很多种，下面介绍两种最常用的方法。

打开要收藏的网页页面，如新浪首页，然后执行下面任一方法的操作。

方法一：单击 IE 窗口左侧“添加到收藏栏”图标，可以把网页直接添加到收藏栏中，操作前后 IE 工具栏显示差别如图 6-27 所示。

图 6-27 通过图标将网址添加到收藏栏

方法二：在 IE 窗口中，选择菜单栏上的“收藏夹”→“添加到收藏夹”命令，如图 6-28 所示。打开的“添加收藏”对话框如图 6-29 所示。

可以在此对话框中修改网页地址的名称以及存放的位置，甚至可以新建文件夹存放网页地址。

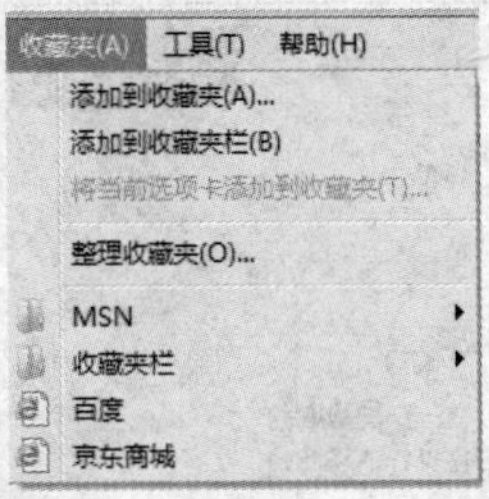

图 6-28　通过菜单栏将网址添加到收藏夹

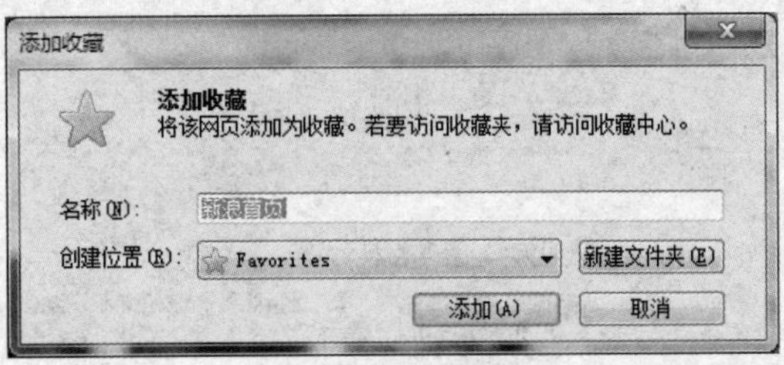

图 6-29　添加收藏

② 从收藏夹（栏）中打开网页。

通过收藏夹（栏）打开新浪首页，具体操作如下。

通过收藏栏打开：直接单击收藏栏中的“新浪首页”图标即可打开新浪网页。

通过收藏夹打开：在 IE 窗口中，选择菜单栏上的“收藏夹”→“新浪首页”命令，如图 6-30 所示。

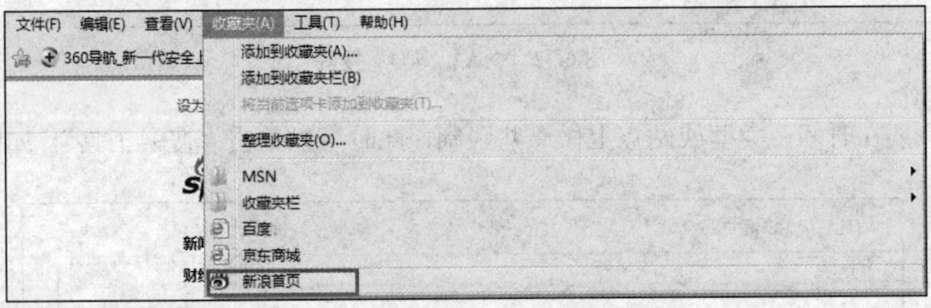

图 6-30　通过收藏夹打开收藏的网页

2. 搜索引擎

作为全球最大的信息资源网，Internet 提供了各种各样的信息资源，用户可以通过各种方法在网络上搜索自己所需要的信息。用户最常用的搜索工具就是搜索引擎。百度、谷歌、搜狗等都是常用的搜索引擎。下面以百度为例，简单介绍一下如何利用搜索引擎搜索信息。

打开 IE，在地址栏中输入百度网址，打开百度首页，如图 6-31 所示。

图 6-31　百度首页

① 关键词搜索。用户使用百度搜索引擎时最常用也最基本的检索方法就是关键词搜索。例如要搜索最新的人机博弈信息，可以在搜索框中直接输入关键词“人机博弈”，如图 6-32 所示。

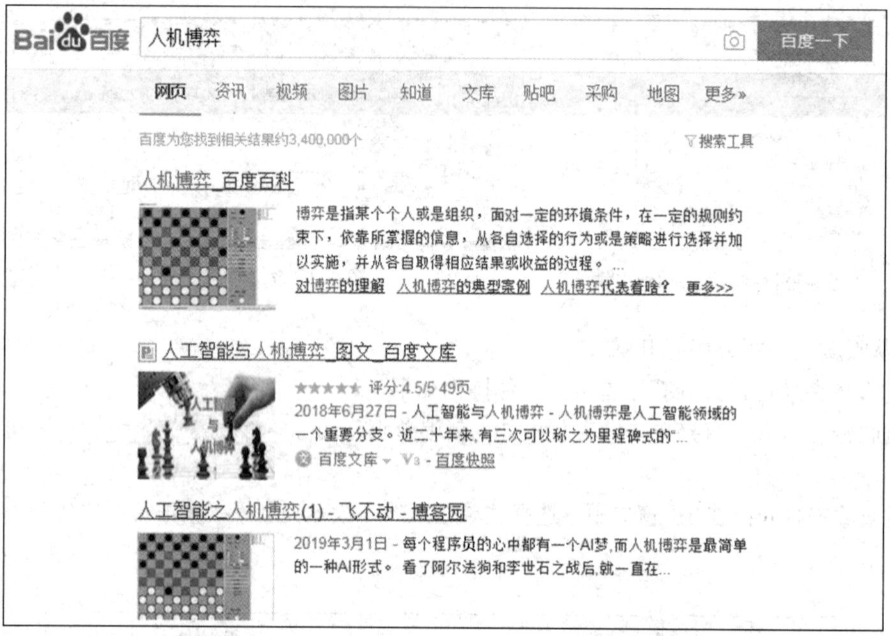

图 6-32 “人机博弈”搜索

有时用户要在时间、类型或站点上做一些限制，此时可以单击“搜索工具”，如图 6-33 所示。

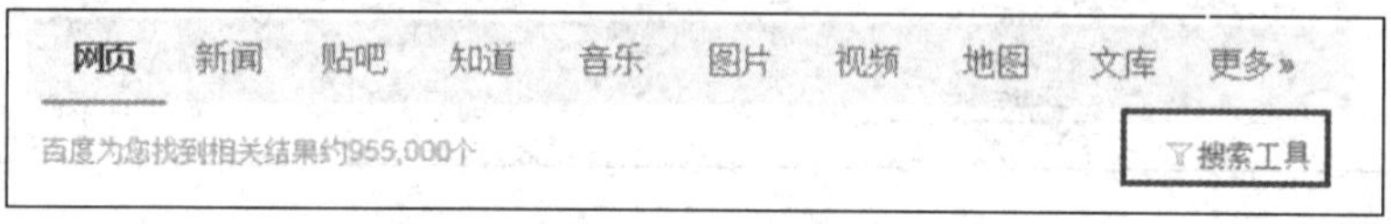

图 6-33 搜索工具

展开工具，如图 6-34 所示。

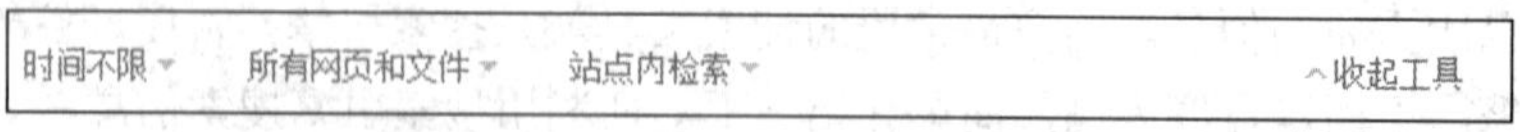

图 6-34 展开工具

用户如果要查看 1 年内的相关网页，可通过单击图 6-35 中的“时间不限”下拉按钮，在打开的菜单中选择“一年内”即可。

用户如果只要显示 Word 文档，可通过单击图 6-36 中的“所有网页和文件”下拉按钮，在打开的菜单中选择“微软 Word（.doc）”即可。

用户如果要在新浪上查找，可通过单击图 6-37 中的“站点内检索”下拉按钮，在打开的菜单中输入新浪网址即可。注意，不可输入“http://”，因为系统无法识别。

② 布尔逻辑检索。当用户需要检索多个关键词时，百度搜索引擎支持布尔检索。布尔逻辑运算主要有以下 3 种。

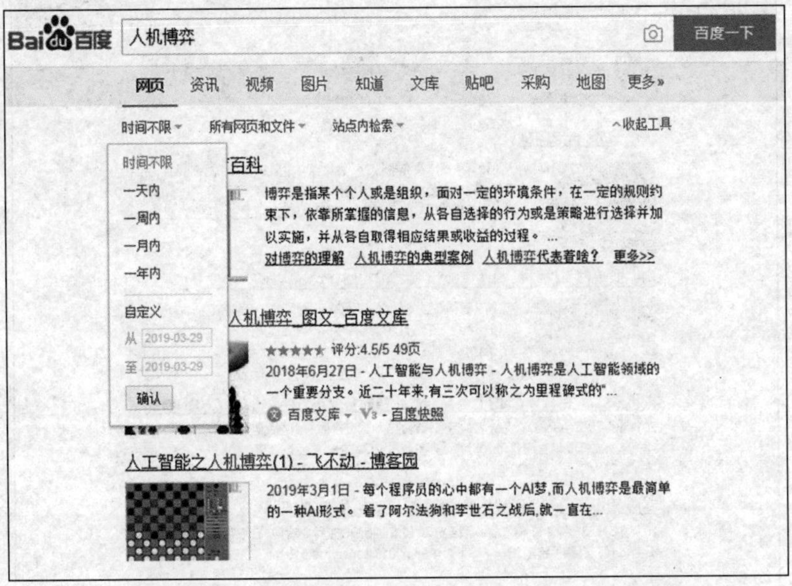

图 6-35 限制时间

图 6-36 限制类型

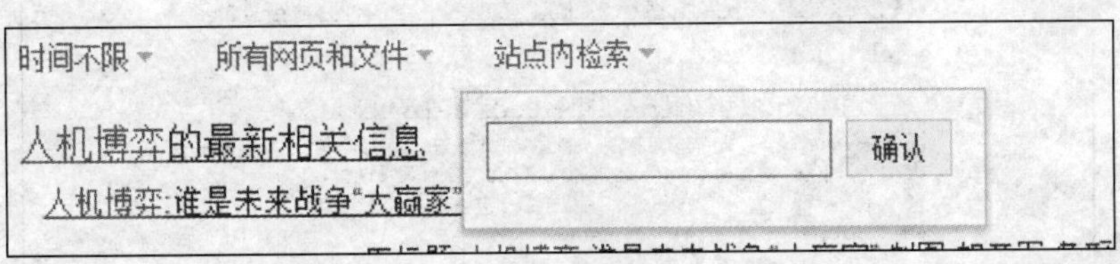

图 6-37 限制站点

- 逻辑“与”：通常用“and”或“+”运算符表示，也可以直接用空格替代。“与”运算可以增强搜索特定性，缩小检索范围，提高准确率。

如前面提到只输入关键词“人机博弈”时，如图 6-32 所示，检索到的结果约有 3 400 000 个。

当输入的关键词为“人机博弈+围棋”时，如图 6-38 所示，此时只显示与围棋相关的人机博弈网页，检索到的结果约有 422 000 个。

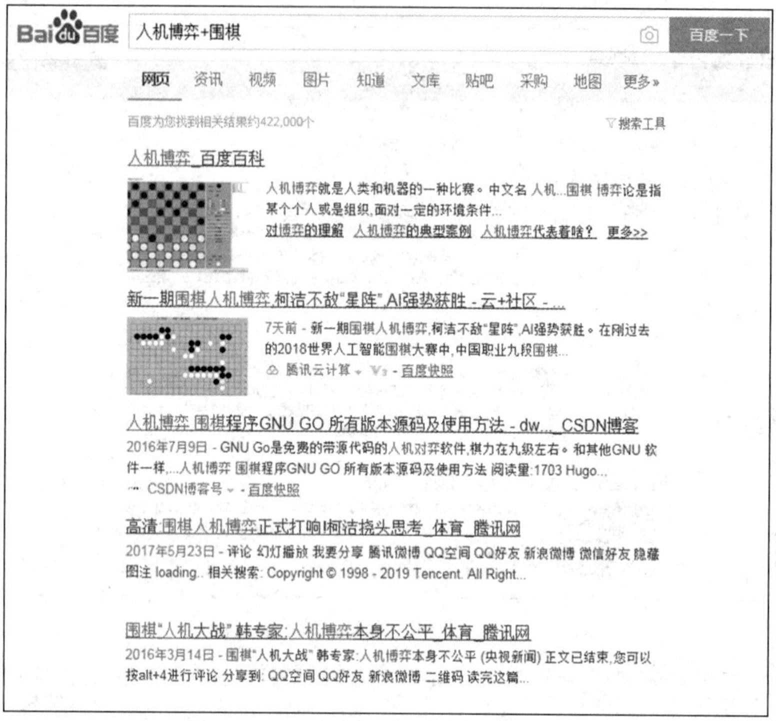

图 6-38　逻辑“与”操作

- 逻辑“或”：通常用“or”或“|”运算符表示。“或”运算可以扩大检索范围，提高查全率。例如，当输入的关键词为“人机博弈|围棋”时，如图 6-39 所示，此时不仅显示与人机博弈相关的网页，还同时显示与围棋相关的网页，检索到的结果约有 395 000 个。

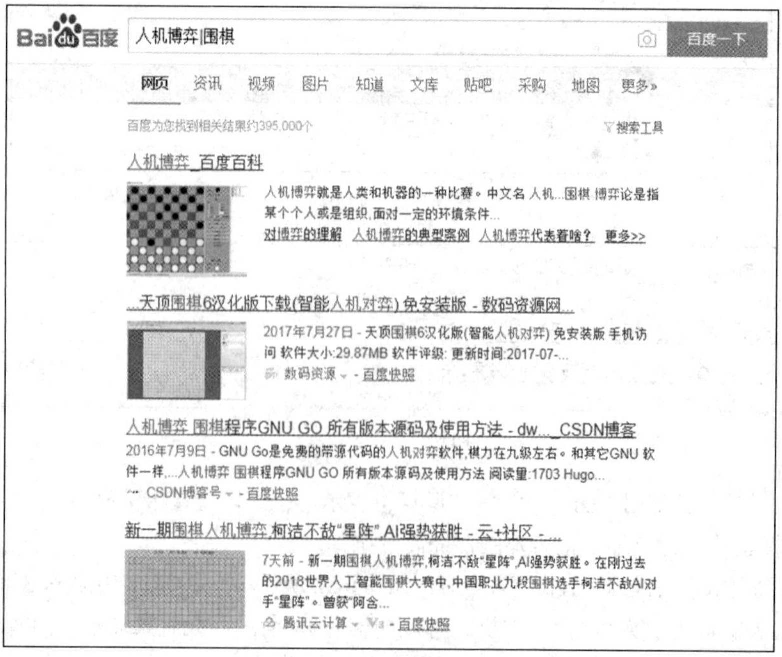

图 6-39　逻辑“或”操作

- 逻辑“非”：通常用“not”或“-”运算符表示。“非”运算用以限定检索结果不包含“-”后面的检索词，从而缩小检索范围。

例如，当输入关键词为“人机博弈-围棋”时，如图 6-40 所示，此时显示已过滤掉与围棋相关的人机博弈网页，检索到的结果约有 366 000 个。

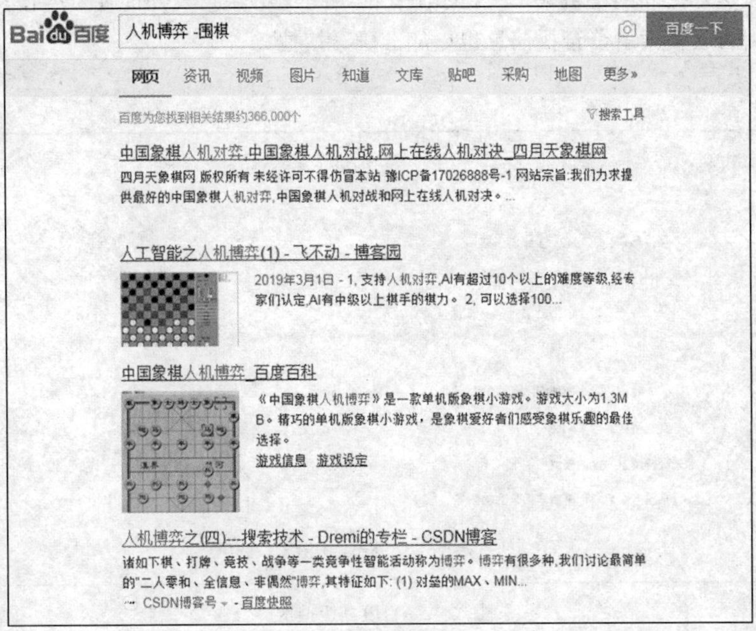

图 6-40 逻辑“非”操作

注意：在第一关键词和“-”之间，要用空格隔开。

③ 双引号。百度搜索支持通过双引号实现查询词的整体性。

如当输入关键词为“北京大学”时，在输入框中输入北京大学，同时给其两边加上引号，如图 6-41 所示。检索时“北京大学”4 个字是作为一个整体出现的，而不会被拆分，即只显示与“北京大学”相关的网页。这一方法在查找名言警句或专有名词时格外有用。

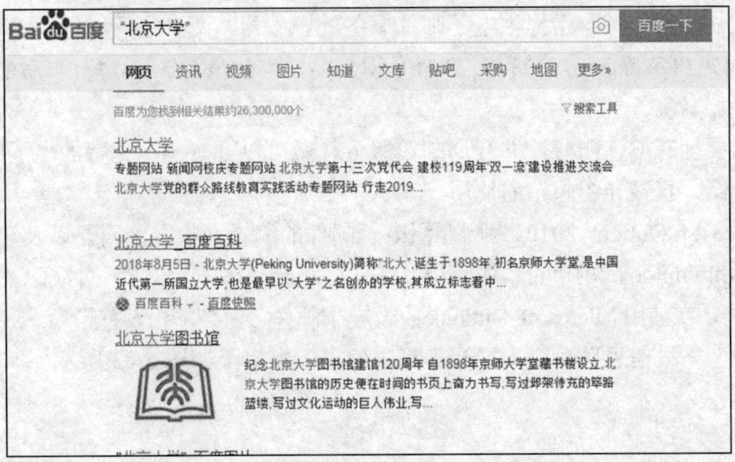

图 6-41 双引号操作

④ 书名号。在其他搜索引擎中，书名号会被忽略，但在百度搜索引擎中，书名号是可被查询的。

⑤ 高级搜索。如果用户希望更准确地利用百度进行搜索，却又不熟悉繁杂的搜索语法，百度推出的高级搜索功能可以使用户更轻松地自己定义要搜索的网页的时间、地区、语言、关键词出现的位置以及关键词之间的逻辑关系等，如图 6-42 所示。高级搜索功能使百度搜索引擎功能更加完善，用户使用百度搜索引擎查找信息也更加准确、快捷。

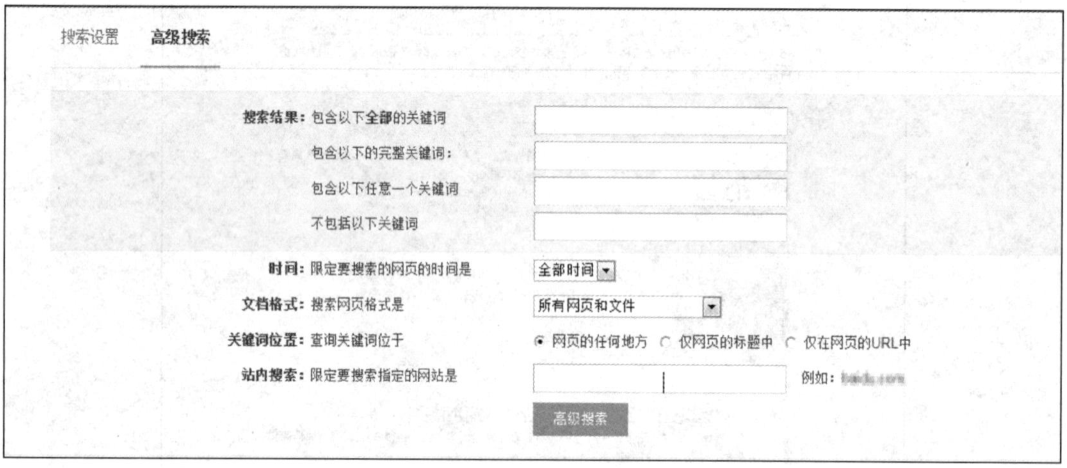

图 6-42　百度高级搜索

3. 电子邮件

电子邮件（E-mail）是 Internet 上的基本服务之一。电子邮件使用方法简单，深受广大用户欢迎。

（1）电子邮箱地址

与传统的邮件不一样的是，用户在使用电子邮件时除了要知道收件人的电子邮箱地址外，在发送邮件前还必须先申请一个电子邮箱，从而拥有一个电子邮箱地址。

电子邮箱地址由 3 部分组成：<用户名>@<邮箱服务器名称>。其中，用户名也可以称为用户账户或用户标识，邮箱服务器指提供电子邮件服务的服务器，两者之间用符号“@”（读作“at”）隔开。例如 12345678@qq.com，12345678 就是用户名，也就是 QQ 号，“@”后的 qq.com 是提供电子信箱的服务器名称。

由于现在只要拥有 QQ 账号，并开通邮箱服务，就可以拥有一个免费的电子邮箱，所以此处不作邮箱申请介绍，直接介绍邮箱的使用。

下面以 Microsoft Outlook 2010 为例介绍电子邮件的编辑、收发、回复以及转发等具体操作。

（2）Microsoft Outlook 2010 的具体应用

① 设置账户。在使用 Microsoft Outlook 收发电子邮件之前必须先设置账户。启动 Outlook 2010 后，选择“文件”→“信息”命令，打开“账户信息”窗口，如图 6-43 所示。

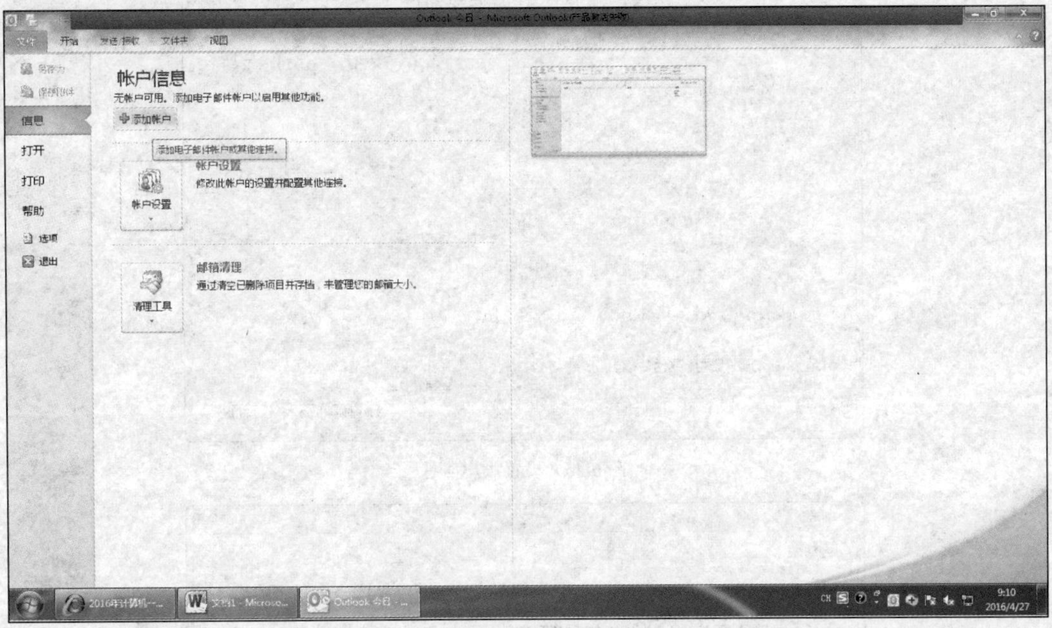

图 6-43 “账户信息”窗口

单击“添加账户”按钮，打开“添加新账户”对话框，如图 6-44 所示。

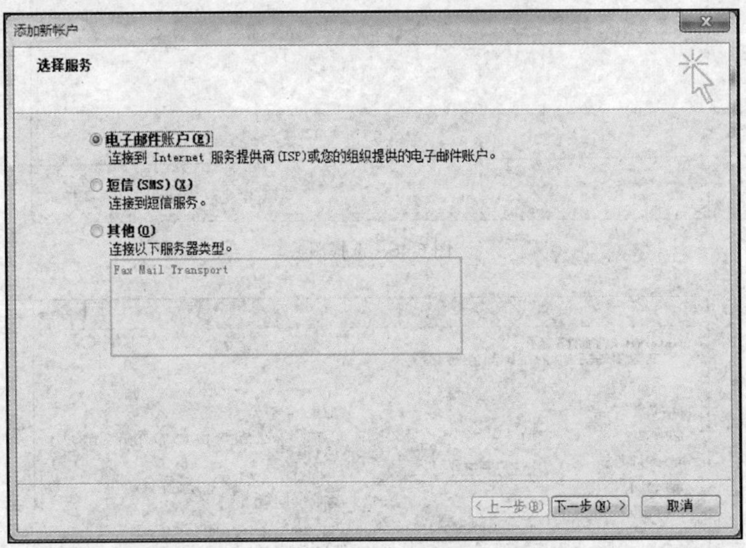

图 6-44 添加新账户

选中“电子邮件账户”单选按钮，单击“下一步”按钮，进行自动账户设置，如图 6-45 所示。

选中“手动配置服务器或其他服务器类型”单选按钮，单击“下一步”按钮，进行选择服务设置，如图 6-46 所示。

选中“Internet 电子邮件”单选按钮，单击“下一步”按钮，进行 Internet 电子邮件设置，如图 6-47 所示。

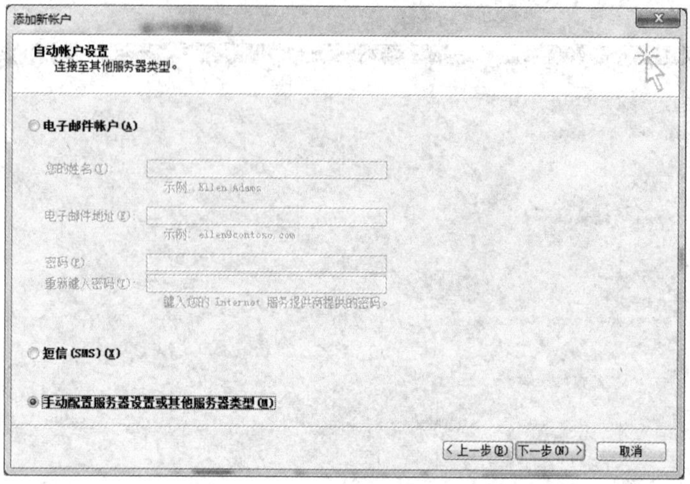

图 6-45 设置账户信息

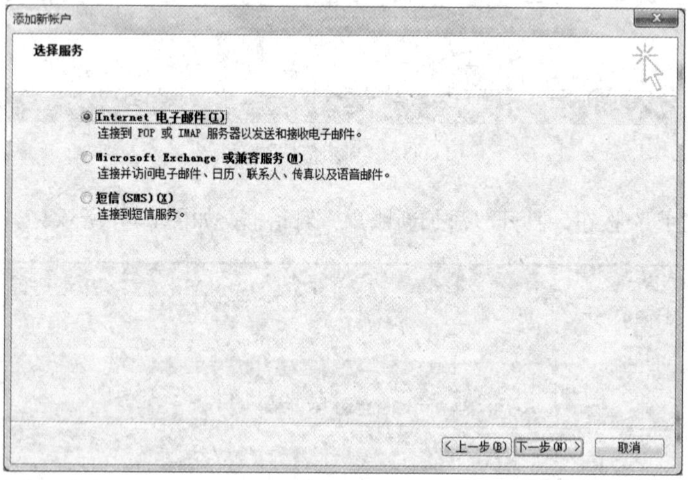

图 6-46 选择服务

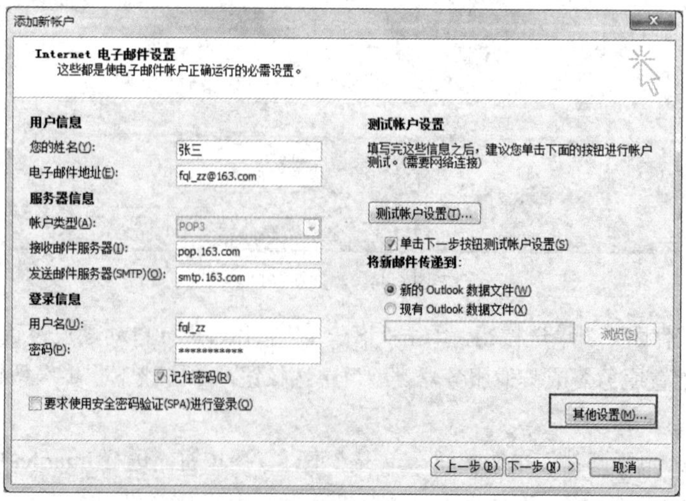

图 6-47 Internet 电子邮件设置

在图6-47所示对话框中设置好相应的电子邮箱信息，单击右下角“其他设置”按钮，打开“Internet 电子邮件设置”对话框。单击“发送服务器”标签，选中“我的发送服务器（SMTP）要求验证”复选框，如图6-48所示，然后单击“确定”按钮。

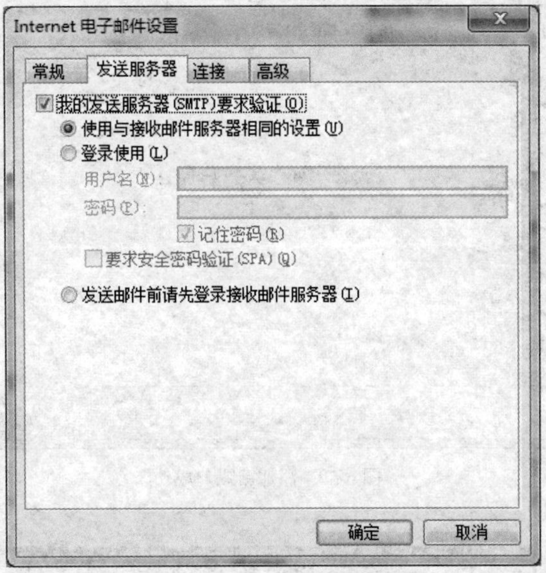

图6-48 发送服务器设置

此时对话框如图4-47所示，单击“下一步”按钮，进入测试账户设置，测试成功，如图6-49所示。

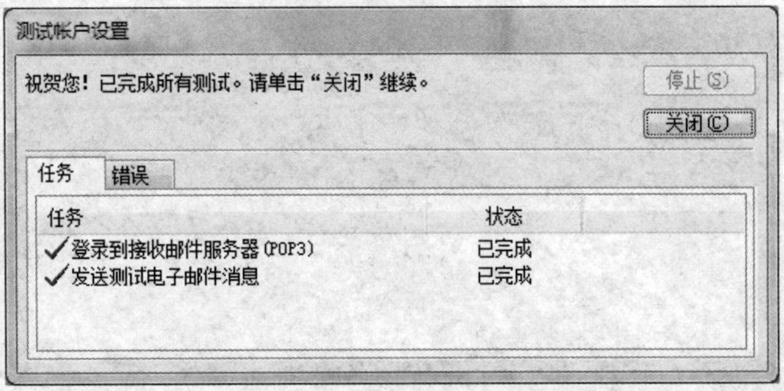

图6-49 测试账户成功

完成测试后，单击“关闭”按钮，返回“添加新账户”对话框，如图6-50所示。

单击“完成”按钮，接下来就可以开始编辑电子邮件了。

② 编辑电子邮件。单击窗口左上角的“新建电子邮件”按钮，如图6-51所示。

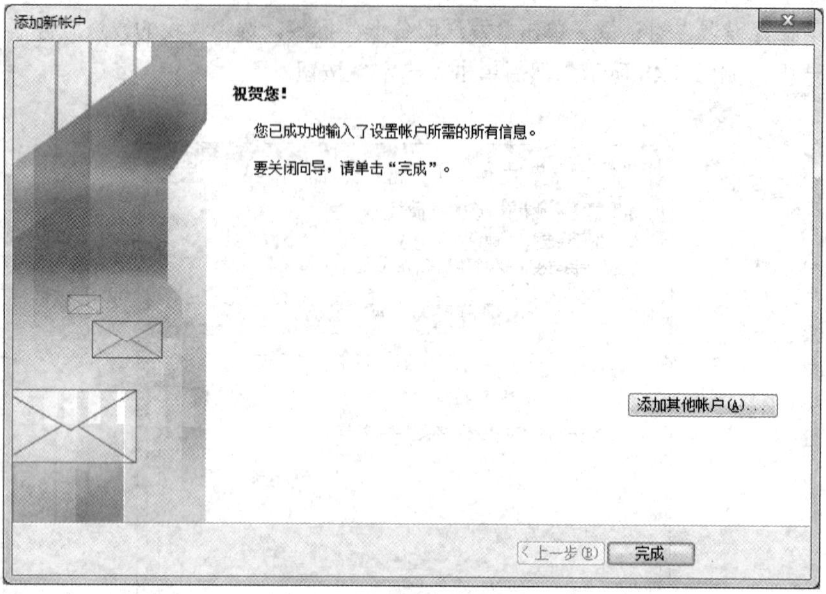

图 6-50　添加新账户成功

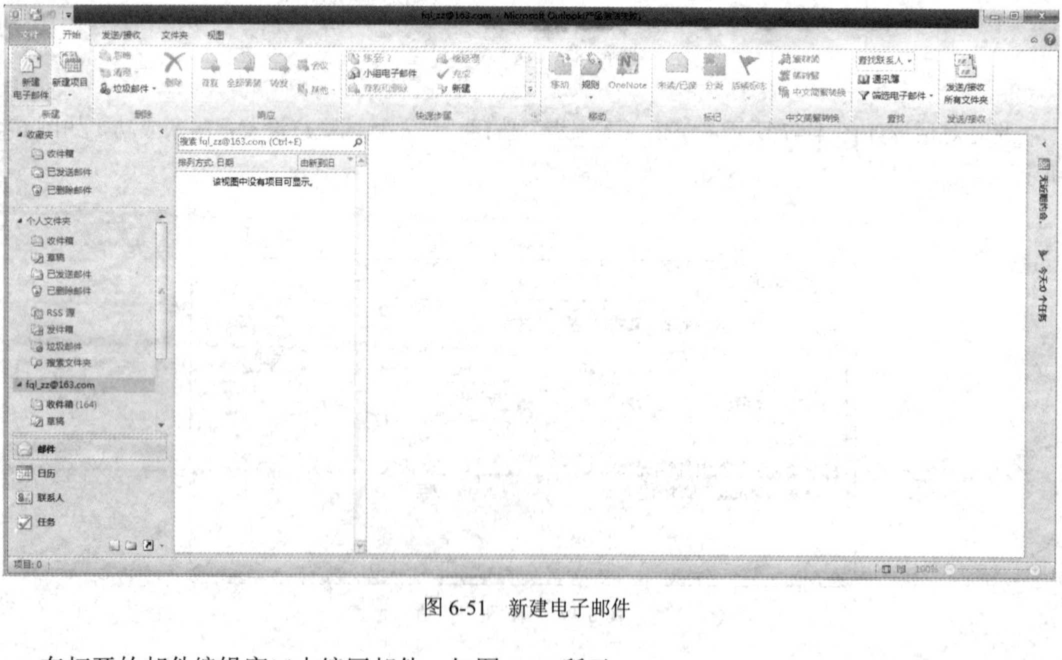

图 6-51　新建电子邮件

在打开的邮件编辑窗口中编写邮件，如图 6-52 所示。

在图 6-52 所示的窗口中填写收件人、抄送、主题，以及具体邮件内容，最后单击左侧的“发送”按钮即可。

注意：收件人的电子邮箱地址一定要填写正确，如果有多个收件人，中间用英语标点“;”隔开。抄送人可不填，主题也可不填。

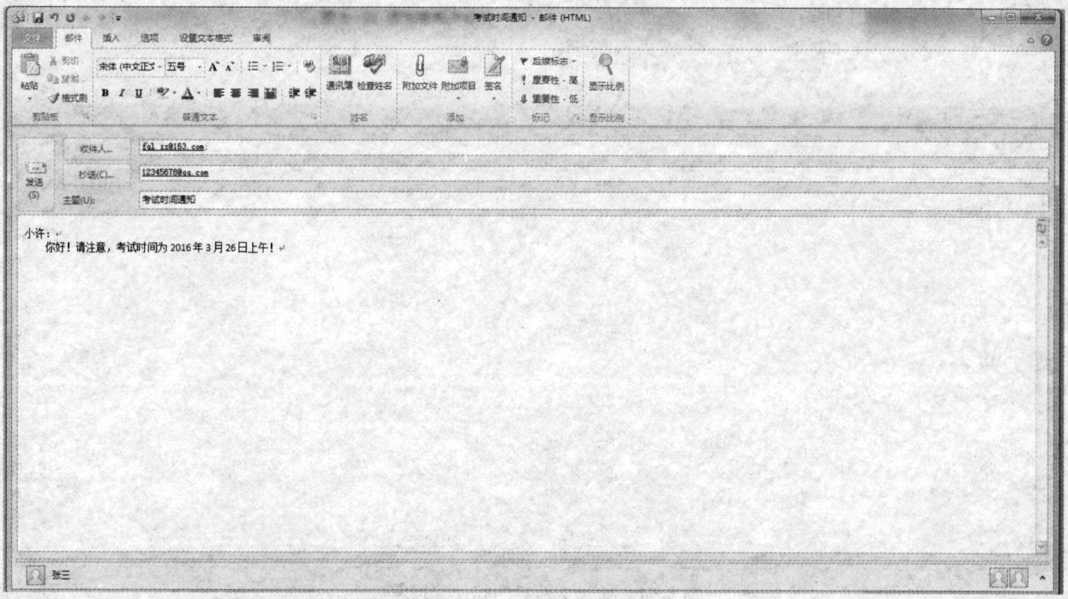

图 6-52　邮件编辑窗口

③ 添加并发送附件。发送邮件时，还可以同时将文件一起附加发送。单击邮件编辑窗口上方“邮件”选项卡“添加”组的“附加文件”按钮，打开“插入文件”对话框，如图 6-53 所示。

图 6-53　插入文件

选择要插入的文件——“计算机国考复习材料.docx”，单击“插入”按钮，返回邮件编辑窗口，如图 6-54 所示。

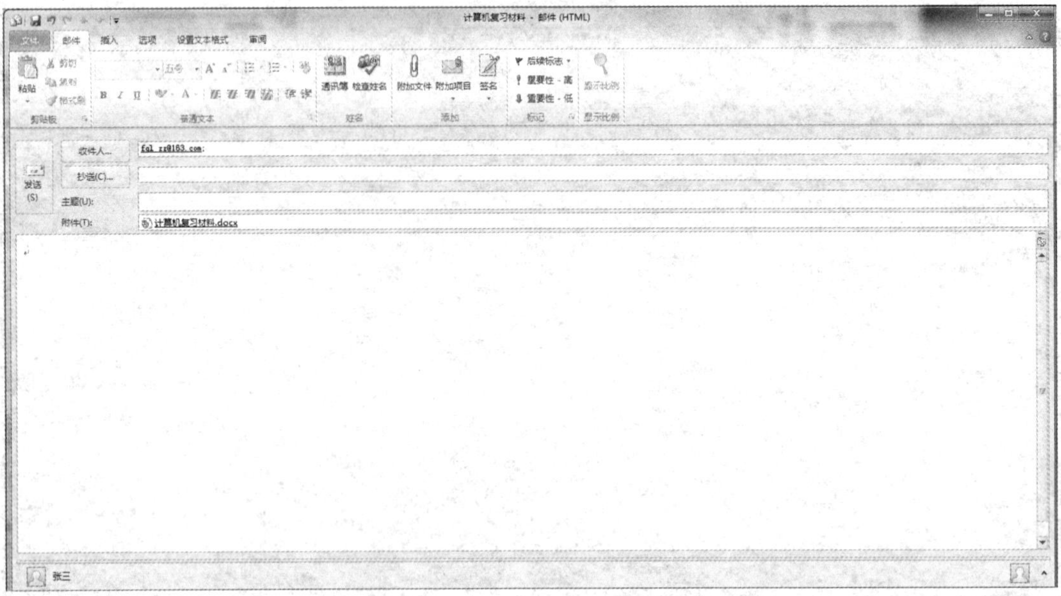

图 6-54 插入文件后的邮件编辑窗口

注意：此处邮件既不抄送，也无主题，若此时单击“发送”按钮，则出现图 6-55 所示的提示信息。

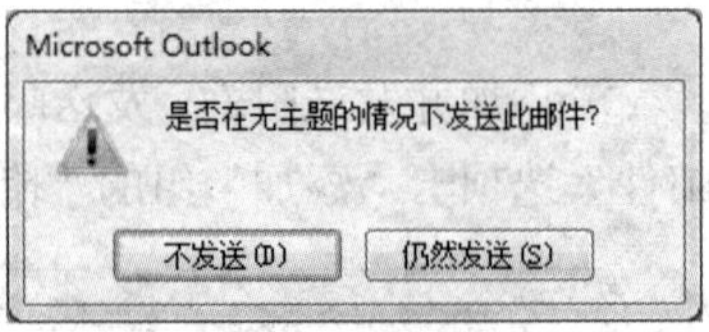

图 6-55 无主题发送时提示

若确定邮件无主题，则单击“仍然发送”按钮；若要补充主题，则单击“不发送”按钮，返回编辑窗口填写主题，主题最好与邮件内容有关。

④ 查收邮件并回复。单击邮件编辑窗口左侧的“收件箱”按钮，打开“收件箱”窗口，可查收邮件，如图 6-56 所示。

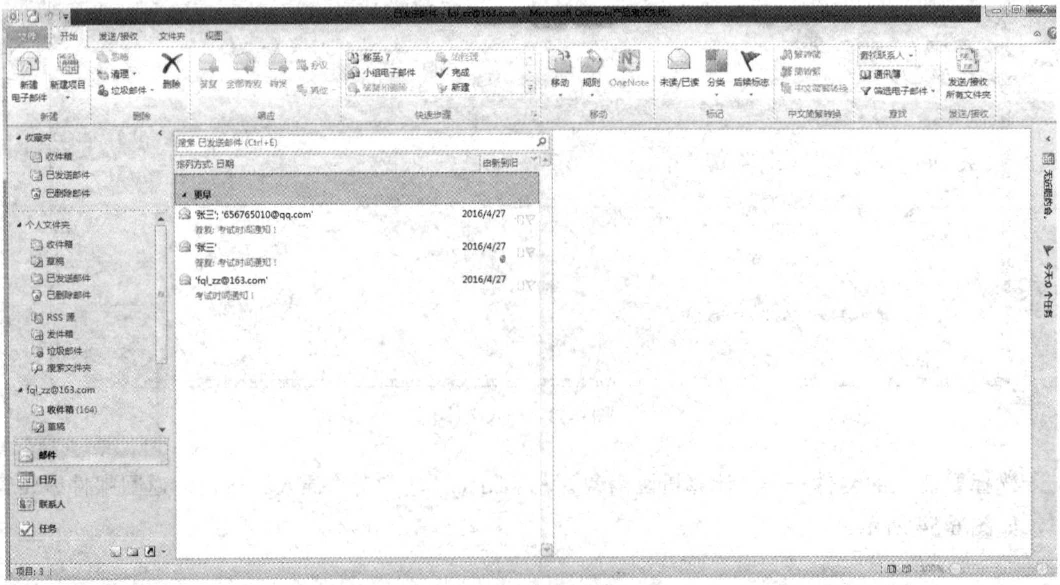

图 6-56 “收件箱”窗口

收件箱中的邮件默认按时间排序。单击要查看的邮件，则在图 6-56 所示的窗口右侧会显示该邮件的具体内容，但此时无法回复邮件，要回复邮件则要双击打开邮件，如图 6-57 所示。

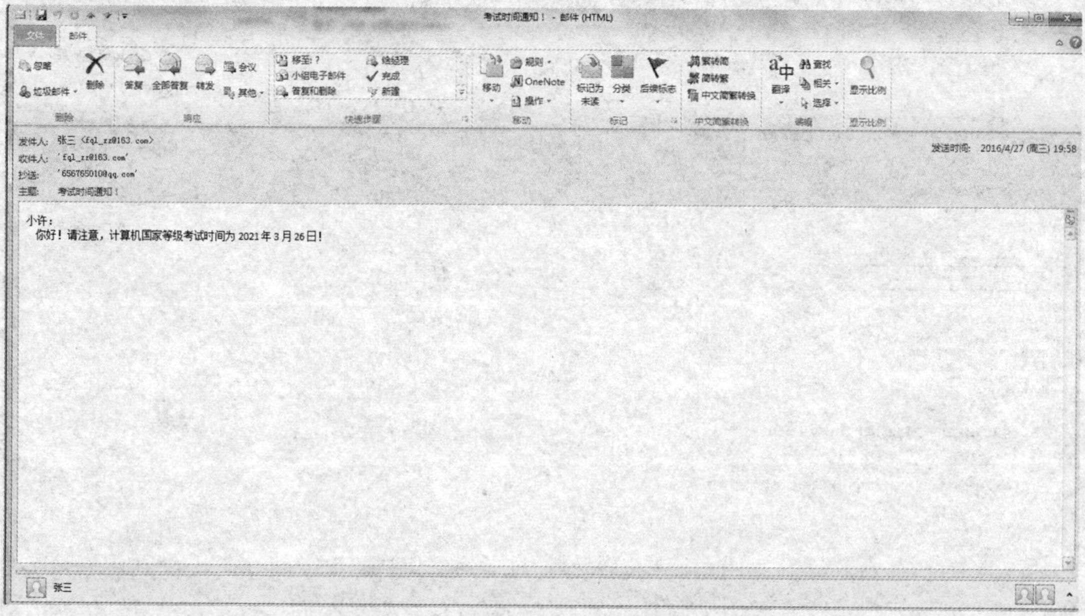

图 6-57 查看邮件

单击“收件箱”窗口上方“邮件”选项卡“响应”组的“答复”按钮，打开回复邮件窗口并回复邮件，如图 6-58 所示。

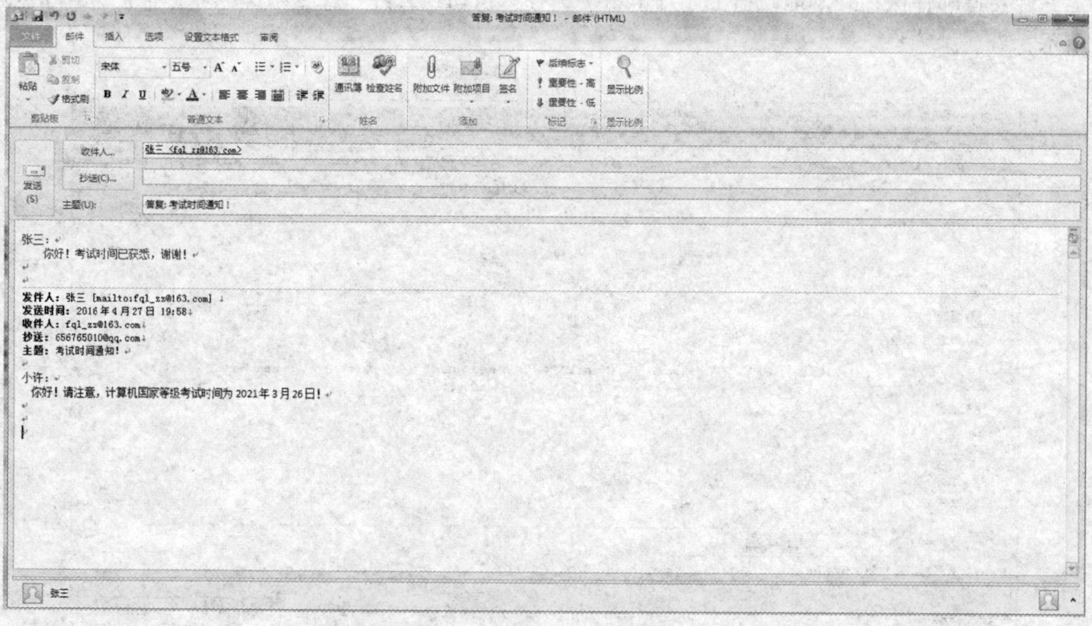

图 6-58 回复邮件

如果要将邮件转发给其他人，可以直接单击“邮件”选项卡“响应”组的“转发”按钮，其具体操作与新建电子邮件一样。

如果接收到的邮件中含有插入的文件，即通常所说的附件，如图 6-59 所示。

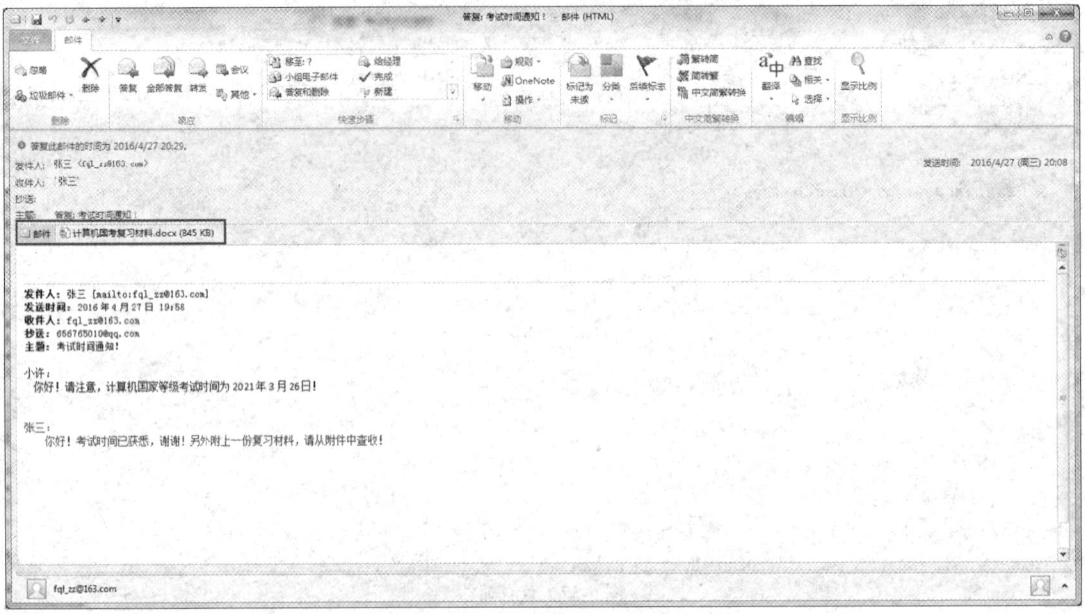

图 6-59 含附件的邮件

双击附件，打开“打开邮件附件”对话框，可以选择直接打开邮件或将邮件保存到本地硬盘上。若要将邮件保存到本地硬盘上，则单击“保存”按钮，打开“保存附件”对话框，如图 6-60 所示。

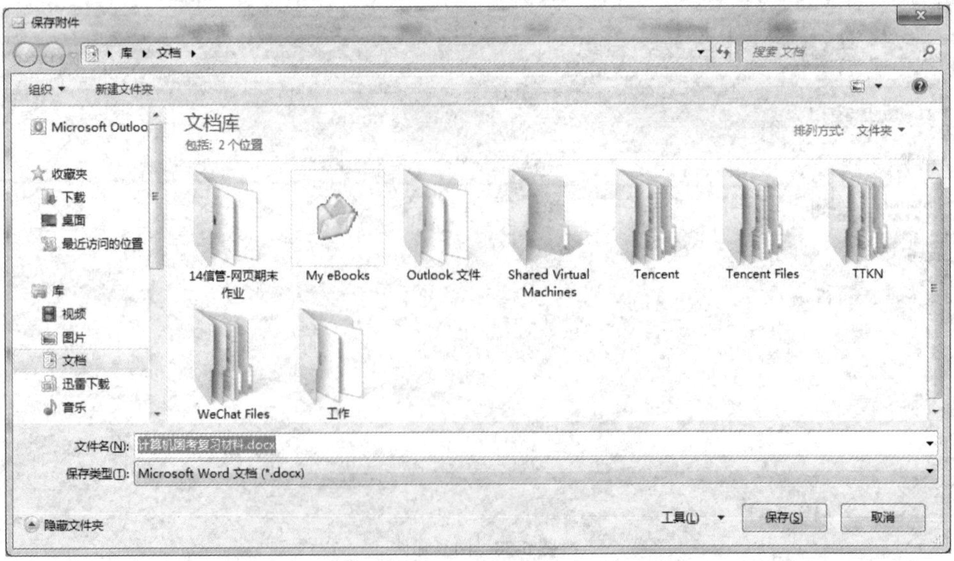

图 6-60 保存附件

选择保存的位置并输入文件名，最后单击“保存”按钮。

6.5 计算机网络安全

计算机网络具有开放性、隐蔽性、跨地域性等特性，随着网络的迅速发展，网络上丰富的信息资源给用户带来便利的同时，也给上网用户带来了很多的安全问题。各种网络安全事件都在提醒用户计算机网络安全（以下简称网络安全）问题不容忽视。

6.5.1 计算机网络安全概述

1．网络安全定义

参照ISO给出的计算机安全定义，计算机网络安全是指，保护计算机网络系统中的硬件、软件和数据资源，不因偶然或恶意的原因遭到破坏、更改、泄露，使网络系统连续可靠地正常运行，网络服务正常有序。

从目前对网络安全构成的威胁情况来看，网络安全可分为系统安全和信息安全两个部分。

① 系统安全主要指网络硬件设备、操作系统和应用软件的安全。

② 信息安全主要指各种信息的存储安全和信息的传输安全，具体体现在对网络资源的保密性（Confidentiality）、完整性（Integrity）和可用性（Availability）的保护（简称CIA三要素）。随着信息安全的不断发展，抗否认性、可控性和真实性也成了信息安全要素。

2．影响网络安全的因素

影响网络安全的因素主要包括以下5个方面。

（1）物理破坏

硬件设备可能会遭遇地震、雷击和火灾等外界自然灾害的破坏，也有可能会受到盗窃、错误操作等人为损坏。

（2）软件缺陷

虽然技术人员在开发软件时，也想做到无任何缺陷，但由于各种各样的原因，无论是系统软件还是应用软件，都存在缺陷，而黑客就可能利用这些缺陷来进行攻击。

（3）管理欠缺

网络系统的严格管理是企业、机构和用户免受攻击的重要措施之一。事实上，很多企业、机构及用户的网站或系统都疏于这方面的管理。事实证明，60%的网络安全隐患来源于网络内部，而这些往往是由于管理上的欠缺导致的。

（4）黑客攻击

黑客攻击是目前影响网络安全的重大因素之一。一方面，软件缺陷无法避免，为黑客攻击提供了可乘之机；另一方面，黑客技术逐渐被越来越多的人掌握和发展，黑客攻击防不胜防，而用户又只能针对某些常见的攻击手段进行预防。

（5）病毒入侵

随着网络的发展，计算机病毒的传播速度越来越快、传播范围越来越广、传播途径越来越多、破坏程度越来越大，严重威胁着网络的安全。

3．网络安全威胁的类型

目前网络安全面临的威胁主要有3种类型：信息泄露、拒绝服务和信息破坏。

信息泄露是指敏感数据在有意或无意中被泄露出去或丢失。

拒绝服务是指不断对网络服务系统进行干扰，改变其正常的作业流程，执行无关程序，使系统响应减慢甚至瘫痪，影响正常用户的使用，甚至使合法用户被排斥而不能进入网络系统或不能得到相应的服务。

信息破坏是指通过非法手段窃得对数据的使用权，删除、修改、插入或重发某些重要信息，以取得有益于攻击者的响应；或恶意添加、修改数据，以干扰用户的正常使用。

6.5.2 常见的网络防御技术

1．防病毒技术

（1）计算机病毒的定义、特点、分类及传播途径

根据《中华人民共和国计算机信息系统安全保护条例》中的定义，计算机病毒是指编制或者在计算机程序中插入的破坏计算机功能或者毁坏数据，影响计算机使用，并能自我复制的一组计算机指令或者程序代码。

① 病毒的特点：计算机病毒具有传播性、隐蔽性、感染性、潜伏性、可激发性、表现性或破坏性等特点。

② 病毒的分类：根据计算机病毒寄生场所的不同，可将其分为引导型病毒、宏病毒、蠕虫病毒、文件病毒和混合型病毒等。

③ 病毒的传输途径：目前病毒主要通过U盘、电子邮件、网络等途径进行传播。

（2）防病毒技术

防病毒技术指通过一定的技术手段防止计算机病毒对系统的传染和破坏。从防病毒产品对计算机病毒的作用来讲，防病毒技术可以直观地分为病毒预防技术、病毒检测技术及病毒清除技术。

2．防火墙技术

防火墙（Firewall）是位于两个网络之间（如企业内部网络和Internet之间）的软件或硬件设备的组合，通过强制实施统一的安全策略，对两个网络之间的通信进行控制，以防止对重要信息资源的非法存取和访问，从而达到保护系统安全的目的。

根据防火墙的工作原理划分，防火墙可以分为包过滤防火墙、状态检测防火墙和应用层防火墙等。

根据防火墙的部署方式划分，防火墙可以分为硬件防火墙和软件防火墙。

① 硬件防火墙主要用于保护一个或多个网络，常见的硬件防火墙品牌有天融信、华为、思科等。

② 软件防火墙主要用于保护一台或多台主机，常见的个人软件防火墙品牌主要有天网、瑞星、金山等。

3．入侵检测系统

入侵检测系统（Intrusion Detection System，IDS）指工作在计算机网络系统中的关键节点上，通过实时收集和分析计算机网络或系统中的信息，来检查是否出现违反安全策略的行为或遭到攻击的迹象，进而达到防止攻击、预防攻击的目的。

与防火墙相比，入侵检测系统规则更为复杂，也更具有普遍性，其过滤规则一般由厂商定义，并可进行升级更新。此外，防火墙一般只作用于一个 TCP/UDP 段或一个 IP 包，而入侵检测系统可以作用于一系列数据包。

防火墙与 IDS 在网络中的部署如图 6-61 所示。

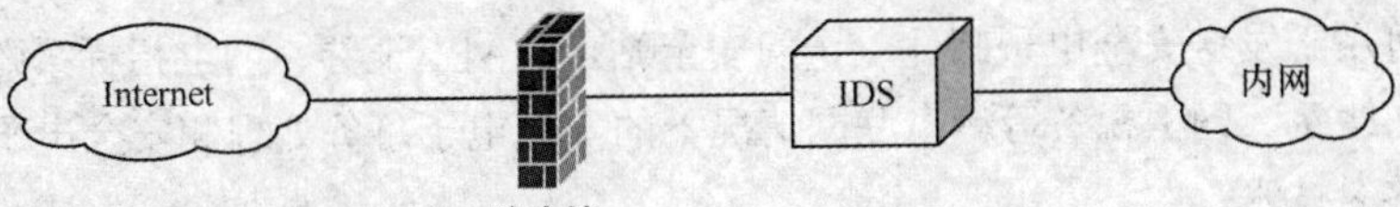

图 6-61 防火墙与 IDS 在网络中的部署

以上 3 种防御技术，各有所长，但也各有所短。防病毒技术在使用时必须不断地更新病毒库，对于一些新出现的病毒及其变种通常无能为力。防火墙技术和入侵防御系统主要用于防止非法访问和攻击，对于病毒基本不起作用。此外，防火墙技术会对网络的性能有所影响，设置不当时，甚至会导致网络不可用，而且无法防止来自网络内部的攻击。对于安全性要求较低的网络，采用防病毒技术和防火墙技术二者相结合即可。而对于安全性要求较高的网络，则还需要进一步部署入侵检测系统或入侵防御系统。

4．其他的防护技术

（1）数字加密技术

数据加密的基本思想是通过变换信息的表示形式来伪装需要保护的敏感信息，使非授权者不能了解被保护信息的内容。加密者通过某种数据加密技术将原始信息转换为表面上杂乱无章的数据，让窃取者无法识别出数据原来的含义。而合法的信息拥有者可以通过掌握的密钥将加密的数据逆变成原来的信息。

以下是数据加密的基本术语。

① 明文：原始信息。

② 加密算法：以密钥为参数，对明文进行多种置换和转换，变换结果为密文。

③ 密钥：加密与解密算法的参数，直接影响对明文进行变换的结果。

④ 密文：对明文进行变换的结果。

⑤ 解密算法：加密算法的逆变换，以密文为输入、密钥为参数，变换结果为明文。

数据加密的技术基础是密码学。在密码学中根据密钥使用方式的不同一般将加密技术分为对称密码体系（单密钥体系）和非对称密码体系（双密钥体系）。也有人将两种密钥体系称为传统密码体系和公钥密码体系。

传统密钥体系的特点是加密和解密所使用的密钥是相同的，常用的密钥算法有美国数据加密标准（Data Encryption Standard，DES）、高级加密标准（Advanced Encryption Standard，AES）和国际数据加密标准（International Data Encryption Algorithm，IDEA）。

公钥密码体系的加密密钥和解密密钥是不同的。公钥密码算法中的一个密钥公开，称为公开密钥，用来加密；另一个密钥为用户专用，是保密的，称为私有密钥，用于解密。

（2）数字证书技术

数字证书就是标识网络用户身份信息的一系列数据，用来在网络通信中识别通信各方的身份，即要在 Internet 上解决“我是谁”的问题，如同现实中我们每个人都拥有一张证明个人身份的身份证或驾驶执照一样，以表明我们的身份或某种资格。

数字证书是由权威公正的第三方机构（CA 中心）签发的，以数字证书为核心的加密技术可以对网络上传输的信息进行加密和解密，进行数字签名和签名验证，确保网上传递信息的机密性、完整性，以及交易实体身份的真实性，签名信息的不可否认性，从而保障网络应用的安全性。

数字证书可用于发送安全电子邮件、访问安全站点、网上证券、网上招标采购、网上签约、网上办公、网上缴费、网上税务等诸多联网情况下的安全电子事务处理和安全电子交易活动。

（3）数字签名技术

数字签名技术是一种鉴别方法，可以解决伪造、抵赖、冒充和篡改等问题。数字签名一般采用非对称加密技术。通过对整个明文进行某种变换，得到一个值作为核实签名。接收者使用发送者的公开密钥对签名进行解密运算，如果能正确解密，则签名有效，证明对方的身份是真实的。

数字签名采用一定的数据交换协议，使双方能够满足以下两个条件。

① 接收方能够鉴别发送方所宣称的身份。

② 发送方不能否认他发送的数据。

6.5.3 信息安全法律法规和道德规范

1．信息安全法律法规

随着信息技术的广泛运用，计算机犯罪成为信息社会主要的犯罪形态之一，为了促进我国互联网的健康发展，维护国家安全和社会公共利益，保护个人、法人和其他组织的合法权益，我国政府颁发了一些法律法规，如《中华人民共和国信息系统安全保护条例》《中华人民共和国计算机信息网络国际联网管理暂行规定》等。

2．使用网络应遵守的道德规范

作为信息社会守法的公民，我们要遵守我国相关的法律法规，在日常使用网络进行学习、研究、娱乐和通信等时，要做到下面 5 点。

① 不要利用国际互联网危害国家安全、泄露国家秘密。

② 未经允许，不得进入国家事务、国防建设、尖端科学技术领域的计算机信息系统。

③ 不要利用国际互联网制作、复制、查阅和传播损害国家利益、他人利益的信息。

④ 不要利用国际互联网传播不良信息，如宣扬封建迷信、淫秽、色情、赌博、暴力、凶杀、恐怖、教唆犯罪的信息。

⑤ 不要故意制作或者传播计算机病毒以及其他破坏性程序。

思考题

1．计算机网络的定义及主要功能是什么？

2．计算机网络的常见类型有哪些？

3．网络互联设备有哪些？它们分别工作在 OSI 模型的哪个层次上？

4．目前常用的传输介质有哪几种，它们的特点各是什么？

5．局域网的主要特点是什么？

6．什么是计算机网络的拓扑结构？计算机网络的拓扑结构主要有哪几种？

7．什么是IP地址和域名地址？为什么要采用域名地址？

8．什么是URL？它是如何构成的，作用是什么？

9．一个E-mail地址由哪几个部分组成？它们分别表示什么？

10．防火墙的功能及其优缺点是什么？

附录 全国计算机等级考试一级 MS Office 考试大纲（2018 年版）

基本要求

（1）具有微型计算机的基础知识（包括计算机病毒的防治常识）。

（2）了解微型计算机系统的组成和各部分的功能。

（3）了解操作系统的基本功能和作用，掌握 Windows 的基本操作和应用。

（4）了解文字处理的基本知识，熟练掌握文字处理软件 Word 的基本操作和应用，熟练掌握一种汉字（键盘）输入方法。

（5）了解电子表格软件的基本知识，掌握电子表格软件 Excel 的基本操作和应用。

（6）了解多媒体演示软件的基本知识，掌握演示文稿制作软件 PowerPoint 的基本操作和应用。

（7）了解计算机网络的基本概念和因特网（Internet）的基础知识，掌握 IE 浏览器软件和 Outlook Express 软件的基本操作和使用。

考试内容

1. 计算机基础知识

（1）计算机的发展、类型及其应用领域。

（2）计算机中数据的表示、存储与处理。

（3）多媒体技术的概念与应用。

（4）计算机病毒的概念、特征、分类与防治。

（5）计算机网络的概念、组成和分类，计算机与网络信息安全的概念和防控。

（6）因特网网络服务的概念、原理和应用。

2. 操作系统的功能和使用

（1）计算机软、硬件系统的组成及主要技术指标。

（2）操作系统的基本概念、功能、组成及分类。

（3）Windows 操作系统的基本概念和常用术语，文件、文件夹、库等。

（4）Windows 操作系统的基本操作和应用。

① 桌面外观的设置，基本的网络配置。

② 熟练掌握资源管理器的操作与应用。

③ 掌握文件、硬盘、显示属性的查看、设置等操作。

④ 中文输入法的安装、删除和选用。

⑤ 掌握检索文件、查询程序的方法。

⑥ 了解软、硬件的基本系统工具。

3. 文字处理软件的功能和使用

（1）Word 的基本概念，Word 的基本功能和运行环境，Word 的启动和退出。

（2）文档的创建、打开、输入、保存等基本操作。

（3）文本的选定、插入与删除、复制与移动、查找与替换等基本编辑技术，多窗口和多文档的编辑。

（4）字体格式设置、段落格式设置、文档页面设置、文档背景设置和文档分栏等基本排版技术。

（5）表格的创建、修改，表格的修饰，表格中数据的输入与编辑，数据的排序和计算。

（6）图形和图片的插入，图形的建立和编辑，文本框、艺术字的使用和编辑。

（7）文档的保护和打印。

4. 电子表格软件的功能和使用

（1）电子表格的基本概念和基本功能，Excel 的基本功能、运行环境、启动和退出。

（2）工作簿和工作表的基本概念和基本操作，工作簿和工作表的建立、保存和退出；数据输入和编辑；工作表和单元格的选定、插入、删除、复制、移动；工作表的重命名和工作表窗口的拆分和冻结。

（3）工作表的格式化，包括设置单元格格式、设置列宽和行高、设置条件格式、使用样式、自动套用模式和使用模板等。

（4）单元格绝对地址和相对地址的概念，工作表中公式的输入和复制，常用函数的使用。

（5）图表的建立、编辑和修改以及修饰。

（6）数据清单的概念，数据清单的建立，数据清单内容的排序、筛选、分类汇总，数据合并，数据透视表的建立。

（7）工作表的页面设置、打印预览和打印，工作表中链接的建立。

（8）保护和隐藏工作簿和工作表。

5. PowerPoint 的功能和使用

（1）PowerPoint 的功能、运行环境、启动和退出。

（2）演示文稿的创建、打开、关闭和保存。

（3）演示文稿视图的使用，幻灯片基本操作（版式、插入、移动、复制和删除）。

（4）幻灯片基本制作（文本、图片、艺术字、形状、表格等的插入及其格式化）。

（5）演示文稿主题选用与幻灯片背景设置。

（6）演示文稿放映设计（动画设计、放映方式、切换效果）。

（7）演示文稿的打包和打印。

6. 因特网（Internet）的初步知识和应用

（1）了解计算机网络的基本概念和因特网的基础知识，主要包括网络硬件和软件，TCP/IP 的工作原理，以及网络应用中常见的概念，如域名、IP 地址、DNS 服务等。

（2）能够熟练掌握浏览器、电子邮件的使用和操作。

考试方式

上机考试，考试时长 90 分钟，满分 100 分。

1. 题型及分值

单项选择题（计算机基础知识和网络的基本知识）20 分。

Windows 操作系统的使用 10 分。

Word 操作 25 分。

Excel 操作 20 分。

PowerPoint 操作 15 分。

浏览器（IE）的简单使用和电子邮件收发 10 分。

2. 考试环境

操作系统：中文版 Windows 7。

考试环境：Microsoft Office 2010。